国家自然科学基金资助（基金批准号：51378365）

绿色建筑设计
——建筑节能

Green Building Design: Building Energy Efficiency

杨 丽 著

同济大学出版社
TONGJI UNIVERSITY PRESS

内 容 提 要

本书为国家自然科学基金资助项目，内容包括：建筑节能概述、不同地域能耗选择、绿色节能建筑的设计标准、建筑节能计算和环境效益分析、既有建筑节能改造技术、绿色建筑节能评估标准体系等。本书基于绿色建筑理论与案例分析，研究我国传统建筑的节能经验与策略，探究节能技术在建筑规划设计与改造中的应用，旨在切实地推进建筑节能工作，为降低建筑能耗与提高居住舒适度从而实现绿色建筑可持续发展提供参考与借鉴。

本书主要读者对象为研究绿色生态、建筑节能领域的本科生、研究生、教师、研究人员和设计院、政府管理部门、房地产开发机构的工作者，以及对建筑节能感兴趣的普通读者。

图书在版编目（CIP）数据

绿色建筑设计：建筑节能 / 杨丽著 .-- 上海：同济
大学出版社，2016.10
　ISBN 978-7-5608-6538-6

　Ⅰ.①绿… 　Ⅱ.①杨… 　Ⅲ.①建筑－节能
Ⅳ.①TU111.4

中国版本图书馆 CIP 数据核字（2016）第 225903 号

绿色建筑设计——建筑节能

杨　丽　著

责任编辑　由爱华　李小敏　　责任校对　徐春莲　　封面设计　张　微

出版发行　同济大学出版社　　www.tongjipress.com.cn
　　　　　（地址：上海市四平路 1239 号　邮编：200092　电话：021-65985622）
经　　销　全国各地新华书店
印　　刷　常熟市大宏印刷有限公司
开　　本　787mm×1092mm　1/16
印　　张　21
字　　数　524 000
印　　数　2101—3 200
版　　次　2016 年 10 月第 1 版　　2019 年 1 月第 2 次印刷
书　　号　ISBN 978-7-5608-6538-6
定　　价　56.00 元

前　言

　　绿色建筑设计是建筑行业发展的重要方向，其中的建筑节能是综合了建筑学、城乡规划及生态、土木、环境、材料、信息等工程学科的专业知识，又与行为科学和社会学等人文学科密不可分。世界范围内的传统能源日益枯竭，我国的能源问题更为重要，因此建筑节能是未来建筑业的必然趋势。

　　建筑节能工作对我国的经济、环境与社会的可持续发展具有重要意义。首先，建筑节能能够降低污染气体的排放，从而改善大气环境；同时能够降低建筑能耗，提高室内的舒适度，改善居民居住环境。其次，建筑节能可以适应我国能源形势，调整能源与产业结构，减少能源消耗，促进国民经济健康有序发展。

　　建筑节能理念涉及多个技术领域，本书着重从技术、评估入手，从不同地域的建筑节能规划设计、绿色节能建筑的设计标准、建筑节能计算和环境效益分析、既有建筑节能改造技术和绿色建筑节能评估标准体系等方面进行阐述。节能工作的开展，需要深入进行节能技术研究，在建筑物的规划、设计、新建、改造和使用过程中，执行节能标准，采用节能型技术，加强建筑物用能系统的运行管理。既有建筑节能改造已成为国民经济发展的重要组成部分，是实现节能减排和环境保护目标的主要抓手，得到全社会的高度关注。建筑节能评价，便于深化建筑技术与管理手段，分析节能工作的技术、经济、环境与社会效益，降低项目风险，为节能技术选择提供可靠的判断依据，对推动绿色节能建筑的发展做出很有价值的贡献。

　　本书主要读者对象包括绿色生态、建筑节能领域的本科生、研究生、教师、研究人员和设计院、政府管理部门、房地产开发机构的工作者，以及对建筑节能感兴趣的普通读者。基于理论与案例分析，研究我国传统建筑的节能经验与策略，探究节能技术在建筑规划设计与改造中的应用，介绍我国为推进建筑节能而实施的节能标准与管理政策，并分析了建筑节能技术与项目效益评估的一般性方法，旨在切实地推进建筑节能工作，为降低建筑能耗与提高居住舒适度从而实现绿色建筑可持续发展提供参考与借鉴。

作者

2016 年 9 月

目 录

1.1 概述

1.1.1 建筑节能的时代背景

1. 建筑能耗形势

  自工业革命以来,人类生产生活的耗能量迅速增加,图 1-1 所示为 2004—2014 年的世界一次能源消耗量。同样,近半个世纪以来,很多发达国家为了发展经济,曾经没有节制地使用能源,不但造成了巨大的能源浪费,而且使世界经济遭到沉重打击。除了自然资源和世界经济受到的破坏,地球环境也遭到了巨大的破坏,而且呈现加剧趋势。无论是对于发达国家还是发展中国家,建筑耗能普遍占到社会总能耗的 30%~40%,如此巨大的建筑用能必定会对环境造成损害,因此开展建筑节能工作是关系到社会进步与经济发展的决策。

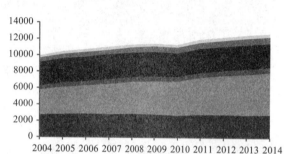

图 1-1   2004—2014 年世界一次能源消耗量(万吨标准油)

  在过去的 30 多年里,很多专家和学者认识到建筑节能工作的重要性,提出了建筑可持续发展理论,并呼吁提高环境与资源的重要性。这使得建筑节能得到世界各国的重视,从此建筑节能在全世界蓬勃兴起,并引领了建筑行业的潮流。同样,我国的建筑能耗比较巨大,自 20 世纪 90 年代,很多建筑学专家投入了建筑节能理论和方法的研究,并在建筑节能措施推广方面进行了不懈的探索。目前,虽然我国意识到建筑节能形势比较严峻,建立了建筑节能体系,提出了建筑节能财政政策与经济激励政策,努力完善建筑节能标准与规范。但是,由于我国建筑数量庞大,且地域性差异比较明显(表 1-1 所示为我国建筑能耗形式),建筑节能工作进展十分缓慢,建筑节能工作在中国遇到了很大的困难与挑战。因此,对建筑节能工作进行研究分析,发现在建筑节能设计、政策和推广过程中存在的问题并加以解决,因地制宜地提出有助于实现建筑节能的措施与对策,切实地推进建筑节能工作的进步在我国具有很重要的现实意义。

表 1-1   中国 2014 年建筑能耗形式

用能类型	宏观参数 /(面积 / 户数)	电 /(亿 kWh)	总商品能耗 /(亿 tce)	能耗强度
北方城镇供暖	126 亿 m²	97	1.84	14.6kgce/m²
城镇住宅 (不含北方地区供暖)	2.63 亿户	4080	1.92	729kgce/ 户
公共建筑 (不含北方地区供暖)	107 亿 m²	5889	2.35	22.0kgce/m²
农村住宅	1.60 亿户	1927	2.08	1303kgce/ 户
总计	13.7 亿户 约 560 亿 m²	11993	8.19	598kgce/ 人

资料来源:中国建筑节能年度发展研究报告 2016

截至 2013 年，世界的主要能源仍然是以不可再生能源（石油、天然气、煤炭）为主，如表 1-2 所示为 2013 年世界主要国家的能耗量。中国的石油消耗量和煤炭消耗量均处在世界前列，中国煤炭的消耗量占到世界的 50% 以上，这大大提高了世界温室气体的排放量。据统计，中国建筑能耗占到我国的 46.7%，造成了近 1/3 的 CO_2 排放量。截至 2014 年，中国建筑面积仍然保持着 9% 以上的速度增长，这和中国"十二五规划"设定的节能减排目标有一定的差距。因此，伴随着国家大力推行建筑节能政策，我国建筑行业存在着巨大的潜力。

表 1-2   2013 年世界主要国家的能耗量（万吨标准油）

国家	石油	天然气	煤炭	核能	水能	可再生能源	总量
中国	507.4	145.5	1925.3	25	206.3	42.9	2852.4
美国	831.0	671	455.7	187.9	61.5	58.6	2265.8
俄罗斯	153.1	372.1	93.5	39.1	41	0.1	699
印度	175.2	46.3	324.3	7.5	29.8	11.7	595
日本	208.9	105.2	128.6	3.3	18.6	9.4	474
加拿大	103.5	93.1	20.3	23.1	88.6	4.3	332.9
德国	112.1	75.3	81.3	22	4.6	29.7	325
巴西	132.7	33.9	13.7	3.3	87.2	13.2	284
韩国	108.4	47.3	81.9	31.4	1.3	1	271.3
法国	80.3	38.6	12.2	95.9	15.5	5.9	248.4
伊朗	92.9	146	0.7	0.9	3.4	0.1	243.9
沙特阿拉伯	135.0	92.7	—	—	—	—	227.7
英国	69.8	65.8	36.5	16	1.1	10.9	200
世界总量	4185.1	3020.4	3826.7	563.2	855.8	279.3	12730.4

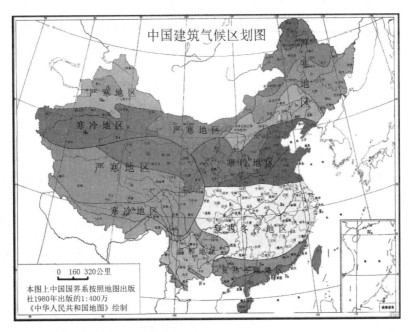

图 1-2   中国建筑气候区划图
资料来源：http://bbsfile.co188.com/forum/month_1007/20100708_27fd229e08c8d17f92
30u9F8A37eKWtW.jpg

根据中国建筑气候区划图，中国可以分为五大建筑气候区：严寒地区、寒冷地区、冬冷夏热地区、夏热冬暖地区和温和地区。从图 1-2 中可以看出，中国大部分区域属于寒冷地区，因此建筑保温采暖成为建筑能耗中不可忽略的部分。历年数据统计数据显示，建筑外围护结构往往是建筑热量散失的主要部位，其中，通过窗户散失的热量占建筑消耗总能量的1/3左右。如果建筑外围护结构的保温性能能够提高，那么建筑耗能将会大大降低，居民的生活费用也会减少，建筑节能效果也将极大提高。

为了实现节能减排的目标，国家和地方制定了有关建筑节能的标准与规范。特别是建筑节能已经成为建筑设计的强制性要求，是图纸审查和竣工验收中不可或缺的一环。目前，国家已经颁布了《民用建筑热工设计规范》（GB/T50176—1993），《绿色建筑评价标准》（GB/T 50375—2006），《建筑节能工程施工质量验收规范》（GB50411—2007），《公共建筑节能设计标准》（GB50189—2005），《建筑节能工程施工质量验收规范》（GB 50411—2014）等。目前，在建建筑全都满足上述建筑标准与规范的各项条款，但是实际意义上的绿色建筑数量却很少。即在建筑市场中，"绿色建筑"和"生态建筑"等都只是噱头，实际的建筑并没有达到建筑节能标准。

2. 建筑节能时代意义

建筑节能是对资源、经济与环境做出的适应性调整，建筑节能的开展对改善大气环境，提高建筑室内舒适度，促进经济发展，提高经济效益具有重要的意义。

开展建筑节能是改善空间环境的重要途径。如表1-1和1-2可以看出，我国每年的采暖耗能适量巨大，并以煤炭为主。但是，在煤炭燃烧过程中，会释放出大量的有害气体，其中每燃烧1吨煤，温室气体和酸雨气体的释放量为24kg和19.8kg，此外还会产生CO，NO和粉尘。通过建筑节能设计，室内的热湿舒适度水平会得到大幅度提升。良好的室内环境，有助于人体保持各项生理、心理与身体机能的平衡，从而会使居住者产生舒适感。在我国大部分地区的建筑内，普遍存在着冬季寒冷或者夏季湿热的现象，但是通过有效地建筑节能策略，可以改善室内环境，做到建筑冬暖夏凉，并获得良好的室内空气质量。

研究表明，北方采暖居住建筑，如果能够符合建筑节能标准的要求，屋顶保温能力能够达到普通建筑的1.5~1.6倍；外墙保温能力达到2~3倍。最为重要的是，在保持室内温度舒适的前提下，符合节能标准的建筑冬季采暖用能能够降低到普通建筑的一半。此外，建筑围护结构能够保持温度恒定，也能够避免建筑表面结露或者霉变等现象，从而能够提高居民的居住环境。夏季建筑室外的温度普遍较高，而使用机械设备降低室内温度，如果建筑围护结构的保温性能良好，便能够有效地阻断热量和冷量的传递，提高室内舒适度，降低建筑能耗。

建筑节能能够促进能源结构转型，促进国家经济增长。虽然我国能源资源比较丰富，但是我国人口众多，人均能源产量位于世界下游水平。能源，作为国家经济发展的基础，如果在未来几十年内枯竭，那么我国的国民经济发展将会停滞，国民生活质量与水平将会降低。可再生能源作为建筑节能设计的一个重要方面，如果其他能源能够得以利用，将会促进我国能源结构与产业结构调整。我国具有丰富的煤炭、太阳能、风能和水能资源，但是居民耗能主要以煤炭为主，采暖用煤占到全社会用煤量的75%。由表1-2可以看出，其他能源，如水能、核能以及其他类型的可再生能源的消费量却很低，仅占到10%左右，这与发达国家的能源消费模式还有很大的差距。例如，在建筑采暖中，法国和荷兰以天然气为主，使用量均在50%左右，而这两个国家的煤炭使用量均不足10%。

截至2010年，我国建筑面积为469亿 m^2，目前仍以每年20亿 m^2 的速度增加，这些建筑的巨大的耗能量增加了国家能源生产的压力，遏制了其他产业如工业和交通运输业的能耗。目前，我国建筑能耗浪费较为严重，因此开展节能工作是保证国家可持续发展的重要工作。此外，建筑节能也能够提高国民的经济效益。虽然建筑节能材料设计的价格偏高，导致很少人问津绿色建筑，但是需要指出的是建筑节能具有"投入少、产出多"的特点。研究成果显示，如果采用合理的建筑节能技术，建造成本会提高 4%~7%，但是可以达到 30% 的节能指标。建筑节能的回收期为 3~10 年。在建筑的全生命周期内，其经济效益非常突出。

1.1.2　建筑节能概念

1. 建筑节能概念

继 1973 年石油危机提出建筑节能概念以来，人们赋予了建筑节能一词不同的意义。在过去的几十年中，建筑节能的意义经历了由浅到深，由简单到复杂的过程。起初，人们认为建筑节能的意义在于减少建筑能源（Energy Saving）；后来发展为减少建筑能量散失（Energy Conservation），在发展到今天的提高建筑能源效率（Energy Efficiency）。目前，我国仍然保留着建筑节能一词，但是其在意义上指的是提高建筑能源效率，也就是说在保证和提高建筑室内外舒适度的前提下，通过节能设计方法和能源技术，提供建筑能源使用效率。随着人们对建筑节能认识程度的不断加深，人们现在将其解释为：在建筑全生命周期（规划设计、建造运营、拆除）内，通过采用建筑节能材料、能效高的机械设备以及可再生能源，加强建筑用能管理，实现建筑零耗能的目标。

一般地讲，应用了节能技术的建筑，成为节能建筑，在此基础上，人们又提出了可持续建筑、生态建筑和节能建筑，其意义和内容如表 1-3 所示。

表 1-3　　　　　　　　　　　　　　　节能建筑名词对比

名称	内容	共性
绿色建筑	在建筑的全寿命周期内，最大限度地节约资源（节能、节地、节水、节材）、保护环境和减少污染，为人们提供健康、适用和高效的使用空间，与自然和谐共生的建筑	实现建筑与环境的和谐共生、实现可持续发展、绿色建筑、生态建筑和可持续建筑都是节能建筑
可持续建筑	在尽可能多的减少能耗，增大空间的同时使之与全社会、大自然相和谐	
生态建筑	将建筑看成一个生态系统，本质就是能将数量巨大的人口整合居住在一个超级建筑中，通过组织（设计）建筑内外空间中的各种物态因素，使物质、能源在建筑生态系统内部有秩序地循环转换，获得一种高效、低耗、无废、无污、生态平衡的建筑环境	
节能建筑	遵循气候设计和节能的基本方法，对建筑规划分区、群体和单体、建筑朝向、间距、太阳辐射、风向以及外部空间环境进行研究后，设计出的低能耗建筑	

2. 国外建筑节能概况

能源问题是一个关乎全世界环境发展和社会发展的问题，能源危机的出现，使得西方国家意识到能源对一个国家的稳定尤为重要。无论是在发达国家还是在发展中国家，社会能耗都是由工业能耗、建筑能耗和交通能耗组成的，因此建筑节能受到了世界各国充分重视。在过去的近 40 年的时间里，各国在节能设计、施工技术、新能源技术以及新型建筑材料方面作了不懈的探索。此外，为了保证建筑节能工作的正常开展，这些国家颁布了各项法律法规，提出了绿色建筑标识和认证体系。在这几十年的时间里，建筑能源得到大幅度降低、取得了显著的经济效益，并提高了环境质量。下面将从西方发达国家进行的制定建筑节能标准与法规，制定建筑节能措施两个方面进行分析。

1）制定建筑节能标准与法规

自能源危机之后，世界各国意识到降低建筑节能工作的重要性，并纷纷地建立了建筑节能标准，从而做到节能工作有法可依。

在欧洲，法国制定建筑节能标准最早的国家。1974年，其颁布了节能标准要求新建建筑的采暖节能水平要提高25%，后来得到欧洲其他国家的纷纷效仿。1982年和1989年，在修订建筑节能标准的过程中，建筑节能指标又分别提高了25%，并对公共建筑和既有建筑节能改造提出了要求。在过去20多年的时间里，法国综合应用节能技术、节能产品、围护结构保温技术、计算机技术和自动控制技术，使得民用建筑能耗降低了72%。

美国是在制定节能标准和法律体系最为完善的国家。1975年，美国采暖、制冷及空调工程协会公布了新建建筑节能设计标准，之后又颁布了相应的节能法规，从而使得美国全国取得了较为显著的节能效果。现在，每个五年便重新修订建筑节能标准，推动建筑节能工作的发展。

而日本在1979年颁布的住宅围护结构保温隔热标准，是第一次规定建筑围护结构的热阻，目前日本的围护结构保温性能较为显著。丹麦是降低建筑能源使用总量成功的国家，1972年到1999年间，建筑能耗降低了31%，采暖能耗占社会消耗量减少了12%，现在丹麦单位面积建筑用能减少了50%之多。

2）制定建筑节能措施

西方发达国家对建筑节能措施进行了全面的研究，并取得了显著的成果，并形成了理论体系，主要包括以下内容：①提高围护结构保温隔热性能；②充分利用自然条件；③科学的节能管理体系；④限制居住环境水平。下面将进行具体分析。

采用合理的建筑设计方法，采用合适的建筑朝向、建筑体形和平面布局，尽量低通过建筑设计手段定性地降低建筑能耗；提高建筑围护结构的热工性能，大量地研究开发建筑节能材料，如多孔砖、空心砖、膨胀珍珠岩、散状玻璃矿物棉或散状矿物棉等，降低建筑材料导热系数；改善窗户设计，提高窗户的气密性和隔热性，从而将热量隔离在室外，目前的窗户种类包括双层玻璃、吸热玻璃、热反射玻璃等；充分利用自然条件，可使用屋檐、窗帘、遮阳板、阳台、周围树木等构造措施，实现建筑节能，其中建筑遮阳技术如图1-3所示。

此外，采用自然通风策略也可以降低空调制冷设备的使用，从而降低建筑能耗。根据相关计算，采用自然通风可减少30%的空调使用费用。西方发达国家将自然通风技术与空调制冷技术相结合，研发出了高速湿度、低能耗辐射采暖制冷系统，提高了室内的热湿舒适度，满足了人们居住所需的隔音、采光、温度、湿度以及新风量等条件。该套系统不但能够保持人体所需的恒温恒湿的空间环境，而且耗能较少，据推算，采用该系统的能耗为20W/m²，远低于我国目前的建筑节能水平80W/m²。图1-4所示为被动式住宅的空气交换系统。

总体上，国外已经具备了完善的建筑节能管理体系和技术体系，但是各个国家采用的措

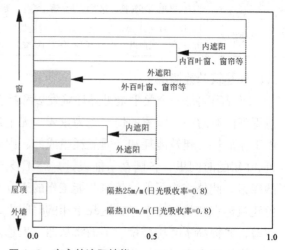

图1-3　窗户的遮阳性能

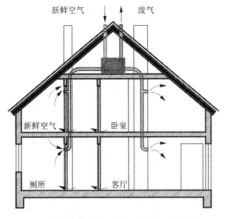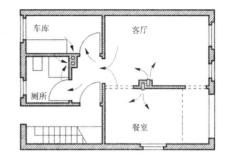

图 1-4　被动式住宅进风、排气示意图

施又有很大的差别。具体地，英国、美国和德国为了推进建筑节能工作，采取了一系列措施，如表 1-4 所示。

表 1-4　　　　　　　　　　　　　　　世界主要国家的建筑节能措施

国家和地区	主要节能措施	主要内容	说明
英国	构造措施	提高墙体、屋面以及门窗的保温性能	英国最普遍的住宅建筑为太阳能住房，这种类型的被动房供给的能源占总建筑能耗的 30%
	能源措施	利用太阳能、风能、地热能等	
	设备措施	改善建筑的供热系统	
美国	建筑热工性能	通过提高建筑围护结构（外墙、门窗）的保温性能，兼以利用自然采光和自然通风等措施减轻一部分建筑能耗	建筑节能工作处于世界领先地位，绿色建筑数量全球第一
	建筑供热系统和设备	提高采暖、空调系统、照明灯具、热水器、家用电器等设备的能源效率	
德国	建筑节能材料	通过规划设计实现	节能研究与应用处于世界领先地位。信贷机构推出节能项目，提供低息贷款，激励建筑节能
	建筑外围护结构	通过规划设计实现	
	建筑朝向	平衡建筑散热与得热	
	建筑 CO_2 排放	"CO_2 减排项目"和"CO_2 建筑改建项目"	

3. 国内建筑节能现状

我国的建筑能耗居世界前列，每年建筑能耗约占社会总耗能的 50%。我国自 1993 年颁布《民用建筑热工设计规范》以来，已经颁布十多部标准或者建筑规范来指导建筑节能工作（表 1-5）。

表 1-5　　　　　　　　　　　　　　　我国现行的建筑节能标准与规范

标准或规范名称	编号	实施或修订时间
《民用建筑热工设计规范》	GB 50176—1993	1993-10-01
《公共建筑节能设计标准》	GB 50189—2005	2005-07-01
《建筑节能工程施工质量验收规范》	GB 50411—2007	2007-10-01
《建筑门窗玻璃幕墙热工计算规程》	JGJ/T151—2008	2009-03-01
《夏热冬冷地区居住建筑节能设计标准》	JGJ134—2010	2010-08-01
《严寒和寒冷地区居住建筑节能设计标准》	JGJ 26—2010	2010-08-01
《建筑遮阳工程技术规范》	JGJ 237—2011	2011-05-01
《民用建筑绿色设计规范》	JGJ 229—2010	2011-10-01

续表

标准或规范名称	编号	实施或修订时间
《节能建筑评价标准》	GB/T 50668—2011	2012-05-01
《夏热冬暖地区居住建筑节能设计标准》	JGJ 75—2012	2013-04-01
《绿色工业建筑评价标准》	GB/T 50878—2013	2014-04-01
《绿色建筑评价标准》	GB/T50378—2014	2015-01-01

根据《民用建筑热工设计规范》规定，我国可以分为五个建筑气候区：严寒地区、寒冷地区、夏热冬冷地区、夏热冬暖地区和温和地区。针对这几个区域，我国相应地颁布了《夏热冬冷地区居住建筑节能设计标准》《严寒和寒冷地区居住建筑节能设计标准》《夏热冬暖地区居住建筑节能设计标准》，旨在有针对性地采用不同的建筑节能设计标准，减少因地域差别对节能设计方法的影响。

我国的建筑节能工作已经推广到全国各省市，并得到了地方政府的积极响应，制定了地方建筑节能标准，为我国的建筑节能工作奠定了基础。就目前国内的建筑节能情况，我国的建筑节能工作还有很大的发展空间。

但是就目前国内的建筑耗能现状来看，这些建筑节能标准实施的效果并不显著。这主要有两方面的原因：一是我国城市化进程不断加快，城市建筑数量的不断增长；二是人们生活水平提高，对家用电器的需求量相继增加，增大了家庭的耗电量。在未来的十几年里，这些家用电器成为建筑能耗的巨头。因此在不对新增建筑能耗的前提下，应该着重控制建筑自身的能量损失；否则在未来的十几年，建筑能耗问题会日益严重。

由表1–5可以看出，我国自1993年开始颁布了建筑节能设计标准，但是截至目前，我国居住建筑的节能水平与欧洲国建相比还相差甚远。我国的山东省与德国处在同一纬度，且建筑类型较为相似，但是建筑围护结构的围护结构保温性能却相差几倍，例如外墙传热系数为德国的3.5~4.5倍，外窗2~3倍，空气渗透3~6倍。从建筑采暖耗能量来讲，欧洲的平均水平为8.6kg/m² 标准煤，而在中国即便建筑节能水平达到了50%，其消耗量为8.6kg/m²，约为欧洲国家的1.5倍；而山东省的平均水平为22.45kg/m²。虽然说我国的建筑能耗量远高于欧洲国家，但是室内舒适度却远不及他们。德国供暖期为6个月，而山东的供暖期为4个月，如果山东省的采暖期按6个月计，其实际能耗量将会更高。

受到能源短缺的影响，可再生能源逐渐受到关注，其中太阳能能源的开发利用尤为显著。经过几十年的发展，太阳能技术日益成熟，并在住宅建筑得到广泛利用。根据是否采用能源辅助设备，太阳能建筑可以分为主动式太阳能建筑、被动式太阳能建筑。现在，世界各国仍然在对太阳能建筑进行提升改造，因此在未来的建筑节能工作中会起更重要的作用，具有很好的发展前景。

从我国的可再生在建筑中的利用情况来看，政府或科研机构应制定一部可再生能源建筑节能设计标准，从而缩小我国的建筑节能设计标准与发达国家的设计标准之间的差距。例如可以综合利用可再生能源系统，来实现建筑零能耗、零排放的节能环保目标（图1–5）。

然而，我国的太阳能建筑应用较少，而且受到地域性、区域经济差距以及地方扶持政策的不同，各地区对太阳能技术应用具有明显差距。例如，在我国农村地区，太阳能技术的应用水平不高。这主要是因为农村建筑密度较小，建筑结构简单，人们对太阳能资源利用的意识比较浅薄。此外，在城市地区，太阳能技术的应用也存在一定问题，这主要是应为太阳能技术不成

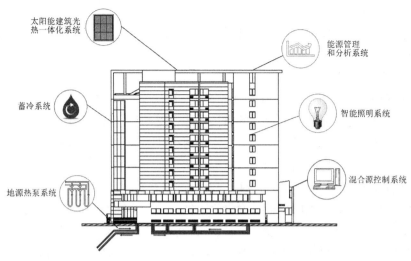

太阳能建筑光热一体化系统

能源管理和分析系统

蓄冷系统

智能照明系统

地源热泵系统

混合源控制系统

图 1-5　建筑节能系统

熟，难以大幅度提高太阳能利用率。

　　因此，现阶段太阳能技术利用的难题为：①如何有效地解决太阳能的分散性和不均衡性的问题；②协调建筑采暖系统和生活能耗不同步的问题。具体为：如果能将太阳能有效地贮存和转换，从而解决因季节、时间以及气候变化而造成太阳能的不均衡功能问题，那么零污染、零能耗采暖的目标就将成为现实。在当前情况下，人们已经在太阳能的贮存和转换方面取得了一些成果，但是还没有得到广泛的应用，因此研究太阳能贮存和转换技术仍是我国可再生能源利用的关键和重点。

1.1.3　建筑用能特点

1. 节能建筑特点

　　数据统计显示，建筑能耗占据了社会能耗的一大部分。建筑具有使用周期长的特点，因此建筑内部的需要进行不断地采暖供应，尤其对于历史悠久的建筑，采暖系统非常不合理。如果不对采暖系统进行有效的改造，只会浪费更多的能源。对于那些耗能巨大的建筑，不但不能减少建筑的能源消耗，而且会继续长时间地浪费能源。我国一方面面临着能源短缺的难题，节能形势比较严峻，另一方面建筑耗能量巨大，容易造成大规模的能源浪费。这对于我国能源短缺现状来说，是极其不可持续的；如果不能得到合理地处理，将会严重阻碍我国可持续发展社会的建设发展。

　　绿色节能建筑是健康环保建筑。与普通建筑相比，节能建筑的室内采暖系统负荷要远远低于普通建筑。同样，节能建筑普遍地采用了节能技术和措施，例如选择保温材料作为外围护结构，将建筑与外界热交换降低，减少热量的散失。在冬季，建筑内表面温度较高，人体辐射损失热量少，这可以有效地改善室内寒冷环境；而在夏季，建筑内表面温度较低，太阳辐射到人体热量较少，因此居住者并不会感觉到炎热。此外，外墙保温材料具有较好的贮热能力强，可以在室内蓄积大量的热量。保温材料具有孔径小的特点，因此围护结构内的热量不易散失，直接保证了室内温度的稳定性和均匀性，从而能够给室内居住人群提供舒适的环境，并有利于人体健康和降低能耗。

2. 节能建筑设计方法

针对控制建筑自身的节能，可以从以下几个方面进行，此外还需要采取相应的行政经济政策，促进建筑节能的发展。

1）建筑布局

（1）建筑朝向。我国位于北半球，太阳高度和角度的变化会影响建筑的朝向。为了适应建筑光照，我国建筑普遍采用坐北朝南的布局形式。夏季可以减少太阳辐射得热，避免室内温度过高；冬季可以获得更多的日照，增加太阳辐射得热。研究表明：建筑朝南对建筑节能十分有利，因为在一天中，不同时间段的太阳能辐射热量是不同的，这对具有不同性质的建筑物，对于能量的使用时间也是不一样的。同样，我国东西和南北跨度大，地区的气候特点也不大一样，不同地区的日照时长和太阳辐射强度也不一样。地域不同决定了建筑性质的不同，对能量需求也不相同。因此，在建筑节能设计时，建筑师需要根据太阳能在不同地区、不同时段的分布情况以及建筑的功能类型（图1-6）来确定建筑的具体朝向以充分利用太阳能，达到最佳的节能效果，并使建筑节能投资回报最大化。

（2）建筑间距。目前，我国建筑设计规范对建筑满窗日照提出了明确要求，大部分地区的日照设计也是按照这一标准确定建筑间距，但是最初的建筑设计标准只是从建筑外形设计和人体健康的角度出发，并没有考虑到建筑节能的要求。同时，由于人们对城市空间居住要求的提高，高密度的建筑群体相继出现，房地产商为了降低成本，不遵守这一标准的情况时有发生。因此，加大日照间距标准的实施力度，并满足建筑节能需求，使建筑的大部分面积都能接受充足的日照，有效地将太阳辐射转化为可利用的热能，不失为减少建筑供暖负荷的有效途径。因此，在修订建筑节能规范是，结合建筑节能设计要求，合理规划建筑布局（图1-7），避免建筑间距过小导致建筑遮挡严重而不能接收足够的日照辐射热量，将对北方采暖区的建筑节能有很大促进作用。

2）建筑体形

建筑体形系数是指建筑物与室外大气接触的外表面积（不包括建筑地面、不采暖建筑的楼梯间隔墙以及户门的面积）与其所包围的体积的比值。

（1）建筑能耗。从传热理论分析，外围护结构是建筑热量散失的主要途径，因此，建筑的外围护结构外表面积越小，越有利于建筑热量蓄存（图1-8）。实践表明，建筑节能性能具有以下规律：条式建筑优于点式建筑，高层建筑优于低层建筑，规整建筑优于奇异建筑。

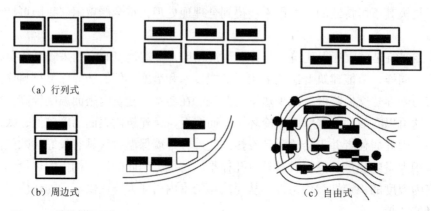

（a）行列式

（b）周边式

（c）自由式

图1-6　建筑布局示意图

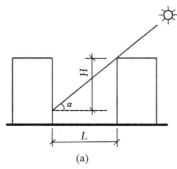
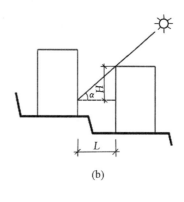

(a) (b)

图 1-7 建筑间距示意图

从降低建筑能耗的角度出发，体形系数应控制在一个较低的水平上。我国的《民用建筑节能设计标准（采暖居住建筑部分）》中给出了建筑体形系数的阈值，通常数值不得高于 0.3；此外我国的《夏热冬冷地区居住建筑节能设计标准》对建筑物的体形系数给出了更为详细的说明：一般的矩形建筑的体形系数应该低于 0.35，而点式建筑物的体形系数应该低于 0.40，如表 1-6 所示。研究数据显示，当建筑物的体形系数控制在 0.15 左右时，建筑物的能耗量最小。

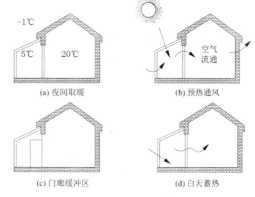

(a) 夜间取暖 (b) 预热通风

(c) 门廊缓冲区 (d) 白天蓄热

图 1-8 建筑热量蓄存方式图

表 1-6   严寒和寒冷地区门窗节能设计

	体形系数限值				窗墙面积比限值			
建筑层数	≤ 3 层	（4-8 层）	（9-13 层）	≥ 14 层	朝向	北	东、西	南
严寒地区	0.50	0.30	0.28	0.25	严寒地区	0.25	0.30	0.45
寒冷地区	0.52	0.33	0.30	0.26	寒冷地区	0.30	0.35	0.50

虽然说降低体形系数能够相应地降低建筑节能，但是建筑的体形系数不但与建筑围护结构的热量散失有关，它还决定着建筑的立体造型、平面布局以及自然采光和通风等。因此，虽然建筑体形系数较小时，通常是指体积大、体形简单的多高层建筑，建筑节能水平较高，但是这将制约着建筑师的创造性，导致建筑形式呆板，甚至可能会损害建筑的一些基本功能。因此，在建筑设计时，要统筹建筑节能和建筑空间设计这两方面的内容。根据研究表明，建筑师在建筑形体设计时，可以遵循宽式建筑、高层建筑和外表规整建筑优先的原则。

（2）传热理论。在严寒或寒冷地区，建筑物的外围护结构尤为重要。建筑的散热面积大于吸热面积，容易导致建筑内侧气流不畅等，最终交角处内表面的温度远远低于主体内表面温度。由于建筑的构造柱或框架柱常设立在建筑交角处，容易产生建筑的热桥效应，因此交角处是建筑物散热最多的部位。无论是外表规整的建筑，还是奇形怪状的建筑，只要存在外突出部位，必定会造成大量热量散失。相反，外部为球形或者圆柱形的建筑物，外突交角小，有利于降低建筑热量损失。

在我国北方地区，拐角处的建筑表面温度低于建筑主体内部的温度，同时建筑拐角处容易产生热桥效应，因此，在建筑节能设计中，建筑拐角部位需要成为节能重点考虑部位。由于圆形建筑的拐角数量最少，远低于矩形或者奇异建筑，因此圆形建筑的节能性能也远远优于矩形

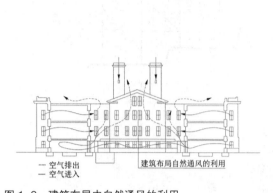

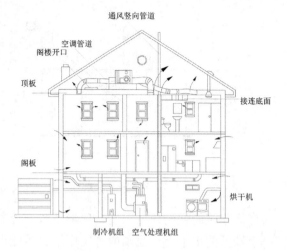

图 1-9　建筑布局中自然通风的利用

资料来源：http://america.pink/MyThumb.php?file=images/4/
6/5/0/6/0/8/en/1-ventilation-architecture.
jpg&size=200

图 1-10　低层住宅建筑节能策略图

或者奇异建筑。

（3）辐射得热。从太阳辐射得热角度考虑，建筑的墙面应该尽可能地朝南，同时可能产生热交换的外表面积应尽可能地减少。研究表明：相对于朝南的正方形或者平面不规整建筑，朝南的长板式建筑面积所获得太阳辐射得热最多。因此，在建筑设计初期，应该尽量地增大建筑朝阳方向的面积，而其他方向的建筑面积越小越好，即建筑朝南面积占建筑总表面面积的比例越大，越有利于建筑节能。综合考虑南向建筑体形，南向墙面为矩形时，建筑吸收太阳辐射热量也要大于南向墙面为正方形或者建筑平面凸凹的建筑类型。

（4）风致散热。随着建筑高度的增加，建筑受到风作用越明显，对于热带地区的建筑，建筑越高，越有利自然通风（图 1-9）；在冬冷地区，需要尽量降低建筑的高度，以避免内部热量损失。在我国北方地区，应以多层或低层建筑为宜（图 1-10，图 1-11），尽量不建或少建高层建筑，以减少建筑物的热量损失。

3）外围护结构设计

建筑是由外围护结构围成的封闭空间，外围护结构主要包括墙体、绿色屋面（图 1-12）、门窗、地面构件。虽然上述构件围成了封闭空间，但是这些构件散失的热量约占建筑热量损失的 40%，其中，因外墙传热而造成的热量损失达到占到 48%。因此，减少外墙传热对提高建筑节能水平具有重要的意义。目前，我国外墙结构的热工性能计算主要依据《建筑围护结构节能工程做法及数据》（09J908-3）。随着对墙体保温重视程度的提高，人们在外墙结构中引入保温材料，从而增强了建筑节能效果。在工程中，比较常用的建筑保温材料有聚苯乙烯泡沫塑料、聚氨酯泡沫塑料、岩棉、珍珠岩等，这些材料通常能够满足规范对建筑外围护结构的传热系数的要求。

从概念上讲，外围护结构的保温性能是指在冬季室内外条件下，围护结构阻止由室内向室外传热，从而使室内保持适当温度的能力。从原理上讲，建筑外围护结构的保温机理十分简单，只要通过使用传热系数较小的或者传热阻较大的材料，阻止室内向室外的热量散失，就可以达到保温的目的。对于既有建筑，建筑外墙不可拆除，因此可以选择外保温或者内保

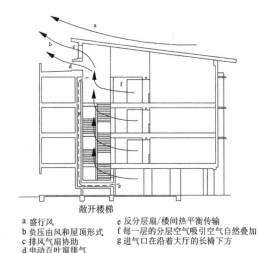

a 盛行风　　　　　e 反分层扇/楼间热平衡传输
b 负压由风和屋顶形式　f 每一层的分层空气吸引空气自然叠加
c 排风气扇协助　　　　g 进气口在沿着大厅的长椅下方
d 电动百叶窗排气

图 1-11　多层公共建筑节能策略
资料来源：http://player.slideplayer.com/32/9840029/data/
images/img7.jpg

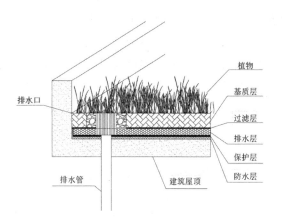

图 1-12　绿色屋顶分层详解

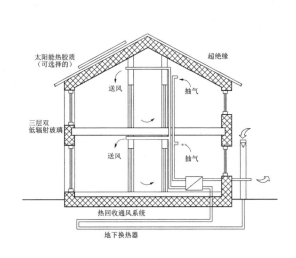

图 1-13　地下热利用示意图

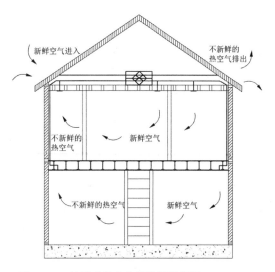

图 1-14　被动式住宅空气流通示意图

温的形式，实现墙体保温的目的。从构造上说，外墙保温和内墙保温的传热系数和传热阻是相同的，为了满足建筑结构抗震的需求，通常在外墙上设置混凝土圈梁和混凝土抗震柱，这就导致平均传热系数就存在明显的不同。因此，相对于内墙内保温而言，外墙外保温更能够有效地切断建筑热桥，提高保温的整体性和有效保温性，防止外墙内表面冬季结露。因此针对既有建筑，从建筑热工性能和可行性的角度考虑，建议采用外墙外保温措施。

　　4）可再生能源

　　为了解决日益恶化的能源短缺问题，可再生能源的利用受到了各国的高度重视，尤其是太阳能技术及风能的应用，很大程度上降低了建筑能耗。太阳能热水器、太阳能灶、太阳能集热器、地下热利用（图 1-13）等主动式或被动式太阳能系统和通风方式（图 1-14）已广泛进入家庭，并取得了很好的节能效果。在我国，太阳能等可再生能源采暖系统在建筑中的应用存在一定的局限性，其主要原因是可再生能源在技术开发、经济适用和政策实施方面还存在一定的问题，阻碍了可再生能源利用的发展道路，我们需要从以下三个方面着力解决这些问题。

（1）节能技术。加大建筑技术的投入，促进建筑节能的发展。在可再生能源中，太阳能是最容易获取而且取之不尽的能源，但是太阳能资源具有很大的分散性与不均衡性，在不同地区的太阳能资源在不同季节与时间不稳定性。如果能够保证太阳能资源与居民生活用能习惯保持同步，那么人类目前供暖用能和生活能耗等将会得到极大程度上的满足。太阳能资源的转化技术包括光电、光热两个方面，工程师正从这两个方面进行研究，试图解决因天气状况，气候变化和时间变化造成的能源转化储存不便的难题。现阶段，只有加大对太阳能技术的投入，解决太阳能的贮存和转换技术问题，才能推进建筑节能工作，促使建筑实现零污染、零能耗的目标。

（2）能源政策。建筑节能不但要发展节能技术，而且需要相应的鼓励和资助政策来支持。目前可再生能源技术并不成熟，制造成本较高，应用到建筑中可能会出现入不支出的情况，导致可再生能源技术的发展逐渐变缓。从可持续发展的角度考虑，建筑节能是一条必经之路，为了推动对于建筑节能政策发展，政府部分以及地方应该推出相应的鼓励和资助政策，从而更有力地推动建筑节能的发展。具体政策可以从降低成本和费用补贴方面出发，例如减免节能产品以及太阳能取暖系统的税费，降低销售价格；或对采用了建筑节能技术的各建筑物按建筑面积进行补贴，只有这样才能推动建筑节能工作的进步与发展，使人们自觉地将节能技术应用到建筑和日常生活中，促进建筑节能工作的深入和推广。

（3）能源经济。建筑节能是我国社会可持续发展战略的重要组成部分，影响着整个社会经济和社会文化的发展。如何有效地利用能源，改善空气质量，保护人类居住环境，是我国每个公民的义务和责任。一方面，政府应针对建筑设计、城市规划、能源使用以及建筑节能做出相对应的政策和标准，鼓励建筑设计师、房地产商以及居住人群遵守建筑节能标准。为了规范建筑师的建筑设计行为，国家颁发了《民用建筑节能标准》来鼓励和督促他们将建筑节能技术应用到建筑设计之中。房地产商为了降低成本，获得更大的利润，并不愿按照建筑节能标准。同时消费者也因为价格高昂和节能效果不显著等原因，不愿购买节能建筑。因此，为了让建筑节能得到更多的认可，政府部门应该更多的推广建筑节能监管措施，例如采暖系统温度控制、分项计量技术等，通过这些价值规律和经济手段来控制房地产开发商以及住户的能耗。这也是目前相当有效的能源管理政策，值得各地方政府部分采用和推广。

另一方面，建筑节能在国外的应用和推广比较成熟，因此我国需要学习和效仿欧洲发达国家成熟的建筑节能技术。目前，国外在墙体外围护结构保温系统、太阳能利用技术、可再生能源利用如风能、地热能等方面的应用都比较成熟，我国可以将这些节能技术结合起来，并不断寻求和开发新的节能技术，努力实现建筑节能的零能耗、零污染的目标。

1.2 节能建筑设计与改造

1.2.1 建筑节能途径

1. 新建建筑节能

国外的节能经验表明：法律法规和强制性标准是建筑节能得以开展的依据。因此通过国家立法和颁布相关法规，确定新建建筑节能相关标准，并保证其法律地位，是保证建筑节能制度成功实施的重要前提。在西方发达国家中，通常根据本国的发展特点制定并实施一系列的建筑节能法律法规，即将强制执行节能标准作为促进建筑节能发展的有效途径。在新建建筑立法方面，美国和欧盟最为完善。目前，我国的建筑节能即处于立法阶段并正趋于完善，应该从美国和欧盟借鉴一些成功经验。

自 20 世纪 70 年代开始，美国就陆续出台了一系列建筑节能法律法规。例如 1975 年颁布了《能源政策和节能法案》，1992 年制定了《国家能源政策法》，2005 年签署《2005 能源政策法案》，从而建筑节能制度受到法律法规的保护。美国采暖制冷空调工程师学会在之后又制定了《除低层住宅以外的新建建筑物的节能设计标准》和《新建低层住宅建筑节能设计标准》。这些标准规范为美国政府制定更严格的节能标准奠定了基础，同时美国几个经济较发达的州还制定了比国标更严格的标准，因此建筑节能在美国取得了很大的成果。我国东部沿海地区的经济较为发达，因此可以参照国标制定更加严格的标准，从而促进节能行业的发展。

建筑节能的重要基础是完善的建筑节能管理体制和机构。虽然世界各国的建筑节能工作均有政府机构管理，但是各机构的职能和权限却大不相同。需要指出的是，我国在建筑节能管理机构方面的设置与职权并不明确。美国和日本在建立有效的政府机构方面具有充足的经验，值得我们借鉴和学习。美国的节能管理机构可以分为政府机构和非政府机构。政府机构又分为国家和地方两个层次。其中，美国能源部为国家级别政府机构，负责制定和执行宏观能源政策的；各州为地方政府级别，主要负责管理各州具体的节能工作，执行国家政策。非政府机构则起到了沟通市场和国家部门的作用。

建筑能耗标识体系是建筑节能工作开展技术依据。新建建筑只有通过最终节能性能测定，才能确定其节能水平是否达到相关节能标准，才能获得能效测评标识（图 1-15）。因此，可以说建筑节能标识是保证建筑达到节能技术标准，进入市场的前提条件。目前，世界上较为成功的能效测评标识包括：美国的"能源之星"、德国的"建筑物能耗认证证书"。而我国自

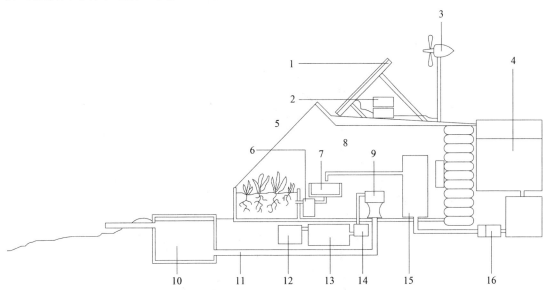

1—太阳能板；2—蓄电池；3—风力发电机；4—蓄水池；5—玻璃嵌板；6—油脂 / 实际过滤器；7—水槽；8—盥洗间；9—盥洗设备；10—化粪池；11—污水管道；12—泥炭过滤器；13—灰水舱；14—炭过滤器；15—净水池；16—加压水泵

图 1-15 低碳经济时代的绿色建筑
资料来源：http：//cdn3.collective-evolution.com/assets/uploads/2013/08/earthship-water.jpg

2006年开始才颁布了《绿色建筑评价标准》（GB/T 50378—2014），该标准将绿色建筑划分为三个等级：一星级、二星级和三星级。此后，政府又颁布一系列的措施，至2009年我国的能效测评标识体系才初步建立，目前我国的节能建筑仍不成熟，需要进一步完善。

2. 建筑节能改造经验

1）德国模式

需要指出，国外的建筑节能经验并不能完全适合我国的节能形势。因此，我国不能照搬德国模式，但是我国可以学习和借鉴其成功经验，然后根据我国建筑能耗特点，找到适合我国的建筑节能道路。德国的私有住房很少，大部分房子为住宅建设公司，产权较为单一。这些公司基本上由政府控股，因此建筑节能政策的推行的阻力较小。此外，为了推动住宅节能改造，德国政府在建筑改造之前就颁布了一系列的政策法规和经济激励政策，从而基本上清除了建筑节能改造的阻力。

经过节能改造后的建筑取得了较为显著的结果。原东德地区大部分板式建筑在改造之后，能耗指标明显降低，室内外环境也得到明显改善，如图1-16所示为典型的德国建筑节能技术体系。因此住宅公司在改造后提高了租金，但是出租率不但没有降低反而提高了。根据计算，建筑节能改造的投资经过12年左右的时间就可回收。同样对用户来说，虽然租金增加了，但房屋的运行费用减少了20%~30%。在总体使用成本仅增加15%左右的前提下，居住质量比改造前有了显著提高。

2）波兰模式

波兰在建筑节能改造前，基本采用集中供热的方式，城市约有76%的建筑采用集中供热。其中，大城市是以热电联产为热源的方式进行区域供热；小城市则是锅炉房的方式进行区域集中供热；农村集中供热的比例较小，仅占4.7%。

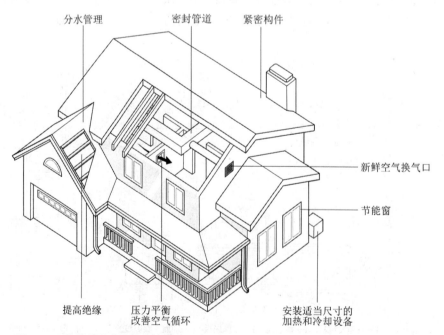

图 1-16　德国建筑节能技术体系

资料来源：http://www.keralahouseplanner.com/wp-content/uploads/2013/09/energy-efficient-Kerala-house-plans.png

波兰对建筑进行了节能改造，具体措施为：首先，改造建筑围护结构并实行采暖计量收费。其次，改造热源、热网和热用户，控制设备统一进行现代升级，如高效锅炉和换热器等，并采用室内供暖计量及安装控制设备仪表等测量方式。

建筑节能改造通常需要资金支持。波兰在建筑节能改造之前出台了相应的政策与管理：为了推动建筑节能，波兰政府积极制定经济激励政策，例如安装热表，可以获得补贴费用的50%；其次，金融配套措施到位；最后，各参与方分工明确，热力公司和住房合作社各司其职。

1.2.2　建筑节能体系

1. 建筑节能社会体系

我国建筑节能事业发展20多年来，尤其近些年来，建筑节能得到了长足的发展，建筑节能呈现全面推进的良好局面。具体表现在如下一些方面：

1）建筑节能得到全社会的关注，是关系到国家前途的重要决定

随着将节能减排目标的设定，建筑行业作为能源消耗大户，受到高度重视。"十五"期间，提出了建筑节能概念，并要求大力发展节能、研发建筑节能材料、探究建筑节能技术、制定建筑节能标准，从全社会各个方面推行建筑节能政策。建筑节能关系到人们生活生产的各个领域，建筑节能能否得到长远发展，将关系到人们居住水平、生活质量、经济发展及和谐社会的发展。

2）建筑节能法律法规已经初步建立

在过去20多年的时间里，国家已经颁布了以《节约能源法》为中心、《民用建筑节能条例》和《民用建筑节能管理规定》为配套的法律法规体系。这个法规体系保证了我国的建筑节能工作得以有效进行。目前，我国已经形成了报表制度、市场准入制度、节能改造制度、能源运行管理制度、"技术—材料—产品—设备"制度、能效审计和公示制度、能效测评标识制度、绿色建筑认证制度等，初步建成了建筑节能法律体系，从而有助于我国节能工作的开展。但是，需要注意到的是，这些法律法规还没有能够在全国范围内，不分地域，不分经济发展水平地全面实施。

3）建筑节能政策体系已经初步形成

为了鼓励建筑节能工作的推广，国家相继出台了多元化的财政政策和经济激励政策，主要包括可再生能源的利用，大型公共建筑用能监管体系的建设，以及既有建筑的节能改造等方面。这些财政政策和经济政策能够调动居民建筑节能的积极性，从而在全国范围内促进建筑节能工作的进步。

2. 建筑节能存在的问题

为了了解我国建筑节能标准的实施情况以及建筑节能效果，建设部组织了研究人员对我国寒冷地区以及严寒地区的建筑进行了普查。调查结果表明，我国的建筑节能标准推广程度较差，目前能够达到建筑节能标准的建筑仅占调查区城市居住面积的6.5%。因此，建设部对我国的建筑标准现状较为重视，并总结分析了我国建筑节能设计、推广和应用中存在的主要问题。

（1）居民的建筑节能意识较差。截至目前，除了有少量的居民了解建筑节能之外，其他居住者并不了解建筑节能的重要性与现实意义。其次，我国建筑节能标准并不完善，导致居民将重点放在了建筑外围护结构的传热系数设计上，如新型建筑材料研究，节能检测项目的开展

等并没有受到重视。此外，缺少对建筑节能的量化指标，人们在一个月、一年等的热量冷量使用量，没有基准。

（2）虽然我国自1993年开始已经颁布了十多部建筑节能标准或规范来引导建筑节能工作的开展，但是并没有或者没有完善的法律法规和强制性的标准来保证节能工作的正常进行。

（3）缺乏财政和经济鼓励政策。虽然说建筑节能设计能够提高建筑运营过程中的经济效益，但是节能产品和材料的价格要略高于普通产品。没有国家经济政策的支持，人们很难自发地采用节能产品，进行节能改造。

（4）节能技术是建筑节能工作成败的决定性因素。缺乏对建筑节能技术的支持，人们很难获得具有先进成熟技术以及质量合格、数量足够的产品。

（5）缺乏科学完善的用能收费制度。现在的居民建筑供热计价方式取决于家庭居住面积，居民无法自行调控热能使用量，容易造成能源浪费。

1.2.3　建筑节能策略

1. 新建建筑节能

新建建筑节能的实践主要有两方面：公共建筑和城镇住宅。公共建筑节能最佳实践案例有：作为国内较早探索绿色生态技术策略并得以实施的山东交通学院图书馆，取得良好节能效果的深圳建科大楼，对推广温湿度独立控制空调理念具有示范作用的深圳招商地产办公楼以及处于我国西北严寒地区的新疆维吾尔自治区中医院。我国现有的公共建筑中能耗最大的往往是空调系统和照明系统，如何节能，设计师需要考虑采光和通风的最优化。

天津时代奥城、水晶城住宅示范区，北京山水文园，内蒙古低碳住宅示范区等无不体现了建筑节能的思想。我国在近二十多年的建筑节能实践中也摸索出了一些经验，各地方部门根据自己本地区的特色也制定了相关标准，如河北唐山市制定并实施了"建筑节能闭合管理程序"强化建筑节能管理，紧抓设计、施工、验收3个环节，节能工作取得了明显的效果。

2. 既有建筑节能改造

以天津已有建筑为例，改造项目为"塘沽区北塘街杨北里"住宅楼（图1-17）。天津市制定"供热企业投资为主，政府补贴为辅"的策略，改造效果极为明显，达到了"节能65%"的要求。通过节能改造，政府获得了显著的社会效益；供热企业也得到了比较理想的经济效益；居民也节约了部分开支。

天津模式为我国的节能改造探索出了一条道路，这适合大城市的节能改造项目，改造主体投资为主政府补贴为辅。目前我国有不少城市已出台了一些关于节能改造的补贴措施，但对于中小城市来说就不是那么容易的了，一方面节能改造不是那么迫切，另一方面也没有那么多的资金投入，依靠居民或企业自主改造，其成果可想而知。

3. 建筑节能发展前景

针对中国目前的建筑节能形势，政府必须控制好新建住宅和公共建筑的节能要求，制定更完备的法律法规体系，建立健全监督机构，确保城镇节能工作做好。城镇节能是底线，农村是以后发展的方向。

（1）在城镇新建建筑节能和已有建筑节能改造中，政府机构应先行，做到示范作用。国家制定全国性的经济激励政策，有条件的地方政府可以制定本地区的激励政策，以利益驱动各

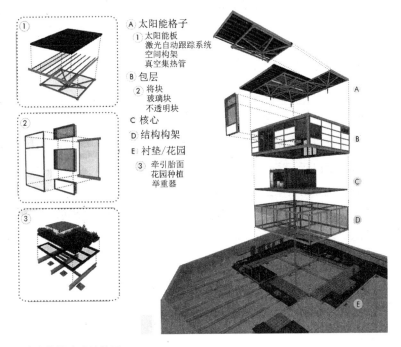

A 太阳能格子
① 太阳能板
  激光自动跟踪系统
  空间构架
  真空集热管
B 包层
② 将块
  玻璃块
  不透明块
C 核心
D 结构构架
E 衬垫/花园
③ 牵引胎面
  花园种植
  举重器

图 1-17　建筑节能改造结构图
资料来源：http://urbanomnibus.net/redux/wp-content/uploads/2011/07/CCNY_exploded_axon.jpg

方节能。同时，加强监督管理，对不符合标准的建筑坚决不予开工建设。

（2）如果说城市建筑节能已经步入正轨，那么建筑面积占全国50%以上的农村在建筑节能方面可以说是一片空白。已有的农村建筑节能示范工程大都有其自己的特殊性，对广大农村不具有可复制性，尤其是中西部农村。我国农村地区的面积广阔，建筑面积巨大。据统计，我国农村地区的建筑能耗为城市地区的 2~3 倍，因此如果能在农村地区开展建筑节能工作，那么必定能够取得显著的成果。同样，也需要认识到农村地区建筑节能工作的难度：首先，国家没有颁布农村建筑节能标准，农村大部分建筑为居民自建建筑，没有经过专门的设计；二是凭借经验建造，建筑围护结构的热工性能特别差。我国建筑节能工作的重点为农村建筑，结合农村建筑的耗能特点以及资源分布，制定完善的农村节能政策，促进建筑节能工作的全面发展。

绿色建筑包含新建绿色建筑和既有建筑的绿色化改造，我国目前有 500 亿 m² 既有建筑，每年新增 20 亿 m² 新建筑，都将是绿色建筑的广阔空间。按照现有《绿色建筑评价标准》，绿色建筑分为一星、二星和三星 3 个级别，三星为高标准。据统计，目前全国共评出近 3000 项绿色建筑评价标识项目，预计 2015 年全年不低于 5 亿 m²（表 1-7，表 1-8）。

表 1-7　　　　　　　　　　　　　　　绿色建筑项目各建筑类型数量及所占比例

全国绿色建筑项目各建筑类型数量及所占比例		
建筑类型	数量	所占比例
公共建筑	925	44%
居住建筑	1105	55%
工业建筑	15	1%

表 1-8　　　　　　　　　　　　　　　绿色建筑项目各星级数量所占比例

全国绿色建筑项目各星级数量所占比例		
建筑类型	数量	所占比例
一星级	757	36%
二星级	853	43%
三星级	437	21%

　　绿色建筑标识分为两种：一种是设计标识，通过工程审查后即可向国家提出申请；另一种是运行标识，建筑物竣工以后运行一年，通过测得一年四季不同气候下的能效数值，达到标准，即可得到的标识。截至目前，我国已经认证了 2047 个绿色建筑项目，其中设计标识项目 1924 个，运营标识项目 123 个。绿色建筑标准的适用范围包括住宅建筑和公共建筑（表 1-9）。其中，住宅建筑主要是低层、多层、中高层、高层建筑等，而公共建筑主要是指办公楼、商场、图书馆、学校、医院、博物馆、酒店等。

表 1-9　　　　　　　　　　　　　　　　绿色建筑评价体系评价指标

	节能与室外环境	节能与能源利用	节水与水资源利用	节材与材料资源利用	室内环境质量	施工管理	运行管理
居住建筑	0.21	0.24	0.20	0.17	0.18	—	—
公共建筑	0.16	0.29	0.17	0.19	0.19	—	—
居住建筑	0.17	0.19	0.16	0.14	0.14	0.10	0.10
公共建筑	0.13	0.23	0.14	0.15	0.15	0.10	0.10

　　除了国家对绿色建筑进行了标准化规定以外，许多地方政府也采取了积极有效的措施。2013 年 4 月，深圳市通过了《深圳市绿色建筑促进方法》，规定：深圳市新建民用建筑将全部纳入绿色建筑标准的范围，从而强制执行绿色建筑标准。同月，深圳市颁布了《关于全面发展绿色家长农户推动生态城市建设的意见》，规定：自 2013 年 6 月 1 日起，新建项目执行《绿色建筑节能标准》，并基本达到绿色建筑一星级以上标准。北京市于 2013 年 8 月，在全国率先发布了地方性绿色建筑一星级施工图审查要点，并将绿色建筑一星级纳入施工图审查中。自 2014 年，全国各省、市政府部门规定将投资项目和大型公共建筑、保障房等强制执行绿色建筑标准。

1.2.4　建筑节能技术选择

1. 建筑节能技术选择的相关理论

　　1）可持续发展理论

　　可持续发展理论是建筑业发展模式的必然选择，也是评价政策、技术实施的理论基础。我国建筑物的设计寿命是 50~70 年，在建造和运行过程中将会消耗大量的能源，并造成环境污染。只有从节能技术应用和政府政策管理两个方面入手，才能在保证提高能源利用效率的同时，不断提高室内舒适性，实现我国国民经济的快速发展和社会可持续发展，保护资源和减少环境污染。

　　可持续发展理念要求我们，在建筑节能技术评价和选择的过程中，首先要把节能技术带来的经济效益和社会及环境效益相结合，即在追求节能技术应用的经济效益最大化的同时，要兼顾考虑节能技术对环境、社会和生态带来的正负效果，争取节能效益的最优化。其次构造基于可持续发展的建筑节能技术选择评价指标体系和方法体系，正确评价建筑节能技术节能效果，选择出合适项目、投资主体节能目标的建筑节能技术。同时，保证政府节能标准、激励政策制定的可持续性和公众参与的可持续性，也是保证建筑节能目标实现的两项重大措施。

2）循环经济理论

循环经济的建筑节能不但把系统范围拓展到建筑生命周期，而且考虑了整个系统内能源、资源的再利用和再循环，其目标是使整个建筑生命周期内从生产环节到消费环节对环境的影响最小，资源利用效率最高。

在建筑节能技术选择与评价过程中引入循环经济的理念，就是充分利用建筑物自身的功能保持热量并且减少能源消耗，大量开发使用新技术、新材料、可再生能源及新能源，如在符合条件的地方采用太阳能、地热等技术，与常规能源配合使用，逐步达到零排放。避免能源的浪费和损失，用有限的资源和最小的能源获取代价，换来最大的经济效益、社会效益和环境效益。

3）综合评价理论

综合评价理论，指对以多属性体系结构描述的对象系统作出全局性、整体性的评价，即对评价对象的全体，根据所给的条件，采用一定的方法给每个评价对象赋予一个评价值又称评价指数，再据此择优或排序。综合评价的对象系统通常为社会、经济、科技、环境、教育和管理等复杂的系统。为了对节能技术作出最后的决策，需对有关建筑节能技术进行综合性的比较，根据不同节能主体的需求，从多角度对建筑节能技术进行全面、系统的评价，从中选择出一种最佳方案或几种备用方案作为今后工作的实施计划。

4）生命周期评价理论

生命周期评价方法（LCA），是从产品或服务的整个生命周期出发，是一种客观评价产品、过程或活动整个生命周期过程中的环境负荷的方法。该方法通过识别和量化所有物质和能量的使用以及环境排放，全面、科学评价这些消耗和排放造成的环境影响，评估和实现相应的改善环境表现的机会。

建筑节能的最主要特性是节能，而能源的利用是体现在建筑从设计到建造、再到拆除全过程中的，即建筑的全寿命周期中。生命周期评价包括产品、过程或活动从原材料获取和加工、生产、运输、销售、使用、再使用、维修、再循环到最终处置的整个生命周期。

建设项目的生命周期分为建设过程和使用过程。将建筑看成是具有一代人乃至几代人可持续使用价值的社会资本，来进行计划、规划、设计、建设、运行和维护管理。建筑物的生命周期大体上分为以下几个过程：①建材生产及供应；②施工建造；③使用运行；④维修更新；⑤拆除；⑥废弃物处置。建筑物的能源消耗可分为建造能耗和使用能耗。

2. 建筑节能技术评价方法

建筑节能技术评价方法可以分为国家级和企业级两个方面，其中国家级评级方法是从宏观上研究分析经济、社会、环境和技术的相互关系，旨在分析建筑节能技术多方面的影响，并分析其对未来环境、经济与社会的发展，从而制定出能够控制与引导技术应用方向，从而提高建筑节能技术效益并避免其带来的危害。与国家级评价方法相比，企业级评价方法更注重节能技术的应用，旨在短期内以最小的经济、环境与社会代价获得最大的利益。建筑节能技术的评级选择试图在国家级和企业级的评价方法上，选择出最有利于建筑节能的方法。

建筑节能技术评价主要包括四个步骤：

（1）选择价值标准。

（2）确定评价内容。

（3）建立评价指标体系。

（4）选择评价方法。

上述四个步骤是由技术评价目的决定的，评价目的不同，评价内容和方法也就不同。常用的评价方法包括：

（1）专家评审法、德尔菲法。

（2）技术经济评价法费用－效益分析法、指标公式法、投资回收期法、内部收益率法、净现值法。

（3）评价法模拟法、线性规划法、动态规划法、相关树法。

（4）综合评分法、交叉影响矩阵法、网络图法。

建筑技术节能评价从技术可操作性、节约资源、减少环境污染、投入资金等多方面的效果进行综合评价，为建筑节能技术选择提供可靠的判断依据。

3. 节能技术评价影响因素

建筑节能适用技术内涵丰富，种类繁多，节能主体在引进、开发和选择建筑节能技术来达到节能目标的时候，要加强技术研究的深度，对技术所需资源、技术应用条件与过程、技术实施效果、技术应用风险等进行全面细致的分析，保证技术实施的效果，降低技术风险。只有当节能技术的各项评价指标都达到预期的目标时，才会对节能技术进行选择和推广。建筑节能技术评价的影响因素主要有以下几方面：

1）技术本身

技术的影响主要体现在先进性、成熟性、配套性。节能主体在选择新技术时，首先从项目的节能目标出发，选择可以实现节能目标的技术。同时，这个建设目标的实现是采用旧有技术无法实现或者很难实现或者资源投入过多才能实现的，而先进技术可以以较少的资源投入而实现。此外，节能技术的应用，需要有很多的配套技术和设备，技术的选择应尽量考虑和旧有技术的相关性，相关性越大技术使用人员掌握技术的时间就越短，技术应用成功的可能性就越大。

2）经济水平

经济效益是指人们从事经济活动所获得的劳动成果（产出）与劳动消耗（投入）的比较。经济承受力，是指该项技术引进及应用能否获得足够的资金支持。采用节能技术势必要增加经济投入，但同时也减少能源浪费，减少环境污染。受利益驱使及经济水平限制，微观节能主体往往不愿采用节能技术。只有当技术使用带来的经济效益大于使用成本，且不超出经济承受能力时，微观节能主体才有可能采用该技术。

3）环境效益

环境效益是指人类活动所引起的环境质量的变化。环境效益涉及很多项内容，需要利用很多项指标才能反映出环境质量的变化，同时由于环境效益的滞后性，使得我们很难准确计量环境效益。节能是为了从根本上减少经济活动对生存环境的影响，建筑节能技术的研究不仅仅从经济效益角度来考虑节约能耗，更要多考虑环境效益。把微观效益与宏观效益相结合，也要处理好眼前的经济利益与长远环境效益的关系。

4）社会效益

社会效益是指在项目全寿命过程中，人类活动所产生的社会效果。社会效益是从社会角度来评价人类活动的成果；节能技术的社会效益是对就业率、生活水平、文化的提高程度。

4. 节能技术评价原则

指标体系要充分反映节能主体在建筑节能技术选择中的职责。在建立建筑节能技术选择评价指标体系时，要遵守以下的原则：

1）科学性原则

指标选择是否科学合理直接关系到评价质量的准确性。指标选择要有代表性、完整性和系统性，应以生命周期评价理论和环境经济学为基础，要有一定的专业知识，对节能技术进行深入的了解，并结合评价方法进行调整。评价指标的定义要准确、规范，防止发生歧义，定性、定量分析相结合，通过综合考核评价，提高评价结果的可靠性。

2）针对性原则

节能技术具有多样性，技术选择的方式有多种，每一种方式涉及的因素互不相同，因此，指标的设计即要体现备选技术方案的共同点，也要服务于侧重点不同的技术方案。

3）综合择重原则

由于建筑节能技术的多样性和复杂性，节能技术效果的影响因素很多，我们不可能对每一项技术进行评价并得出结论。但是，可以建立一个相对稳定的评价指标体系，一方面要全面反应技术的整体性能和综合情况，另一方面评价指标要有明确的代表性、重要性。应注意使指标体系层次结构合理、协调一致，既能反映节能的直接经济效果，又要反映节能的间接社会效果和环境效果。

4）可操作性原则

建立评价指标体系的目的是为节能主体的建设项目节能技术选择工作提供支持与帮助。由于参与评价人员技术等各方面的差异，可能会在评价过程中出现一定的误差，造成评价的错误。因此指标设计既要符合理论要求，又要力求简便明了，计算需要的信息资料易于收集，便于利用现有的数据资料，有实际操作的可行性。

5）可比性原则

技术选择评价是根据系统的整体属性和效果的比较进行排序，可比性越强，评价结果的可信度越大。评价指标和评价标准的制定要符合客观实际，便于比较。指标间要避免显见的包含关系，隐含的相关关系也要以适当的方法加以消除。不同量纲的指标应该按特定的规则作标准化处理，化为无量纲指标，便于整体综合评价。指标处理中要保持同趋势化，以保证指标间的可比性。

6）可调节性原则

建筑节能技术的含义是一个动态的概念，由于受到政策、技术发展、经济等环境的影响，在不同的发展阶段及不同地域，关注的重点不同，其评价指标的选择及指标权重也是不同的。因此节能技术的选择要具有可调节性，随着不同时期、时间和地域的变化，评价指标体系的使用要能够根据工程项目的具体情况适时进行调整，保证评价结果的准确性。

7）客观性原则

目前建筑节能技术等方面的数据资料不易收集，建筑节能技术评价指标体系中有一定的定性评价指标，而定性指标的定量化方法主要采用专家评定法等，因此带有很强的主观性。这就要求在确定节能选择评价指标体系，选择评价方法时要客观、公正，应尽量避免加入个人的主观意愿。

1.3 建筑节能评估及其影响因素

1.3.1 能源效率变动分析

建筑节能效率是评价建筑能源效率变化的重要指标，其计算方法是在能源效率指标的基础上建立起来的。本小节将对其计算方法进行简单介绍。

1. 节能效率

节能效率指的是建筑的绝对节能效率，其计算公式如下：

$$\phi = I_0 - I_1$$

式中　ϕ——绝对节能效率，吨标准煤/万元；

　　　I_1——报告期内单位 GDP 能耗，吨标准煤/万元；

　　　I_0——基期单位 GDP 能耗，吨标准煤/万元。

节能效率的物理意义表示上期能源效率减去当期能源效率。从数学意义上，这是正向指标，从绝对量上反映建筑能源效率的变化。数值越大，说明报告期节能效率越高。

累计节能效率的计算公式如下：

$$\sum \phi = \Delta I = I_0 - I_n$$

式中　I_0——基期单位 GDP 能耗，吨标准煤/万元；

　　　I_n——报告期内单位 GDP 能耗，吨标准煤/万元；

　　　n——报告期与基期间隔年份数。

2. 节能相对效率

节能相对效率描述了建筑绝对节能效率与基期能源效率的相对值。在意义上，与计算节能率指标方法相同，因此又称为节能率指标。节能率是指报告期的单位 GDP 能耗比相应的基期的单位 GDP 能耗降低效应，是反映能源节约程度的综合指标，也是衡量节能效率的重要指标，表明能源利用水平的提高幅度。

根据统计时期的不同，节能率可分为报告期节能率和累计节能率。如果要研究一个时期内能源平均节约程度，那么可计算该时期内的平均节能率，其计算公式如下：

$$\xi = \frac{\Delta I}{I_0} \times 100\% = \left(1 - \frac{I_1}{I_0}\right) \times 100\%$$

式中　ξ——报告期产值节能率（%）；

　　　ΔI——报告期内单位 GDP 节能量，吨标准煤/万元；

　　　I_1——报告期内单位 GDP 能耗，吨标准煤/万元；

　　　I_0——基期单位 GDP 能耗，吨标准煤/万元。

通常情况下，节能率计算以一年为基本单位，因此公式中的报告期一般指当年，而基期指上一年。

累计节能率是以统计开始年份为基数，减去逐年的单位产值（或产品）能耗比值之积，其

计算公式为

$$\sum \xi = \left[1 - \left(\frac{I_1}{I_0} \times \frac{I_2}{I_1} \times \cdots \times \frac{I_n}{I_{n-1}}\right)\right] \times 100\% = \left(1 - \frac{I_n}{I_0}\right) \times 100\%$$

式中　　$I_0, I_1, \cdots, I_n$——累计期内逐年的单位 GDP 能耗，吨标准煤 / 万元。

年平均节能率的计算公式为

$$\overline{\xi} = \left(1 - \sqrt[n]{\frac{I_n}{I_0}}\right) \times 100\%$$

式中　　$\overline{\xi}$——年平均节能率（%）；

　　I_n——报告期内单位 GDP 能耗，吨标准煤 / 万元；

　　I_0——基期单位 GDP 能耗，吨标准煤 / 万元；

　　n——报告期与基期间隔年份数。

3. 节能效率影响因素

建筑节能效率受到多个因素的影响，节能效率的变化是多个因素综合作用的结果。首先，建筑节能效率与能源效率密切相关，因此要分析节能效率的影响因素，可以借助于能源效率。但是节能效率与能源效率又有一定差异，因此两者的影响因素不一定相同。通过对能源效率影响因素的分析，结合节能效率自身的特点（图 1-18），本小节归纳总结了节能效率的主要影响因素，包括经济发展水平、能源价格、技术进步、产业结构、市场化水平、能源消费结构以及其他影响因素。下面将对这几种因素进行详细分析。

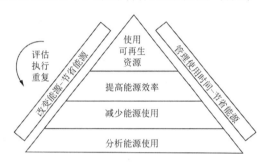

图 1-18　提高能源效率措施

1）经济发展水平

一个国家的节能效率与国家的经济发展水平具有很大的关系。大量的研究表明，处于不同发展阶段的国家，其单位 GDP 能耗的动态变化轨迹是不同的，主要存在以下三种可能：

（1）第二产业发展速度处于世界前列的国家，单位 GDP 能耗会迅速增加。

（2）第二产业处于稳步健康增长状态的国家，单位 GDP 能耗会逐年减低。

（3）以第三产业为主导、第二产业为辅的国家，单位 GDP 能耗会逐渐降低。

我国不同地区的经济发展水平存在巨大差异，因此不同地区的单位 GDP 能耗轨迹也不相同，但基本上符合上述三种变动轨迹。我国东部地区经济发展水平高于中部地区，中部地区高于西部地区，因此单位 GDP 能耗也由东部到中部，由中部到西部显示出逐渐升高的规律。另一方面，我国东部沿海地区的 GDP 增长速度较快，意味着在以后的经济发展中更有可能实现单位 GDP 能耗的下降，提高能源效率。

2）能源价格

自 20 世纪 80 年代开始，我国采取了改革开放政策，我国的能源改革也随之启动。在 1985—1988 年，能源实行价格"双轨制"，即计划价格与市场价格并存的机制，但是市场价格的比例与范围逐年提高。1992 年我国进行了能源价格改革，能源价格大幅度地提升。虽然我国之后进行了一系列的能源价格改革，但效果并不明显。

如图 1-19 所示是我国 2010—2013 年研究与发展经费支出，目前，中国的能源价格体系还不完善。电力、天然气价格仍按照政府定价的模式；虽然石油价格已经与国际市场接轨，定价机制仍受政府控制调节。能源作为一种生产要素，其价格是影响能源效率的重要因素，因此在能源经济体系中，能源应和资本、劳动和技术一道纳入第一要素的范畴，而不应被视为次要生产要素。国外学者 Birol 和 Keppler 通过经济学理论阐明，运用经济手段提

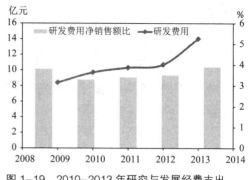

图 1-19　2010-2013 年研究与发展经费支出

高能源价格，有助于降低能源强度和改善能源效率。因此能源价格的提升会抑制重工业的能源需求，有助于产业结构调整并提高能源效率，最终有利于节能效率的提升。

3）技术进步

技术手段是实现节能降耗的根本方法，节能技术的改进有利于提高能源效率或节能效率，并能够有效地反映出节能技术进步机制的作用效果。国外学者 Birol 与 Keppler 等人认为技术进步是影响能源效率的重要因素，其中，研究与发展经费的投入是决定技术进步的内在关键性因素。Keller 认为投入越多的研究与发展经费，劳动生产率越高，形成的技术进步能力就越强，能源效率也就越高。总的来说，技术进步会显著提高能源效率，而研究与发展经费的投入是技术进步的关键变量。

4）产业结构

产业结构对国家能源结构有一定的影响，如表 1-10 所示，我国自 1980 年至 2012 年能源结构发生了重大的转变。在 20 世纪，我国的能耗以第二产业，尤其是工业的能源消耗量最为巨大。随着国家力发展第三产业和提高居民的生活水平，控制工业产业的比例，居民生活消费用能和第三产业用能大幅度提升，说明我国的产业结构正在优化，能源效率也正在逐步提升。

5）市场化水平

市场化水平也是影响能源效率的重要因素。受到市场因素的影响，企业会密切关注能源的"投入－收益"关系、能源配置、能源利用率以及技术创新等因素，从而能够提高企业内部的能源利用率。同样，在市场机制调节下，中国能源要素的配置趋于合理，能源要素流向"投入－产出比"高的发达地区，从整体上提高中国能源利用效率。经过研究，1992 年以后，中国市场化程度的加深，显著提升了中国能源效率。

6）能源消费结构

能源消费结构对能源效率有着直接的影响。如图 1-20 所示，我国的煤炭资源丰富，在能源总量中占较大比例，同时水电及其他可再生资源比较丰富，但是优质能源（如石油、天然气）的比例较低且分布不均衡。这样导致煤炭在我国的一次能源消费中占有很大比例，成为能源消费的主要部分，同时在运输和使用过程中也会产生大量的能源损耗及污染。可想而知，煤炭使用比例

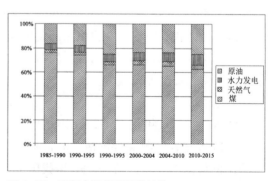

图 1-20　历年中国能源消费结构

表 1-10

中国 1980-2012 年全国建筑能耗（万吨标准煤）

年份	能源消费总量	各产业结构耗能				
		第一产业	第二产业	#工业	第三产业	生活消费
1980	1907.7	66.8	1400.3	1385.0	297.6	143.0
1982	1920.4	55.7	1346.2	1330.8	338.0	180.5
1984	2144.1	85.8	1470.9	1451.6	347.3	240.1
1986	2400.0	95.7	1612.0	1586.5	380.4	311.9
1988	2612.6	111.7	1748.1	1719.7	412.2	340.6
1991	2872.0	126.7	1807.6	1773.7	542.0	395.7
1993	3264.6	133.6	2150.9	2106.9	561.0	419.1
1995	3533.3	120.4	2328.4	2282.4	632.7	451.8
1997	3719.2	95.7	2369.6	2312.3	799.8	454.1
1999	3906.6	86.9	2370.7	2308.5	971.8	477.2
2000	4144.0	104.8	2424.8	2356.4	1080.9	533.5
2001	4229.2	105.4	2366.6	2287.7	1196.2	561.0
2002	4436.1	103.0	2414.6	2325.4	1334.5	584.0
2003	4648.2	99.9	2476.7	2380.2	1391.0	680.6
2004	5139.6	85.6	2664.2	2550.2	1638.0	751.8
2005	5521.9	86.3	2702.5	2599.1	1918.7	814.4
2006	5904.1	92.3	2773.1	2670.1	2129.3	909.4
2007	6285.0	96.4	2793.8	2685.0	2389.5	1005.3
2008	6327.1	96.9	2550.5	2430.8	2610.5	1069.2
2009	6570.3	99.0	2544.2	2392.4	2760.3	1166.8
2010	6954.1	100.3	2726.7	2559.7	2897.4	1229.7
2011	6995.4	100.3	2488.7	2329.7	3100.5	1305.9
2012	7177.7	100.8	2426.1	2275.7	3252.1	1398.7

的下降、优质能源使用比率的上升，能源效率会自动提高。

7）其他影响因素

除了上述影响因素之外，还有一些其他因素会对能源效率产生影响。例如对外开放水平、所有制改革等会影响能源效率。此外，资源禀赋差异、能源管理体系、指标体系及法律法规等因素也会影响到能源效率。

1.3.2 能源利用评估

可再生能源利用可通过亚系统能值图进行分析评估。在能源利用评估中，需要结合当地区域建筑的具体情况，分别对太阳能、风能、生物质能等可再生能源进行评估，算出它们各自的净能值和净能值产出率，从而对它们的利用价值做出合理的判断。除了对可再生能源进行单项评估以外，也可以对两种以上的可再生能源进行组合评估，从而得到最优的利用方案。

建筑节能评估是一项节能措施之一，在区域能源规划中发挥着越来越重要的作用。具体而言，在能源规划中，要列出区域内可利用能源的资源量的详细清单并进行评估，因地制宜，讲究效益，从而为区域建筑能源的规划和开发提供科学性依据。在评估中，如果能源生产过程中所输出能量的能值大于自身经济系统反馈投入的能量（技术、物资、劳务等）之能值，即能源的净能值（NE）产出量为正值，净能值产出率大于1，则该能源资源是可以利用的。相反，如果净能值产出率小于1，则净能值产出量为负值，也就是投入能值高于产出能值，那么这种能源资源在该区域内不可取。

1988年，奥德姆（Odum）通过大量的计算出了各种能源的净能值，如图1-21所示。图中横坐标轴表示能源的集中程度，由分散状态到聚集状态；纵坐标轴表示能源的净能值产出率。如果能源资源的产出净能值为正值，那么其净能值位于水平线以上。通过研究分析可知，净能值产出率大于1的能源资源有天然气（36）、水力发电（20）、地热（13）、进口石油（6）、煤炭（4.8）和核能（2.7）。而净能值产出率小于1的能源包括风能（0.25）和太阳能（0.2），产生这种结果的主要原因为这两种能源的具有很高的分散性，转化效率较低。从当前的技术水平考虑，风能和太阳能需要经过大量的经济投入才能扭转这种结果，进而使其转化为人所利用的形式。从这个结果可以看出，估算一种能源的净能值产出率能够预测资源经济价值的时限，从而能在市场中加以利用，推动其成为社会发展的主要能源。

1.3.3　建筑能耗研究方法

根据建筑热工性能与我国气候特征，《建筑气候区划标准》（GB 50178—1993）将全国划分为五大建筑气候区，即严寒地区、寒冷地区、夏热冬冷地区、夏热冬暖地区以及温和地区。其中，严寒地区和寒冷地区主要包括我国的秦岭淮河以北、新疆、青海和西藏，即我国的三北地区。在这些地区的城市、村镇冬季取暖能耗占到整个全国建筑能耗的40%。在《公共建筑节能设计标准》（GB 50189—2005）实施以后，三北地区的建筑节能工作取得了较大的进展，但仍存在很多问题。严寒地区的建筑能耗的研究方法主要包括两种：一是静态能耗分析方法；二是动态能耗分析方法。下面对两种方法进行具体分析。

1. 静态能耗分析法

通常情况下，按照建筑稳态传热理论，也就是说，忽略建筑围护结构的蓄热能力和传热性能，计算建筑物在供暖期内各季节或者各月的耗热量的方法叫作静态能耗分析法。该方法主要包括有效传热系数法、度日数法、温频法、负荷频率表法以及当量满负荷运行时间法等。

有效传热系数法，通常采用有效传热系数代替原传热系数。一般认为传热系数是在单位温差下、单位面积在单位时间里的传热量，即原传热系数则只考虑两侧温差对传热量的影响。然而，在实际建筑围护结构中，热耗是由两侧空气温差，太阳辐射得热以及向天空辐射三部分组成的，这三部分的代数和为围护结构的净热耗，也就是所说的有效传热系数。有效传热系数表示单位温差下、单位面积在单位时间里的净热耗。在《民用建筑节能设计标准（采暖居住建筑部分）》（JGJ 26—2010）中，采用的方法便是有效传热系数法。

度日数法则是一种简化的计算方法。这种方法基于以下两种假设：①从建筑长期耗能来看，如果室外日平均温度等于某一基准温度，则认为太阳辐射得热和室内得热可以完全弥补建筑物的热损失，则不考虑采暖系统耗能；②建筑采暖能耗与基准温度和室外日平均温度的差值成正比。美国的基准温度取为18.3℃，采暖度日数在数值上等于室外日平均温度与采暖基准温度的差值与一天乘积之和。

与度日数法相比，温频法能够用于室内耗能为主且耗能不与室外温度成正比的建筑物耗能的计算。在计算过程中，该方法将不同的室外干球温度瞬时热（冷）负荷值乘以该温度值出现的小时数。可以认为，温频法是一种准动态的静态计算方法。

2.动态能耗分析法

自20世纪70年代开始，计算机技术用于建筑物能耗模拟计算，动态能耗分析方法逐渐兴起，这是一种比较精确的能耗计算方法。通过动态能耗计算分析方法，可以得到全年逐时能耗变化；但是这种方法考虑了建筑围护结构的蓄热效应的影响，因此计算时比较耗时。动态能耗分析法主要用于建筑能耗系统及子系统的能耗分析及评估、经济性分析和方案优化等。这类方法主要包括两种方法：一是加权系数法；二是热平衡法，下面将对这两种方法进行具体说明。

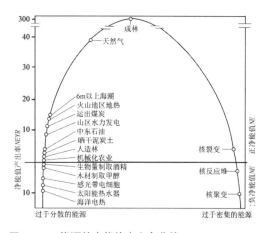

图1-21 能源的净能值产出率曲线
资料来源：张改景，龙惟定，苑翔.区域建筑能源规划系统的能值分析研究

为了逐时地计算建筑能耗，最初人们建立介于静态计算方法与动态热平衡法的计算方法，即加权系数法，它是由 Z 函数传递法推导而来，应用于美国能源部开发的能耗模拟软件 DOE-2 软件中。在这种方法中，权系数有两组：得热权系数和空气温度权系数。

得热权系数是关于得热量转化成冷（热）负荷的关系，其计算公式如下：

$$Q(t) = v_0 q(t) + v_1 q(t-1) + \cdots - \omega_1 Q(t-1) - \omega_2 Q(t-2) \cdots$$

得热权系数是由一系列的参数组成的，从数值上可以看出建筑围护结构的蓄热以及后一段时间内的蓄热是散失情况。

空气温度权系数是关于室内温度与房间内负荷间的关系，其公式如下：

$$T(t) = \left[(Q(t) - ER(t)) + p_1(Q(t-1) - ER(t-1) + \cdots - g_1 T(t-1) - g_2 T(t-2) - \cdots \right] / g_0$$

式中　T——室内时刻的空气温度，℃；

$q(t)$——t 时刻得热量，kW；

$Q(t)$——t 时刻冷负荷，kW；

$ER(t)$——t 时刻空调系统提供的能量，kW；

$v_0 \omega_1$——得热权系数；

$g_0 p_1$——空气温度权系数。

加权系数法基于以下两个假设：一是围护结构传热过程模型是线性的，通过简单相加即可得建筑总的冷负荷；二是影响权系数的系统参数均为定值，不是时间函数。从这两个假设可以看出：加权系数法在一定程度上削弱了动态模拟结果的准确性。

热平衡法是在能量守恒定律的基础上建立起来的，目前应用于美国军方建筑工程研究实验室开发的 BLAST 软件。与加权系数法相比，加权系数法的理论性较强，且假设条件较少。但是在加权系数法中，其计算较为复杂，耗时更多。热平衡法方程由建筑外表面热平衡、建筑体热平衡、内表面热平衡和室外空气热平衡等四部分组成，其计算公式如下：

$$q_i(t) = h_i(T_R(t) - T_i(t)) + \sum_{k=1}^{n} hr_{i,k}(T_k(t) - T_i(t)) + R_i$$

$$Q(t) = \sum_{k=1}^{n} hr_{i,k} (T_k(t) - T_i(t)) + m(t)C_p (T_0(t) - T_R(t)) + Q_s(t)$$

式中　$q_i(t)$——第 i 个表面时刻的吸热量，kW/m^2；

h_i——第 i 个表面的换热系数，$kW/m^2 \cdot \text{℃}$；

$hr_{i,k}$——表面 i，k 间的辐射换热系数，m^2；

S_i——i 表面的面积，m^2；

R_i——第 i 个表面的辐射吸收量，kW/m^2；

$Q(t)$——t 时刻冷负荷，kW；

$m(t)$——t 时刻新风量，kg/s；

$Q_s(t)$——t 时刻室内热源发热量，kW；

C_p——定压比热，kJ/kg；

$T_i(t)$——第 i 个内表面温度，℃。

因此，通过联立以上方程便可以求解各表面和室内空气温度，一旦温度知道，就可以计算室内冷热负荷。热平衡法能够详细地描述房间热传递过程，计算室内瞬时负荷，因此这种方法适用于冷板辐射或辐射供热系统。在计算过程中，只要把辐射源当作室内的一个表面，写出相应的热平衡式，并与其他内表面联立求解，即可推算得辐射对室内环境的影响。

3. 建筑能耗模拟

近年来，计算机模拟在建筑物能耗计算中的作用越来越大，国外的许多专家学者进行了大量的努力。亨德森（Henderson）教授通过 FSEC1.1 模拟软件，研究了室内热参数与空调系统选型对建筑能耗的影响。格伦维尔（Grenville）和艾瑞克（Eric）使用 BLAST 软件对居住建筑内全年逐时冷负荷进行模拟研究。此外，在建筑节能设计初期，许多国外设计研究机构也往往基于计算机模拟技术分析建筑的能耗情况。

在我国，也有不少学者采用计算机模拟技术研究对建筑能耗问题。中国建筑科学研究院的郎四维教授与美国 LBNL 的黄（Huang）采用 DOE-2 软件，共同模拟研究北京城镇居住建筑的采暖季能耗。此外，我国在编制《夏热冬冷地区居住建筑节能设计标准》（JGJ 134—2010）时，也采用了动态模拟计算软件。

目前，国内外基于相同或者不同的建筑节能标准，开发了大量的动态建筑能耗计算软件，主要包括 DOE-2，BLAST，COMIS，ESP，HASP，COMBINE，TRNSYS，HVACSIM+，SPARK 等。这些软件在数学模型、编程语言、使用对象、主要功能和实现目的上有很大的差异，因此在实际使用中也存在很大的差别。下面将对几款软件进行简要介绍。

目前世界上最详尽，应用最广的建筑能耗模拟软件是 DOE-2 软件，它是由美国能源部主持，劳伦斯伯克利国家实验室研究开发的，可用于研究分析各类住宅和商用建筑全年能耗情况。这一软件通过反应系数法来计算负荷，能够提供整幢建筑的逐时能量数据，用以评估系统运行过程中的能效和总费用，因此 DOE-2 软件可用来分析一个设计方案或一项新技术的能量利用率。DOE-2 软件的功能十分强大，其输出包括 20 种输入校核报告，50 种月度或年度校核报告和 700 种建筑能耗分析参数。但该软件也存在一些缺陷：

（1）建模过程复杂繁琐。在建模过程中，需要通过坐标输入的方法建立实体模型，这个过程复杂且容易出错，同时还会出现计算不收敛、建筑物不封闭等情况。

（2）软件界面不友好，且缺少处理输出结果的工具。

（3）无法计算没有原始气象数据地区的能耗情况。

BLAST 软件是基于工业建筑标准建立起来的，可用于工业建筑供热与供冷的负荷计算，适用于建筑空调系统与电力设备的逐时能耗模拟。BALST 软件的输入输出具有很高的灵活性，其输入文件可由专门的 HBLC 模块在 Windows 环境下输入，也可在记事本中直接编辑。其输出结果可直接与其他软件链接，例如可导入到 LCCID（设计的生命周期成本）软件，分析建筑、系统、设备设计方案的经济性。

TRNSYS 是基于模块建立起来的系统模拟软件，系统中包括很多常见的部件：气象输入处理参数工具，各状态时变函数，模拟结果输出子程序。TRNSYS 软件可用于分析 HVAC 系统，控制系统分析，太阳能利用方案设计以及建筑热性能研究。该软件可通过系统图形的方式输入信息，如建筑物的基本信息，各部件特性以及独立的气象参数。输出信息则包括生命周期成本，年或月数据结果，相应的统计直方图以及变量变化图。

SPARK 采用符号表示的计算模型、系统运行参数，既适用于分析具有复杂布局的住宅建筑和商业建筑的建筑能耗，又可用于复杂的 HVAC 系统建模。该软件的特点：有多种可选择的时间间隔，具有建筑建筑物模型的图形编辑器，以及多种预置的 HVAC 系统。

EnergyPlus 是在美国能源部的支持下，由劳伦斯·伯克利（Lawrence Berkeley）国家实验室、伊利诺斯大学（University of Illinois）、美军建筑工程研究室、俄克拉荷马州立大学（Oklahoma State University）及其他单位共同研发的。EnergyPlus 继承了建筑能耗分析软件 DOE-2 和 BLAST 的优点，并且具备了很多新的功能，被认为是用来替代 DOE-2 的新一代的建筑能耗分析软件。在软件中，只要输入与建筑相关的基本信息，包括地理位置，气象资料，建筑材料、围护结构类型与信息，内部使用情况（包括人员、照明、设备和空气流通），供热、通风及空调系统形式、运行状况以及冷热源的选择情况等，EnergyPlus 便可模拟计算出建筑物的全年能耗。之后便可基于整个建筑的能耗分析情况，进行对比研究分析，对其供热、通风、空调系统及其相关冷、热源的设计、运行、控制提供指导。

在 DOE-2 和 BLAST 能耗计算软件中，都采用了顺序模拟的计算思路，即按照建筑物负荷，空调系统设备负荷，中央冷/热站负荷的顺序依次进行模拟，强调先后次序。而 EnergyPlus 采用了顺序和集成的整体模拟方法，如图 1-22 所示。从这一方面考虑，EnergyPlus 具有更高的准确度。

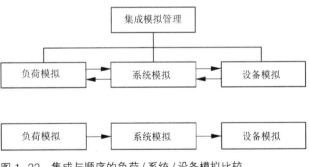

图 1-22　集成与顺序的负荷 / 系统 / 设备模拟比较

1.3.4　公共建筑能耗研究

公共建筑包含办公建筑、商业建筑、旅游建筑、科教文卫建筑、通信建筑以及交通运输类建筑，例如写字楼、商场、购物中心、酒店、娱乐场所、文化教育、交通枢纽、旅游及科教文卫等建筑。当建筑面积超过 20000m² 时，建筑可以称为大型公共建筑，其他的则称为一般公共建筑。公共建筑的能源负荷主要源自通风系统、采光照明、电梯、办公用电设备、生活热水、其他辅助设备等。截至 2010 年，我国建筑面积达到 469 亿平方米，其中公共建筑面积占到 15% 左右，但是其用电量占到建筑耗能的 50% 左右，因此我国公共建筑具有很大的节能空间。

清华大学对我国公共建筑进行了多年的调查研究，总结出了我国公共建筑的能耗特点，主要包括：

（1）公共建筑的体量大不相同，导致其电耗量差异很大，单位建筑面积的耗电量从 30 ~ 300 kWh/（$m^2 \cdot a$）不等。

（2）单位建筑面积的耗电量与建筑规模密切相关。单体建筑面积越大，则建筑耗电量越高，即大型公共建筑能耗普遍偏高。

（3）公共建筑耗电量与当地的经济发展水平相关。经济发展水平越高，则人们对建筑室内环境舒适度的要求就越高，则建筑耗电量随之增大，例如北京、上海等城市的公共建筑耗电水平较高。

（4）公共建筑能耗与建筑功能有关。一般而言，大型商场耗电量最大，星级宾馆酒店等娱乐场所次之，随之是大型写字楼等办公建筑，交通枢纽、医院等服务功能建筑，学校和普通小型办公楼的耗电量最小。

（5）气候因素对公共建筑耗电量的影响不明显，但是对供暖所需能耗的影响较大。

通过对我国公共建筑的能耗特点的分析可知，我国公共建筑具有很大的节能潜力。大型公共建筑能源消费量最大，应作为建筑节能工作的重中之重。

1. 建筑能耗研究方法

如图 1-23 所示，公共建筑能耗主要包括冷热源系统能耗、空调输送系统能耗、照明能耗、办公设备能耗和其他设备能耗等。通过对公共建筑能耗研究，可以发现建筑的能耗特点，以及建筑各分项部分的能耗异常状况。基于上述研究，可以为建筑节能改造项目确定优化方案，进而为相似建筑的节能设计提供参考依据，同时，这可对建筑节能规范中各项指标的确定与计算方法提供数据依据。目前，建筑能耗的研究方法主要包括两种：一是基于实测调研的建筑能耗研究，二是基于能耗模拟的建筑能耗研究。

1）基于实测调研的建筑能耗研究

对于建筑能耗数据的获取，实测调研是最直接最可靠的方法。建筑能耗实测的一般步骤为：首先在目标建筑的特征部位安装测试仪器，然后基于每个月内典型周或典型日的原则，对建筑进行实时监测，最后通过计算大概得出建筑全年的能耗状况或某个季节建筑能耗状况。目前，在我国实测调研的方法主要用于两个方面：一是科研单位及院校的建筑能耗科学研究；二是建

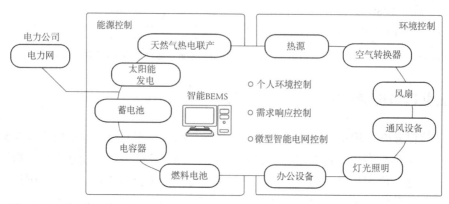

图 1-23　公共建筑管理体系

筑节能改造方案的制定。

实测调研的形式主要包括实地统计、现场观测、调查问卷、现场访问。因此，实测调研的内容主要包括建筑年代、建筑围护结构、建筑使用情况等建筑的基本情况，以及空调系统形式、冷热源形式等建筑各部位的能耗数据。由于现场调研的工作量比较大且周期较长，因此单独的个人或者高校难以承担研究的经济压力；建筑实测调研往往是针对大量建筑的，主要目的是建立建筑能耗数据库，进而为建筑能源审计工作做铺垫，从而得到各类型建筑的能耗特点并支持国家宏观调控以及节能政策的制定；此外，实测调研可为科研单位制定建筑能耗指标和用能定额制度，用于建筑能效评估，为制定有效的节能措施提供数据支持，为国家建立建筑节能监管体系提供依据。因此，建筑实测调研通常是由政府财政支持，由科研单位或院校承接完成的。

美国在建立建筑数据库方面起步较早。截至现在美国已经建成了大型商业建筑能耗调研数据库。该数据库是为美国商用建筑提供能源消耗和支出的统计数据，进而得到这些建筑相关能源特性信息。美国商业建筑能耗调研数据库数是由美国 9 个地区将近 6000 栋商业建筑的特征信息组成的。这个数据库具有统计年限长，数据全面，方法成熟的特点，为美国商业建筑节能监管提供了可靠依据。

由于建筑能耗数据库需要大量的财力、人力和物力，但是我国建筑节能工作起步较晚，人才、技术与资金的配备并不充足，因此我国还没有建成独立的建筑能耗数据库。虽然如此，但是国家已经组织一些单位进行了初步探索。2007 年，建设部在主要城市，包括北京、上海、哈尔滨等，建立了公共建筑节能管理体系，并进行了能耗统计、能效审计和公示等工作。虽然我国对建筑节能重视程度较高，但是节能工作起步较晚，因此目前没有形成完备的数据库，我国的数据库存在统计建筑数量有限、数据残缺不全、错误信息较多的问题。

2）基于能耗模拟的建筑能耗研究

自 20 世纪 60 年代起，国外已经有学者采用动态模拟的方法计算建筑结构的传热系数，并采用数值模拟的方法计算了整个建筑结构的能耗负荷。伴随着计算机技术和硬件技术的发展，建筑能耗模拟已经趋于成熟。目前，世界各国正在积极地开发建筑模拟系统与软件，并取得了一定的成果，主要包括：美国的 DOE-2，EnergyPlus，eQUEST，这些均为年建筑能耗模拟软件，具有功能强大、应用广泛的特点。TRNSYS 软件最初是由美国开发的，后来经过欧洲一些研究机构进行了完善的软件。这一软件采用模块化的分析方式，在空调系统控制和分析方面具有较大的优势。基于 EnergyPlus，英国二次开发了 Designbuilder 能耗模拟软件，该软件具有用户界面更加友好，建模方便的特点。欧洲开发的 ESP-R，不但可以进行建筑能耗模拟，而且能够对建筑舒适度，采暖、通风、制冷设备的容量及效率，气流状态等参量等进行综合评估（图 1-24）。

我国也开发了建筑能耗模拟软件，应用较为广泛的是 DeST。这是一款面向设计的模拟分析工具，能够在节能设计的各阶段采用各种手段，例如建筑模拟、方案模拟、系统模拟、水力模拟等对节能设计进行校核。这能够让设计者根据模拟的数据结果对其进行验证，从而保证设计的可靠性。目前，建筑能耗模拟的研究已经从软件开发过渡到实际工程项目应用，并切实改善和提高建筑系统的能效和性能。

基于能耗模拟的建筑能耗研究，可用于两种类型的建筑，即新建筑和既有建筑，其应用方面如下：

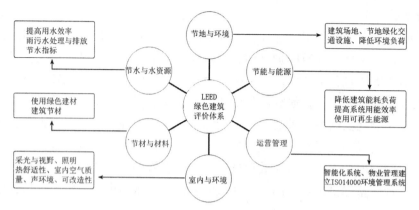

图 1-24 LEED 标准在绿色建筑评价中的应用

资料来源：杨丽《绿色建筑设计——建筑风环境》

（1）建筑负荷和能耗的模拟计算。为后续节能设计、节能评估、节能审计以及节能措施的制定提供参考。

（2）方案优化分析。通过模拟不同的工况，可对建筑围护结构、暖通空调系统、冷热源系统、控制系统和控制策略等进行方案优化。

（3）完善建筑节能标准和规范，为其制定、实施、改进提供参考资料。在我国《夏热冬冷地区居住建筑节能设计标准》（JGJ1342—2001）中明确规定：采用 DOE-2 软件作为建筑节能设计的节能综合性能指标的计算工具；《公共建筑节能设计标准》（GB50189—2005）也规定：采用 DOE-2 来确定我国各个气候分区的建筑围护结构的传热系数限值。

建筑能耗模拟基于计算机平台，具有强大的功能和快捷的运算性能。因此与建筑能耗实测和调研相比，建筑能耗模拟具有方便、经济、省时省力的优点。但是，能耗模拟方法也具有很多难以克服的缺点。例如无法实际考虑内部因素变化带来的影响，例如室内人员、设备等参数；无法实际模拟热桥的影响；为了满足能耗模拟的需要，建筑模型必须简化，因此其准确性受到影响，例如空调系统设备等的参数随着使用时间而变化。在对模拟结果精确度要求不高的前提下，能耗模拟的方法能够快速地建筑模型进行校核，可以用于建筑能耗规律的研究。

2. 建筑围护结构

从建筑能耗影响因素的可控性来讲，可以将节能能耗分析因素分为可控性因素和不可控因素。不可控因素指的是建筑自身的一些属性，包括建筑方位、面积、体积、运行状况等不可认为改变的因素；可控性因素则是指可以通过人为控制，但并不改变建筑性能的因素，包括建筑围护结构、暖通空调的运行状况、照明通风等。本小节将着重分析建筑结构的围护结构性能。

1）外墙

建筑保温隔热指的是通过建筑围护结构减少冬季热量散失和夏季的冷量散失，从而维持室内温度舒适恒定。墙体是建筑结构的主要承重、分隔和保温结构。建筑中有大部分的热量是通过建筑围护结构散失的，因此减少墙体热量散失对建筑节能有很重要的作用。目前，墙体保温隔热能力的实现通常是采用保温隔热材料来实现的，包括发泡聚苯板、挤塑聚苯板、聚苯颗粒保温砂浆、发泡混凝土轻板等，其传热系数和物理性能如表 1-11 所示。

墙体保温技术主要包括内保温技术、外保温技术和夹芯保温技术，但是较为常用的是内保温技术和外保温技术，其主要特点如表 1-12 所示。

表 1–11 常用的墙体保温材料

材料	导热系数 /[W/（m·K）]	密度 /（kg/m³）	强度	耐久性	环保性能	造价
发泡聚苯板	0.042	18~20	较差	一般	低毒	低
挤塑聚苯板	0.033	22~30	有一定强度	较好	低毒	高
聚苯颗粒保温砂浆	0069	250	较好	较好	无毒	稍低
发泡混凝土轻板	0.104	350	较好	较好	无毒	稍高

表 1–12 外墙内保温和外保温措施对比

保温形式	常用材料	优点	缺点
内保温	石膏复合聚苯保温板、聚合物砂浆复合聚苯保温板	施工快、操作简便	多占用建筑使用面积、未解决热桥问题、影响房间二次装修
外保温	膨胀聚苯板（EPS）薄抹灰系统、挤塑聚苯板（XPS 板）薄抹灰系统	避免冷、热桥，保温效果好	外保温材料处于室外，对材料的耐久性、耐水性和强度都要求比较严格

2）屋面

建筑结构的围护结构是决定建筑保温最重要的因素之一。建筑屋面的保温隔热性能对建筑能耗具有一定的影响。一般情况下，如果建筑屋面的面积较大，而且屋面结构的保温隔热性能较差，那么室内的热量或者冷量就会容易散失，造成建筑结构的能耗增加。由于建筑屋面受到太阳直射，因此其太阳辐射热量和屋面传热系数成为影响室内温度的重要因素。一般而言，为了克服热量输入或者损失，要在屋面结构中添加保温层。目前，完善的屋面节能技术已经形成，主要包括构造式保温隔热屋面、建筑形式保温隔热屋面、生态覆盖式保温隔热屋面等技术。

3）门窗

随着人们对是室内通透性要求的不断提高，门窗对建筑耗能的影响不断加大。一般情况下，在窗墙比确定的情况下，门窗影响建筑能耗的因素主要包括：玻璃传热系数、窗户遮阳系数、窗框传热系数以及门窗的密封性。其中窗户热工性能计算时需要考虑两个重要参数，一个是门窗玻璃的传热系数，一个是门窗的综合遮阳系数。在玻璃面积占门窗总面积的 70%~90%，通常具有很大的导热和辐射面积，对建筑冷热负荷影响大。在夏热冬冷地区，冬夏季室外气候条件较为恶劣，而建筑师在建筑设计时通常因追求建筑立面美观而采用大面积窗，导致窗墙比较大，造成公共建筑热量和冷量散失较为严重，因此正确选择公共建筑的外窗玻璃非常重要。

4）遮阳系数

在夏热冬冷地区，夏季较为炎热，太阳高度角大，日照时间长，太阳辐射强烈，对于建筑空调冷负荷影响巨大。为了降低建筑能耗，需要减少太阳辐射量，降低遮阳系数。冬季寒冷，合理地利用太阳辐射，可以减少冬季建筑热负荷，因此提高建筑综合遮阳系数，有助于降低建筑能耗。

1.4 建筑节能新体系

1.4.1 "零能耗建筑"的概念

"零能耗建筑"的概念最早是由丹麦的艾斯本森（Esbensen）教授在进行太阳能利用试验

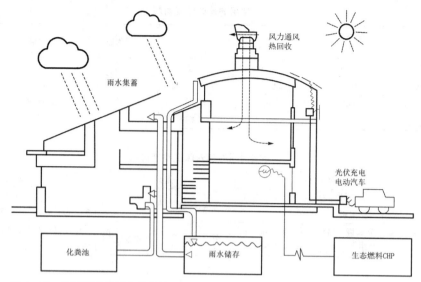

图 1-25 贝丁顿零能耗生态建筑

时提出的。在该试验过程中，艾斯本森教授以丹麦的一栋居住建筑为研究对象，将节能技术切实地应用到了住宅设计中（图 1-25）。试验对建筑外围护结构的保温层进行了节能处理，从而使得建筑冬季采暖能耗明显降低。此外，该居住建筑首次采用了太阳能集热器以及具有良好保温性能的蓄水池。经过上述节能技术改造之后，建筑的能耗量大幅度降低，因此艾斯本森教授认为，在建筑节能设计中，只要采用合理的建筑节能技术，配备先进的节能装置，并充分利用太阳能能源，建筑就可以达到摒弃其他能源供应的理想状态，处于这一状态的建筑被称为"零能耗建筑"。

随着节能技术的不断发展，世界各国与地区对于建筑节能的要求越来越严格。德国学者沃斯（Voss）采用太阳能光热光电技术对建筑物进行供暖供热，经过 3 年的实时监测发现，建筑的能耗降低到 $10kWh/m^2$，最为关键的是在保证建筑物使用功能的前提下，实现了建筑全部能耗由太阳能供应的目标。此后，人们又提出了"无源建筑"的概念。该概念是指建筑物不需要外界能源设备提供能源，而只需要通过太阳能光热光电技术和蓄能技术相结合的方法，就可以完全提供建筑物所需能源。

但是，现代科学技术受到各种限制，在实际工程应用中，理想的"零能耗建筑"很难实现。到目前为止，工程中的"近零能耗建筑"的可行性比较高。在全球范围内，各个国家与地区的"近零能耗建筑"又各不尽相同，较为著名的当属德国的"被动房"。被动房在满足舒适度要求和保证人体健康的前提下，建筑能耗极低，其全年的空调系统耗能在 $0\sim15kWh/（m^2 \cdot a）$，的范围内，而建筑总能耗低于 $120kWh/（m^2 \cdot a）$。此外，在瑞士"近零能耗建筑"又被称为"Mini能耗房"，要求按照标准建造的此类建筑，其总能耗不能高于普通建筑的 75%。

随着"零能耗建筑"在全世界范围内的推广，一种全新的节能建筑概念，即"零能耗太阳能社区"随即提出，并得到世界各国的普遍关注。"零能耗太阳能社区"要求社区内所有住户一年内消耗的能源与社区内可再生能源设施所产生的能源相平衡。从能源供给关系来看，相对于"零能耗建筑"，"零能耗太阳能社区"更容易实现（表 1-13）。

表 1–13

世界各国对"零能耗建筑"的定义和评价标准

国家	主要名词		建筑类别			耗能方式		
	英文	中文	底层居住建筑	多、高层居住建筑	公共建筑	供暖	供冷	照明、家电、热水
丹麦	Zero energy house	零能耗住宅	√	×	×	√		×
德国	Energy autonomous house	无源建筑	√	×	×	√	√	√
德国	Zero energy building	零能耗建筑	√	√	√	√	√	√
德国	Passive house	被动房	√	√	×	√	√	×
瑞士	Minergie	迷你能耗房	√	×	×	√	√	×
意大利	Climate house	气候房	√	×	×	√	√	×
加拿大	Net zero energy solar community	零能耗太阳能社区	√	×	×	√	√	√
美国	Zero energy house	零能耗住宅	√	×	×	√	√	√
美国	Zero energy building	零能耗建筑	×	√	√	√	√	√
美国	Zero–net–energy commercial building	净零能耗公共建筑	×	√	√	√	√	√
欧盟	Nearly zero energy building	近零能耗建筑	√	√	√	√	√	√
英国	Zero–carbon house	零碳居住建筑	√	√	×	√	√	√
比利时	Low–energy house	低能耗居住建筑	√	√	×	√	√	×

注：表中"√"：包括该建筑类型及能耗计算范围；"×"：不包括该建筑类型及能耗计算范围。

综上所述，在建筑设计和建筑技术研究中，"零能耗建筑"这一概念从提出到得到世界各国与地区的普遍关注和重视，都体现了太阳能技术的不断完善和成熟。同时，伴随着太阳能光热光电技术、建筑和区域蓄热技术以及能源管理系统等技术的进步，"零能耗建筑"在未来实现的可能性也越来越大。考虑到欧美等国家的建筑特点，"零能耗建筑"主要针对三层以下的低矮建筑。这类建筑的能耗计算主要考虑了建筑冬季供暖、夏季供冷所需能耗，而很少能够考虑建筑家用电器与照明的能耗。

1.4.2 "零能耗建筑"应用研究

通过对比世界范围内的"零能耗建筑"的定义与内容可以发现，虽然"零能耗建筑"这一概念简单易懂，看似较为容易实现，但是受到技术与管理手段的限制，目前仍然很难实现。为了更好地实现"零能耗建筑"的目标，目前世界各国与地区对其应用方式进行了大量的研究，并提出了零能耗建筑的相关概念。

1. 物理边界划分

对于建筑节能而言，无论研究对象如何，第一步便是确定计算区域的物理边界条件，从而把抽象的问题圈定在一个较为具体的空间内。目前国际上大多数国家是以单栋建筑作为计算对象，根据是否与电网连接，将"零能耗建筑"分为两种：一种是"上网零能耗建筑"（On-grid zero energy building），要求使用期内电网给建筑物输送的能量和建筑物产生并输送回电网的能量达到平衡，即在计算期内电表的读数为零；另一种是"网下零能耗建筑"（Off-grid zero energy building），即要求建筑一体化或建筑物附近与其自身链接的可再生能源供应系统产生的能量和建筑物需求能源量保持平衡，这类建筑又被称为"无源建筑"（Energy autonomous building）或"太阳能自足建筑"（Self-sufficient solar house）。

如图 1-26 所示，正确的建筑物理边界划分对合理的确定"在线供电系统"（On-site generation system）很有帮助。如果在建筑物理边界范围内或在建筑物附近，只为建筑物提供能量，就可以认为是"在线供电系统"，并将其纳入到系统平衡计算的范围内。例如，如果安装在建筑物停车场附近的太阳能光伏系统在给建筑物供电时，那么应该将系统其纳入计算范围内；如果此类系统不在建筑物附近，那么认为该系统为"网下系统"。

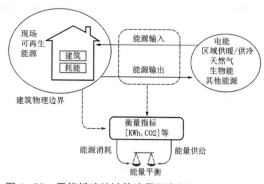

图 1-26 零能耗建筑计算边界示意图

目前，我国城镇的各种功能设施比较完善，居住建筑基本是集中电网或者热网的供能形式。同时，一些地区的资源、气候和交通条件并不适用于集中供能，因此这些的建筑物不需要连接电网便可独立地完成建筑能源要求。总之，我国的地域气候、资源和居住习惯的差异性比较大，建筑物自身的需热量或者冷量的差异性很大，因此我国"零能耗建筑"的设计建造需要根据自身条件选择"与外网连接"或者"无外网连接"的方法。其过程与上述论述一致，此处不再赘述。

2. 能耗计算范围

根据建筑节能设计标准规定，与建筑物相关的能耗包括供暖、供冷、通风、照明、热水使用等方面，然而这并不包括一些与用户关联度较大的能耗。例如插座负荷、电动汽车负荷等没有纳入到能耗平衡计算的范围内。因此可以预测：如果未来能源网中，电动汽车的使用量大幅度提升，虽然不会对建筑物负荷造成明显影响，但这类产品和设备将对建筑物的用电平衡有显著影响。随着我国国民生活水平提高，居民的用电量将会进一步增加，因此在相关数据逐步完善的前提下，在平衡计算时，应考虑插座负荷等因素的影响。

如果建筑物无法实现"零能耗"的目标，能否通过其他措施进行补充是目前仍在探讨的课题。例如可否通过购买绿色电能或者对绿色工程进行基金投资，从而认为其满足零能耗要求？英国的"零碳居住建筑"（Zero-carbon House）要求新建建筑节能水平要比 2006 年建筑节能水平高 70%，但允许建造商以国家投资基金的方式对一些低碳或零碳项目投资，从而认为其达到"零能耗"目标，实际上这类政策与碳排放交易类似。总之，如何使节能措施能真正推动建筑节能工作的进步，还需要和其他部门（例如财政部门）进行密切配合。

3. 衡量指标

目前共有四类指标可以用于衡量"零能耗建筑"：终端用能、一次能源、能源账单、能源碳排放，但是这四类指标的评价结果有明显差异。如果衡量地源热泵系统或建筑光伏一体化系统等系统的应用对建筑节能减排效果的影响，因此采用不同指标会得到不同的结果。通常认为采用终端用能或能源账单作为衡量"零能耗建筑"指标，操作相对容易。而学者基尔基斯（Kilkis）等人认为：引入"火用"概念将能更好地体现建筑物对环境的影响，因此以"火用"为衡量单位更加合理，但如果采用"火用"作为指标进行计算，计算过程较为复杂且适用性较差。

我国气候区多，南北气候的差异性较大。因此选择衡量指标，需要根据我国实际情况考虑，是确定一个还是选择多个，需要具体问题具体分析。例如在我国北方地区，建筑物在夏天可通过其自身配备的太阳能光伏系统发电，而冬天则需要依靠燃烧生物质或化石燃料供暖，其"零能耗"平衡计算过程就较为复杂，很难用一个参数对其进行平衡计算。但是对于新建建筑，在系统相对简单的情况下，使用终端用能作为计算单位，便能够更容易地定义并进行系统地模拟计算，且便于工作推广。

4. 转换系数

转换系数的确定，对"零能耗"的计算结果有很大的影响。一般而言，在确定衡量指标后，与建筑物相关的能量就需要通过转换系数统一到与衡量指标单位一致的水平上。在此过程中，需要转换的能源包括能源供给和使用链上的全部能源，例如一次能源、可再生能源、换热、传输电网和热网。目前，世界上各个国家的能源结构并不尽相同，而且电网、热网的组成也不同。因此随着可再生能源发电规模的逐步扩大，各个国家与地区以及同一国家不同地区之间的转换系数将会有很大差异，而且随着能源产生的速度加快。转换系数的确定难度将会进一步提升。

5. 平衡周期

一般认为，以年为能量平衡计算的基本单位最为简单合理，但是赫尔南德斯（Hernandez）和肯尼（Kenny）等认为也可以基于平衡周期进行计算，例如 30 年或 50 年。这主要是因为通常情况下，建筑物会在 30 年或 50 年时进行一次大修，每次大修会对建筑物能耗负荷有很大的影响。同时，以建筑全寿命期为单位，也需将建筑材料、建造过程等因素一起考虑进来。目前，我国是以年为计算周期的。

通过上述对影响"零能耗建筑"因素（边界划分、计算范围、衡量指标、转换系数、平衡周期）的分析研究，并结合我国实际情况，对中国"零能耗建筑"影响因素进行了归纳总结，如表 1-14 所示。此外，还得到了我国"零能耗建筑"的特点，具体情况如下：

表 1-14 　　　　　　　　　　　　　"零能耗建筑"定义涵盖内容及我国情况

主要内容	方法	注释	中国状况
边界划分	不同零能耗建筑	链接区域电网（热网、燃气管道等）	可能
	网下零能耗建筑	不连接区域电网	可能
计算范围	供暖供冷能耗	建筑物影响能耗	需要计算
	照明、家电能耗	生活习惯影响能耗	需要计算
	生活热水能耗	生活习惯影响能耗	需要计算
	外界输入	蓄电池更换、电动汽车	暂不考虑
	建筑能耗碳交易	可以购买碳排放指标	暂不考虑
衡量指标	终端用能形式	可以为多种形式、通常用 kWh	优选
	一次能源	通常为标煤	可能
	能源账单	以用户实际使用情况进行衡量	暂不考虑
	能源碳排放	以 CO_2 为衡量指标	暂不考虑
	火用	体现建筑物对环境的影响	暂不考虑
转换系数	电网转换系数	需考虑不同电网情况	可以考虑
	热网转换系数	需考虑不同热网情况	可以考虑
平衡周期	1 年	标准年	优选
	30 年或 50 年	主要建材更换周期	暂不考虑
	建筑全寿命期	全寿命期	暂不考虑

（1）对于城镇建筑，建筑物既可以与外界电网与热网连接，也可以独立于外界电网与热网存在，其中乡村建筑主要采用独立电网和热网供能的形式。

（2）在建筑物能耗计算过程中，应考虑建筑物供暖供冷、照明家电设备、电力动力设备等因素对能耗的影响。在未来的能耗计算中，应该考虑蓄电池或电动汽车等技术间接参与并形成建筑物能源系统的可能。

（3）在"零能耗建筑"平衡计算中，各种耗能因子需通过国家认可的转换系数转换为一次能源。

（4）需要确定合理的能耗计算周期，我国通常以 1 年为单位，进行建筑能源供应与消耗计算。因此，也给出了我国"零能耗建筑"的定义，具体内容为：以年为计算周期，以终端用能形式作为衡量指标，建筑物及附近与其相连的可再生能源系统产生的能源总量大于或等于其消耗的能源总量的建筑物。

目前，世界发达国家和地区已经出台了由普通"建筑物节能减排"向"零能耗建筑"迈进的长期目标和具体的技术实施路径，一般是按照"先低层，后多高层"、"先居住建筑，后公共建筑"的顺序进行的。为了切实降低建筑能耗，一些国家采取绝对值法对节能水平进行了规定，而另外一些国家则采取逐步提升建筑节能标准目标法以促进"零能耗建筑"的发展。在欧美发达国家，采取了不同激励手段，美国是通过商业手段推动技术进行，从而降低技术成本，逐步实施"零能耗建筑"，如 LEED 的发展模式；欧洲则是通过政府手段，以立法的方式确定建筑节能发展目标，结合先进的技术手段和财税政策，进而推动"零能耗建筑"。

1.4.3　分布式能源的优化整合

1. 概述

分布式能源是指用户终端上可以采用的能源系统，其可以利用的能源方式包括两种：①以一次能源为主，可再生能源为辅，充分利用一切可以利用的能源；②以二次能源为主，中央能源供应系统为辅，从而直接满足客户端的用能需求。分布式能源具有经济性和环保性，一方面通过分布式能源，各梯级的能源能够得以利用，能源效率能够达到 70%~90%，从而能够降低资源浪费，提高经济效益；另一方面分布式能源以天然气等环保型资源为燃料，能够降低有害物质的排放量，从而提高环境质量，能够有效地实现节能减排的目标。此外，分布式能源在区域内使用，从而能够减少能源的长距离输送，一方面能够提高能源使用的灵活性和安全性，另一方面当其他区域的电网出现故障时，能够通过连接外网，保持该地区供电的持续性，提高了能源供应系统的可靠性。

2. 项目运营模式

目前，分布式能源项目在我国主要包括三种运营模式，其内容如表 1-15 所示。

表 1-15　　　　　　　　　　　　　　　分布式能源项目运营模式

模式	内容
业主投资模式	业主自行投资分布式能源项目，并组织专业人员负责能源项目的运行与维护
能源服务公司模式	业主自行投资能源项目，项目建成后交由专门的能源公司管理能源项目的日常运营与维护
合同能源管理模式	业主组织专门的能源公司与客户签订节能服务合同，保证降低建筑能耗，提高建筑能源使用效率

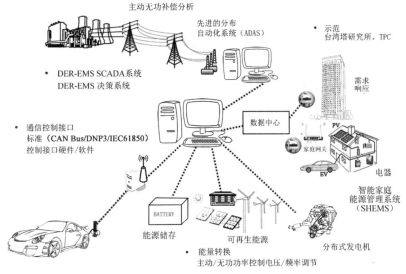

图 1-27 分布式能源中心
资料来源：http://cets-en.ncku.edu.tw/ezfiles/274/1274/img/2258/smart_grid.png

在合同能源管理模式中，能源公司的主要职能包括：项目设计、融资、设备采购，建造与设备安装运行等，其盈利方式在于运行过程中的节能效益。一般而言，如果建筑项目较小，如可再生能源的分布式项目，其日常运营与维护相对比较简单，因此不需要大型的能源服务公司管理，因此可以采用业主投资模式或者能源服务公司模式。对于复杂的能源项目，如热电联产和三联供系统，中间涉及大型和复杂设备的组合和运行，例如发动机、并网处理、水路循环、计算机技术以及三相负荷管理等，因此需要专业的技术团队代为安装管理，应该采用合同能源管理模式。

3. 分布式能源的优化整合

如图 1-27 所示，分布式能源的应用范围较为广泛，几乎可以服务于全部用能项目。例如工厂、商业、医院、宾馆、学校、办公建筑以及居民住宅等，建筑作为这些项目的载体，成为耗能的主要形式。在传统建筑中，能源主要由大型发电厂、大型供热站来供应。分布式能源则是由安装在用户端的能源设施直接提供的，因此与暖气空调设备相同，成为用户能源设施的一部分。

优化整合能源系统与建筑，对能源和建筑，都是一次空前的革命。这对建筑业是一个全新选择，同样对城市各种既有能源供应体系以及城市规划而言，都将是一种革命性的尝试。这样，城市将不再受到电缆系统的限制，从而在建筑规划方面赋予建筑师足够的空间自由。

目前，分布能源可以与电网系统形成一种补充关系，也可相互独立。从根本上讲，分布能源可以完全独立于电网系统。但是在目前，一般将分布能源与城市电网协同优化，这不仅可以减少建筑的电力系统的成本，而且可以提高电网系统的安全性。此外，也可以通过改善电网用电结构，优化电网和发电厂的经济性。从利用方式上讲，分布能源与燃气管网最佳模式是两者相互依存，因为分布能源通常是一种网络化能源系统。

如图 1-28 所示，如果分布能源系统是建立在燃气管网系统上，那么它也可以依靠液化天然气、石油气、沼气等其他燃料，因此石油管道燃气并不是唯一选择。分布能源的控制方式具有很大的灵活性，其既可以现场控制，又可进行远程控制。分布能源可以通过电话网络、有线电视网络、宽带信息网络或无线通信网络完成预定任务，但是它不受制于任何一种通信系统。因此，分布能源与城市集中热力管网既可以存在替代关系，又可以是补充关系，在具体项目中，需要根据自身资源的不同，优化选择最佳模式。在实际应用中，某些用户只利用分布能源解决部分安全电力和全年持续需要供应的生活热水问题，因此这既可以使用分布能源，又

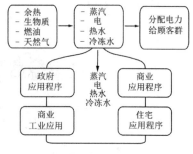

图 1-28　分布式能源组成

可以使用集中供热系统，从而实现用能经济方便的目标。分布能源技术是一种灵活且富有创造性的能源技术。

发达国家十分重视发展小型与微型热电（冷）系统，这主要是因为这些系统节能和环保的优点。同时，这些分布系统作为建筑物能源系统的重要组成部分，能够为建筑的电力供应安全提供保证。随着信息社会的发展，电力系统在人们生活中的重要性越来越大，可以说没有电力系统，人们的生活将会停滞。特别地，对于智能建筑而言，如果没有电力系统，人们将无法与外界联系。分布能源在每栋建筑物内部，可以独立于城市脆弱的电网系统，从而具有提高建筑物自身能源系统的安全性的潜力。

分布式能源是建筑动力系统的核心，是建筑节能设计的重要方面之一。如果建筑具有一个高效节能的动力系统，那么就可以保证人们的能源安全，同时也可以为能源安全和世界和平提供重要的保障。对于建筑物内的居住者而言，关系到他们切实生活的是能源价格，因此具有高效的能源系统，必然能为他们带来可观的经济效益。

如图 1-29 所示，对于普通建筑，能源系统是往往孤立分离的，在使用过程中，能源成本会相应提高。通过分布式能源系统将孤立的燃气、电力以及供热等能源系统整合起来，将能够有效地降低整个项目的成本与费用，从而实现建筑能源的集约化。一般情况下，建筑内的消防和生活电力系统是相互独立，这样便能够保证在生活能源系统不能正常运行时，能够保证消防系统的正常工作。特别是，为了能够保证供能系统能够完成未来人们居住需求，也可能会在楼宇系统中安装辅助能源系统，如柴油发电机以及其他应急设备。如果建筑采暖系统不能满足需求，也可以并入集中供热系统，以及采暖用燃气锅炉和其他电力系统。

传统建筑主要建筑能源来自煤和电，由于与二次能源供热、供冷等设备设施分地分设，不仅总投资运行成本居高不下，而且远距离输送能量损耗大、能源利用效率低（约 40% 左右）、环境污染严重。20 世纪 70 年代发源于美国，目前已经在发达国家普遍运用的分布式冷、热、电三联供能源系统，它以天然气为主要的一次能源，能源站规模由区域负荷需求确定，可以建在城市

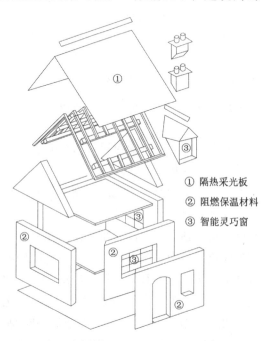

① 隔热采光板
② 阻燃保温材料
③ 智能灵巧窗

图 1-29　同济大学新研发绿色建筑节能系统图

负荷中心，实现冷、热、电三联供，使一次能源发电后产生的余热烟气得到了高效的梯度循环利用，能源利用率高（达80%以上），碳排放仅为传统能源利用方式的1/4。

在我国，分布式能源系统正值其发展的大好时期，主要原因为：第一，空调冷负荷、生活热水需求等随着城市化与人们生活水平提高也正在迅速增长；第二，我国城市发展规模大、人口密集、居住相对集中，大量的新城新区正在如火如荼地建设中，如果在这些新区建设中广泛推广分布式能源系统，将有利于实现甚至超过国家能源局制定的分布式能源发展目标；第三，伴随着天然气在我国的普及应用，以天然气为一次能源的DES/DCHP系统也将迎来广阔的发展前景。

高强度、集约化是中国低碳城市空间模式的必然选择。世界自然基金会提出低碳城市建设"CIRCLE"原则，该原则决定了低碳城市形态的主要特征是多中心、紧凑型的，即高层、高密度、高容积率的"三高"城市。"三高"意味着城市人口高度密集、功能高度复合、建筑布局紧凑，各项城市资源配置效率高。这样区域内将存在较大的用能需求、用能密度与多元的负荷。从分布式能源系统使用的角度来看，则能够有利于减少能源输送环节的损耗，最大限度地发挥其能源利用效率。因此，低碳城市"三高"特点正迎合了分布式能源系统发展的特征要求。

1.4.4　区域能源

区域能源主要包括两种形式：一是广义的区域能源；二是狭义的区域能源。其中，广义的区域能源是指在建筑能源消耗范围内所有的能源消耗，具体形式包括工业与民用建筑、交通设施和水利设施等系统的耗能。狭义的区域能源指的是在建筑建造过程中与建筑密切相关的能源，具体形式包括建筑群体供冷、供热与供电过程中消耗的能源。

区域综合能源系统是指建筑区域内的所需能量集成系统，能量形式包括供冷、供暖、供电以及区域内能源消耗。因此可以认为该系统能够影响一次能源在特定的区域内生产、输配和使用的全过程。一次能源是指自然界中不经过改变便可以直接进行利用的能源，例如煤炭、石油、天然气等不可再生能源。"能源系统"则是建筑能耗系统中的供暖、供热以及供电系统等，供热系统主要包括锅炉房、冷水机组、热电厂，供电系统主要包括冷、热电联供系统等。

区域建筑能源利用与规划是基于分布式能源系统的使用特点，对能源系统进行选址、规模以及形态选择所进行的一系列的活动，因此这一活动将会影响到一个城市的发展。同样地，一个城市的各发展要素也会影响到城市能源系统的各个方面，如能源供应结构、规模及效率。例如，城市的气候特征、资源储备、产业结构将决定能源需求结构；城市规模、开发建设强度也会决定能源需求规模；城市布局形态以及建筑、交通、基础设施也制约着能源的使用率。具体的区域建筑能源规划设计。

此外，城市具有公共性。如图1-30所示，如果在城市短期以及中长期规划中，规定提高区域能源效率，这能够作为一种有效的调控工具，从而在城市运行全过程中促进建筑节能减排。它可以控制能源的流通、消费环节，减少损耗；也能够在能源生产环节，降低能源消耗；也可以为可再生能源的推广创造机会。城市规划在能源的"生产—流通—消费"各环节都发挥着一定作用。因此，如果把能源综合利用的理念有机地融入城市规划设计的各个层面，对能源目标给予积极合理的回应，那么城市建筑耗能将会得到大幅度地降低。

能源综合利用可从区域规划、城市总体规划、控制性详细规划及城市设计编制等几个方面入手。这将有利于实现城市发展目标，促进社会经济发展，完善土地开发利用等城市建设行为。在综合利用能源的视角下，区域能源规划的制定还应该考虑区域经济结构模式、交通网络形式、区域基础设施布局等要素。在能源综合利用视角下，城市总体规划编制需要以降低能耗、提高能源利用率为出发点和立足点，探寻城市节能潜力，引导并促进利用清洁可再生能源，建立新型节能产业体系，切实地促进城市建筑节能工作的开展。

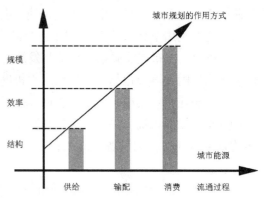

图 1-30　城市规划参与能源流通

1.5　建筑节能设计相关政策

1.5.1　政策环境分析

1. 节能政策研究意义

广义上的建筑能耗，包括建筑材料生产运输、建筑施工建造、运行维护以及拆毁后垃圾处理过程中消耗的能源的总和。根据英国学者调查研究，英国社会总耗能的 30% 用于建筑行业，20% 用于办公建筑。根据 2010 年统计资料显示，我国广义建筑能耗高达 46.7%，这个比例远高于其他国家和地区。因此，在我国推行绿色建筑节能政策具有重要的现实意义。

首先，我国建筑行业的发展模式，资源消耗量大。在建筑材料生产过程中，消耗各类资源与原材料高达 50 亿吨，但建筑材料的供应量远大于需求量，造成大量的能源资源浪费。其次，环境问题较为严重，我国建筑垃圾增长的速度与房地产业的发展成正比，除少量金属被回收外，大部分成为城市垃圾。同样，建筑的二次装修造成的资源浪费和二次污染较为严重。

其次，我国的建筑行业发展迅速，每年新建建筑面积在 20 亿平方米左右。如果不进行有效的能源与建筑规划，提高建筑行业用能效率，继续采用传统建筑模式，资源与环境将不堪重负。例如，我国每年因建筑活动，造成的环境污染占全社会污染的 34% 左右。如果按照这样的状况，包括近 10 多年中新建的和正在兴建的建筑（其中多数建筑都缺少严格认真的节能和环保设计），建筑的高污染和高能耗将造成建筑行业停滞。

目前，我国虽然出台了一些绿色建筑节能设计标准规范、政策与法规，但是我国的绿色建筑研究，还处于初级阶段。同样，考虑到世界其他国家，对绿色建筑的管理、设计、应用等方面的经验并不丰富，因此探究节能政策对我国绿色建筑发展具有战略意义。在研究中，需要根据我国目前的资源与能源状况、社会发展水平与当地的经济实力，从而确定我国绿色建筑发展的目标与战略，建立起具有中国特色的绿色建筑体系，将绿色建筑发展为绿色生态小区，形成绿色地区与城市，甚至绿色国家。

绿色建筑是一个新兴的课题。目前，绿色建筑理论并不完善，因此需要在技术领域，管理学理论和经济理论等多个领域产生研究成果。因此，在政策方面研究绿色建筑具有较强的理论意义。

　　绿色建筑是在人类发展与环境、资源出现尖锐矛盾时提出的，要看到它是建立在生态系统规律上的一种发展模式，要求在发展中注意资源的可持续利用和不给环境造成不可恢复的破坏，因此它是一种新的生态价值观。因此，如何有效地利用政策、立法、制订行业标准手段，以及运用税收等经济杠杆加强对这一新兴场的管理就成为本书的立论依据。

2. 节能政策分析常用方法

　　目前，在建筑节能政策方面，较为著名的当属威廉·邓恩（William Dunn）提出的"以问题为研究中心的政策分析"方法，这种方法联系了公共政策理论及其实践。在应用中，如果实践能够紧密结合理论，那么达到节能政策目的的可能性越高；在此基础上，便可以为公共政策提供有机反馈，为公共政策的修正与完善提供依据。在理论的完善过程中，邓恩（Dunn）论述了"交流、论证和争辩"的重要性。

　　该政策的中心环节为问题界定，如果能够确定既有问题的范围，就可以更容易地是实现公共政策，就便于提出解决问题的方法。因此，在问题解决之初，能够正确地建立问题的模型，避免出现另类错误。因此，邓恩的政策分析模型是以政策问题为核心的。一个政策问题的解决需要设定正确的标准、规则和程序。其中，标准规则决定着程序应用及其产生潜在结果的准确性，即与政策有关的标准规则的优先级高于程序。程序只是能够用来界定问题、行动、结果和绩效信息等，不能产生新的政策类知识。

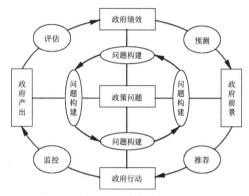

图 1-31　以问题为中心的政策分析

　　政策问题的解决需要五个程序，包括定义、预测、规定、描述和评估。其中，定义是指问题构建，政策分析过程提供与问题相关的初始信息；预测是指问题预报，为模型提供与各种方案结果有关的信息。规定是指问题建议，提供了有关解决问题的未来结果的价值信息。而描述是指问题监控，主要记录过去流程产生的信息以及现在结果方面的信息。问题评估则评价了已有信息结果，或解决、缓解问题的能力，如图 1-31 所示。

3. 建筑节能主体利益关系

　　建筑在市场中具有商品的属性。在市场机制中，如果一个项目能够顺利地完成，那么该项目的各参与方均会获得各方的利益。在绿色建筑市场中，只有建筑师或者政府方面推行建筑节能设计、降低能耗的战略，我国节能减排的目标是不可能实现的。因此，需要房地产商、供应商、承包商以及消费者等所有参与人员进入市场内，进行相互交流合作，才能够切实地推进绿色建筑市场的进步。

　　房地产开发商不但关心早期的项目投资，也会关注绿色建筑项目后期的运营与维护费用。同样开放商会关注建筑行业所有参与者的意向。建筑节能建筑的环境效益毋庸置疑，对于消费者而言，除了会关注其销售价格之外，还会关心该建筑采用的节能技术，因为这与后期的经济效益和环境效益有关。目前，国外很多国家通过绿色认证，来提升绿色建筑品位，进而满足消费者的需求，并取得很好的效果。

　　为了实现节能减排的目标，政府采取了很多措施，例如减免税收、降息贷款等政策。绿色建筑的发展是政府最为关系的问题，因为这既关系到当代人们的经济与环境利益，又关系到未来后代的长远利益。因此，从政府的角度来看，其主要工作在于：①从公共项目做起，实行经济激励政策与行政政策，推进绿色建筑项目，这一方面会产生一定的经济与环境效益，另一方面会为绿色建筑项目做出示范。②采用节能政策管理手段，建立绿色建筑体系，推行绿色建筑法律法规，从而推进绿色建筑的发展。

而承包商和供应商，在绿色建筑项目中，只起到桥梁的连接作用。建筑设计单位、施工单位以及材料供应商，进行绿色建筑设计会增加工程量。此外，目前由于绿色建筑设计处于起步阶段，工程师对其建筑设计方法并不熟悉，也会降低建筑设计效率。例如，在建筑设计中，如果采用被动式节能设计方式，会减少设备与材料的使用量，进而会导致供应商的利益，此时该方面参与人员的积极性会被降低。

从一个完整的建筑设计项目来看，建筑师、政府管理部门以及业主之间的关系。在这个系统中，建筑师和业主除了会关注社会效益之外，还会注重个人利益和社会利益。对于房地产商而言，其个人利益是一个项目得以开展的前提条件，而建筑师又在政府管理部门和开发商之间起到沟通交流的中介作用。为了能够保证各自利益以及利益平衡，房地产商和政府部分需要建筑师分析设计策略、潜在效益以及管理方法，从而开展绿色建筑项目。绿色建筑的高级利益需要由政府部门的法律法规和建筑师的设计策略共同支撑。

1.5.2 绿色建筑开发管理研究

1. 绿色建筑开发管理概述

绿色建筑的开发管理是一项系统工程，它不仅需要各种新技术作为支持，更需要法律规章的保障。从发达国家的经验可以看出，发达国家为推动和鼓励绿色建筑的发展，主要通过立法形式，系统出台绿色建筑法律，用法律法规形式约束政府、企业和国民必须履行可持续发展的社会义务，用经济激励杠杆推动企业自觉建设绿色住宅，激励公民自觉购买和使用绿色建筑。

1）绿色建筑法律法规体系的完善

美国推进绿色建筑发展的主要政策工具包括三类：强制性的法律法规、灵活的政策以及自愿性的评价标准等。2005年的《能源政策法案》是美国自1992年能源政策法案颁布以来的最为重要的一部能源政策法律，成为现阶段美国实施绿色建筑、建筑节能的法律依据之一。采用2004年国际节能标准代码，规定未来联邦建筑必须达到一定的能效指标；要求到2015年联邦政府各机构的能源使用要削减到2003年的80%，也规定了政府机构可以有一部分预算用于能源节约工作。

2）经济激励政策大力支撑

绿色建筑虽然对社会各群体的整体利益是一致的，但因为提高能源效率所需的节能附加成本问题却往往成为推动绿色建筑实施的一大障碍。为了促使企业自发生产绿色建筑或者采用节能新技术降低单位建筑面积能耗，促使居民能够自发购买绿色建筑，则需要政府制定相应的经济激励政策，使企业和居民真正从绿色建筑实施中受益。

3）明确企业的责任

由于法律明确企业在维持绿色建筑开发中的责任，使得发达国家的开发商把绿色建筑开发的理念作为自身发展不可分割的一部分，对促进绿色建筑开发起到了积极作用。德国规定在新建或改造建筑物时，承建方应为建筑物的所有者编制建筑物能源证书。所有者应依照有关机构的要求，向各州法律所指定的法规监管部门提交能源证书。

4）公众绿色建筑意识的培养

实施绿色建筑不仅需要政府的倡导与企业的自律，更需要提高广大公众的参与意识和参与能力。发达国家非常重视运用各种手段与传媒加强对绿色建筑的宣传，以提高市民对实现零排放或低排放的环境意识。开展建筑节能信息传播及咨询服务是绿色建筑管理经常采取的方式之一，而发达国家公民有较高的节能和环保意识，与政府开展经常性的、有目的的宣传、教育和培训分不开。

2. 政府在绿色建筑开发中角色分析

1）政府是绿色建筑开发的推动者

政府应当结合我国资源和能源利用现状，结合我国当前的实际情况，制定我国发展绿色建筑的总体目标和发展战略，并在此基础上构建针对绿色建筑开发的制度体系，从政策上推动绿色建筑的发展。政府还应通过推行绿色环保的价值观和行为规范，利用各种宣传媒介，对消费者和开发商进行环保意识和绿色知识教育，使全社会形成绿色环保可持续发展的意识。通过宣传，使开发商树立环保意识和大局观，加深其对绿色建筑的认识，调动其开发建设绿色生态建筑的责任感和使命感，从而推动绿色建筑的开发。

2）政府是绿色建筑开发的引导者

政府通过投资和税收优惠诱导、鼓励绿色建筑的开发，并提供绿色建筑开发的土地、配套设施以及金融的贷款优惠政策等。通过相关措施，促进绿色建筑相关技术转化和开发企业管理的结合；逐步增加对绿色建筑开发的投入，并通过政府投资和税收优惠以诱导、鼓励绿色建筑的开发。政府通过发布科学可行的绿色建筑评价指标体系和模型，规范绿色建筑的设计、施工以及运营等各阶段，使绿色建筑的建设过程易于控制、易于评估，从而保持绿色开发的科学性、规范性。通过建立绿色建筑试点工程，用评价指标和模型对试点工程进行评价和控制，为我国绿色建筑的开发积累成功的经验，为开发商提供有益的支持和引导。

3）政府是绿色建筑开发的监管者

在绿色建筑开发过程中，政府应加强对开发商的监管，可以通过制定并实施环保、"绿色"标志认证制度加强对绿色建材、绿色环保产品以及绿色建筑的认证。对符合绿色标准的产品，由国家绿色产品标志认证委员会发给"绿色"标志证书，方可在市场上流通。这将使绿色产品的开发和应用得到规范，有利于绿色建材、绿色产品、绿色建筑的发展。

3. 消费者对绿色建筑开发需求分析

需求是特定的时期内在可以接受的价格水平上消费者购买某种商品和劳务的意愿和能力。影响绿色建筑需求变化的因素较多，目前较为统一观点主要有绿色建筑价格、舒适性、使用成本等。

1）绿色建筑价格

从居民的角度来看，随着经济发展，使人均实际收入水平提高，住宅的支付能力增强，必然增加对绿色住宅的需求。这部分需求的支出与居民人均可支配收入呈正相关关系。居民收入的逐渐提高必然会增加可支配收入，随着消费结构逐渐改变以及福利分房制度的取消，居民在住房方面的投资越来越大，对居住需求越来越高，因而居民的收入以购买力的形式直接影响居民的需求能否实现。

2）舒适性

随着人们生活水平的提高，人们对建筑物的舒适性提出了更高的要求。目前我国主要以居住密度、绿地面积、室外活动场所的设施标准、室外环境的噪声标准、日照等几个指标来衡量建筑舒适度。舒适建筑必须满足：居住密度适中；空气清新；绿化率高、林木品种多；无噪声；有适合不同人群的休闲活动的场所和设施等条件。由于绿色建筑在设计、开发、建造的过程中，更加注重健康、环保、绿色等理念，更能够满足人们对舒适的建筑环境的要求，因此，越来越多的消费者青睐绿色建筑。

3）使用成本

已经证实绿色建筑的运行费用大大降低。可以节省 30%~50% 的能源消耗，可以减少 30% 的用水量甚至更多。还可以减少维修和维护费用，并且由于产生的垃圾较少可以减少垃圾填埋费用。当今能源紧张，能源费用面临巨大的上涨压力，所以，绿色建筑较低的使用成本，无疑成为消费者选择绿色建筑的重要原因。

4. 开发商开发绿色建筑动因分析

就商品房地产来说，开发商动因主要取决于以下因素，包括激励政策、开发商社会责任和市场需求等。

1）激励政策

政府的宏观经济政策、土地供应政策、财政金融政策等都会影响房地产市场的供给。政府常常根据房地产市场的运行情况，采取必要的宏观调控措施，对房地产的开发经营活动进行引导和约束，进而会影响房地产供给的数量和结构。另外政府还可以通过税收、金融等经济政策对房地产供给进行调节。经济激励的一个重要功能是弥补市场功能的不足，鼓励具有公共产品特性的节能建筑的开发是具有现实意义的。

2）开发商社会责任

数据显示，全球房地产建筑业的能耗占到终端总能耗的 40% 左右，并排放相似比例的二氧化碳。只要提高建筑能效，全球可减排 7.15 亿吨二氧化碳，相当于预计的全球全年排放总量的 27%。而中国每建成一平方米的房屋，约释放出 0.8 吨碳。在全社会呼唤企业承担起自己的社会责任的背景下，房地产开发企业也纷纷做出节能减排的社会承诺，房产企业要做到低碳减排，在建筑开发领域就要减少冬季采暖、夏季空调的能源消耗，这都可以通过绿色建筑的开发来实现。

3）市场需求

消费者对绿色建筑的需求必将增强开发商开发建造绿色建筑的信心，是开发商建造绿色建筑的最有效的动力。

5. 绿色建筑设计管理内容与方法

绿色建筑设计主要包括：节地与室外环境、节能与能源利用、节水与水资源利用、节材与绿色材料、室内环境质量、安全耐久适用、健康舒适、自然和谐、绿色文明、适宜绿色建筑技术等。按照其内容设计管理分析，如表 1–16 所示。

6. 设计程序

根据住房和城乡建设部颁布的《中国基本建设程序的若干规定》和《建设工程项目设计原则》的有关内容，结合《绿色建筑评价标准》的相关要求，绿色建筑设计程序基本上可以归纳为六大阶段：

表 1-16　　　　　　　　　　　　　　　绿色建筑设计管理内容与方法

内容	方法	解释
节地与室外环境	建筑场地	优先改造已开发土地，保护自然生态环境，注重生态协调
	土地集约化利用	提高建筑密度，高效利用土地，提高建筑空间使用率
	降低环境负荷	利用园林绿化、建筑设计减少城市的热岛效应
	绿化建筑	合理配置植被，构成多层次复合生态结构
节能与能源利用	降低能耗	利用场地自然条件，合理建筑设计，减少空调和人工照明
	提高能源利用率	高效建筑供能、用能系统和设备，优化用能系统
	利用场地条件	开发利用可再生能源，能源高效清洁
节水与水资源利用	提高用水效率	建筑用水高质高用、低质低用
	雨污水综合利用	采用雨水、污水分流系统并合理采用雨水和中水回用系统
节材与绿色材料	绿色建材	选用耗能低、高性能、高耐久性和本地建材
	节约材料	高性能、低材耗、耐久性好；可循环、可回用、可再生
室内环境质量	光环境	最佳建筑朝向，自然光调控设施，高效节能灯具
	热环境	优化围护结构热工性能，设置室内温度、湿度调控系统
	声环境	动静分区，合理选用建筑围护结构构件，有效隔声减噪
	室内空气品质	提高自然通风效率，合理设置风口位置，防止结露和霉菌
安全耐久适用	安全耐久	在使用年限内能够经受各种可能出现的作用和环境条件，功能和工作性能满足设计年限的使用要求
健康舒适	以人为本	在有限的空间里提供有健康舒适保障的活动环境，全面提高人居生活环境品质，满足人们生理、心理、健康和卫生等方面的多种需求
自然和谐	天人合一	人类的建筑活动顺应自然规律，做到人及其建筑与自然和谐共生
绿色文明	生态文明	人与自然、人与人、人与社会和谐共生、良性循环、全面发展
适宜绿色建筑技术	科技先导	利用适宜技术构造方法、适宜的材料、适宜的形态方式等来进行适宜于环境的建筑设计

1）项目委托和设计前期的研究

通过业主将绿色建筑设计项目委托给设计单位后，由建筑师组织协助业主进行此方面的现场调研工作。根据绿色建筑设计任务书的要求，首先，设计单位要对绿色建筑设计项目进行正式立项，然后建筑师会同业主对绿色建筑设计任务书中的要求详细地进行各方面的调查和分析，按照建筑设计的相关规定以及我国关于绿色建筑的相关规定进行针对性的可行性研究，归纳总结出基于绿色思维的开发管理策略。

2）方案设计阶段

根据业主的要求和绿色建筑设计任务书，建筑师要构思出多个设计方案草图提供给业主，针对每个设计方案的优缺点、可行性和绿色建筑性能与业主反复讨论，最终确定某个既能满足业主要求又符合绿色建筑法规规范的设计方案，并通过建筑效果图和建筑模型等表现手段，提供给业主设计成果图。

3）初步设计阶段

建筑师根据审查通过的绿色建筑方案意见建议及业主新的要求，参考《绿色建筑评价标准》中的相关内容，对方案设计的内容进行相关的修改和调整，同时，着手组织各技术专业的设计配合工作。建筑师要同各专业设计师对设计技术方面的内容进行反复探讨和研究，并在相互提供各专业的技术设计要求和条件后，进行初步设计的制图工作，并提出建设工程的概算书。

4）施工图设计阶段

根据初步设计的审查意见建议，对初步设计的内容需要进行修改和调整，在设计原则和设计技术等方面，如各专业间基本上没有大的异议，就着手进行建筑设计施工图、结构设计施工图、给排水、暖通设计施工图等设计。各专业的施工图设计完成后，提出建设工程预算书。

5）施工现场的服务和配合

在施工前，建筑师和各专业设计工程师要向施工单位技术负责人对建筑设计意图、施工设计图和构造做法进行详细交底说明。并根据施工单位提出的合理化建议再对设计图纸进行局部的调整和修改，通常采用现场变更单的方式来解决图纸中设计不完善的问题。

6）绿色建筑评价标识的申请

按照《绿色建筑评价标准》进行设计和施工的项目，在项目完成后可申请"绿色建筑评价标识"，确认绿色建筑等级并进行信息性标识。

1.5.3　建筑节能标准研究

1. 绿色建筑评价体系

完善合理的绿色建筑评价体系为绿色建筑项目的实施提供了技术支撑，而绿色建筑评价体系构件是一个复杂的工程。一个健全的绿色建筑评价体系需要科学的评价方法为依据，在开始之初，需要明确评价体系的环境方法与目标；在中后期始终以此为依据，建立完善的体系。自20世纪90年代开始，已经有国家建立了绿色建筑评价体系，现在，基本每个国家和地区已经出台了各自的绿色建筑评价体系。按照建筑评价的内容，可以将评价体系的建立和发展分为三个阶段，如表1-17所示。

表1-17　　　　　　　　　　　　　　国际绿色建筑发展主要阶段

阶段	内容
早期	绿色建筑产品及技术的一般评价、介绍与展示
中期	建筑方案环境物理性能的模拟与评价
近期	建筑整体环境表现的综合审定与评价

目前国际上以及颁布了多个建筑评价体系，但是具有代表性的当属英国建筑研究所颁布的建筑环境评价方法（BREEAM体系），美国绿色建筑理事会的能源与环境建筑设计评估体系先锋（LEED体系）和加拿大的绿色建筑挑战（GB Tool）。

1）英国BREEAM

1990年英国建筑研究所，首次颁布了BREEAM体系，这是国际上第一次推行绿色建筑评价体系，为绿色建筑市场的管理与发展提供了科学支撑。英国建筑研究所针对英国的建筑特色，该评价体系的目标范围设定为办公建筑，评价内容包括能量、交通、污染、材料、水、生态与土地利用以及健康等七个方面。BREEAM的推出为明确了绿色建筑概念，对绿色建筑的发展具有开创新的意义。目前，很多国家和地区的绿色建筑评价体系都是基于BREEAM体系建立起来的，包括荷兰、法国、俄罗斯、西班牙、沙特、阿联酋以及中国香港等。

2）美国LEED

受到BREEAM的启发，美国绿色建筑理事会（USGBC）于1994年起草了LEED绿色建筑评价体系。该体系的评价范围包括新建建筑和既有商业综合建筑，评价内容包括场地可持续性、用水利用率、耗能与大气环境、材料与资源保护、室内环境质量和创新设计施工等六个方面。LEED 评价体系具有透明的计算方法与加分条例，因此在评价过程中的操作性比较强。LEED 评价标准还编写了与之配套的指导手册，从评价因子、先决条件、环境质量、经济性等方面提出了建议，从而有助于房地产商进行自行评价。

3）加拿大 GB Tool

加拿大与 1998 年联合其他 20 多个国家和地区，共同参与了"绿色建筑挑战"项目，并出台了 GB Tool 评价体系。该评价体系的评价对象为新建建筑和改建建筑，评价内容包括资源消耗、环境负荷、室内环境、服务设施质量、经济性、管理与交通等方面。绿色建筑评价体系的开发与推广为世界各国提供了公共性的评价方法，从而能够推动全世界绿色建筑的全面发展。

目前绿色建筑评价体系仍然处于建立期，需要进行不断发展与完善。虽然已经建立了多部绿色建筑评价体系，但是仍然存在很多的问题，例如建筑资料采集困难、模型复杂多样、操作性较低、耗时耗材等，因此在绿色建筑节能标准的研究上还有很长的路要走。

2. 建筑节能标准类型与内容

建筑节能标准一般会规定围护结构的性能指标（如墙体、屋顶、窗户、门等），暖通空调系统的性能指标（如供暖、通风等设备）以及其他的性能指标。起初，在建筑节能标准中只对围护结构有要求。当建筑围护结构的性能逐步提高，暖通空调系统效率方面的要求也出现在建筑节能标准里。目前在新建建筑节能标准中，几乎都将围护结构性能和建筑能源系统和设备的效率作为主要内容进行规定。最后，当建筑节能标准包含了所有的建筑围护结构和暖通空调以后，就会强调其他的安装设备和与可再生能源相关的内容。

纵观国际层面、国家层面和地方性建筑节能标准，建筑节能标准包括建筑围护结构、暖通空调系统、可再生能源、设备、建筑分区、建筑集成设计等主要内容。建筑节能标准中涵盖的主要内容是否全面以及具体参数设置是否合理都会影响建筑节能标准的实施及实施效果。

建筑节能标准有各种不同的表达方式，许多国家建筑节能标准的开始都是以规定性方法。随着节能内容的逐渐增多和节能水平的逐渐提高，导致了权衡判断法的出现，主要是对单个数值进行调整。目前，广泛应用的计算机模拟使得参照建筑法、能耗限额法和整体能效法也在逐渐普及。可以将不同类型的建筑节能标准划分为两个基本类型：①基于建筑各个部位性能要求的，即"基于传热系数指标的建筑节能标准"；②基于整个建筑总体能耗的，即"基于建筑能耗的建筑节能标准"。最基本的有以下几种，如表 1-18 所示。

3. 国内外节能标准对比

本节从管理体系、编制原则、目标设定、主要内容及重点参数几个方面进行详细比对的基础上，进行集中归纳总结，给出各个国家在建筑节能标准上的异同，为构建建筑节能标准评估指标体系打下基础。

1）管理体系比对

在标准管理体系比对中，根据标准形成及执行情况分为以下两个方面的比较，即标准编写及校验方面比对，如表 1-19 所示。

表1-18   建筑节能标准基本类型

基本类型	主要类型	主要内容	优缺点
基于热换系数指标的建筑节能标准	规定性方法	独立规定建筑不同部位必须达到特定的性能规定，不同安装设备的最低效率。在建筑设计中，强制性规定的部位都是必须遵守的。简单版本的强制性建筑标准一般只规定建筑基本的5~10个部位的热工性能标准值。要求更复杂的建筑标准里，对建筑所有的围护结构部分和安装的所有设备	容易实施，单可能会对建筑的有些部分和安装的有些设备要求过于严格，导致成本过高
	权衡判断法	对建筑各个部分都有规定值，但是可以对这些规定的遵守情况进行权衡判断。即使建筑的有些部分性能没能达到标准，但另一些部分的性能比标准要求更高，权衡判断的结果页可能是负荷标准的	比强制性的方式更自由和灵活，通常可以直接手算或者使用简单的电子表格进行计算，避免复杂的计算过程
基于建筑能耗的建筑节能标准	参照建筑法	参照建筑里参数服从权衡规定，通过计算方案来判断实际建筑和参照建筑是否满足建筑节能的要求	相较于对定性方法，此方法更加灵活
	能耗限额法	建筑的最大能耗标准由一个整体的数值进行规定，且必须服从者最大能耗标准。这种方法不规定建筑某个部分的能耗指标，只规定建筑整体的能耗指标	在建筑设计时，有更多的自由度
	整体能效法	以建筑温室气体的排放量、矿物燃料消耗、建筑总体的能源消耗来衡量建筑的节能水平	适应价格的变化、技术上的革新和新产品的使用，基本原理、计算方法和计算软件不完善

表1-19   各国标准编写及校验比对表

国家	标准编写		标准校验
	单位/组织	编写及修订	校验
中国	中国建筑科学研究院等，一般15~30人	周期不确定，一般为5~8年	编写人员校验
美国	ASHRAE/IECC，一般11人或者60人	修订的补充材料随时颁布；在规定的修订时间，最新的标准统一出版	能源部详细分析文字，然后通过国家基础建筑模型进行计算，得到相对的节能量
日本	—	节能标准和节能法修订周期不定，节能标准在1999年修订之后，至今未修订	—
英国	英国建筑科学研究院	周期确定，一般为4年	由主管部门和编写组进行校验；标准的使用者为下次修订提供建议
德国	德国能源署DENA、德国标准化学会DIN	修订周期较短，一般为2~3年	—
丹麦	丹麦建筑研究院BSI	周期不定，下一版本时间为2015年	—

由表1-19可知，在编写组织方面，各国建筑节能标准一般由科研院所和行业协会进行编写修订；在修订周期上，仅有英国有确定的修订周期，其他国家建筑节能标准的修订周期均不确定，但是德国的修订周期比较短，美国的修订补充材料是随时颁布的，而我国一般5~8年才修订一次；在标准校验方面，相较于其他有规定的美国和英国，我国的标准校验人为因素太高，不严谨也不科学。

2）标准管理、执行及监督方面比对

由表1-20可知，由于各国的国情不同，各个国家的建筑节能标准体系也有一些差异，我国在建筑设计、施工验收、施工检测等阶段有完备的建筑节能标准体系，而其他发达国家仅有完备的建筑节能设计标准体系，某些国家有强制的建筑能效标识制度和配套的标准。在标准管理方面，各国的建筑节能标准均由政府主导管理；在标准执行方面，仅有日本是自愿执行，其他国家一般都是在标准批准或颁布一段时间后再强制执行；在标准监督方面，仅我国有建筑节能专项施工验收和检测等标准，其他国家都没有。综合来看，我国在施工图审查、监理、施工验收等多阶段均有相应的标准规范进行保障，执行效率较高，执行效果较好。而如美国，能源部首先委托暖通空调制冷工程师学会（编制相应的标准，再经过各州政府的确认或者修订（根据地方具体情况），然后才实施执行，在各州政府确认的过程中，联邦政府还需要给予大量的技术支持和财政支持，从而推动其达到节能目标，实现节能效果，可见其实施时间长、成本高。此外，日本的节能标准规定首先实施单位提交节能实施报告，然后相关部门审核备案此报告，但并不进行现场检查，也没有强制的后评估。

表 1-20 各国标准执行和管理监督对比表

国家	标准管理	标准执行	标准监督
中国	住房和城乡建设部	批准半年左右，标准所覆盖的范围强制执行	由监理和政府进行抽查，符合相关的标准规范
美国	能源部	在地方政府通过立法或相关行政手续采纳之后，再执行	文件和现场的检查
日本	国土交通省、经济贸易产业省	自愿执行	文件检查
英国	环境、交通及区域部	强制执行，且强制执行时间由政府规定	完善的诚信制度、政府授权的监督机构
德国	交通、建设和城市管理部；经济技术部	颁布 6 个月之后，开始实施	文件检查
丹麦	经济和商业部下属的企业和建筑署	强制执行	文件检查、能效标识

3）编制原则及目标设定比对

比较各国建筑节能标准的建筑类型划分和指标细划，如表 1-21 所示。

表 1-21 各国建筑类型划分和指标细划比对表

国家	建筑类型细划	指标细划
中国	先居住建筑后公共建筑；先新建建筑后改造建筑	分别规定围护结构和暖通空调系统；不过需要注意的是，在公共建筑中无照明要求，但是照明部分包括在节能量中
美国	居住建筑和公共建筑	围护结构、暖通空调系统及设备、照明
日本	居住建筑和公共建筑	围护结构、暖通空调系统及设备、机械通风空调，照明系统、卫生热水系统、电梯系统
英国	PART L1A 新建居住建筑；PART L2A 新建公共建筑；PART L1B 既有居住建筑；PART L2B 既有公共建筑	围护结构、暖通空调系统及设备、生活热水系统、照明系统
德国	新建建筑细划为居住建筑和公共建筑；既有建筑按不同室温要求细划	围护结构、暖通空调系统及设备、生活热水系统、照明系统
丹麦	新建建筑划分为居住建筑、公共建筑和低能耗建筑；既有建筑不再细化	围护结构、暖通空调系统及设备、照明系统、生活热水系统、电梯系统

比较各国的建筑节能标准目标设定、节能目标计算方法以及节能性能判定，如表 1-22 所示。

表 1-22 各国节能目标设定及计算方法、节能性能判定方法比对比对表

国家	节能目标设定	节能目标计算方法	节能性能判定
中国	以中国 20 世纪 80 年代的典型建筑计算能耗作为基准，建筑能耗逐步降低 30%，50%，65%	全年典型建筑、典型模型供暖空调和照明的能耗	规定性方法 + 权衡判断法 + 参照建筑法
美国	由 DOE 进行设定，如要求 ASHRAE9.1-2010 比 2004 年版本节能 50%；IECC2012 比 IECC2015 节能 30%，IECC2015 比 IECC2006 节能 50%	通过 15 个气候区各 16 个基础建筑模型，对前后两个版本进行 480 次计算，在根据不同类型建筑面积进行加权，得出是否满足节能目标	规定性方法 + 权衡判断法 + 能源账单法

续表

国家	节能目标设定	节能目标计算方法	节能性能判定
日本	无确切目标，但对比分析各个版本得出：现行 1999 年公建标准比 1980 年以前建筑节能 25%，居住建筑比 1980 年以前建筑节能约 61%	基准值的计算以典型的样板住户为对象进行。计算方法由专家委员会讨论、决定，解读和资料在网站上公开	规定性方法 + 具体行动措施
英国	2013 版建筑条例比 2006 版节能 44%，比 2002 版节能 55%；2016 年实现新建居住建筑零碳排放，2019 年实现新建公共建筑零碳排放	通过不断降低建筑碳排、放目标限值来计算	规定性方法 + 整体能效法
德国	从 1977 版标准年供暖能耗指标限值 200kWh/m2，未来准备进一步下降至 15200kWh/m2 以内	以供暖能耗限值为节能目标，不同版本的 EnEV 不断更新对供暖能耗限值要求	规定性方法 + 参考建筑法
丹麦	2010 版建筑条例比 2008 年建筑条例节能 25%	根据建筑面积和建筑类型折合成单位面积能耗进行计算	规定性方法 + 能耗限额法

由表 1-21 和表 1-22 可知，建筑节能设计标准的节能目标设定，除德国采取绝对值法外，其他国家均通过建筑能耗计算，采取前后版本的相对节能比例对新版本的节能标准进行目标设定。无论是绝对值法还是相对值法，相关国家都通过对建筑使用阶段的相关参数进行标准化，然后对典型建筑（群）能耗进行计算，来比较前后版本节能标准的节能性。

4）标准覆盖范围比对

比较各国建筑节能标准的覆盖范围，如表 1-23 所示。

表 1-23 　　　　　　　　　　　　　各国建筑节能标准覆盖范围比对

国家		管理	围护结构	暖通空调	热水和水泵	照明设计	电力设计	建筑性能权衡	可再生能源	建筑围护
美国	ASHRAE90.1	√	√	√	√	√		√		
	IECC	√	√	√	√	√		√		
英国	UK BR		√	√	√	√	√	√	√	√
中国	《严寒寒冷地区居住建筑节能设计标准》		√	√		√		√		
	《夏热冬冷地区居住建筑节能设计标准》		√	√				√		
	《夏热冬暖地区居住建筑节能设计标准》		√	√				√		
	《公共建筑节能设计标准》		√	√				√		
日本	CCREUB		√	√	√	√		√	√	√
	DCGREUH		√	√						√
	CCREUH		√	√						√
德国	EnEV		√	√	√				√	√
丹麦	DEN BR		√	√	√	√	√	√	√	√

注：我国《严寒寒冷地区居住建筑节能设计标准》和《公共建筑节能设计标准》对照明设计的要求，在独立设计规范中有规定。

由表 1-23 可知，由各国制定的建筑节能标准可知，各国的居住建筑和公共建筑、新建建筑和既有建筑改造均涵盖在相应的建筑节能标准中。建筑节能设计标准是建筑节能标准体系的核心，主要包括建筑围护结构和暖通空调系统，因此各国的建筑节能设计标准对二者均有规定。但是我国在建筑围护结构细分和暖通空调系统及设备细分上较其他国家有一定旳差距。有些国家在建筑节能设计标准中，还规定了热水供应系统、照明系统、可再生能源系统、建筑维护等内容，我国在其他标准中对这些内容进行规定。

5）重点参数比对

比较各国建筑节能标准中墙体传热系数、屋顶传热系数、窗户传热系数以及可再生能源等重点参数，如表 1-24 所示。

表 1-24   各国建筑节能标准主要参数比对

国家	建筑类型	墙体传热系数	屋顶传热系数	窗户传热系数	可再生能源
中国	居住建筑（严寒、寒冷、夏热冬冷、夏热冬暖）	0.45、0.6、1.0、0.7	0.3、0.45、0.8、0.4	2.0、2.5、3.2、-	无强制规定
	公共建筑（严寒、寒冷、夏热冬冷、夏热冬暖）	0.5、0.6、1.0、1.5	0.45、0.55、0.7、0.9	2.6、2.7、3.0、3.5	无强制规定
美国	ASHRAE90.1（三层以上居住建筑）	0.4、0.45、0.59、0.7	0.27、0.27、0.27、0.27	2.56、3.12、3.69、4.26	—
	ASHRAE90.1（公共建筑）	0.4、0.51、0.7、0.85	0.27、0.27、0.27、0.27	2.56、3.12、3.69、4.26	—
日本	《居住建筑节能设计和施工导则》	0.39、0.49、0.75、0.75、0.75、1.59	0.27、0.35、0.37、0.37、0.37、0.37	2.33、2.33、3.49、4.65、4.65、6.51	无要求
英国	UK BR（新建居住建筑）	0.30	0.20	2.0	定性规定
	UK BR（新建居住建筑）	0.28、0.7/0.3	0.18、0.35/0.18	—	
	UK BR（新建公共建筑）	0.35	0.25	2.2	
	UK BR（改造公共建筑）	0.28、0.7/0.3	0.18、0.35/0.18	—	
德国	EnEV（新建居住建筑）	0.28	0.20	1.3	计算年一次能耗时可再生能源比例
	EnEV（新建公共建筑）	0.28	0.20	1.3	
	EnEV（既有改造建筑）	0.24	0.24	1.3	
丹麦	DEN BR	0.25	0.15	1.5	定性规定

在建筑节能标准中，相关的具体参数用来优化选择建筑的能源系统和指导建筑的围护结构设计，综合考虑产业规模、经济回收期、技术发展和市场认可度等方面选定相关设计参数。因此其具有普遍性和适用性，从而在国家层面，对促进产业发展、降低建筑能耗、提升就业率等起到决定性的作用。在国外提升建筑节能目标时，大多数国家节能性能实现主要是通过建筑围护结构性能提升、暖通系统性能提升、照明系统性能提升和热水供应系统性能提升。最近，为达到建筑节能目的，也有一些国家加强了可再生能源的使用。由表 1-24 可知，我国的窗户、屋顶和墙体的传热系数略低于欧美国家，且国家级建筑节能标准不强制要求使用可再生能源，一些省级标准有初步要求。

4. 建筑节能标准评估方法

现有的节能标准综合评估方法根据采用的理论不同，可以大致分为三类：

1）咨询法

咨询法是基于经验的综合评估方法，这类方法是通过各方面专家咨询，将得到的评价进行简单处理，从而得到综合评估结果的方法。最常见的咨询法是专家打分法。专家打分法，是一种既简单又被广泛使用的一种评估方法。它以定量分析和定性分析为基础，通过打分做出评估。具体的步骤：首先构建评估指标体系，然后请专家按照给定的评分标准对每个指标进行打分，最后综合每个专家以及每个指标的评分，综合评估结果就是得到的每个方案的总评分。

2）基于数值和统计的方法

采用数学理论和解析方法对评估系统进行严密的定量描述和计算，主要有主成分分析法、加权平均法等。

第一，主成分分析法。主成分分析法是指根据评估对象内部关系综合变量，将带有规律性的东西抽象出来，在某种程度上构成简化的数学模型，然后用此模型研究自然界中复杂现象的一种多元统计方法。一般来说，在对多指标进行综合评估时，需要注意两个问题：①因为过多的指标个数，指标之间可能存在一定的关联，所以在一定程度上需要研究的指标反映的信息可能会有重叠；②在高维空间中，如果指标过多，那么在研究其分布规律时可能比较麻烦。

第二，加权平均法。加权平均法是在计算每个指标权重的基础上，依据某一种加权方法，计算得到评估方案的综合值，其中最常见的一种加权平均法是加权算术平均法，首先给定各指标的权重，然后计算加权算术平均值，得到综合值就是被评对象的评价值。评估指标是比例型的该方法比较适合。权重的选择和评估指标的选取是使用加权平均法时需要着重注意的事项，但是在评估指标选取的过程中，难免存在主观因素，自然权重的选择会受到影响。此外，加权平均法很难处理复杂问题。

3）基于决策和智能的节能标准综合评估方法

这类方法或是重现决策支持或是模仿人脑的功能，使评估过程具有像人类思维那样的信息处理能力。比较常见的方法有层次分析法、模糊综合评价法、基于神经网络的综合评估方法等。

第一，层次分析法。其基本思路：首先分解各个指标为目标层、准则层、方案层，然后比较、判断和计算处于同一个层次的各个指标，从而得到相对重要程度。层次分析法在解决复杂的评估问题时，深入研究其本质和影响因素及其内在联系，并且通过少量的数据信息就可以将人们的思维过程系统化、数据化，因此层次分析法比较容易被人们接受。

第二，模糊综合评价法。模糊综合评价法是利用模糊集理论和最大隶属度原则进行评价的一种方法。模糊集理论是指模拟人的思维推理过程，充分利用人脑对模糊想象能够做出正确判断的优点，使定性化的因素向定量化逼近，从而得出科学的结果。目前，还处于经验判断期的模糊综合评价法，在确定模糊隶属函数时，没有可以遵循的规范的格式，一般是凭经验或者专家评定，造成了评估过程中主观性过强。

第三，基于神经网络的综合评价方法。目前，神经网络是基于神经网络的综合评价方法中应用最多的。此方法充分考虑了专家的经验和直觉思维模式，同评估过程中人为的不确定因素得到了降低，从而人为设置权重的主观性、不精确性和相关复杂系数得到了避免。目前在选择训练集时，统一的规范仍没有，主要还是根据统计数据和决策者的经验确定，此对评估结果的有效性有一定程度的影响。

在建筑节能标准评估指标体系确定以后，各指标可能存在正逆不同、量纲不同、量级不同、性质不同等差别，不便于进行对象的综合评价，量化指标称为下一环节的关键任务。目前，已经有许多有效确定评价指标权重系数的方法，如表1–25所示。

表 1–25 指标权重的确定方法

分类	方法名称
主观赋值法，即采取定性的方法，由专家根据经验进行主观判断而得到权数，然后再对指标进行综合评估	强制打分法；专家调查法；德尔菲法；层次分析法；环比评分法
客观法，即根据历史数据研究指标之间的相关关系或指标与评估结果的关系来进行综合评估	最大熵技术法；主成分分析法；数列分析法；多目标最大法

在上述确定指标权重的方法进行分析可知，它们各有特点，在建筑节能标准综合评估应用中应区别对待。

1.5.4 建筑节能财政政策

1. 财政政策与建筑节能

从已有的相关财政政策研究文献来看，研究内容可以划分为三类，各类的研究内容与主要研究成果如表1-26所示。

表1-26 建筑节能财政研究内容分类

分类	主要研究内容		代表学者与研究成果
第一类	从总体解决当前及今后经济发展中的问题出发研究财政政策		孙文学等对中国各个时期的财政政策进行了实证分析并设计了面向21世纪的财政政策
第二类	集中研究积极财政政策问题	重点研究积极财政政策某一方面的问题	韩文秀等研究了"积极财政政策的潜力与可持续性"
		总体上研究积极财政政策问题	戴园晨通过最近出版的著作、发表的论文对积极财政政策作了比较全面的研究
第三类	解决当前某一个方面问题出发研究财政政策		刘溶沧等研究了"促进经济增长方式转变的财政政策选择"、可持续发展的财政政策问题
			夏杰长研究了"反失业的财政政策"、治理通货紧缩的财政政策
			郭庆旺等研究了经济增长与财政政策选择问题

通过对财政政策理论的研究表明：①财政政策在国家的经济社会发展中发挥着重要的作用；②财政政策理论研究为财政政策的应用提供了理论基础。建筑节能政策研究属于"解决当前某一问题出发的研究财政政策"，目前，我国建筑节能政策研究仍处于起步阶段。

我国建筑节能起步较晚，市场经济体制不健全，节能建筑市场只能通过行政手段实施，无法采用宏观的财政政策。随着我国市场经济体制的发展与建筑节能工作的稳步推进，加上国外建筑节能理论与案例，我国的建筑节能政策取得了较大的进步，但是政府仍然占据主导地位。从我国建筑面积大，地域气候差异大的特点来看，只要调动全社会的积极性，才能实现推进建筑节能的发展。

2. 节能潜力与政策效益分析

西方发达国家在建立绿色建筑市场方面的经验比较丰富，并且已经建立了完善健全的市场机制。诸如英国、美国、欧盟等也通过财政手段来促进节能建筑的发展。通过对这些国家的建筑政策，包括行政管制、经济激励等进行研究分析发现：经济激励政策能够有效地促进绿色建筑市场的发展，并指出税收优惠将成为未来绿色建筑市场政策发展的方向。

虽然我国绿色建筑节能工作开展较晚，但是通过多年来的探索实践，也取得了不少的研究成果。例如途逢祥教授定性地从新建建筑与既有建筑改造等方面分析了建筑节能发展潜力，指出了绿色建筑工作对我国建筑行业的重要性。同时，指出了我国节能建筑发展过程中的不足与面临的挑战，并从经济补贴和税收优惠方面提出了可行性建议，促进我国建筑节能的发展。

随着人们对建筑节能的逐渐重视，国内大量的学者已经致力于建筑节能政策的研究，包括经济政策、金融政策、财政政策、宣传教育等，并突出了财政政策的研究重点。江忆等人着重分析了我国建筑能耗现状，指出发展过程中各方面的不足，从而给出了建设性建议。卢双全教授则分析了既有建筑节能改造面临的问题，并提出了经济政策建议。然而，需要指出的是，目前我国的建筑节能政策大都是借鉴于国外经验，因此还需要基于我国的基本国情，推出具有中国特色的财政政策。

3. 建筑节能财政政策目标分析

财政政策目标是指制定和实施财政政策所要达到的预期目的。它是整个财政政策体系的核心部分，对财政政策工具的选择起着规范和约束的作用。建筑节能财政政策是政府支持建筑领域节能的重要举措，其目的不仅仅在于实现建筑领域的节能，更重要的是改善人民的居住环境和保证国家的能源安全，因此，建筑节能财政政策目标包括以下几个方面：

1）推进建筑节能的开展

建筑节能财政政策实施的直接目的在于弥补建筑节能市场失灵的缺陷，引导市场机制发挥作用，从而顺利实现节能建筑的有效供给。顺利推进建筑节能开展是建筑节能财政政策制定和实施的首要目标。为了实现这一目标，可以根据我国建筑节能开展的不同阶段，将目标分解为长期目标和短期目标。

（1）短期目标。提高新建建筑节能设计标准的执行率。目前消费者的节能意识淡薄，短期内很难对节能建筑产品形成较强的市场需求，因此，现阶段的首要目标是通过对开发商实施激励，提高新建建筑节能设计标准的执行率，并可以逐步提高新建建筑节能设计标准，从节能比例50%向节能比例65%或更高的标准过渡。

（2）长期目标。培养市场主体的节能意识，引导主动节能投资行为。通过宣传教育等手段加强对消费者节能知识的普及，随着能源紧张和环境污染问题的日益严峻，政府可以采取双向激励措施，一方面调控生活能源的市场价格，一方面对购买节能建筑提供优惠，双向引导消费者的节能消费观念，从长期经济利益考虑，主动选择节能建筑，从而形成节能建筑的市场需求。

2）保证建筑用能的可持续发展

建筑节能是节约能源的重要组成部分，而且从长期发展趋势分析，建筑用能在能源消费中的比例还将逐步提高。用能需求的不断增长是经济发展和人们生活水平提高的必然产物，而能源的可持续是能源政策的重要目标。因此，建筑用能的可持续发展应成为建筑节能财政政策的目标，这也要求政策的制定应注重建筑用能结构的调整，倾向于发展可再生能源，从而减少建筑用能对化石能源的需求。

3）改善人居环境

从建筑节能的概念和内涵的分析可知，建筑节能是在保证并提高居住环境的前提下，实现建筑能耗的降低。因此，政策的制定应以改善人居环境为目标，而非一味地节能，真正做到能源、资源和社会经济发展的和谐。

1.5.5 建筑节能经济激励政策研究

1. 节能政策工具概述

自20世纪70年代能源危机以来，发达国家便开始采取相关措施，进行节能管理政策。如表1-27所示，这些政府颁布的政策，主要措施包括诸如出台法律法规，制订相关技术标准，设定专门管理机构，推行能效标识等管理性政策，以及适当的经济激励政策结合一定的市场管理手段。

表 1-27国外节能资金的建立情况

国家	节能资金名称	主要来源	主要用途
美国	财政预算 / 节能公益基金（PGC、PBF）	政府拨款 / 电费附加	财政激励 / 节能公益事业（如节能咨询、宣传、培训、教育等）
英国	碳基金 / 节能基金	政府拨款	工业和交通节能 / 建筑节能
法国	财政预算	政府拨款	节能、环保和发展可再生能源
西班牙	财政预算	政府拨款 / 电费附加	财政补助、税收优惠、可再生能源发电的电价补贴
荷兰	列入财政预算	政府拨款	节能和发展可再生能源
日本	列入财政预算	政府拨款	节能和发展新能源

美国为应对能源危机，推行了"联邦能源管理计划"（FEMP），旨在减少政府因能源使用，管理公共设施以及推动再生资源的资金支出。除此之外，美国政府还颁布了行政命令政策，对生产技术和产品标准进行监管和引导。为了普及建筑节能，美国采用现金补贴、税收优惠等政策促进新建住宅节能、高效建筑设备、经过认证的能效家用电器、家庭太阳能等，采用减免税收的方式，鼓励居民进行室内温度调控设备、节能门窗改造等。美国为普及"能源之星"项目，采取返还现金、低息贷款等鼓励消费者购买"能源之星"认证住宅，并为购买的用户提供抵押贷款。此外，美国还建立了"建筑节能宣传月"，进行节能宣传，以期提高居民节能意识。

澳大利亚政府每年进行建筑能耗监测，同时还要接受国会的检查与监督。在节能建筑的推广方面，主要进行如下措施：修订建筑节能标准，实行建筑节能标准，提高能源利用效率，并推进可再生能源的利用。

日本作为能源匮乏，对能源高效利用和建筑低能耗一直是其追求的目标。日本节能战略是实现能源、环境及经济健康稳定持续增长。在税收方面，征收电力开发税和石油税，以扶持新能源开发利用基金项目，但是对有关节能设备减免税收。同时，推行了低息、贴息贷款政策，鼓励节能设备和技术开发项目。此外，为能耗监管系统、高效热水器等节能技术和器材的推广应用实行补贴。

德国在 1976 年通过了《节能法》，鼓励可再生能源利用。其中，1999 年开始推行"十万太阳能屋顶计划"，为采用这个项目的消费者由商业银行提供贷款优惠。同时，鼓励建筑节能改造，对地源热泵等相关节能技术应用免税等。

同时，国外为了推行建筑节能工作，推行税收优惠政策，主要包括提高能源消费税收并降低高效设备的能源投资成本。虽然国外建筑能耗征税的形式不同，但是其征税的内容基本相同，其形式主要包括碳税、天然气税、二氧化碳排放税等，如图 1-32 所示。通过税收优惠政策，实现降低能源浪费，并实现建筑节能。

2. 我国建筑节能激励政策分析

根据建筑节能形式，可以将建筑节能工作分为四个部分，主要包括新建建筑节能、既有建筑节能改造、可再生能源利用和绿色建筑材料等。目前，国家和地方政府已经出台了与建筑节能有关的法律法规、政策与标准等，旨在引导全社会的建筑节能意识，推进节能工作的开展，并为之提供依据和准则。

1）新建建筑节能

对于即建建筑，采取市场准入制度，要保证新建建筑能够实现降低能耗 50% 的目标，否则不予通过；在施工图审查过程中，首先要符合建筑节能目标的强制性标准，否则不予通过。

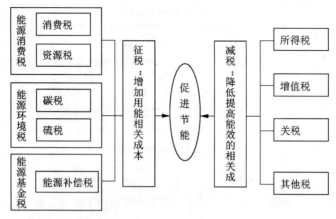

图 1-32　国外促进建筑节能的税收政策

各级政府正在建立完善的节能标准、法规政策与节能体系。此外国家还采取了财政鼓励，对于能够达到我国二星级标准的建筑，给予45元/平方米的奖励；三星级建筑奖励为80元/平方米。

2）既有建筑节能改造

我国的既有建筑节能改造主要包括两方面：一是公共建筑节能改造，是从政府办公建筑为着手点，进行节能改造，并努力达到公共建筑节能改造的典型案例；在此基础上，出台有关节能改造的标准，并建立公共建筑改造资金，推进绿色建筑节能发展。而是北方地区居住建筑采暖节能改造，需要从建立试点项目、经济政策激励、改造条例等方面入手，按照有经济发展水平较高的城市向经济发展水平较低的城市过渡。

3）可再生能源建筑应用

在建筑领域中，可以利用的可再生能源包括太阳能、地热能、生物质能、风能、核能等。我国在可再生能源建筑利用方面的研究与投资力度较大，目前已经形成了可再生能源建筑应用的法律法规体系与节能技术标准。截至2010年，在国家层面上的可再生能源利用项目已经达到371个，其中包括太阳能项目210个、新能源城市47个和新能源示范县98个。

4）建筑节能材料与部品

目前我国采取了绿色建筑材料与产品的税收优惠政策，如表1-28所示，部分地区采取了增值税、所得税减免政策。我国对利用煤矸石、煤泥、油母页岩和风力生产的电力，以及部分新型墙体材料与产品实行按增值税应纳税额减半征收政策；对企业利用废水、废气、废渣等废弃物为主要原料进行生产的，可在5年内减征或免征所得税；对于促进科技进步、环境保护和国家鼓励投资项目的关键设备，允许固定资产实行加速折旧。

3. 激励政策设计原则

建筑节能激励政策需要保证环境、经济和建筑的和谐统一，从而实现社会、经济和节能效益的最大化。

1）适用性原则

建筑节能是有利于整个人类的节能策略，与政府、企业和个人的利益息息相关。首先，激励政策设计，需要基于我国的经济发展水平和节能发展现状进行。其次，充分考虑各参与者的利益，且利益水平要高于普通建筑的收益。此外，中央和地方政府的经济激励水平，需要符合国家和当地的经济水平，从而能够确保绿色建筑项目能够稳步地推进。

表 1-28享受增值税减半征收政策的部分新型墙体材料

产品类别及名称	产品规格及要求
非黏土砖（采用机械成型生产工艺，单线生产能力不小于 3000 万块标准砖 / 年）	
孔洞率大于 25% 非黏土烧结多孔砖、空心砖	符合国家标准 GB 13544—2000 和 GB 13545—1992 要求
混凝土空心砖	符合国家标准 GB 13545—1992 的技术要求
烧结页岩砖	符合国家标准 GB/T 5101—1998 的技术要求
建筑砌块（采用机械成型生产工艺，单线生产能力不小于 5 万平方米 / 年）	
普通混凝土小型空心砌块	符合国家标准 GB 8239—1997 的技术要求
轻集料混凝土小型空心砌块	符合国家标准 GB 15229—41994 的技术要求
蒸压加气混凝土砌块	符合国家标准 GB/T 11968—1997 的技术要求
石膏砌块	符合行业标准 JC/T 698—1998 的技术要求
建筑板材（采用机械化生产工艺，单线生产能力不小于 15 万平方米 / 年）	
玻璃纤维增强水泥轻质多孔隔墙条板	符合行业标准 JC 666—1997 的技术要求
纤维增强低碱度水泥建筑平板	符合行业标准 JC 626/t —1996 的技术要求
蒸压加气混凝土板	符合国家标准 GB 15762—1995 的技术要求
轻集料混凝土条板	行业标准《住宅内隔墙轻质条板》JC/T3029—1995 要求
钢丝网架水泥夹芯板	符合行业标准 JC 623—1996 的技术要求
复合墙板、条板	所用板材为以上所列几种墙板和空心条板，复合板符合建设部《建筑轻质条板、隔墙板施工及验收规程》的技术要求

2）有效性原则

首先，要考察分析我国绿色建筑市场，分析各地区的市场特点，以制定出有效可行的激励政策设计手段。其次，充分分析我国地域特点、气候特征以及各地的经济水平。由于各地区的建筑造型以及建造年代也大不相同，因此需要根据建筑寿命制定相应策略。通过以上分析研究，制定出有效的经济激励政策。

3）协调性原则

建筑节能政策是关系到国家长治久安的政策，国家实施了相关的法律法规以及节能标准对其进行鼓励。因此，将要推行的激励政策需要与这些法律法规与节能标准相协调，同时国家政策与地方政策相衔接，切实形成国家自上而下的激励政策体系，从而发挥建筑节能的最大效益。

4. 经济激励政策基本框架建议

根据建筑节能市场的发展阶段来划分，可以分为三个阶段：形成期、发展期与成熟期。因此可以将经济激励政策按绿色建筑市场发展水平进行划分：

1）建筑节能市场形成期

在绿色建筑形成初期，有关建筑节能的法律法规、节能政策与标准均不成形。因此，在这个阶段政府作为引导者，需要从多个方面进行探索。在政府的推动下，绿色建筑市场开始起步，在一些地区进行建筑节能试点工作，但是此时并没有真正的运营模式；房地产商并没有进行大量的投资，社会缺少必要的风险保障体系。政府需要担任建筑节能市场投资者的角色，并承担市场风险。

2）建筑节能市场发展期

经历建筑节能市场形成期之后，通过一些项目的试点与研究，国家积累了一定的节能工作经验，开始建立与之相关的法律法规，确定绿色建筑发展方向与各参与方的目标与任务。随着建筑节能项目的推行，逐渐形成有效的运作模式，全社会认识到绿色建筑发展可行性与潜力，开始进行多方面的投资与融资，投资制度开始健全，建筑节能市场风险开始减小。

3）建筑节能市场成熟期

绿色节能市场经过长足的发展，在与节能建筑有关的法律法规、政策、标准的引导下，建筑市场各参与方人员逐渐增多，社会对绿色建筑的需求量响应提高，市场供应方和需求方的关系逐渐稳定，绿色建筑商业运行项目与制度日趋完善。在整个社会投资保障体系的保障下，社会投资稳步提升，市场风险降到最低。

按照上述发展过程，我国经济激励政策体系形成。按照建筑节能方式，如新建建筑节能、既有建筑节能改造、可再生能源利用以及绿色建筑材料等进行划分；从激励政策内容，如激励主体、激励对象、激励模式和激励强度等进行划分，得到的建筑节能经济激励政策基本框架，如图1-33所示。

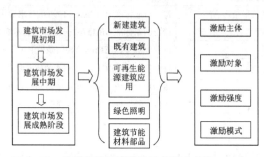

图1-33　建筑节能经济激励政策基本框架

2.1 中国传统建筑生态观与节能特点

1869 年，德国人海格尔（Heigl）首次提出了生态学（Ecology）的概念，这一概念描述了有机体与环境之间的相互关系。人类生态学则将狭义的生态学（即简单的动植物与环境的关系）衍生到了人与自然环境的相互关系的领域内。自 20 世纪 60 年代，随着人们对自然、人与社会的认识不断加深，生态学这一概念已经渗透到了其他学科内，并形成了一门综合性的科学。在城市规划和建筑设计领域内，生态建筑便是生态学的具体体现。对于人们的居住、活动与工作环境而言，和谐共生与和谐再生的原则强调了人与自然环境的协作与结合；因地制宜、因势利导则是采用一切可以利用的原则，实现自然资源的高效利用；减少能源的消耗创造出舒适健康的生活环境成为现代建筑设计的目的与核心。

中国传统建筑便采用了上述原则：尊重自然法则，结合自然环境、基于气候地形，因地制宜、因势利导，使用当地自然材料，合理分布室内外环境，增加建筑环境、提高审美意境，创造适宜的人居环境。虽然从一定程度上来说，中国传统民居采用的生态技术只是低技术水平，但是也反映了人们顺应自然、改造自然的生态观。

2.1.1 中国传统建筑的生态观

"天人合一"是中国传统建筑生态观的体现，包括了崇尚天地、中庸和经验的生态思想。中国古代社会得益于农耕文化，因此对天地具有浓厚的情结。因此中国古代建筑在竖直方向上，建设高台祈求与天相接，但是与水平方向的扩张相比，竖向建筑并没有成为主流，人们更愿意与地相接，向四周延伸，也体现了普通百姓以地为母的情致。普通的古代人民以土地为根本，以与土相接为生，更接近与地气。同样古代器宇轩昂的亭台楼阁只作为登高望远、观景之用，在建筑四周则辅助于水平檐和高台基，以展示人们亲近土地的情结。

2.1.2 中国传统建筑中的哲学思想

中国传统建筑注重实用性。这表现在如何为居住着提供一个健康舒适的环境，而且能够与周围环境和谐共生，尊重自然、顺应自然，是使人与环境达到最佳的居住状态。这其中的人与自然的联系形成了中国最初的传统建筑设计哲学思想。道家的天人合一的思想对中国建筑设计的影响最为深远。在人与自然的基础上，有着十分深刻的阐述。道家思想在建筑伦理观念、思维方式、精神物化等方面深深地影响着中国传统建筑的生态观。下面将从建筑自然观分析中国传统建筑的哲学思想。

因借自然，营造建筑。传统建筑一般设置有庭院或者天井。因此在民居内引入自然环境，即使院内没有花草树木，院内的风霜雨雪、四季变化等自然现象也能够自然地进入院内，向人们传达自然信息。

引入自然，相融共生。除了天人合一之外，道家还比较注重无为而治、崇尚自然的原则。天地之美的思想表明了古代独特的自然观和审美观。中国古代的园林式建筑保留了自然的原貌，从而产生了错落有致的效果，达到了建筑与艺术的结合。

师法自然，同构建筑。中国传统建筑以间为基本单位，形成单体建筑，比如堂、庭、室与轩，又包含了一些组合的中介空间，比如廊、墙、檐口以及门楼等，这样就形成了庭院建筑。

在此基础上，厅原建筑相互组合形成一个小型的建筑群，通常称为庭园。由于中国的单体建筑展示出不同的姿态，因此建筑群错落有致，展现出多变的中国传统民居形态，从而展现出与自然和谐统一、丰富多样的特点。

在中国传统建筑中，风水学理论以及天人合一的思想应用较为普遍，与现代建筑中的生态学理论相吻合。风水理论指导的建筑规划布局。几乎所有的地图都包含了风水学的基本要素，从全国性的地图，气象图、天文学图以及地形图等都会展示地形、道路、河流、树木等基本信息，用于观察建筑环境、季节变化、日月星辰的运行等。这些均可以用于考察自然界的地貌、性质以及景观特征（包括风雪云雨、春夏秋冬、水气环境等），为建筑的设计规划做铺垫。这种方法可以用在现代节能建筑设计中，宏观地把握建筑设计思路与方法。

仿生形的规划。仿生学规划设计方法是当今建筑生态学研究的一个重要课题，这种方法是基于自然环境并模拟自然生态环境的建筑设计手法。在建筑空间中，人们采用该手法，能够将在集中或者散布于田园中的民居营造出宇宙的感觉。通常具有自然象征意义的事物包括方向、节令、星宿和风向等。在中国传统建筑中，仿生学规划设计的方法并不少见，包括皖南黔县宏村如牛形、西递村如船形、浙江兰溪市诸葛村如八卦形（图2-1）等。在一定程度上，这些表达了人们对自然的尊敬与崇尚之意，也将居所与环境整合为一个有机的整体。

风水选址因素。在中国风水学中，水源对选址影响较大，主要表现于土壤、生物和人文等多个方面。风水学中的环境理论是一种理想的生态环境，人、居所与自然环境能够相融相生。如果自然环境的土壤、岩性、水文、植被等多种自然因素能够合理组合、和谐共生，那么生态环境质量将会相应提高。根据风水学的理论，传统建筑一般根据当地的气候、地形以及其他条件，充分和合理利用光照，合理利用季风气候，夏季迎风，冬季避风，做到室内的自然通风与保温。现代建筑的自然通风理论便采用了这一措施。从原则上讲，风水不但能够保证居所周围的生物生长，保证自然精力旺盛，又能够重视社会与人文发展，达到心境的宁静。

生态的技术观。中国风水理论强调人与自然环境的和谐共生，同样这也是西方现代建筑所

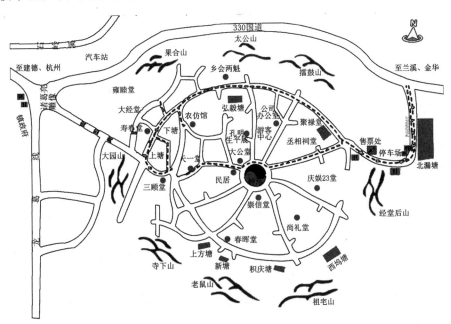

图 2-1 浙江兰溪市诸葛村
资料来源：http://www.meijss.com/uploads/allimg/110701/1-110F11U4330-L.jpg

追求的目标，这主要体现在怡人的自然风、开阔通透的视角以及舒适的自然光线。遵循于中国传统的风水理论，传统建筑从设计、建造以及使用过程中，每个细部都进行了技术处理，体现了节能节地的生态观。在传统民居中，人们为减少风寒，采用了引进自然光和引导季风的策略。同样，为了减少建筑中的热量散失，减少建筑能耗，人们才用了围合式的建筑手法，比如天井、庭院与庭园等。建筑平面大多为矩形，进深较大而开间相对较小，采用了天井连接的方式。同样也采用

图 2-2 皖南呈坎村某宅天井（四水归堂）

了就地取材的理念，一方面减少了运输成本，另一方面降低了运输用能源。如图 2-2 所示，中国庭院中的代表作品——皖南地区的天井建筑，按照中国风水学理论称作"四水归堂"。利用自身构造，天井能够加强室内通风、采用自然采光，同时还能够调节井内的气候。一般在天井内铺设缝隙较大的青石板，下垫层为尺寸较大的砂石，这样能够有效地保持水分，在炎热夏天降低井内的温度，其构造图如图 2-3 所示。

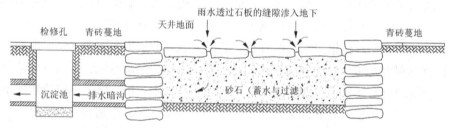

图 2-3 天井地面剖面示意图

2.1.3 中国传统建筑的生态因子和技术表现

中国的地域与气候差异造就了丰富多彩的中国传统建筑形式。为了适应这些气候特征，中华古代人民因地制宜地发明了多种生态处理手段与方法。因此，从传统民居中探索和发掘生态因子，对现在的建筑节能设计具有实际意义。

1. 传统建筑的建造依据

无论是中国传统建筑还是西方现代建筑技术，都十分重视建筑的保温隔热、采暖防寒、通风遮阳。

在中国的北方地区以及西部山区，冬季持续时间较长，因此比较注重建筑防寒、保温与采暖，这些也是人们居住的基本功能要求。为了充分利用太阳光，吸收太阳能，建筑多采用坐北朝南的方式。同样在三合院或者四合院中，大都扩大庭院的横向间距，避免主要建筑受到周边建筑的遮挡。为了使得整个建筑能够获得自然光，人们尽量地扩大了南墙上的门窗面积，缩小建筑的进深。同样，在靠近山地的建筑，大多选择定居于南山坡，这样便能够抵御冬季的寒风，也能够尽可能多地接受光照。在北墙和西墙上，人们选择少开窗或者不开窗的方式来减少能量散失和增加建筑的密闭性。在围护结构方面，墙体一般比较厚实，减少热量散失。

在我国南方地区，比较注重建筑遮阳、隔热和通风，这也是保证人们居住的最基本的要求。一般来说，南方地区居室的进深较大，而室内又分为多间，同时采用大出檐来保证前廊较为宽阔，而在建筑房屋之间保留较小的露天空间形成天井。与北方宽阔的庭院建筑空间相比，南方则注重相互连接的室内空间环境。通过天井力图营造出宽敞、高大、明亮的环境，而在前后留有可开合的门扇，连接天井，形成穿堂风。南方的屋面多采用薄瓦，并且不像北方建筑一样设置保温层，此外，还要采用双层薄瓦来实现建筑的透风隔热，还可以通过屋面开窗、屋檐下设置通风口、屋脊上设置通风屋脊的方式，实现自然通风。在天井内也可以设置天井盖，室内设置楼井，达到通风顺畅的目的。

在城市或者城镇规划中，特别要注意季风风向，留出通风巷道，从而保证各民居之间、庭院之内能够形成自然风流动。此外，在具有高大院墙阴影下，也可以形成凉风道，从而改善周围的气候。在较为湿热的地区，一般采用干栏式建筑，基本做法是将建筑底部架空。在坡地民居上采用出挑、吊脚形式，基于建筑或者地势将建筑分层。在我国新疆地区，为了防止热空气进入室内，便采用人行道架和骑楼，增加居室和绿化的面积，以有利于建筑通风和降温。

依山傍水，充分利用地形优势。借助于复杂的地形地貌，营造出在平原地区不具有的建筑气势，是我国优秀的民居建筑传统。能够形成这种气势在于能否利用不同的地势打造这种氛围，例如山涧、溪水、山坡以及丘陵等等。四川地区多为盆地或者丘陵，人们将造就宏伟气势的方法归纳为：台、挑、吊、拖、坡、梭。台指的是利用坡高，分层筑坡，建造建造建筑的基础。挑指的是出挑的楼层或者檐廊，通常是悬挑式结构，能够向外延伸，达到别致的观景平台。吊则是通过添加支撑柱来做吊脚楼，充分利用建筑平面面积。拖指的是房屋垂直于等高线，屋顶自上而下不断降低，建筑室内也存在着不同的地坪。与拖相反，如果建筑屋顶顺坡下降而不分层，则称为坡，在室内设置踏步来克服不同的地坪。梭则采用了拖长后坡顶，前面屋檐较高而后面屋檐较低，扩大了内部储藏空间，具体的形式如图 2-4 所示。

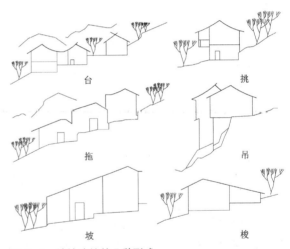

图 2-4　坡地建筑的几种形式

总而言之，中国传统建筑能够巧妙地借助地形，实现复杂多样的建筑体型，而又不失生态建筑理念，这些理念需要我们在以后的研究过程中加以探索。

中国传统建筑在注重保温隔热、采暖防寒、通风遮阳的前提下，适应地域与气候差异，形成丰富多彩的建筑形式，实现了与自然环境相融相生的目的。中国传统建筑在设计建造过程中采用的建筑生态因子与技术手段，与现代建筑的生态设计原则相吻合，值得我们进行学习和研究。

2. 适应气候的多样形式

中国幅员辽阔，南北与东西方向的跨度较大，因此自然条件与气候特征也大不相同。在气候方面，中国从南海海岸到中国最北部边境，跨越三个气候带，即亚热带、温带和亚寒带。同时，自西向东各地区的气候特征也截然不同，因此人们为了适应各地的气候环境，人们创造多

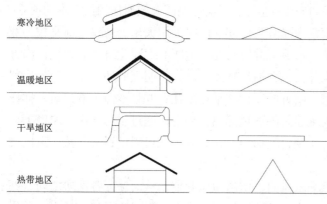

图 2-5 适应不同气候的屋顶形式　　　　　　图 2-6 广州老街——两边设行人廊

种不同形式、形态迥异的民居，如图 2-5 所示。下面将主要分析两广地区的行人廊、北京的四合院、江南水乡住宅以及草原上的毛毡房。

两广地区的行人廊。该地区的建筑相聚较近，形成了行人廊的特色，如图 2-6 所示。在两广地区的春季多雨，因此人们为了适应这种气候特征，匠心独运地设计了这种建筑形式。在这种建筑形式之中，人们在平时出行，便不用发愁没有带雨具或者遮阳伞，便可以自行地躲避大雨和阳光暴晒。

北京的四合院。四合院是中国传统建筑中较为著名的一种。冬季的北京，气候寒冷，最低气候能够达到摄氏零下几十度。同时在春季，因春风导致北京的风沙较为严重。为了适应上述气候特点，人们便设计了四合院这种较为特别的形式。通常情况下，四合院在南北方向上较长，左右对称，主要建筑位居正北面，其他三面由建筑环绕，从而形成了庭院开阔的封闭院落。中央的庭园主要用于采光和通风，同样为人们提供了一个健康舒适的活动空间，四周墙体起到了挡风的作用。

江南渔乡住宅。在江南地区，河网密布，住宅一般依山傍水，别具风格，这主要的目的还是充分适应当地的气候与地形特点。与北方地区不同，江南地区多为河流，空气湿度大；夏季气温较高，一般高于 38℃，这也形成了闷热的气候特点。虽然春秋季节的温度适宜，但是春雨、梅雨以及秋雨天气较多。江南地区传统住宅不但要考虑通风隔热，还需要防潮避雨。一般而言，建筑朝向以东南为宜，在北面相对开窗，加强通风；而在南面上，则采用落地窗，增大通风面积，同时采用较深檐口，来遮蔽太阳光，从总体上实现遮阳避雨隔热的目的。在居住房间中一般要设置较高的防潮层，屋面上设置斜坡瓦顶，都可以用来适应多雨的江南气候。

在我国的西北地区，气候冬冷夏凉，建筑师便采用圆形或者圆锥形的蒙古包或者毛毡房来适应这种气候特点。在毛毡房的顶部以及四周的墙体采用了厚厚的羊毛毡，这样便可以抵御风寒。在冬季阳光较好的天气状态下，可以将蒙古包打开，让阳光进入室内，提高室内温度，通风排出室内污浊空气，营造健康舒适节能的内部空间环境。

3. 传统民居的能量消耗

中国传统建筑具有耗能低的特点，因此在现代建筑中借鉴传统建筑的节能经验，需要清楚传统建筑耗能方式及其特点。下面将从以下三个方面分析：

1）低水平的要求

在建筑的运行过程中，室内舒适度是建筑空间环境的前提条件之一。为了满足人们对各种舒适度的要求，建筑师和设计师往往在建筑中按照多种机械装置。这些装置的运转会相应地增加建筑能耗。在传统建筑中，很少采用这些设备，而是采用被动式或自然的方法提高室内舒适度。

2）能耗方式

传统建筑主要采用被动式节能方式，主要依赖于自然能源，而不需要机械设备的运行。

传统建筑的主要采暖方式，除了人们普遍采用的太阳能辐射热之外，还有火炕采暖。在中国寒冷地区，火炕采暖较为常见的。火炕采暖是以柴草为燃料，具有构造简单、经济适用的特点，目前这也是我国北方农村地区的主要采暖方式。如果将火炕的面积扩大，那么整个室内面积均可供热，即是人们所说的火地，这在中国朝鲜族中使用较为广泛。此外还有火墙采暖方式，这种采暖方式是通过墙体向外散热的，具有热量大、辐射热均匀的特点。如果将火炕与灶台相连接，那么可以利用余热，提高燃料使用效率。

同样，传统建筑中也采用了自然通风降温的方法。风压通风与热压通风是自然通风的两种基本方式。烟囱效应是传统民居中较为常见的通风降温方式，而且设计较为精巧。在风压通风中，人们通常利用门、窗的开合，引导风流进入室内，形成穿堂风，如图 2-7 所示。

此外，还可以基于季风、主导风和地形风，进行合理地构造设计，实现建筑通风降温。在我国风水理论中，提及地形风的概念。与北方地区不同，南方地区较为湿热，因此需要重点考虑隔热迎风，形成了房屋高敞、墙身薄、出檐深的建筑特点，如图 2-8 所示。此外，还可以通过配置天井、乔木来减少日照、并形成阴凉环境。

3）围护结构

在围护结构方面，传统建筑具有很强的灵活性，特别是，中国的木质结构建筑尤为明显。

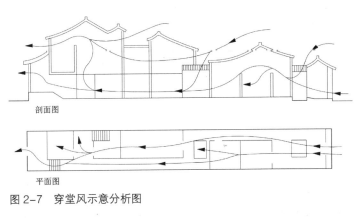

剖面图

平面图

图 2-7　穿堂风示意分析图

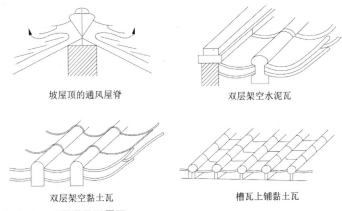

坡屋顶的通风屋脊

双层架空水泥瓦

双层架空黏土瓦

槽瓦上铺黏土瓦

图 2-8　双层通风瓦屋面

自中国南方的干栏式建筑到江南民居，华北民居到东北民居，围护结构也实现了从竹编式建筑到落地窗、木板墙，厚砖墙到很厚的土墙或砖墙的转变。中国传统民居围护结构从南向北，由东向西的改变，体现了我国气候变化情况。也表明在过去几千年的建筑史中，中华民族的生态型建筑特点基于环境、气候和地域进行了适应地的变化。

2.1.4 传统建筑的太阳能利用

中国传统民居一般采用坐北朝南的布局，这样能够保证建筑能够尽可能地接受光照，典型的建筑包括北京四合院与三合院。一般情况下，建筑南立面为受热面，表现为南墙上的窗户多而且面积较大。在我国华北地区，民居立面上除了一米高的窗台以及必要的窗间墙之外，其他的部分便是隔扇门以及窗户，这就能更大限度地获得阳光，如图2-9所示。特别是，在冬季太阳入射角较低，窗户面积较大，阳光能够大面积地照进室内，从而提高室内温度与亮度。

中国传统民居中其他重要的采光方式便是天井和庭园。在天井中，自然光经过反复地反射与扩散，形成了一个较为明亮的院内环境。在实际中，人们可以通过改变建筑立面材料，调整吸光系数，获得一个较为合适的采光环境。对比一字形平面、点式平面以及井字形平面的建筑发现：在井字形平面的建筑结构中，光线可以从多面进入室内，自然采光效果最佳。

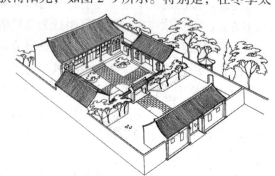

图 2-9　辽宁兴城部
资料来源: http://s7.sinaimg.cn/large/537d362a4535ee6b2c286

图 2-10　地坑院剖面示意图

中国传统民居，一直采用传统的"庭院"模式。带有庭院的多个单体建筑围合形成院落，这种模式反映了中国传统上的群体性生活方式，也展现了一种和谐舒展的空间形式。庭园可以根据不同的地域、地形以及气候特点，做出适应性地调整。在北方，庭园围合较为紧密，可以围合地域寒风，同样庭园较大，能够消除建筑的相互遮挡，接受更多的阳光。在南方，庭园较窄，能够相互遮蔽，从而带来更多的阴凉。同样在西北地区常见的窑洞，也通过围合形成庭园，即为特色鲜明的地坑院，如图2-10所示。

2.1.5 传统民居中的自然通风

通过室内外风力不同造成的风压和室内外温度不同造成的热压，促进室内的空气流动，从而达到室内外空气交换的方法，称为自然通风。一方面，自然通风能够为室内带来充足的新鲜空气，带走室内的多余的热量；另一方面，自然通风不依赖于机械设备，能够降低设备购买和

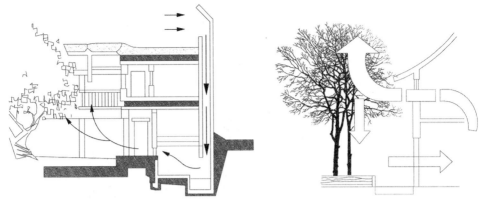

图 2-11 庭院庆井附于建筑的微气候调节

运行的费用。因此这在建筑空间节能设计中，已成为一种经济有效的通风方式。在中国古代建筑中，人们基于烟囱效应将室内的空气排出，并引入新鲜空气，从而实现了住宅的自然通风。

图 2-11 所示了云南西北民居中的具体的自然通风方法。首先通过风管吸收空气，产生风压，促进空气在风管、地下室和绿化庭院中的流动，创造舒适的微气候。同样，天井和庭园中种植草木，能够最大限度地遮蔽阳光的直接辐射。此外，根据空气热动力学原理，通过热压将植物蒸腾作用产生的凉空气带入室内，形成自然对流。同时将热空气带入封闭的庭园，略过树荫或者庭园的水池，从而达到降温、加湿和净化的作用，提高庭园和室内的环境状况，其工作机理如图 2-11 所示。

总之，中国传统建筑中华民族经过几千年的不断努力的成果，其中包含了大量的经验与创意，需要我们进行深入的发掘与探索。本节仅涉及建筑节能方法的一部分，仍有大量的生态学的设计方法指导我们去研究与学习。在下面的章节中，我们将进行深入的调查研究，深刻地理解生态设计的内涵。

2.2 新乡土建筑与建筑节能

2.2.1 新乡土建筑概念

乡土建筑时经过几千年或者几百年的时间，在一个地区或者地域上形成的具有鲜明风格的建筑。建筑风格的形成不依赖于建筑师设计，而是由自然与社会环境决定，包括当地的风俗习惯、物质水平、文化传统以及气候特点等多个因素。在封建社会中，我国不同地区的民间的传统建筑也就是乡土建筑。

随着房屋建筑设计技术的发展，以及建筑研究的不断深入，建筑师会效仿乡土建筑的建筑形态、构造手法以及节能手法，成为经过改进的乡土建筑，通常称为新乡土建筑。伴随着乡土建筑概念的不断加深，建筑师提出了乡土主义建筑设计手法，主要包括保守式和意译式。保守式的乡土主义重视继承民俗文化、建筑材料与技术，这在现代建筑设计的不断推广中逐渐消失。意译式的乡土主义则是重视发扬乡土建筑特色，灵活运用乡土建筑构造、材料与技术手段，从而赋予乡土建筑以新的功能特点。

意译式乡土主义风格在现代建筑设计中得到了广泛应用。人们为了得到建筑节能、提高室

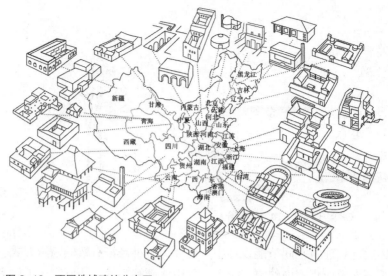

图 2-12　不同地域建筑分布图
资料来源：Sun F. Chinese Climate and Vernacular Dwellings

内舒适度的目的，借鉴乡土建筑中的构造手法，而减少耗能装置，如采暖系统、空调技术的使用。在这种情况下，意译式建筑重点突出节能手法，而传统式乡土主义则重点表达对传统建筑美观的回忆与传说。

综合考虑一种建筑风格背后的自然环境、风俗文化、物质经济水平与社会形态等因素，形成的建筑设计形态，称为建筑地域主义。与乡土建筑相比，地域主义已经超越了单纯的形式与风格，而是挖掘到一种建筑风格背后的成因，也就是指的是建筑与居住形式的在当地社会、经济与自然环境下的相互作用，目前我国已经形成了多种地域主义建筑风格，如图 2-12 所示。

1. 技术延续与创新

与乡土建筑相比，新乡土建筑不但继承了传统乡土建筑的建造风格，而且吸收了建筑新技术与新材料。一方面，在继承传统乡土建造技术的过程中，新乡土建筑能够采用低水平技术手段降低建筑成本，而且能够在现代建筑中基于民俗文化，表达地方建筑形态；同时，新乡土建筑能够沿用传统技术手段，结合新的建筑手法与手段，能够产生新的乡土技术和适宜技术，也就是一直发展变化的乡土技术理念。另一方面，建筑师重视在技术层面上对建筑的更新发展，防止新乡土建筑设计变成"狭隘封闭的、怀旧感伤的挖掘民俗"活动，丧失乡土精神的本色。

1）适宜技术

在现代建筑设计中，因地制宜是节能设计的主要原则之一，而建筑适宜性设计不是对乡土建筑继承的折中方法，而是辩证地选择节能方法，是一种建筑智慧的体现。采用适宜技术进行建筑设计，是现代化的先进技术与地域性建筑技术的统一，应该在实际中进行提倡鼓励，从而充分挖掘建筑技术潜力。

乡土建筑的技术水平较低，建造操作性较强，而且成本较低，值得现代建筑设计手法借鉴采用。传统乡土建筑通过自然通风技术，如在建筑顶部开设高窗，形成热压通风的原理，如图 2-13 所示，提高室内空气质量和热舒适度。这种设计手法并没有采用复杂的设计手段以及辅助机械设备，而

图 2-13　建筑屋顶高窗热压通风系统

是简单地在建筑屋顶布置高窗，从而能够通过低造价和技术手段营造高品质的建筑环境。

2）建造工艺的创新

材料在建筑设计中具有三个属性。首先是其自身的特性，如密度、硬度、色泽以及可塑性等；其次，是其在建筑构造中的意义，即人们寄托的情感和含义；最后是建筑工艺艺术，这与建筑材料的制作过程有密切关系。根据德国建筑师和理论家对建筑材料与制作工艺的描述，得到如表2-1的对应关系。

表 2-1　　　　　　　　　　　　　　　　历史传统材料与传统工艺

制作过程	纺织	制陶术	建构	石切术
织物	地毯、旗帜、帘幕	动物皮肤瓶	—	拼缀物
黏土	马赛克、瓷砖砖砌的面层	花瓶状陶器	—	砖砌体
木	装饰木板	桶	家居、木工	嵌木细工
石	大理石及其他石材面层	圆屋顶	横梁体系	大量的石造物

从表中看出，每一种原材料由多种制作工艺，在不同的制作工程中，就会形成相对应的建筑材料。这些制作工艺是由工匠经过长时间的尝试得到，因此可以说乡土技术源于工匠的经验积累，总的来说是低于社会平均技术水平的。乡土技术的改进这种探索方向是在当代新乡土建筑创作过程中，建筑师提炼乡土技术中至今仍然适用的因素，与建筑的设计方法和技术手段相结合，对乡土建造工艺进行转换和提升，使中国乡土建筑中古老的建造工艺获得了新生。

传统的技术手段、就地取材以及自然地理、气候条件赋予乡土建筑特有的外部形象特征和室内空间形态，其中蕴涵了许多原生的朴素的绿色思想。随着社会的进步，乡民的生活方式和生活水平有了很大的改变和提高。新的价值取向、现代科技和外来文化的冲击，促使乡土建筑向现代化方向转变。

2. 新乡土建筑设计策略

建筑师对现代乡土建筑可以有着不同的理解和不同的创作方法，建筑师可以以乡土建筑作为创作的出发点，去完成向现代化的转换，也可以以现代建筑作为创作的出发点，去寻求乡土建筑的某种神韵，甚至还可以运用传统建筑、乡土建筑所隐含的哲学思想，将其有机地融入现代建筑的创构之中。

1）重视乡土性

在当代条件下，乡土环境为建筑师提供了创作的源泉和方法。在新乡土建筑创作过程中比其他类型或者风格的建筑更多地受到乡土环境的深刻影响。主要体现在以下几个方面：

（1）自然环境因素。气候、地貌、物产，为人类提供了丰富的物质资源和精神资源，物质资源主要是指当地所能取得的建筑材料木材、石材、矿产等。此外，还有当地的地理人文条件，长期形成的特有的技术传统。精神资源主要是指自然具有其隐喻性，也就是人置身于自然环境中在生理和心理上产生的某种共鸣和联想。如图2-14所示，建筑师在新乡土建筑创作中，在建筑布局、材料使用、建造技术等诸方面认真研究和充分利用了当地的自然条件，具有强烈的本土性。

（2）建成环境因素。建成环境尤其是历史上遗留至今的乡土建筑，虽然源于人们对自然和社会的认识、理解和适应，然而建成环境形成之后，便具有了传统的场所精神，具有了最朴素的繁衍能力，并持续作用于后来的建筑形式和格局。通常人们具有保护私密性的特点，在我国传统民居中，院落大都通过四周的围护结构围合，形成封闭空间。因此，在建筑设计中，建筑师需要考虑建筑口的场所精神。

（3）民俗习惯因素。中国居住文化是在长期的发展过程中形成的，受到经济水平、物质条件、气候特征以及宗教习俗等因素的影响。建筑民俗习惯主要体现在物质和精神两个层面，其中物质方面主要体现在建筑形态、建造方式、构件运用、工艺技术等方面；而精神方面体现在文化习惯、建筑风貌、宗教利益和审美等。建筑师在建筑设计过程中需要重视乡土建筑的民俗环境，能够在建筑中采用符号、图案以及色彩达到民居的精神风貌，既能够继承和发扬乡土建筑的特色，又能够尊重居民感情。

总的来说，在新乡土建筑设计中，除了继承和发扬民居的乡土特点之外，还需要灵活合理地吸收其他建筑元素与现代创作手法，从而保证建筑作品的时代性和创新性。

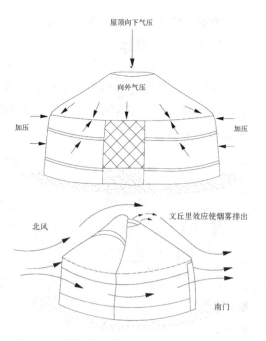

图2-14　蒙古包夏季与冬季风环境适应性构造

2）追求现代性

新乡土建筑虽然源自乡土建筑，但最终形成的作品首先应当是属于现代的。因为现代乡土建筑的创作必须满足现代人的生活、工作、活动等各方面的要求，即使是由老建筑改建的也不例外。如图2-15所示，当代中国建筑师在新乡土建筑创作中，就体现了现代性特点在建筑领域的应用。

（1）引入现代观念。新乡土建筑建立在高度发达的现代科技之上，建筑师在设计上摆脱了对自然的被动适应，追求与自然共生的境界在思维观念上，尊重历史与地域性，并在此基础上把环境保护、可

图2-15　客家土楼

持续发展作为重要的课题在逻辑观念上，颠覆传统逻辑，采用对立元素的并置，力求达到冲突中的和谐，对比中的统一。例如传统材料与现代材料的并置，传统构造做法与现代施工工艺的结合等。

（2）运用现代设计方法。建筑师从综合分析的方法入手，建立由物质、人文、生态等多元功能组成的综合优化体系，表现出可持续性的价值观。新乡土建筑更加注重单体的差异性和地区建筑的统一性，注重场所精神与空间效果的延续继承，并合理灵活地使用建筑材料与建造方法。此外，还需要追求人文、自然和环境的辩证统一，促进统一地域上建筑工艺技术的融合，表现出建筑与文化的适应性和创新性。

（3）新材料与新技术的应用。建筑师在新乡土建筑创作过程中，保留了乡土建筑建造简单、成本低廉的特点的同时，需要大量运用建筑新材料和新技术，提高建造的可操作性，从而改善原有材料的性能，提高建筑结构的整体节能性和舒适性。古代建筑在构造上一定的优越性，但是建筑材料，如砖石、木材等的隔热、防火、隔音性能较差。因此，需要从整体上，结合传统工艺、现代技术与材料以及现代创作手法，实现建筑性能优化。

2.2.2 岭南特色的绿色建筑分析

1. 岭南建筑体系形式

按照语言界定，通常可以把岭南建筑分为广府建筑（使用粤语）、客家建筑（使用客家话）、潮汕建筑（使用潮汕话）、闽南建筑（使用闽南话）和租界建筑（使用外语）。按照历史界定，通常把岭南建筑分为：岭南古建筑，即清代以前的建筑；近代建筑，即清末民国初至新中国成立前的岭南建筑；现代建筑，即新中国成立后至今的岭南建筑。其具体的空间环境、空间组织、表达方式、界面处理、通风方式和采光方式对比，如表2-2所示。按照其功能属性，可以分为岭南古刹名观、岭南书院学宫、岭南古塔、岭南名楼、岭南民居、岭南古巷古村落和岭南古典园林。

整体来看，岭南建筑的发展是痛苦而又漫长的，它夹杂了本土文化、中原文化、西方文化、贬谪文化、侨商文化等多方面的因素，在外扰内患中逐渐成长着。

表2-2 岭南建筑不同时期空间比较

分类	现代岭南建筑	近代岭南建筑	传统岭南建筑
空间环境	建筑与城市组合，补充少许景观元素	建筑和自然景观相结合，独立形成西方风格	空间与环境的融合，建筑穿插在自然景观中间
空间组织	流动空间，全面空间，内部空间有机渗透	有机排列，次序井然，分区清晰，建筑耸立	空间有机辅排，相互连接配合，成为空间网络
表达方式	建筑和景观为主要表现空间	建筑为主题表现空间	以景观为主题表现空间
界面处理	空间界面多义性和多元化倾向	序列空间参与空间意义的表达	围合空间参与空间意义的表达
通风方式	门窗、空调和其他节能设施等综合通风方式	门窗自然通风，结合空调机械通风方式	门窗、廊道、天井等综合通风方式
采光方式	门窗、点灯和其他节能设施等综合采光方式	门窗自然通风，结合点灯等人工采光方式	门窗、廊道、天井等综合采光方式

2. 岭南建筑的基本元素

"岭南建筑"的概念不是一种形式、风格或符号，它是一种根植于地域气候环境和文化的设计思想。岭南建筑具有四个方面特征：开敞通透的平面与空间布局（室内外空间过渡和结合的敞廊、敞窗、敞门以及室内的敞厅、敞梯、支柱层、敞厅大空间等）；轻巧的外观造型（建筑不对称的体型体量、线条虚实的对比，多用轻质通透的材料及选用通透的细部构件等）；明朗淡雅的色彩（比较明朗的浅色淡色，青、蓝、绿等纯色基调）；建筑结合自然的环境布置（建筑与大自然的结合，建筑与庭园的结合）。

"岭南建筑"的概念是基于地域气候特征的创新设计思想。"岭南建筑"鼓励设计创新，通过与环境的和谐共生，使建筑具有地域性表现并融于地域文化之中。塑造岭南特色的关键在于适应岭南气候、岭南文化，形成生态自然的生活环境。岭南的现代建筑师们结合工程实践对岭南建筑的创作进行摸索，如广州白云山上的白云山庄旅舍、双溪别墅、市内的矿泉别墅、友谊剧院以及白云宾馆、东方宾馆、广州出口商品交易会陈列馆等。这批建筑物都带有明显的岭南色彩，如开敞通透的平面和空间处理、轻巧自由的建筑造型、淡雅明朗的色彩格调、富有南国特色的细部处理，以及建筑与大自然、庭园的结合等。

3. 岭南建筑的绿色空间体系

岭南建筑比较注重空间的组织与层次，传统岭南建筑通过"冷巷、天井、庭院以及敞厅"空间布局建立起了一套完整的绿色空间体系，同时也展示出岭南居民的适应性建筑技术。从建筑节能方面看，岭南建筑的绿色空间体系主要包括自然通风、理水布局和建筑构件运用，这些适应性建筑策略为现在的建筑节能设计提供了宝贵的经验。

1）自然通风系统

在传统建筑中，自然通风主要依赖于风压和热压两个方面，提高室内空气质量和降低室内温度。岭南建筑普遍采用开敞的空间布局，不同开敞相互组合，形成自然风道。传统岭南建筑在空间处理上，通过"冷巷、天井、庭院以及敞厅"等建筑技巧与手法，形成自然通风体系。在该空间体系中，既有效地利用了"冷巷、庭院以及敞厅"在水平方向上的风压形成通风系统，又利用了"冷巷和天井"的竖向通风风道。从总体上说，岭南建筑适应性地利用了岭南气候特点，灵活组合建筑元素，实现了民居自然通风。

此外，岭南民居还创造性地设计了分层体系，以有效利用竖向空间形成自然通风，如下沉式庭院、建筑底层架空措施和敞厅分层等。建筑底层架空，可以与天井一道，形成竖向通风系统，从而把建筑底层湿热的空气带走；此外，架空层还能够起到遮阳挡雨的作用，也可以作为公共空间。敞厅分层，可以结合中庭结构，有效地提高敞厅内的采光效果，同时也可以基于热压通风原理实现天窗通风。在敞厅的每一层上，可开启的窗户和架空层均可以作为进风口，而中庭天窗作为出风口，形成连通系统，实现空气流通，如图 2-16 所示。

高层建筑中的空中花园可视为岭南传统庭院的立体化，高层建筑分组设置通风网络，同时设置空中花园，为高层建筑的使用者提供了半私密的交通和过渡空间。这些新的空间元素，与原有的空间元素组成了新的空间序列，同时也形成了应对环境气候的通风系统。原有的依附于这套系统的人们的生活方式、文化习俗随着空间系统的建立而重新构建，并得以延续与发展。

2）岭南建筑的理水

岭南大部分地区处在珠江流域上，珠江三角洲河流众多，水网密集，纵横交错，产生了众多地域特色浓厚的水乡民居聚落。传统岭南村落的选址遵循着"背山面水"的原则，这是古人考虑了通风与理水共同作用下对村落热环境产生的积极效果。在水乡村落中，河道在村内纵横交错，成为具备降温作用的巷道，空气经过水体的降温后渗透到河道两岸的建筑群内。

在建筑水体布局中，岭南建筑注重建筑采光通风、节水蓄水、微气候调节等技术手段，从而形成了"渗、滞、蓄、用、排"的岭南建筑理水体系。这与现代节能建筑设计中的自然通风、自然采光、水循环与再利用、水体降温的理念是一致的，从而体现了岭南建筑美观与技术的统一。

岭南地区夏季炎热多雨，因此建筑周围水系规划、水体布局以及庭院理水，会让水体成为

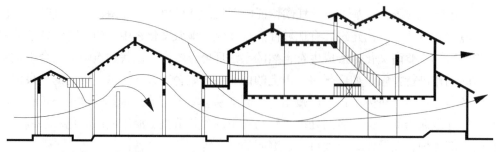

图 2-16　岭南建筑民居自然通风示意图

微气候调节主体。同时，也可以结合建筑的开敞空间体系，利用水平方向上的温度，实现热压通风，达到调节建筑内部环境的目的。建筑水环境已经成为改善建筑周围环境的手段之一，为了实现建筑节能，可以采用理水手法，营造建筑自然通风体系。在实际的设计过程中，可以结合建筑单体开敞空间与群体布局，通过布局和组织形成空间层次，调节室内外环境。

3）岭南建筑的构件运用

在现代建筑设计中，很多建筑单体刻意地模仿岭南建筑，模仿、堆砌、组合岭南建筑的建筑元素与构建；但是这种做法并不能起到建筑节能的效果，甚至与绿色建筑的理念大相径庭，造成了为了追求美观而浪费资源与能源的境地。因此，在效仿岭南建筑节能设计中，要尽量减少建筑中只起到装饰作用构件的应用。

针对岭南湿热的气候特点，岭南建筑在建筑形态、构件元素做出了适应性的调整。岭南建筑中构件能够与建筑中的通风系统一起形成通风系统、遮阳系统和采光系统，这与现代建筑节能技术中"节材"的理念相一致。同样，为了适应一年中的气候变化，岭南建筑在通风系统中设计了可开合的围护构件，从而能够灵活地形成风压和热压系统，起到遮阳隔热、通风降温的作用。

2.2.3　华南地区建筑的绿色技术方向

绿色建筑应该以满足人们工作、生活需求为基本前提，以全寿命期节约自然资源、保护环境为目标，以因地制宜的原则为基本思路，充分挖掘传统建筑技术和应用业已积累的绿色建筑技术，形成可以大量推广、复制的绿色建筑技术体系。针对国家对绿色建筑的要求，应在以下几个方面走出地区独特的技术方向。

1）节地与室外环境方面

要能够充分适应高容积率的现实需要，优化总平面布局，做好区域自然通风优化（通道、间距、架空），避免大厦高速风；合理应用岭南传统园林，通过水面、水景、乔木、灌木、喜阴植物、草地、透水地面，推广屋顶绿化，垂直绿化，营造舒适室外热环境和绿色景观；在场地充分设置雨水收集利用设施，有条件的项目根据地形利用池塘、人工湿地控制雨洪等；利用架空地面、地下组织交通，接驳公共交通，方便行人，并合理设置停车；利用围合空间优化室内外声环境等。

2）节能与能源利用方面

充分利用自然通风降温，利用天井和开敞、半开敞空间，减少空调空间，并合理设置空调分区；采取多种适合气候的围护结构隔热降温技术，包括遮阳构件、遮阳产品、保温隔热材料、反射隔热、绿化隔热、蒸发降温、通风隔热等；合理设计空调系统，寻求更适合的空调节能方式。

3）节水与水资源利用方面

采用风冷系统空调、无蒸发耗水量的冷却技术，减少空调补水；结合景观的屋面雨水收集系统，利用雨水进行景观用水补水、灌溉、清洗、道路浇洒等；种植岭南园林植物，节约绿化灌溉用水，使用必要的滴灌等灌溉节水技术；合理设计排水、排污系统，确保雨污分流。

4）节材与材料资源利用方面

积极采用钢结构等轻质、耐久的结构体系；采取功能性构件设计，避免过多装饰构件；积极使用高性能混凝土等高性能材料，以及高耐久性材料；室内房间隔断优先使用绿色轻质内隔墙或灵活隔断；积极探索工业化构件，减少建筑垃圾；充分利用信息化技术指导施工，从而缩短工期、减少浪费；根据条件，尽可能利用可循环材料并再利用建筑废弃物。

5）室内环境质量方面

空调系统对新风进行除湿，控制湿度；通过屋顶隔热，东西墙隔热，采光顶遮阳和通风等措施改善室内的热环境和舒适性；采取有利于自然通风的通透、开敞设计，并对装修材料的污染物释放进行控制；考虑结合声学的围合设计，在进行自然通风的同时采取措施隔绝室外噪声，并减少设备噪声；重视办公室的自然采光设计，以及地下空间的采光、通风改善；充分利用天井、中庭进行室内的自然采光；积极考虑设置结合立面和景观的可调节外遮阳装置。

2.2.4　窑洞民居的绿色节能启示

窑洞是我国西北黄土高原地区的主要民居形式，是由原始社会的洞穴演变而来，至今已有4000多年的历史。黄土高原人民借助高原地形，凿穴而居（图2-17），创造了具有绿色建筑特点的窑洞建筑，成为我国历史上的建筑瑰宝。通过综合分析，可以发现窑洞具有"因地制宜、就地取材"，"保温隔热，冬暖夏凉"和"节地环保，生态和谐"的特点。

图2-17　我国黄土高原"窑洞"民居

1. 因地制宜，就地取材

从建筑材料上讲，窑洞建筑属于典型的生土建筑，是以土体为主要建筑材料建造的建筑。与现代建筑相比，窑洞建筑不但在建造、施工和拆除过程中不会产生建筑垃圾，造成环境污染，而且充分利用了当地土层水位较深的特点，就地开挖，靠崖开挖，有效地提高了土地资源利用率。在窑洞的修建过程中，除了开洞预留门窗以满足交通、通风和采光的要求，其他部位不需要修建墙体，因此较厚的土层能够减少热量的传递，保温隔热效果较为明显。同时，在门窗上为了满足装饰和结构要求，需要采用木材、钢材以及水泥材料等，其他部位不需要其他建筑材料。在拆除之后，建造窑洞过程中的土体，经过一段时间的自然风化，再进行简单处理，即可以成为可循环利用的土体回归大自然，进而就实现了建筑材料的循环利用。因此，窑洞建筑符合节能建筑设计中的"因地制宜、就地取材"的理念。

2. 保温隔热，冬暖夏凉

由于土层厚度较大，一年中的温度较为恒定。窑洞适应性地建于地表以下，也具有冬暖夏凉的特点。根据热传导方程，假设地面 t 时刻在 z 深度处的温度为 $u(z,t)$，则可得到

$$u(z,t) = Ae^{-az}\cos(\omega t - az) + B$$

式中　　A——地表温度变化的振幅；

a——$(\rho c\omega/2k)^{1/2}$，k 为土壤的导热系数；

ρ——密度；

c——比热容；

ω——地表温度变化的圆周率；

B——地面平均温度。

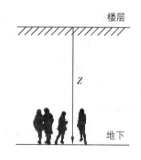

从上述公式可以看出，地表温度与地下温度变化相差 az，也就是说窑洞内的温度变化滞后于地表温度，其中 a 与土壤的性能，包括密度、导热系数、比热容和地表温度变化圆频率有关，是土壤的固有属性。因此，相位差实质上是地表深度的单一函数，即土壤层越深，窑洞温度变化滞后时间越长。

在黄土高原地区，窑洞顶部的覆土厚度一般在 7~10m，经过计算窑洞建筑室内外的温差可以达到 10℃。人们基于土壤的这一特性，创造了传统的窑洞绿色建筑。为了验证窑洞室内外的温度，对临汾市的窑洞建筑进行了调查分析，如表 2-3 所示。室内居住的最佳温湿度为 16℃~22℃和 30%~75%，可以看出夏季窑内温度为 16℃和 35%~50%，完全处于人类最佳居住环境中，而此时室外温度为 26℃，高于室内温度 10℃。在冬季，室外寒冷干燥，不适合人类居住，而室内的湿度满足居住要求，而温度略低，需要通过采暖补充。

表 2-3　　　　　　　　　　　　　　　临汾市窑洞内外温湿度对比

分类	最佳居住环境	夏季窑内（7月）	夏季窑外（7月）	冬季窑内（1月）	冬季窑内（1月）
温度（℃）	16~22	16	26	9.4	-6.4
相对湿度（%）	30~75	35~50	52~69	30~75	2~15

除了采用了土壤层导热慢的特点之外，人们还采用了建筑细部构造与节能手段，来创造出良好的室内居住环境。通常在窑洞的门洞上方砌筑圆拱，配备高窗，从而在冬季使得阳光射入室内，提高室内温度。

3. 节地环保，生态和谐

与华北平原地区相比，我国西北地区的耕地资源较少，因此减少建筑对耕地面积的占用，提高农田利用率是一个重要问题。西北人们通过在地下建造窑洞，能够减少对耕地的占用，与现代建筑设计中节约土地、生态和谐的理念相一致。在现代城市中，为了满足人们日常交通、生活的需求，不断向上和向下索取空间，而当地人们在几千年前就意识到向地下争取空间，对现代城市的发展具有借鉴意义。由于山坡不易耕种，人们借以山坡地势，开挖窑洞，如图 2-18 所示的靠崖式窑洞，就可以减少耕地资源的占用。

4. "城市窑洞"式绿色建筑

如图 2-19 所示，"城市窑洞"式绿色建筑定义是：利用新型绿色材料、科学合理的结构构造方法，对城镇建筑进行设计或改造而形成的形状上不似窑洞。中国是传统土窑洞发祥地，传统土窑洞凝聚着中华民族的智慧和悠久的建筑经验，并凝聚着中国悠久的历史和文化，传统土窑洞属于绿色建筑和生态建筑。对传统土窑洞居住环境长达 50 年研究的大量文献充分表明：长期居住在窑洞中可以使人类健康长寿，或者说窑居生活是人类长寿的生活方式之一，也可以

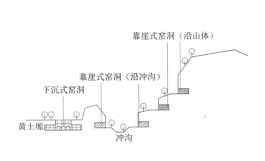

图 2-18　窑洞的主要类型与位置

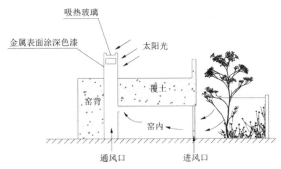

图 2-19　现代窑洞的室内自然通风

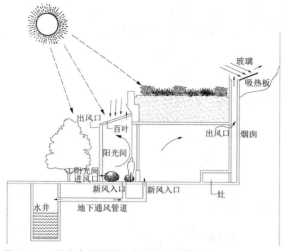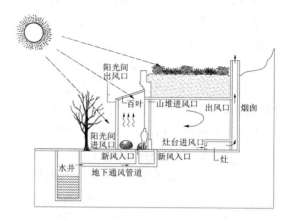

图 2-20　城市窑洞夏季和冬季运行机理示意图

从居住在窑洞和居住在城市楼房居民的气色对比结果上明显看出这一结论。传统土窑洞有冬暖夏凉，恒温恒湿、节能、隔音、洁净、安静、健康长寿、环保生活、生态平衡、保护自然风景、适应气候、满足人类居住要求等特征，这是现代建筑所无法比拟的，但传统土窑洞难于克服的缺点是通风不好、光照度差、易于霉变等。

如图 2-20 所示，"城市窑洞"式绿色建筑正是将传统土窑洞热湿环境的优势引入现代建筑的设计理念中而提出的一种新型建筑体系，是对传统土窑洞的继承和创新，是中国追求建筑节能事业的必然发明，在理念上传统土窑洞与窑居的自然生活方式也给现代建筑的建造和现代人的居住方式以启迪，"城市窑洞"式绿色建筑正是有机结合传统土窑洞和现代建筑各自优点的产物，它在保持现代建筑原有风格和使用功能不变的前提下，达到传统土窑洞的效果，同时很好地解决传统土窑洞难以解决的问题。

并且"城市窑洞"式绿色建筑具有很好地吸收装潢与装饰带来的有害气体等诸多优点。"城市窑洞"式绿色建筑是一种全新的返璞归真和回归自然的建筑理念，是现代人追求健康生活的必然归宿。"城市窑洞"式绿色建筑这种节能省地型、轻质高强、抗震性能好的建筑体系具有强大的生命力。

城市窑洞式绿色建筑具有多种优点：舒适度高；健康长寿；大幅度节能（可达未来的 70%节能标准，超过目前国家现行节能标准）；冬暖夏凉；恒温恒湿；隔音吸音；防火等级最高；防辐射；防虫蚁噬蚀；吸收有害气体；环保、绿色、生态；可严格地分户计量和分室控制能耗；全面阻断热桥；减少热工设备的数量（暖气片、空调数量等）；明显提高结构抗震性能、结构耐久性能，属于节地型、轻质高强、抗震性能好的建筑体系；大大减轻楼房自重、明显降低地基承载力、减少结构配筋率、减少混凝土用量、减少地板辐射采暖隔热层的材料费与施工费等。

2.2.5　黔东南苗族吊脚楼绿色建筑元素初探

吊脚楼，也叫"吊楼"，为苗族（重庆、贵州等）、壮族、布依族、侗族、水族、土家族等族传统民居，在渝东南及桂北、湘西、鄂西、黔东南地区的吊脚楼特别多。吊脚楼多依山靠河就势而建，或坐西向东，或坐东向西。干栏应该全部都悬空的，吊脚楼与一般所指干栏有所不同，背部一般依靠山体，所以称吊脚楼为半干栏式建筑。

吊脚楼的主要构造，如图 2-21 所示，主要包括瓜、吊檐柱、亭柱、中柱、榫子、边柱和美人靠等。吊脚楼的种类繁多，但是按照其吊头的特点划分，可以将其分为四类，包括单调式、双吊式、四合水式和二屋吊式，各种形式的特点，如表 2-4 所示。

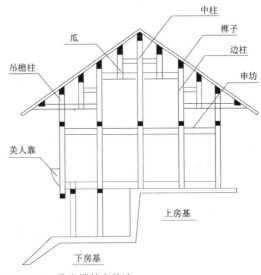

图 2-21　吊脚楼基本构造

1.绿色建筑元素

1）节地与土地资源

吊脚楼一般面朝水体，依山而建，这样能够及时地排除建筑周围的水体聚集，减少了泥石流和洪灾的危险。吊脚楼建筑能够与大自然融为一体，人们除了能够享受大自然的阳光，还能够呼吸大自然新鲜的空气。在吊脚楼的顶部，通常是

表 2-4　　　　　　　　　　　　　　　　　吊脚楼的分类及其特点

分类	特点
单吊式（一头吊、钥匙头）	只在正屋一边的厢房伸出悬空，下面用木柱相撑
双吊式（双头吊、撮箕口）	是单吊式的发展，在正房的两头皆有吊出的厢房
四合水式	在双吊式的基础上发展起来的，将正屋两头厢房吊脚楼部分的上部连成一体，形成一个四合院
二屋吊式	在单吊和双吊的基础上发展起来的，在一般吊脚楼上再加一层； 建在平坝中，按地形本不需要吊脚，却偏偏将厢房抬起，用木柱支撑；支撑用木柱所落地面和正屋地面平齐，使厢房高于正屋

开合的，这样就可以通过闭合来达到建筑遮阳的目的；也可以打开，形成天井系统，用丁建筑室内采光。从总体上看，吊脚楼形成了一个灵活采光通风系统，能够满足《城市居住区规划设计规范》（GB50180—1993）的要求。

2）能源利用和建筑节能

吊脚楼建筑的间距与开洞大小均满足民用居住建筑的要求，从而能够满足建筑采光的要求。在吊脚楼中，通常会设置有美人靠，这除了能够起到装饰作用，美人靠上面的偏伞结构还能够起到遮风挡雨的作用。由于美人靠是可以敞开的，因此在夏季可以利用自然采光和自然通风，达到建筑节能的效果。在建筑规划方面，吊脚楼建筑的绿化率能够达到 30%，人均绿化率达到 5~6m²，室外的热岛强度地域 1.5℃。

3）节水与水资源利用

在人们的日常生活中，生活用水一般经过多级利用，从而实现了降低水资源利用的目的。从水资源的利用方式来讲可以分为以下几类：

（1）多级利用：一般可以将洗脸水用于洗衣服、冲厕所的二次利用；而洗菜的水可以用于家畜喂养或者排入池塘，喂食鱼类等。

（2）水收集：在屋面上安装集水装置，将屋面雨水收集进入雨水管，既可以引导入鱼塘、也可以导入农田用于灌溉，从而降低地表渗水量、提高雨水利用率。

（3）水循环：通过水收集过程收集的水源，也可以通过污水处理系统进行净化处理，用于日常饮用水，或者饲养家禽以及供鱼塘的作用。

4）节材与材料资源利用

吊脚楼的主要原材料为石材和木材，很少采用人工材料，满足就地取材的节能原则。吊脚楼的基台通常材料石材，通常采用当地的轻质砂岩或者是变质岩。而在房屋中的木材，一般取自当地的杉树和枫树，而很少使用人造木板，从而避免了挥发性气体的适用，能够满足国家或者行业质量标准。随着现代施工技术的运用，在建造过程中会使用到一些胶合剂，在居民入住以前，室内环境质量需要满足《室内装饰装修材料有害物质限量》（GB18580—2001）和《建筑材料放射性核素限量》（GB 6566—2010）的要求。

从吊脚楼的全生命周期分析，建筑在拆除时，原来用于建造屋基的泥土经过一段时间的生物降解，能够还原到耕地中。由于吊脚楼的主要建造材料为木材，因此在进行场地清理时，废弃物能够循环利用。经过计算，吊脚楼在不造成环境污染和保证居住环境安全的前提下，可以循环利用的建筑材料占到10%，可以进行回收利用的材料占到5%。吊脚楼建筑可以进行就地取材，据统计约有20%的建筑材料产生于施工距离500km以内。吊脚楼建筑的建造过程较为简单，而且能够充分利用当地建筑材料，不但能够满足绿色建筑的要求，而且需要当作绿色建筑典范进行研究分析。

5）室内环境质量

节能建筑除了要保证降低能源消耗以外，更需要提供给居民一个健康舒适的环境。首先吊脚楼建筑需要满足室内采光的要求，通常情况下，吊脚楼会采用坐北朝南的布局，并在固定位置安装采光窗。此外，采光窗还能够满足建筑自然通风，提高室内舒适度的作用，从而满足《城市居住区规划设计规范》（GB50180—1993）的要求。在吊脚楼的上层，人们已经按照现代建筑的形式配置厨房、卧室、客厅以及卫生间等。通常建筑的窗地比高于1/7，从而能够保证建筑采光，同时打开窗户，也能够实现建筑风压通风，而下层与上层也可以形成热压通风，有助于通风除湿，提高室内的健康和舒适水平。

从总体来说，吊脚楼建筑能够利用当地的自然条件与气候特征，做出了适应性的设计。从形体上，在现代建筑技术的指导下，吊脚楼的形体、朝向、间距以及窗墙比通过合理设计，能够满足建筑夏季遮阳、自然通风和自然采光的要求；也能够满足我国《城市居住区规划设计规范》（GB 50180—1993）中对住宅建筑日照标准的要求。此外，吊脚楼建筑的挥发有毒性气体，如甲醛、苯与氨的使用量，也需要满足《民用建筑工程室内环境污染控制规范》（GB50325—2014）的要求。

2. 吊脚楼的可持续性

1）社会性

吊脚楼建筑是我国传统建筑的一种，是由干栏式民居演变发展而来，是我国南方地区最古老的建筑形式之一。通常情况下，干栏式建筑面向水流、背靠山地，逐次沿山坡上升；同样，吊脚楼建筑底层架空、上层住人的形式，被称为最具生态性的特点。吊脚楼与自然环境融为一体，恰巧契合大自然之美。

2）经济性与生态性

首先，吊脚楼能适应高低起伏的地势，通过长短不同的柱子获得平整的居住面；吊脚楼依山而建，拾阶而上，能够减少平坦土地资源的占用，从而达到节约土地资源的目的。从吊脚楼的形式来看，分为两层，除了上层可以住人，下层可以作为杂物间也可以作为饲养室；同时也可以达到室内通风，提高室内热湿舒适度。

3）运营管理

现在吊脚楼引入了沼气处理装置，可以将生活用水以及生活垃圾进行分解处理，用于农田施肥和灌溉，不但能够起到解决家庭卫生问题，还能够形成沼气用于日常生活，从而降低了建筑全生命周期内的成本。据统计，在建筑的全生命周期内，材料与资源的回收利用率能够达到30%以上。通过沼气处理装置，在建筑运营过程中，垃圾经过处理产生的废料成为农田施肥最佳肥料，这些废料没有异味无毒，不会造成环境污染。

2.3 中国特色的绿色建筑发展

影响我国建筑节能与绿色建筑发展的因素有以下几点：①国家政策不完善；②民用建筑监管力度不够；③各项管理制度和管理能力有待提高；④新建建筑对节能标准执行的力度不够；⑤相对南方地区而言北方地区已有建筑节能改造情况有待加强；⑥农村建筑节能还未得到高度重视。

针对建筑节能发展滞后问题，住房和城乡建设部副部长仇保兴结合我国绿色建筑与建筑节能的实际情况，提出以下建议：①以绿色建筑节能专项检查为媒介，深度强化各级政府对绿色建筑的监管职能；②通过出台相关标识，使建筑节能和绿色建筑供求关系更合理；③通过建立China GBC（绿色建筑与建筑节能专业委员会），从而完善各级服务组织，走出一条符合我国国情的中国特色绿色建筑之路，这条路的特点是特色性、低能耗和精细化，并且以创新和平衡为主要策略。创新主要体现在绿色建筑设计的观点、方法，同时通过平衡资源环境、供求关系和经济因素之间的关系实现建筑节能。

通过对我国住宅的调研，总结出针对绿色建筑的四大误区：

（1）绿色建筑设计中过度依赖评价标准，导致技术冷拼现象。例如，太阳能设施与建筑物一体化效果不明显；人工湿地未进行水量平衡。

（2）违背了绿色建筑设计初衷的戴"绿帽子"建筑。例如，在绿荫下安装太阳能路灯。

（3）技术与管理在设计和施工过程中的关注度分配不合理，重技术，轻管理。例如，照明管理不当，出现光污染；空调室外机摆放位置不当，出现热岛效应。

（4）应用的绿色技术"张冠李戴"，利用率较低。例如，不考虑地区差异，为应用技术而应用技术；为达到要求的技术效果，不计成本。

根据我国的基本国情，绿色建筑是实现可持续发展战略的必经之路。中国特色的绿色发展道路就是在发展绿色技术的同时，必须结合我国各地区的生态特征，通过合理的规划和科学的管理制度，使绿色技术成为利用率高适应性强的高新技术，继而完善绿色建筑体系，促进绿色建筑高速发展。

2.4 中国不同地域建筑能耗与节能特点

2.4.1 建筑气候分区与热工设计要求

我国国土面积广阔，地形地势差异较大；受到纬度、地势以及地理因素的影响，全国的气候差异也较大。但从陆地面积上说，从我国最北部的漠河地区到最南端的三亚地区，一月份的气温差异就可高达 50℃。根据气候资料，全国各地区的相对湿度的差异性也较大，沿着东南到西北一线，相对湿度依次降低，例如 1 月份的海南地区为 87%，而拉萨地区与 29%；7 月份的上海地区为 83%，新疆地区为 31%。

不同地区的气候特征对建筑采暖制冷有不同的要求。为了从技术上满足建筑的通风采光、保温隔热、采暖制冷要求，我国《民用建筑热工设计规范》（GB 50176—1993）从建筑热工设计角度出发，明确提出了建筑与气候的关系，将我国民用建筑设计划分为五个分区，即严寒、寒冷、夏热冬冷、夏热冬暖和温和地区，其分区指标、辅助指标和技术要求如表 2-5 所示。

表 2-5 　　　　　　　　　　　　　　建筑气候分区与热工设计要求

分区名称	分区指标	辅助指标	设计要求
严寒地区	最冷月平均温度 < -10℃	日平均温度小于 5℃的天数大于 145 天	必须充分满足冬季保温要求，一般可不考虑夏季防热
寒冷地区	最冷月平均温度 -10℃ ~ 0℃	日平均温度小于 5℃的天数 90~145 天	应满足冬季保温要求，部分地区兼顾夏季防热
夏热冬冷地区	最冷月平均温度 0℃ ~ 10℃，最热月平均温度 25℃ ~30℃	日平均温度小于 5℃的天数为 0~90 天，日平均温度大于 25℃的天数 40~110 天	必须满足夏季防热要求，适当兼顾冬季保温
夏热冬暖地区	最冷月平均温度 > 10℃，最热月平均温度 25℃ ~29℃	日平均温度大于 25℃的天数，100~200 天	必须充分满足夏季防热，一般可不考虑冬季保温
温和地区	最冷月平均温度 0℃ ~13℃，最热月平均温度 18℃ ~25℃	日平均温度小于 5℃的天数 0~90 天	部分地区应考虑冬季保温，一般可不考虑夏季防热

2.4.2　夏热冬冷地区建筑耗能水平分析

1. 城市建筑能耗水平统计

本小节统计分析了夏热冬冷地区五个一线城市的建筑面积和用电量，从而得到了不同城市的平均用电量和能耗水平，这五个一线城市为武汉、南京、上海、长沙和杭州。图 2-22 所示了这五个城市 2010 年单位面积建筑的平均用电量。由图可以看出，这五个城市的居住建筑能耗水平相当，基本在 30~32kWh /（$m^2 \cdot a$）的范围内，并没有较大差异。

自 2000 年开始，中国的经济高速发展，人们的生活水平得到显著提高，因此人们对居住环境的要求随即提高。这首先表现在建筑面积的增大，人均居住面积由 15m^2 增加到了 25m^2，如图 2-23 所示，这在一定程度上提升了家庭用电量。其次，夏热冬冷地区基本分布于长三角地区，经济发展最为迅速，多种大型家用电器得到普及。截至 2010 年，户均空调数量可以到 1.3~2.0 台之间，这不但提高了单位面积建筑的用电量，也极大地增大了建筑耗能总量，如 2-24 所示。同时可以看出，除了上海市的用电强度稳定提升之外，其他城市基本上呈线性增长。从图 2-25 看出，在 2000—2010 年这十年间，人均用电量也呈线性增长。

上海市（31° 02′ N）与日本大阪市（34° 38′ N）和美国小石城市（34° 44′ N）的纬度相近，并均属于冬冷夏热地区。大阪市为日本主要城市之一，人口数量与人口密度处于日本第二位，空调度日数为 128℃·d，采暖度日数为 1773℃·d；小石城为美国阿肯色州首府和最大城市，空调度日数为 154℃·d，采暖度日数为 1683℃·d，而上海市的空调度日数为 135℃·d，采

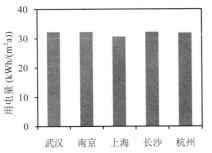

图 2-22　2010 年五个一线城市居住建筑用电量

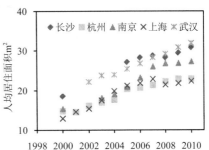

图 2-23　2000—2010 年建筑人均建筑面积

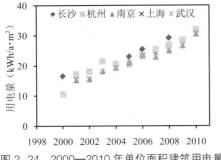

图 2-24　2000—2010 年单位面积建筑用电量

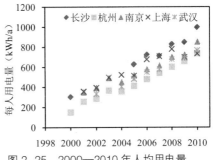

图 2-25　2000—2010 年人均用电量

暖度日数为 1585℃·d。从上述可以看出，这三个城市的气候特征较为类似。因此本文将日本大阪市和美国小石城市的户均年用电量与上述五大一线城市进行了对比分析，如图 2-26 所示。图 2-26 表明，我国的城市户均年用点量远低于其他两个城市，这可能是由于不同地区的用能模式造成的。

美国的能源价格较低、室内舒适度高使得空调设备基本时刻处于运行状态，同时美

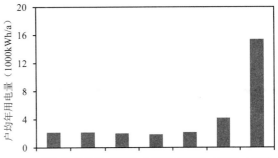

图 2-26　夏热冬冷地区主要城市的户均年用电量

国的人均建筑面积较大造成了美国能耗水平远高于中国。日本的资源匮乏，因此国家较为重视传统建筑的自然通风和采光策略，并在卧室里安装间歇式空调系统。对比这两个国家，可以发现，日本的间歇式用能模式和经验适应我国国情，在以后的生活中，要加以学习和采用。

从 20 世纪 90 年代开始，中国已经陆续展开建筑节能工作，并进行了一系列的建筑能耗调研，因此本小节对一些地区的建筑能耗以及建筑节能措施进行了分析。表 2-6 提供了夏热冬冷地区部分年份的夏季采暖制冷以及耗电量情况。由表可以看出，这些城市夏季的采暖制冷能耗相对较低，其中上述五个一线城市的空调设备能耗基本处于 6~7kWh/m²。同时，表 2-7 统计了南京市和武汉市两栋节能建筑的集中式空调系统效果，虽然这两栋建筑采用了其他的节能措施，但是集中式空调系统的能耗约为其平均值的 3 倍以上，因此在建筑节能设计中，空调系统将会很大程度上影响建筑耗能情况。

表 2-6

居住建筑夏季暖通空调设备消耗能源统计

编号	主要城市	年份	样本数量 /户	采暖制冷能耗 /（kWh/m²）	户均耗电量 /（kWh/a）	年总耗电量 /（kWh/（m²·a））
1	武汉	1998	12	3.8	–	17.9
2	上海	2001	780	4.3	–	19.5
3	杭州	2003	283	7.14	2737	34.7
4	上海	2004	10000	8.7	2081	28.2
5	邵阳	2005	60	2.3	–	14.2
6	西安	2005	140	4.1	1700	20
7	重庆	2006	312	6.6	1800	24.1
8	商丘	2006	143	–	1133	8.8
9	上海	2009	260	6.7	–	30.2

表 2-7

南京市和武汉市建筑集中式空调系统效果

城市	时间	面积 /m²	空调系统	建筑热工性能	空调系统能耗 /（kWh/m²）
南京	2007	68000	温湿度独立控制系统。土壤源热泵，顶棚辐射空调系统，置换通风，排风热回收装置	外墙：K=0.3W/（m²·K），屋顶 K=0.14W/（m²·K），外窗 Low-E 中空玻璃，外遮阳卷帘	22.5
武汉	2003	40856	地下水地源热泵，风机盘管，无新风系统	——	16.9

2. 上海市建筑能耗特点

首先，本小节基于上海电力公司的数据，统计分析了上海地区居住节能的能耗情况。选取了上海市 44981 户，分析了 2010 年逐月能耗用电量，如图 2-27 所示。从图上可以看出，8 月和 12 月的居住建筑用电量达到高峰，这与上海市夏季 8 月湿热高温，冬季 12 月湿冷的特点相对应。分析其能耗水平可知，这两个月份比其他月份的平均值高出 160% 和 100%，可以推测，能耗需求波动会对电力系统造成很大压力。

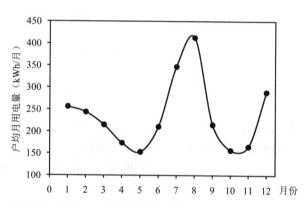

图 2-27　2010 年上海市居住建筑的逐月平均用电量

上海市 5 月和 11 月的气候较好，居住建筑的能耗基本不受季节影响。从图上可以看出这两个月的用电量较小，因此选取这两个月的耗电量为基准值推算其他月份的空调耗电量，可以看出空调耗电量在家庭中占有很大的比例。此外，按照能耗的主要用途比例统计，得到居住建筑的用能模式为：照明用能 66%，采暖 14%，制冷 20%，这说明家用电器的使用比例较大。

此外，本小节选取上海市七栋政府办公建筑，进行了建筑能耗统计分析。表 2-8 从分项用能方面统计了各建筑的用能比例，其中用能分项包括空调、插座、照明、电梯、给排水以及其他部分。由表 2-8 可以看出，这些建筑的空调系统的耗能量最大，基本占到 30% 以上；其次是插座和照明系统，能耗比例在 10%~30% 之间；而电梯和给排水能耗的比例较小，基本在 5%

和2%以下；其他部分的能耗来源于计算机房和厨房等区域，特别地，部分建筑的计算机系统陈旧，耗能量较大，可以占到30.9%。

表 2-8   上海市政府办公建筑耗能统计

建筑编号	建筑用能类别					
	空调	插座	照明	电梯	给排水	其他
1	51.7%	15.3%	12.7%	4.7%	1.8%	13.8%
2	29.5%	29.0%	34.0%	2.8%	2.8%	1.9%
3	36.3%	21.1%	17.1%	2.0%	1.2%	22.3%
4	29.7%	31.0%	30.7%	1.6%	2.1%	4.9%
5	42.1%	10.2%	14.1%	2.1%	0.6%	30.9%
6	31.3%	34.0%	33.6%	—	—	1.1%
7	40.5%	23.5%	17.9%	1.9%	1.5%	14.7%

在统计分析过程中，本小节总结分析了上海市政府办公建筑的能耗特点，主要包括：

（1）建造时间较早，未采取保温隔热措施

本次调研中，部分建筑的建造时间较早。这些建筑中有3栋建筑建于20世纪80年代以前，部分建筑区域被列为优秀历史保护建筑；有3栋建造于20世纪八九十年代之间；有1栋建于21世纪，但是也有10多年的历史。这些建筑的围护结构均没有采用节能措施，外墙普遍采用黏土砖和混凝土多孔砖材料，而且厚度较薄；屋面则普遍采用了钢筋混凝土材料；外窗普遍采用单层玻璃。这些建筑全部建于2005年之前，当时并没有公共建筑节能设计标准的指导，成为这些未能采取保温隔热措施的原因之一。

（2）机械设备陈旧，运行效率低

自建筑建造之时，建筑就配备与之并行的机械设备，如给排水系统、空调设备等。这些设备不能符合2005年颁布的《公共建筑节能设计标准》的要求，设备效率低下，造成大量的能耗损失。

（3）计算机房能耗量较大

计算机房是政府办公部门不可缺少的部分，但是这些设备的能耗量巨大。首先，计算机系统需要时刻维持在运行状态，而这些设备的单位面积散热量基本在200~1500W之间，造成室内温度升高。为了维持正常的设备运行状态，安装了空调系统进行制冷，将热量排出室外。在机械设备运行散热，空调设备制冷的过程中，造成计算机房的能耗量远远高于其他建筑区域。

3. 南京市办公建筑能耗分析

本小节调查分析了南京市的既有办公建筑能耗，并从建筑围护结构、暖通空调和照明系统三个方面进行了分析。

1）围护结构

建筑围护结构的性能受到建筑年代的影响，按照《公共建筑节能设计标准》的实施为界限，可以将围护结构性能分为两个阶段。在2005年以前，围护结构的热工性能较差，传热系数一般在 $2.0W/（m^2 \cdot K）$，建筑材料基本为黏土砖、加气混凝土砌块等。在2005年之后，建筑围护结构的热工性能得到很大程度上的提升，传热系数降低到 $1.0W/（m^2 \cdot K）$。

建筑外窗结构与自然通风、采光、保温隔热以及噪声控制等密切相关。本节对南京市既有办公建筑的外窗类型进行了整理，如表2-9所示。

表 2-9　　　　　　　　　　　　　　　南京市窗户主要类型与构造

窗框		玻璃形式	适用性
铝合金	非隔热	单层玻璃窗	较为普遍
		中空双层普通玻璃窗	普遍
	隔热	中空双层普通玻璃窗	少量
PVC 塑料窗		单层玻璃窗	较为普遍
中空双层普通玻璃窗		少量	

由表 2-9 可知，既有办公建筑的玻璃很少采用节能玻璃，尤其是单层玻璃窗的应用较为普遍，传热系数会达到 4.7~6.4 W/（m² · K）。

建筑遮阳是夏热冬冷地区的又一节能策略，如果在建筑中能够合理地采用外遮阳技术，能够减少室内 70%~85% 的太阳辐射，即可降低空调设备的使用。但是目前南京普遍采用的遮阳形式为内遮阳，很少采用外遮阳技术。

总的来说，建筑围护结构对建筑能耗油很大的影响，如果围护结构具有较好的热工性能，那么建筑能耗将能够得到降低。在以后的建筑节能设计中，要着重考虑这一策略。

2）暖通空调系统

办公建筑暖通空调设备的运行时间比较固定，一般为 8：00~18：00；同时建筑的使用功能比较单一，采用的空调系统的工作区域也比较固定，如办公室、会议室以及计算机房等。

由于办公建筑内空调系统多为独立运行，而不需要其他形式的功能。本小节对暖通空调系统冷热源进行了整理，如表 2-10 所示。由表可以看出，冷热源形式的能耗水平差距较大，在建筑节能设计和评价应该加以考虑。

表 2-10　　　　　　　　　　　　　　　　冷热源特点

冷热源形式	建筑特点	空调特点	能耗水平
分体式空调	建筑面积小，公共区域少且功能较单一	分散安装，灵活性强	50~80kWh/m²
风冷热泵机组（水）	能耗需求大，功能复杂	采暖制冷采用同一冷热源	80~100kWh/m²
风冷热泵机组（VRV）	能耗需求大，功能复杂	集成度高，便于控制管理；采暖制冷采用同一冷热源	80~100kWh/m²
水冷冷水机组加锅炉	热水需求量大	制冷采用水冷机组，供热设置锅炉	—
冷水机组加集中供热	热水需求量大	制冷采用水冷机组，供热设置锅炉	70kWh/m²
溴化锂吸收式	—	低位热能空调和供热	50kWh/m²

3）照明系统

在 2005 年之前的建筑，一般采用普通荧光灯，很少采用节能灯具。2005 年之后，随着对公共建筑节能意识的提高，严格按照《公共建筑节能设计标准》进行照明系统节能设计和改造，使得照明效率得到提高。

2.4.3　寒冷地区建筑耗能与节能措施

1. 寒冷地区气候特征

寒冷地区冬夏两季较为漫长，其中冬季的持续时间会在 150 天左右，平均气温在 -10℃ ~ 0℃，最低气温一般在 -10℃ ~ -20℃之间。与夏热冬暖地区相比，寒冷地区的气温普遍低 15℃以上。夏季的持续时间会在 110 天左右，平均气温会在 24℃ ~ 28℃，这与夏热冬暖地区的气温相差不大，甚至月最高气温要比夏热冬暖地区的气温高出 5℃ 左右。例如济南、天津、西安、石家庄等地夏季气温都达到过 40℃。寒冷地区春秋两季持续时间较短，一般在 60 天左右。从全年来看，寒冷地区一年中大部分时间的舒适性较差，因此对采暖制冷的要求较高。

寒冷地区的年降水量介于 300~1000mm，单日最大降水量为 200~300mm，全面的平均相对湿度为 50%~70%。降雪日数一般在 15 天以下，年积雪日数为 10 ~ 40d，最大积雪深度为 10 ~ 30mm。寒冷地区较为干旱，湿度较低。寒冷地区受到季风影响较大，冬季受到西伯利亚寒流带来的西北季风的影响，夏季受到东南沿海地区和低纬度气流造成的东南季风的影响。寒冷地区的全年光照时长在 2000~2800 小时，太阳能资源较为丰富，年太阳辐射总量为 3340~8400MJ/m²。总的来说，寒冷地区日照资源丰富，如果能够加以利用，可以有效地降低建筑能耗。

2. 建筑能耗特点

寒冷地区的冬季持续时间较长，一般在 4 个月以上，该地区的冬季供暖期一般在当年 11 月份到次年 3 月份。在冬季，建筑的热量基本上是通过建筑围护结构和门窗上的狭缝散失的。其中，围护结构热量散失量达到 70%~80%，门窗狭缝热量散失量达到 20%~30%，具体的热量散失形式如表 2-11 所示。

表 2-11　　　　　　　　　　　　　　　建筑结构热量散失比例

形式	围护结构						门窗狭缝
	外墙	外窗	楼梯间隔墙	屋面	阳台、户门	地面	20%~30%
比例	25%~30%	23%~25%	8%~11%	8%~9%	3%~5%	3%	

由表 2-11 可以看出，外墙上的热量损耗最为严重，因此在建筑节能重要加以重视；其次是门窗部位，其通过门窗散热和门窗缝散失的热量和可以达到 50%，因此这成为建筑保温体系最为薄弱的区域，同样需要加以重视。但是目前已经生产出质量合格的门窗材料，而且门窗的密闭性有了很大程度的提高。但是门窗结构的价格较高，因此人们需要在经济性和适用性取得平衡。另外，其他区域也需要进行改进，从而提高整个建筑的热工性能。

寒冷地区的夏季同样较为漫长，主要在 6—8 月，而且气候较为炎热，太阳辐射较强，人们通常通过风扇和空调设备制冷。这需要通过合理的建筑遮阳技术，减少太阳辐射，降低室内温度；还需要合理的室内设计，保障空气的流通，提高空调设备的能效，提高建筑能源效率。

3. 建筑节能规划设计

1）选址

基地选址是一切建筑活动的基础，同样基地选址又会制约着随后进行的场地规划、设计施工以及建筑运行等一系列的活动。相应地，在这些过程中的节能设计和节能行为也会受到影响。在基地选址时，引入建筑节能理念，便能够利用自然地形地貌，合理构造建筑区、交通区以及功能区，减少对原有环境系统的破坏和干扰。在基地选址时，需要注重尊重周围环境与气候条件，分配规划环境资源。

寒冷地区的基地选址需要注重两个因素：日照和风。对于前者，会影响一个地区的光照时长和光照强度，进而会影响该地区的室内热工环境质量。在寒冷地区，建筑室内应该在冬季尽可能多的获取太阳辐射，而夏季应该尽可能地减少辐射。因此，应该将基地选在平地上；如果受到环境限制，那么可以将建筑选在南山坡上，这样在冬季可以接受阳光照射，并阻挡北方寒风；在夏季受到高度角的影响，太阳辐射很难进入室内。由于寒冷地区冬季下午光照较弱且较短，因此应该避免建筑西向采光。风环境是建筑运行中较为重要的因素。在建筑的使用过程中，如果风速过大且较为寒冷，会加剧室内外的热量交换，造成热量损失。而在夏季，风速过小，又不利于建筑自然通风，难以加以利用。因此在建筑选址时，应该尽量适应冬夏两季的季风条件。

2）场地设计

一旦建筑选址完成，就要进行建筑场地设计。建筑场地设计会对周围环境造成一定的影响，进而会影响建筑能耗。在进行建筑场地设计时，需要基于以下几个原则进行：

首先，需要尊重当地的地形地貌，进行综合分析研究，考虑如何基于现有环境条件，创造出美观的立体景观。这样便可以保留当地植被与土地资源，减少土地改造，降低工程量。其次，应该尽可能地保护现有的植被，以及当地的植被特征，进行绿化设计，如图2-28所示。合理的绿化设计会营造出良好的小气候，降低夏季气温，又能够组织、引导和阻挡建筑周围的冬季寒风。因此，这可以起到保护原有植被、美观环境与节约资源的作用。

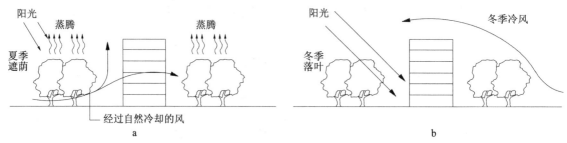

图2-28　树种配置对建筑小气候的影响

同时，还需要结合场地周围的水文地质条件，合理地规划建筑，既要便于利用周围的水资源，又要减少对自然水系的干扰，从而做到水系与场地共生。为了保护周围水系，需要从这三方面进行：①尽量保护场地内或者周围的水源，保持其原有的蓄水能力，避免填水造陆的行为；②收集并利用雨水，做到水资源的回收利用；③应该保护场地内的可渗透性土地资源。

4. 可再生能源利用技术

1）太阳能技术

我国北方地区一年内的光照时间较长且辐射强度较高。从总体上说，寒冷地区有丰富太阳能资源，可以在建筑中加以开发利用。在太阳能利用过程中，按能源利用形式可以将其分为太阳能光热技术和太阳能光电技术；按照是否需要辅助能源，又可以光热技术将其分为主动式太阳能利用和被动式太阳能利用。具体的分类形式如表2-12所示。

表2-12　　　　　　　　　　　　　　太阳能利用技术

太阳能能源利用形式	辅助能源	具体形式
太阳能光热系统	被动式太阳能系统	直接加热式
		蓄热墙式
		太阳房
	主动式太阳能系统	太阳能热水系统
		太阳能空调系统
太阳能光电系统		太阳能独立发电
		太阳能光伏并网发电

被动式太阳能技术是指通过建筑自身构造来收集、储存并利用太阳能的技术形式。这种方法比较利用简单方便，没有复杂的太阳能转化设备，使用成本较低。被动式太阳能技术可以分为直接加热式、蓄热墙式和太阳房等三种利用形式。

直接加热式的一般做法是在建筑南立面上设置玻璃窗，室内墙面、地面等均为良好的储热蓄热材料。在天气晴朗的条件下，太阳辐射就可以进入室内，墙面和地面等就可以储存热量，这就构成了一个简单的太阳能利用系统，如图 2-29 所示。由于太阳能辐射波长的不同，一天中白天该系统吸收的热量高于晚上散失的热量。此外由于冬夏两季太阳高度角的不同，会使冬季室内吸收的热量高于夏季，图中高低窗对太阳能吸收状况，因此直接加热式太阳能利用系统比较适用于北方寒冷地区。

蓄热墙式太阳能系统是指在距离南向窗一定距离处设置墙体，并在墙体上涂刷黑色或者黑色面层，以期提高墙体吸收红外辐射的能力，进而墙体起到储存热量的作用。在夜里墙体的温度较高，而是为相对较低，此时墙体向室内空间辐射热量，提高室内温度，如图 2-30 所示。在实际的工程应用中，采用蓄热墙体与直接加热相结合的方法，在白天收集太阳辐射和热量，在夜间就可以利用蓄热墙体进行取暖。

只有在需要太阳热量而不需要太阳光照的情况下，才采用蓄热墙式太阳能利用方式。在直接受热式和蓄热墙式结合使用时，介于玻璃窗和蓄热墙之间的部分可以直接获取热量，在建筑设计中这一部分可以用作采光与观景平台之用，此时蓄热强可以作为夜间的辐射源。采用这种方式可以防止过强的光线引起室内的眩光，因此合理地选用蓄热墙式太阳能技术能够经济有效、美观地实现建筑节能。

目前，被动式太阳能利用技术中应用最为普遍的是太阳房，从原理上说，这是一个半户外的透明房间。在冬季，太阳房能吸收太阳热量，并为室内的空间加热，形成一个舒适的温室。根据统计，对于效果较好的温室，在清凉的冬日里，一天中吸收的热量比温室本身采暖所需的热量多，一般是采暖用能的 1~2 倍。太阳房的概念起源于 18—19 世纪的"暖房"设计，因此太阳房设计方法被称为"迷人的温室"。但是，这种说法是不全面的，太阳房的作用不仅仅局限于种植绿色植被，而且适合人们居住。生活在太阳房内的人们，发现冬日的温度与阳光特别舒适。由于在房间中存在热舒适范围，因此在房间内必须设置独立的保温区，是保温与人们休息分开。

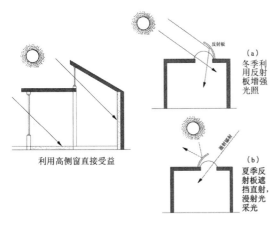

图 2-29　直接加热式太阳能系统

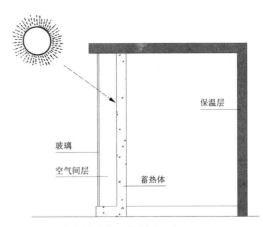

图 2-30　蓄热墙式太阳能利用示意

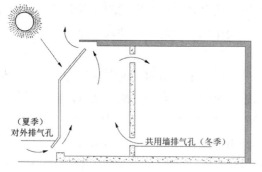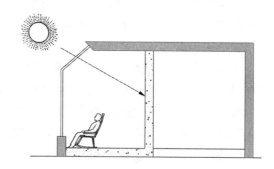

图 2-31　太阳房太阳能利用系统

图 2-31 中所示了太阳房在白天收集太阳热能的方式，大多数的热量通过围护结构的通道（门、窗以及其他各种通道）进入到室内，其余部分的热量则被围护结构（墙、板）吸收。在夜晚，维护结构的通道关闭，以保证建筑内的温度；同时建筑围护结构向外释放热量，保持室内的热环境的舒适性。

在现代建筑中，由于人们对居住办公环境的要求提升，以及对环境控制的要求越来越精确，单纯地采用被动式太阳能技术已经不能完全满足节能需求。因此，太阳能利用技术与太阳能利用系统的应用越来越多，因此主动式太阳能利用技术逐渐兴起。主动式太阳能技术是指通过外部的技术手段对太阳能能源进行收集、存储、利用的过程。目前可以利用的主动式太阳能技术包括太阳能热水系统、太阳能空调技术、太阳能通风技术。此外随着对建筑美学的要求不断提高，人们也提出了太阳能建筑一体化的概念，此时太阳能构件与集热器一并成为建筑的一部分，起到装饰作用。

在建筑上普遍采用的主动式太阳能利用系统主要包括太阳能热水系统和太阳能空调技术。按照热水的主要利用形式，又可以将太阳能热水技术分为太阳能热水技术、太阳能热水系统保温技术和太阳能热水系统防冻技术，下面将进行简要分析。

太阳能热水技术是通过太阳能集热器直接聚集太阳辐射对冷水进行加热的技术，也是太阳能利用的最基本形式，目前在全国范围内得到了普遍使用。太阳能热水技术能够为家庭采暖、提供生活热水等。太阳能热水系统保温技术需要在寒冷地区加以重视。由于寒冷地区温度冬季温度较低，因此需要在水箱表面覆盖较厚的保温层，从而降低热传导系数，减少热量的散失。此外，还需要提高保温系统的气密性，以及水箱表面金属构件应该避免直接与空气接触，防止出现热桥。

由于寒冷地区冬季室外温度较低，太阳能集热器会向外部散热。如果集热器的温度达到冰点，就会造成内部结冰，造成系统冻胀或者堵塞，因此需要进行防冻措施。按照其工作原理可以将太阳能热水防冻技术分为回排式系统和不冻液式系统，其主要介质、原理与特点如表 2-13 所示。

表 2-13　　　　　　　　　　　　　　太阳能热水系统防冻技术对比

类型	介质	原理	特点
回排式热水系统	水	通过温差控制系统，控制循环泵运行	当温差低于预订数值时，系统有冰冻爆裂的危险，控制器会自动停止
间接式不冻液系统	乙二醇、丙二醇等	利用防冻液的回路将热量传递到储热罐	可利用温度差加热水箱中的水

太阳能光电技术是将太阳能通过光伏电池转化为电能的技术，按照应用模式，可以将其分

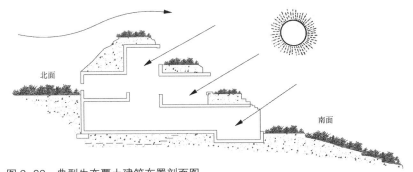

图 2-32　典型生态覆土建筑布置剖面图

为太阳能独立发电技术和太阳能光伏并网发电。前者是通过光伏电池将太阳能转化为直流电，然后通过转变为交流电，然后供用户使用，多余电力用于蓄电池组储存。而太阳能光伏并网发电技术，将直流电力转化为交流电之后，不经过蓄电池组直接上网，效率更高、稳定性更好，便于城市进行推广使用。

2）地热能技术

地热能是从地壳中抽取出来的天然热能，虽然在古代人们就开始利用地热能，但是直到20 世纪中叶，人类才真正认识到地热能的本质并开始较大规模的开发利用，因此可以认为地热能是一种新兴的可再生能源。经过几十年的发展，在地址环境允许的条件下，人们已经拥有技术经济条件，进行科学合理的地热能开发。在建筑中，覆土建筑就是直接利用了地热资源，例如传统的澳大利亚岩居、中国陕北窑洞等，图 2-32 显示了典型生态覆土建筑的剖面图。基于地热资源，建造覆土建筑，不但能够利用土壤恒温恒湿的热工性能，营造舒适的室内环境，同时也能够减少常规能源的使用。由于覆土建筑常位于地下，因此又可以节约土地资源。

地热能的现代应用方式为热泵以及建筑冷热源，其中，热泵技术已经成为当前新能源技术的热点，受到广泛关注。热泵可以借助机械能将低温物体的能量传递到高温物体中，因此就可以将自然界的低位能作为热源，用于实际的生产生活中。从原理上讲，热泵与制冷机相当，是一种能量传递介质，即吸收周围环境的热量，并传递给需要加热的物体。在工作过程中，其自身会消耗一部分能量，即前面提到的机械能，这部分能量的比例较小，然后将环境能量储存起来，并释放出来用以提高物体温度。从整个循环系统来说，热泵技术可以提高能源品位。

地源热泵技术是热泵技术的一种，能够利用地表浅层的热能对空间进行空调制冷或者建筑采暖。一般而言，地源热泵技术能够基于季节做出适应性调整：在冬季，地源热泵可以将热量从地下提取出来用于建筑物加热升温，而在夏季，就可以将地下的冷量转移到建筑物中，进行建筑制冷降温。地源热泵每年的供冷加热循环是基于土壤蓄热蓄冷能力实现的。地源热泵技术在建筑中的应用已经受到广泛重视，其在应用中具有以下特点，如表 2-14 所示。

地源热泵技术可以对建筑空间进行采暖制冷，其工作原理如图 2-33 所示。在制冷模式下，热泵系统对冷源做功，提取土壤中的冷源，使其完成由气态到液态的转变。然后通过系统的冷媒蒸发吸收热量，通过水路循环将冷量传至地表，再按照室内需求进行不同制冷形式，加以利用。供暖模式则相反，系统压缩机对冷媒做功，使其吸收地表水或者土壤中的热量，并通过循环系统传递到地表，进行建筑室内供暖加热。

表 2-14　　　　　　　　　　　　地源热泵技术应用优缺点

	优点		缺点
可再生能源利用	利用了地球表面浅层地热资源作为冷热源，地表浅层能源近乎无限	投资巨大，初期浪费土地	地下岩土层导热系数很小，热容量极大，热扩散能力极差，从地下取热需大量埋管
高效节能，运行稳定	地源温度稳定，波动范围远小于空气变动；地源热泵比传统空调系统运行效率要高 40%；空气源热泵无冬季除霜难点	地下水系统技术尚未成熟	回灌堵塞问题没有解决，地下水直接由地表排放的情况，加重地面沉降对周边环境影响
绿色环保	没有污染，建造灵活，无废气废物	地下水回路都不是完全密封	回扬、水回路产生的负压和沉砂池，会使外界的空气与地下水接触，导致地下水氧化及一系列的物理、化学和生态问题
应用灵活	适用于新建工程或扩建、改建工程，可分期施工、节约空间、安全可靠	无专门技术评价标准	技术推广存在的盲目性，出现系统回灌阻塞、设备运行不正常等问题
用途广泛	可提供冷暖两用空调系统，并可提供生活热水	地质、气候条件依赖性强	若当地冷热负荷相差较大，容易造成了室外换热器冷暖负荷的失衡，造成投资增加，回收期加长

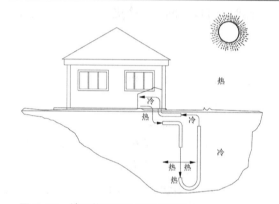
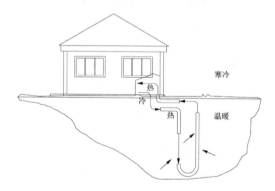

图 2-33　地源热泵供冷和供热系统

3）风能技术

风能指的是地球表面气体流动产生的动能，具有清洁无污染、储量大的特点。风能适用于较为偏远，技术设施或者电力并网不便的地域，例如我国沿海岛屿、边远山区、草原牧场以及农村或者边疆地区。我国具有丰富的风力资源，其中可以开发利用的达到 10 亿千瓦，因此开发和应用风能技术，对满足我国偏远地区居民正常生活用能，具有重要的实践意义。在建筑的实际应用中，风能技术主要包括两个方面，即自然通风和风电技术。

首先，自然通风是一种古老的节能策略。在夏季，可以通过自然通风对室内空气进行被动式降温，可以减少空调设备的使用；同时，能够提高室内的新风量，改善室内环境，防止建筑综合征的产生。而在冬季，又可以采用自然通风策略，排出室内湿气，改善室内环境，减少建筑能耗。从作用机理上分析，自然通风有两种途径实现室内环境降温，首先是提高人体舒适度，主要是外部空气进入室内，略过人体表面，加速水分蒸发，产生凉爽感觉，其次是蓄热材料能在一定程度上储存室内的热量或者冷量，从而达到保持室内温度相对稳定的效果。

风力发电起源于丹麦，并得到了欧洲多个国家的普遍使用。一般而言，大型风力发电厂处于偏远的山区、草原和农地中，具有很高的发电量。如果在城市中要进行使用风电技术，可以安装小型风力发电机。此外，现在人们为了建筑与风力发电装置的美观与协调，因此开始关注于风电建筑一体化的问题。我国的小型发电机发电技术已经较为成熟，主要满足远离电网的农村和边疆地区人们的用电需求。而在城市中，由于小区容积率较大，建筑较为密集，加上技术水平和人们观念的不同，目前很少能在城市中见到风力发电机。

2.4.4　严寒地区建筑耗能与节能措施

1. 建筑能耗的构成

严寒地区的能耗主要石油采暖、热水、炊事、空调、照明以及家电等几个方面构成的，其中，采暖占建筑能耗的大部分；热水作为生活必要部分，也消耗了一部分能量；炊事、空调以及照明也消耗了很多的能源。根据严寒地区建筑能耗统计方法，可以将能源统计分为两种：一是建筑采暖能耗，而是建筑电耗，具体情况如表 2-15 所示。

表 2-15 严寒地区建筑能耗结构

能耗形式	分项类别
建筑采暖能耗	供热采暖
	生活热水
	以燃气为主的炊事
建筑电耗	空调设备
	以电力为主的炊事
	照明
	家用电器

2. 建筑能耗统计方法

按照前面介绍的建筑能耗的构成，可以将建筑能耗统计方法分为建筑采暖电耗和建筑用电两种方法进行统计。

1）建筑采暖能耗统计

由于严寒地区的建筑采暖能耗占建筑总能耗的大部分，因此有必要对该地区的建筑采暖能耗进行统计分析。该地区的采暖能耗主要包括：锅炉房供热、热电厂供热、电热等等，其中集中式锅炉房供热形式的效率最高。为了全面地统计建筑采暖能耗，可以从电力公司、锅炉房单位进行调研，从而得到必要的供热数据。生活热水和炊事照明等方面的用能，可以从燃气公司和燃煤公司获取。通过汇总上述全部数据，即可得到完整的建筑采暖能耗结果。

2）建筑用电统计

目前，严寒地区没有成熟的电力统计年鉴，因此要获取完整的建筑电耗数据，需要对不同领域的用电量进行分项统计，如表 2-16 所示。

表 2-16 严寒地区电力消费构成及处理办法

农、林、牧、渔、水利业	工业生产、不能算入建筑能耗
工业	
建筑业	建造过程的能耗，不应属于建筑运行使用能耗
（1）交通运输、仓储和邮政业	电耗主要是建筑中发生的，工业生产的比例不大，可全部算建筑能耗
（2）批发、零售业和住宿、餐饮业	发生在建筑中的耗电，可全部算入建筑能耗
（3）其他	此项包括房管公共居民服务和咨询业，卫生体育社会福利、教育文艺、广播电视、科研和综合技术服务、国家党政机关和社会团体等行业，绝大部分耗电属于建筑运行使用能耗
（4）生活用电	城镇居民用电
（1）-（4）总和	与实际的民用建筑运行总能耗相比，少了工业企业所属的公共建筑、住宅小区等能耗，多了小部分第三产业中的生产电耗

3. 能耗统计与节能潜力分析

本节选取严寒地区的典型城市哈尔滨为例，进行了公共建筑调研。从空间布局上将，哈尔滨市大部分的公共建筑属于内廊式、核心筒式和中庭式等形式。外廊式建筑较少的原因是该地区的气候寒冷，与室外连通空间相应减少。内廊式建筑多为建造时间稍长的多层建筑，随着房地产行业的发展，现在公共建筑已经趋向于高层化，多属于核心筒式。为了满足建筑室内采光和取暖的要求，一般采用中庭构造，从而调节建筑室内热环境和建筑空间内部气流。

哈尔滨地区已建成建筑的围护结构多为复合保温墙，建筑材料包括黏土实心砖、页岩陶粒、普通混凝土小型空心砌块、烧结多孔砖、空心砖与聚苯板等等。大多数建筑采用集中式供热方式，大约占该地区的52%，采暖期燃煤强度在50~60kg之间；也有部分建筑采用分散式小型锅炉供热。该地区的经济发展水平较高，空调系统的普及率较高，但是使用水平较低。

4. 能耗与上位结构关系

建筑能耗受到多个参数的影响，例如气候条件、建筑体形系数、建筑朝向、周围风环境、建筑结构体系等。本节将主要分析这些因素对建筑能耗的影响。

体形系数对建筑能耗的影响较为明显，建筑体形系数越高，其受热和散热面越大，其建筑能耗相应提高。建筑体形系数的计算公式为

$$c = F_0 / V_0 = \frac{2(a+b)nh + s_0}{ns_0 h} = 2\left(\frac{a}{s_0} + \frac{b}{s_0}\right) + \frac{1}{nh} = 2\left(\frac{1}{b} + \frac{1}{a}\right) + \frac{1}{nh}$$

式中　c——建筑体形系数；

F_0——建筑外表面积，不包括地面和不采暖楼梯间隔墙和户门的面积；

V_0——建筑体积；

n——建筑层数；

h——建筑层高；

a，b——建筑物底面宽度和长度；

S_0——建筑物底面面积。

从公式可以看出，当建筑体形较为规则时，相同体积的建筑，其体形系数受到两个因素的影响，即建筑平面形状与建筑高度。其中，建筑平面形状与场地形状、平面布局、交通、空间布局等因素有关。如果要计算不规则建筑平面形状与建筑体形系数的关系，可以通过折减系数计算。严寒地区为了减少建筑能耗，建筑体形较为规则，形状怪异的构造较少，其平面形状与

体形系数的相关性较强。为了计算建筑采暖能耗与体形系数的关系，图2-34对各建筑气候区的典型城市的建筑耗能与体形系数进行了分析。从图中可以看出建筑体形系数由0.05到0.4的过程中，建筑耗能与体形系数基本呈线性关系。同时，体形系数每降低0.1，其耗热量可以降低25%。因此建筑体形设计对经济和环境效益的提高具有重要影响。

建筑朝向与其获得的太阳辐射量有直接关系。考虑到严寒地区冬季较为寒冷，夏季比较短暂，

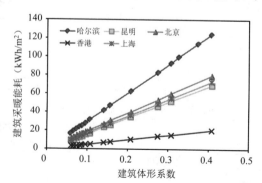

图2-34　不同建筑气候区典型城市的建筑采暖与体形系数的关系

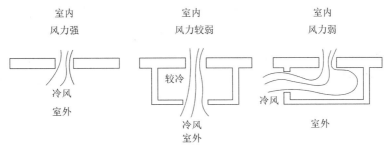

图 2-35　建筑入口处构造与到达室内气流速度的关系

需要选择合理的建筑朝向，获得较多的太阳辐射热，通常采用增大建筑南向得热面积的策略。根据研究表明，当建筑方位为正南，长宽比为 5：1 时，其获得的太阳辐射量要高于相同方位正方形布局的 1.87 倍。如果改变建筑方位，建筑得热会随之降低。如果建筑方位角为 45° 时，正方形建筑得热要高于长方形。对于平面布局不规则的建筑，要获得建筑朝向对其能耗的影响，可以进行必要的计算，也可以查阅已有建筑的相关文献资料并进行修正得到。

在严寒地区，应该注重建筑抗风，做出适应性的设计策略，降低建筑能耗。在冬季，如果寒风直接吹入建筑物，那么容易造成温度下降，降低室内的热舒适度。因此通常在规划设计阶段，通过合理的建筑外轮廓设计，组织和引导风向，避开居住建筑，减少其对建筑内气温的影响。由于建筑周围环境较为复杂，一些建筑无法避免地受到寒风直接作用。因此可以采取措施，使得这些建筑处于封闭状态地域寒风。因此在建筑设计时，可以在建筑入口处引导寒风改道，降低寒风对室内温度的影响。如图 2-35 分析了建筑入口处构造与到达室内气流速度的关系。

以哈尔滨市为例，研究了严寒地区建筑照明设备对建筑能耗的影响。哈尔滨市的采暖热源效率为 0.55，照明参数为 25 W/m²。按照《建筑照明设计标准》（GB 54034—2004）规定，建筑照明设备的节能目标为 400Lux。从建筑全生命周期考虑，建筑照明是运行阶段的照耀耗能形式之一。除了采用节能灯具之外，还应该提高人们的节能意识和节能的使用习惯。在目前节能减排的大环境的促使下，人们的用能习惯也在发生变化，逐渐地提高照明节能效率，缩小与其他国家的建筑节能差距。

建筑气密性与冬季冷风渗透有直接的关系，因此保证建筑门窗的气密性有助于建筑保温。特别地，在严寒地区，冬季外部气候寒冷且大风天气常见。如果门窗系统的气密性不佳，将会造成室内冷风量增加，降低室内温度，造成采暖能耗升高，同时室内的热舒适性将会大大降低。

需要采用气密性好的门窗结构，例如新型塑钢门窗或带断热桥的铝合金门窗。同样在建筑构造上，也需要进行建筑气密性设计。例如，冬季通常在建筑门口处设置挡风门斗或者窗帘，从而减低建筑传热系数和速率，能够有效地减少建筑风压，防止冷风渗透现象。此外，尽量地减少人员反复出入门口，也能够降低冷风渗透量。按照我国《建筑外窗气密性能分级及检测方法》（GB/T 7107—2002）规定，建筑外窗气密性如表 2-17 所示。

表 2-17　　　　　　　　　　　　　　　建筑外窗气密性等级

等级	1	2	3	4	5
单位缝长分级指标值 q_1 /（m³/（m·h））	$4.0 < q_1 \leq 6.0$	$2.5 < q_1 \leq 4.0$	$1.5 < q_1 \leq 2.5$	$0.5 < q_1 \leq 1.5$	$q_1 \leq 0.5$
单位面积分级指标值 q_2 /（m³/（m²·h））	$12 < q_2 \leq 18$	$7.5 < q_2 \leq 12$	$4.5 < q_2 \leq 7.5$	$1.5 < q_2 \leq 4.5$	$q_2 \leq 1.5$

通过计算表明，室内换气频率由 0.7 次降低到 0.4 次，建筑保温性能将会提高 10%。因此提高建筑门窗的气密性，减少冷风渗透，将会大幅度降低采暖用能。

表 2-18 对比分析了我国严寒地区典型城市哈尔滨与发达国家瑞典、加拿大、英国以及日本在围护结构传热系数的差异。比较同纬度上的国家可以看出，哈尔滨市的围护结构传热系数要明显高于其他地区，例如墙体约为 4~5 倍，外窗约为 1.5~2.2 倍。这主要是由于我国经济发展水平和生活水平较低造成的。分析哈尔滨市的建筑传热系数可以看出，随着人们生活水平提高，建筑的保温隔热性能也大幅度提高，例如传统建筑围护结构传热系数为第二阶段传热系数的 1.5~2.4 倍。从上述分析可以看出，我国建筑的保温隔热性能还有待提高，建筑节能也有很大的发展潜力。

表 2-18 建筑围护结构传热系数 单位：W/m² · K

类别		墙体	窗户
中国哈尔滨	传统建筑	1.24	3.68
	第一阶段标准	0.73	3.26
	第二阶段标准	0.52	2.5
瑞典		0.17	2.0
加拿大		0.27	2.22
英国		0.45	—
日本	北海道	0.42	2.33
	青森、岩手县	0.77	3.49
	宫城、山形县	0.77	4.65
	东京都	0.87	6.51
德国		0.5	1.50

5. 传热系数与能耗关系

为了提高围护结构保温性能，减少严寒地区热量散失，该地区普遍选择外墙外保温体系，其次可以选择夹心保温体系。对于部分历史建筑或者是不能改变建筑原貌的建筑，可以采用内保温体系，以免破坏建筑外形，影响其原有功能。根据我国《外墙外保温工程技术规程》（JGJ 144—2004）规定：严寒地区城市办公建筑，需要采取的保温系统如表 2-19 所示。

表 2-19 严寒地区墙体保温结构适用范围

名称	传热系数（W/m² · K）
EPS 板外墙外保温系统	
EPS 板现浇混凝土外墙外保温系统	0.041
机械固定 EPS 钢丝网架板外墙外保温系统	
XPS 板外墙外保温系统	0.03
硬泡聚氨酯外墙外保温系统	0.0216
岩棉板外墙外保温系统	—

建筑开洞会对建筑围护结构的通风、采光、保温、美观有一定的影响。在严寒地区，建筑开窗以及窗墙比会随着该地区不同区域的气候差异而产生不同的结果。为了提高窗户的保温性能，可以采用双层中空 Low-E 玻璃取代单层玻璃，从而减少室内的热量散失，并提高内部空间获得阳光辐射量，如图 2-36 所示。玻璃材料的热绝缘系数会影响热量传递的速率。为了减缓室内热量向外传递的速度，要尽可能地降低外窗材料的传热系数。在实际工程中，一般采用热反射玻璃或者吸热玻璃。根据严寒地区的建筑节能设计标准，考虑当地的经济发展水平，要

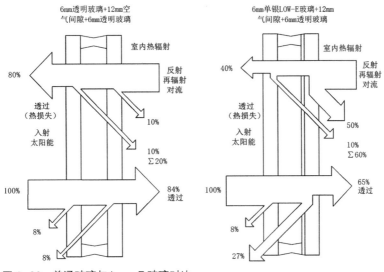

图 2-36   普通玻璃与 Low-E 玻璃对比

求建筑外墙传热系数为 0.15~0.45W/（m² · K），外窗传热系数则为 1.5~2.2W/（m² · K）。另外，本小节给出了建筑的窗墙比（WWR）与外窗传热系数的对应值，如表 2-20 所示。

表 2-20   窗墙比与外窗传热系数限值

类别	$S \leq 0.3$	$0.3 < S \leq 0.4$	$S > 0.4$
WWR ≤ 0.3	2.5	2.5	2.5
$0.3 < WWR \leq 0.4$	2.5	2.2	2.0
$0.4 < WWR \leq 0.5$	2.0	1.7	1.7
$0.5 < WWR \leq 0.7$	1.7	1.5	1.5

窗墙比与建筑的保温隔热有着密切的联系。在过去，建筑采用玻璃一般为单层普通玻璃，其保温隔热性能较差，因此普遍认为开窗面积越大，建筑热量散失越多。近年来，为了保证建筑立面的美观和艺术效果，建筑开窗面积越来越大。在此前提下，为了保证室内温度和舒适性，具有良好保温隔热性能的玻璃营运而生。通过改善太阳辐射热，冬季吸收热量，夏季反射太阳辐射，达到室内吸热和得热平衡。此外，窗墙比对建筑能耗的影响还受到建筑朝向的影响。通过研究不同朝向墙体上的窗墙比与建筑能耗的关系，得出以下结论：北向窗户与建筑耗能影响最大，东向次之，南向其次，最后西向。

此外，研究分析了哈尔滨地区建筑开窗朝向与采暖能耗的关系，结果如图 2-37 所示，并得出相关结论。首先，建筑能耗与窗墙比基本呈线性关系，即在其曲线上没有产生峰值，这说明没有建筑最佳窗墙比。其次，建筑能耗随着窗墙比的增大，且增加速率相应提升；北墙对建筑能耗的影响最大，东墙和西墙次之，南墙对开窗面积最不敏感。在实际工程中，应该首要选取南墙作为开窗面，北墙上尽量不开窗。

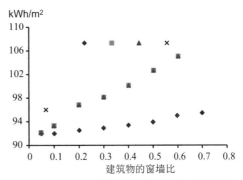

图 2-37   建筑物各朝向下窗墙比与建筑能耗关系

2.4.5 夏热冬暖地区的建筑节能设计研究

1. 热工性能和能耗

传统建筑比较注重自然通风和建筑遮阳，因此建筑的层高一般较高，屋面和外墙的厚度较大，用于减少外部热量向室内传递。传统建筑普遍采用240mm厚的实心砖墙和黏土砖，而屋面采用大阶砖通风屋面。为了节约建筑材料，降低工程造价，外墙厚度由240mm减小到180mm，但是其保温隔热性能不能满足节能标准的要求。随着人们经济水平和节能意识的提高，现在的外墙和屋面等围护结构，普遍采用轻质的保温隔热材料。

随着人们对建筑美观要求的提升，女儿墙构造的高度提高，造成了原有的通风屋面起不到原有的效果；同时，人们为了提高建筑空间利用率，建筑建造比较密集，隔断了自然通风通道。外窗结构只起到了通风采光的作用，而没有考虑到建筑遮阳，部分地区普遍采用飘窗，导致太阳辐射直接进入室内，室内热环境降低。从总体上看，这一地区建筑热工性能较差，围护结构的气密性和保温隔热性能较差，室内的热舒适度较低。

通过调查发现：该地区的夏季电负荷较大，一般为冬季建筑用电量的一倍，这与该地区夏季炎热，冬季温暖的气候特点相一致。进入21世纪之后，人们对居住环境的要求提升，家庭住宅面积和家用电器数量大幅度增加，导致用电量增加了20%以上。对部分高档建筑而言，其单位面积的年用电量达到38~90kWh，平均为60kWh；夏季空调器的用电强度更高。

2. 节能规划

我国建筑节能工作起步较晚，因此建筑节能设计方法和手段仍需要进一步探讨。但从总体来说，夏热冬暖地区的建筑节能设计需要从节能规划、单体设计和空调设计这三个方面展开。

建筑节能规划是指：基于"建筑气候结合"的设计思想，分析建筑节能设计中的气候性影响因素，包括太阳辐射、季风、地理因素等，通过合理的建筑规划布局，营造适合建筑节能的微环境，如图2-38显示了建筑节能规划中的控制点。对建筑空间的相对关系而言，在建筑规划中，需要综合考虑建筑选址，建筑单体与道路布局、建筑朝向、体型间距等因素，这些都是可以通过建筑设计手法来实现的。

首先，在建筑体型搭配方面，可以通过不同的建筑进行高低组合排列，使得建筑群体采光最优化。只要室内能够充分地利用自然光，便可以减少人工照明的使用量，从而达到建筑节能的目的。此外建筑体量的布置，还要考虑小区内的自然通风的要求，合理地调节周围的小气候。在我国夏热冬暖地区，夏季盛行东南风和南风，因此在规划设计中需要充分利用季风气候，合理地设计建筑朝向、建筑间距等，不但能够提高小区内的空气质量，还能够通过通风实现降温

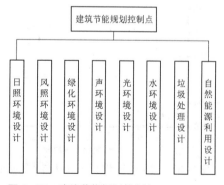

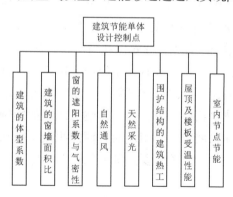

图2-38　建筑节能规划控制点

的目的。在我国东南沿海一带，还可以利用海风，改变建筑通道，形成自然通风体系。

除了注重室外通风之外，还需要分析建筑室内风环境。可以基于"风玫瑰图"，进行室内建筑通风与节能设计。由于受到周围绿化植被、建筑构造的影响，室内外建筑风环境的构造措施并不相同，这需要考虑地形地貌、周围建筑以及地理环境，充分结合场地环境与当地风环境，进而找出室内风环境的特点，从而采取有效的节能措施，提高室内舒适度，减少能源消耗。

此外，合理的建筑体形系数，以及合理的建筑平、立、剖面也能够降低建筑能耗。体型系数越大，对应的建筑表面积也大，散热面也就越大。因此，降低建筑体形系数，可以减少围护结构的热损失。

3. 单体节能设计

从建筑自身的构造出发，进行合理的单体设计也能够降低建筑能耗。单体设计一般包括建筑平面布局、体形设计、内部空间设计、窗墙比设计和建筑墙体设计等。

在建筑布局和内部空间设计方面，建筑内部自然通风设计尤为重要。夏热东南地区夏季较为湿热，且昼夜温差小，因此可以利用自然通风的方式提高内部舒适度，如图 2-39 所示。同样地，建筑朝向、间距以及墙体开洞方式会对自然通风造成影响，需要选择合理的布局方式，营造穿堂风。实现室内降温的目的。冬季为了保持室内温度稳定，需要合理地调节建筑开口并提高围护结构气密性，以免造成冷风渗透。

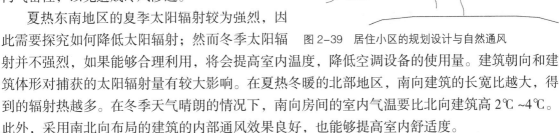

夏热东南地区的夏季太阳辐射较为强烈，因此需要探究如何降低太阳辐射；然而冬季太阳辐

图 2-39 居住小区的规划设计与自然通风

射并不强烈，如果能够合理利用，将会提高室内温度，降低空调设备的使用量。建筑朝向和建筑体形对捕获的太阳辐射量有较大影响。在夏热冬暖的北部地区，南向建筑的长宽比越大，得到的辐射热越多。在冬季天气晴朗的情况下，南向房间的室内气温要比北向建筑高 2℃~4℃。此外，采用南北向布局的建筑的内部通风效果良好，也能够提高室内舒适度。

同样在北部地区采用内墙保温的方式，这主要是因为保温材料的蓄热系数较小，在内部可以减少围护结构吸收的能耗，即调温过程比较快捷。此外，在夏季降雨量较大时，又可以采用内部保温材料吸收内部湿气，提高建筑内部舒适度。另一方面，内保温的应用较为方便，而且成本较低。施工较为简单，因此可以用于旧建筑的节能改造。南区主要进行建筑隔热设计，控制建筑内表面的温度，从而防止人体和室内的辐射热量，这些可以从降低建筑传热系数、增大建筑热惰性指标等方面实现。

为了达到屋面隔热和美化环境的目的，通常要进行屋顶通风、蓄水、植被等构造措施。这种屋顶能够起到城市绿化、调节气候、降低城市噪声的作用。同样冬季可也以利用植被来疏导和阻挡气流，从而建筑减少建筑周围的冷风量，减少热量散失，如图 2-40 所示。

建筑遮阳是夏热冬冷地区建筑节能的必要措施。采用窗口遮阳的方式，可以避免辐射热进入室内，减少空调设备的使用，进而实现节能效果。在进行建筑遮阳设计中，不但要考虑建筑南面的遮阳，还需要同时考虑建筑东立面和屋顶的遮阳措施。根据遮阳位置，可以将建

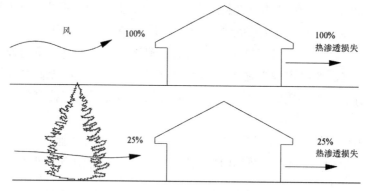

绿化防风对室内热损失的影响

图 2-40   植被组织、引导和阻挡冬季冷风

筑遮阳分为外部遮阳、内部遮阳和中间遮阳等。遮阳形式与构造的选择，要根据建筑朝向、层高、室内热量需求量来确定。此外，还可以在阳台、挑檐等位置采用绿化遮阳，也能够起到美化环境的作用，建筑遮阳形式与适宜朝向如图 2-41 所示。

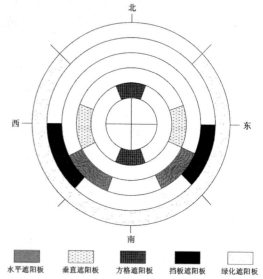

图 2-41   建筑遮阳形式的适宜朝向

水平遮阳板   垂直遮阳板   方格遮阳板   挡板遮阳板   绿化遮阳板

4. 空调设计

随着人们经济水平的提高，空调设备已经成为提高室内热舒适度的主要手段之一。因此在建筑节能设计中，可以合理地布置空调设备，提高其能效比，提高建筑节能效率。通常情况下，在空调设备安装时需要注意以下两点：

首先，空调设备安装位置会影响建筑的能耗。在平面上，要保证相邻空调设备的作用区域相互独立，以免空调的气流作用范围相互干扰，降低了设备的效率。

其次，人们为了提高空调设备的美观，会在空调室外机上进行遮阳和防护措施。但是要避免将室外机封闭起来，或者阻挡了其正常的换气水平，否则将不利于其散发热量，降低空调设备的效率。同时，被封闭的空调机的换气受到阻挡，也会影响室内的空气质量。

总的来说，我国的城市化进程正在加速，虽然建筑节能能够提高能源效率，保护环境，但是大部分地区还没有给以高度重视。一般地，地方节能设计缺少相关的标准和政策引导；其次现在的技术人员缺乏节能意识，忽视了建筑节能的重要性，在无形中造成巨大的经济效益损失。

针对目前我国夏热冬冷地区存在的节能耗能问题，应提出科学合理的建筑节能程序：首先，在建筑设计过程中，要按照节能规划、单体设计和空调设计的步骤进行建筑节能设计，增强建筑围护结构的保温隔热性能，并提高空调系统的能效；其次，地方政府或者研究人员，应该建立具有地方特色的建筑节能标准，从而形成地方法律法规，为建筑节能提供法律保障和技术支撑。此外，还需要建立建筑节能试点和国际合作项目，从而从技术应用方面取得进步和推广。最后，还需要进行建筑节能技术宣传，从而能够形成城市、乡镇和农村的立体建筑节能推广体系，切实推进建筑节能工作。

2.4.6　温和地区的建筑节能设计

1. 气候区的划分与特征

　　按照我国《民用建筑热工设计规范》（GB50176—1993）规定：我国建筑气候按照热工设计可以分为五个分区，温和地区主要包括云南省以及贵州、四川、西藏与重庆的部分区域。这些区域均属于经济欠发达地区的范畴。这一区域位于我国西南地区，自然自理条件具有纬度低、地势高和地形复杂的特点。在气候条件上，温和地区属于高原型季风气候，同时受到维度和地形高差的影响，区域内的气候复杂多样。一般地，当海拔高于2400m时，气候多为高寒气候，冬季寒冷漫长，几乎没有夏季，而春秋两季时间较短；当海拔低于800m时，多为河谷地区，夏季较为漫长。温和地区大部分地区的海拔处于800~2400m，这样春季较为漫长，但是温度较低；同样年温差在10℃~12℃，日温差可以在12℃~20℃。总的来说，温和地区的光照时间较长，降雨量较大，也具有明显的干湿两季，因此该地区的建筑遮阳和防雨较为重要。

2. 建筑热工的设计特点

　　与其他建筑气候区相比，温和地区气候条件较为优越，全面温度较高且比较稳定，因此该地区的建筑设计具有较高的灵活性。同样，这也是温和地区建筑普遍重视建筑造型，忽视建筑节能设计的一个重要原因。根据调研研究，假定温和地区建筑采用砖混结构，当墙体为240mm的厚黏土实心砖墙时，就能满足建筑保温隔热的要求；如果采用框架结构，当墙体为190mm厚的空心砖时，同样也可以满足建筑节能标准对室内热舒适度的要求。

　　长期以来，温和地区已经形成了既定的建筑设计模式，即在任何情况下，不考虑建筑围护结构的保温隔热问题，只要按照习惯做法，在建筑屋面上加设保护结构即可，一般情况下，建设材料为60mm厚的膨胀蛭石保温层。随着现代建筑节能技术的推广，这种传统的建筑设计方法已经受到了挑战。

3. 建筑节能潜力与挑战

　　伴随着经济与社会的发展，建筑水平越来越高，居住者对室内空间环境舒适度的要求也随之增加。现在，很多大型公共建筑以及居住建筑，安装暖通空调系统，因此设备的耗电量或者耗热量正在迅速增加。在这样的大背景下，建筑节能形势对于全国的每一个气候区都是比较严峻的，并要求建筑节能措施和水平到达新的台阶。

　　基于当地的经济发展水平和气候特征，云南省近年来开始着手于建筑节能的发展，建立了新建建筑节能试点项目和既有建筑节能改造项目，并颁布了相应的法律法规。从建筑技术上来说，建筑遮阳（经济可取）能够充分利用温和地区大气透明度高、位置纬度低和海拔高度的特点，阻挡强烈的太阳能辐射，提高室内的热舒适度。

　　随着人们建筑节能意识的提升和建筑节能工作的开展，建筑师们已经认识到建筑节能设计的重要性。同时，温和地区建筑遮阳的研究和应用工作也取得了丰富的成果，但是仍然面临着很大的挑战。这主要表现在经济实力、气候特征与技术水平等诸多方面。

　　与其他地区相比，温和地区主要是位于我国西南偏远山区，经济较为落后，因此很少有资金投入进行建筑节能技术的激励、推广与应用。与其他的建筑热工分区相比，温和地区的建筑节能标准与规范比较少见，而针对夏热冬冷地区、夏热冬暖地区、寒冷地区或者严寒地区都已经颁布了对应的节能规范。此外，在技术水平方面，在长三角、珠三角、黄三角甚至东北地区，人们已经研发出了对应的节能产品，而在温和地区建筑节能产品或者设计方法的研究较少。因

图 2-42　云南藏式"土库房"

图 2-43　云南"土墙板屋"

此在以后的研究中，亟须建筑研究人员对温和地区建筑节能设计进行研究。

温和地区的热工性能研究主要表现在建筑遮阳方面，尤其是门窗结构的建筑遮阳性能。在未来一段时间内，要从建筑遮阳设计入手，建立从建筑规划设计、施工建造到建筑运营维护的遮阳系统，从而保证降低建筑能耗，提高室内热湿舒适度。另一方面，需要注重建筑节能研究人才的培养。目前，该地区面临着人们节能意识薄弱、节能设计能力差的难题。这主要是由于人们的遮阳知识缺失，无法合理地利用已有的资源与条件进行节能设计。同时，目前采用的遮阳设计手段大都是建筑主体完成后的附属性工作，导致建筑节能不能与其他建筑功能同步完成，即建筑遮阳、通风、采光、视线以及造型严重脱节。

4. 温和地区传统建筑遮阳智慧

温和地区受到传统文化、民族特色和气候类型的影响，产生了多种不同的建筑形式。从总体上，这些建筑形式能够适应当地的自然条件，为人们提供一个较为舒适的环境。特别地，在应对太阳辐射方面，具有适应性的建筑遮阳包括云南西北地区的藏族民居"土库房""土墙板屋"，如图 2-42，图 2-43 所示，云南西双版纳和红河流域的"竹楼"以及云南其他地区的"合院式"建筑，下面将进行详细分析。

1）藏族民居"土库房""土墙板屋"

在云南省西北地区，主要包括香格里拉与德钦地区，该区域地势较高，夏季温和，冬季较为干冷，一月温度一般在 –10℃～0℃。但是该地区的纬度较低，因此具有充沛的光照资源，年年日照时数为 2000~2800 小时 / 年，年总辐射量 90~150kcd/cm³。人们在长期的生活中，适应性地建造了藏式"土库房"，这样阳光在清晨便可以照入室内，提高室内温度；一般到了午后，照射温度达到最高，其辐射强度大幅度增加，因此此时需要采用遮阳策略，防止紫外线灼伤。

无论是藏式"土库房"还是"土墙板屋"，都能够适应性地利用建筑遮阳，来调节室内的空间环境，其主要优点为：

（1）这两种建筑重视了建筑保温隔热，能够应对该地区冬季寒冷，夏季炎热，昼夜温差大的气候条件。首先，采用厚土墙作围护结构，提高了建筑的热工性能。其次，厚土墙上的开窗面积较少，有效地减少了室内外的热量交换，减少了室内的热量散失。此外，房间的进深较大，这样就可以减少表面积，并减少热量散失面积。

（2）建筑开窗要满足通风换气的功能，因此一般窗口与土墙相结合，做成凹窗的形式。一方面可以满足室内采光的要求，同时可以避免阳光中午直射入室内；另一方面，可以采用窗檐逐层挑出的形式，能够与太阳角相适应，达到室内采暖的目的。

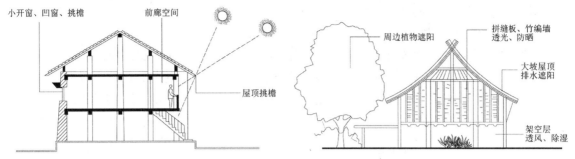

图2-44　土墙板房的日照与遮阳示意图　　　　图2-45　"竹楼"的气候适应性示意图

（3）在土墙板房中，会在居室前设置通透的走廊，遮阳就可以通过出檐构造达到夏季乘凉，冬季采光取暖的目的，如图2-44所示。

2）西双版纳"竹楼"

西双版纳地区，冬季气候为较温和，平均温度高于10℃，夏季炎热漫长，平均温度在25℃以上，同时该地区也伴随着潮湿多雨的特点。因此在处理建筑与环境的关系时，很少考虑建筑保温的因素，而重视建筑隔热除湿性能。如图2-45所示，竹楼是该地区气候适应性的典型代表建筑，具有屋顶坡度大的特点，这样具有如下优点：

（1）为了应对该地区湿热的气候特点，竹楼采用底部架空的方式，能够促进自然通风和防潮；同时，上层走廊和阳台也能够起到导风的作用。

（2）屋顶的坡度特别大，能够应对该地区夏季降水多的特点，从而排出雨水；同时也可以起到建筑遮阳的作用。

（3）墙面采用拼合板，留有小缝，从而弥补了墙体不开洞的缺陷；通过这些小缝可以将阳光引入到室内，满足室内采光的要求，同时还能够避免室内温度过高。

（4）由于该地区的地形较为复杂，通过竹楼吊脚的形式可以适应当地地形，从而合理地利用了空间。

3）合院式民居

云南地区的传统建筑众多，合院式建筑是该地区分布最为广泛的建筑形式，如图2-46与表2-21所示。合院式建筑在适应强烈的太阳辐射方面具有诸多优势：

（1）与其他庭院建筑相同,利用自身的形式形成自遮阳系统。一般地,建筑布局为坐西朝东,

图2-46　温和地区合院式民居

从而利用清晨阳光，提高庭院和室内温度；中午太阳辐射强度大，自身的墙体可以形成遮挡，保证院落处于阴影区，避开了太阳辐射热量。

（2）如果在庭院内种植植物，在进行绿化的同时，可以起到植物遮阳的作用。

（3）由于庭院内的建筑通常为坡屋顶，建筑室内外通过走廊连接，因此可以形成自然通风系统，带走室内热量，降低室内和庭院温度。庭院内的出檐能起到调节光线的作用。

表2-21 云南省不同地域传统建筑类型

区域		云南西北寒冷地区	云南南部夏热冬冷地区	云南温和地区
城市		中甸、德钦	景洪、红河	昆明、大理、建水、丽江
建筑类型		土库房土墙板屋	竹楼土掌房	合院民居
自然条件	同	全年日照强烈，昼夜温差大		
	异	冬季干冷、夏热	冬暖夏热	气候温和、温差较小
经济条件	同	经济相对落后		
	异	经济相对落后，有一定的旅游经济		经济较好
传统文化	同	传统文化较为丰富，具有各自的风俗习性		
	异	民族特色突出		汉化较为严重

5. 遮阳设计适应性原则

1）统筹兼顾建筑遮阳与建筑加热

温和地区具有纬度低，夏季炎热漫长，太阳光照较强，因此要注意夏季进行遮阳设计。但是总的来说，温和地区过热或者极热的天气较少，温度较高的时段一般为夏季正午或者午后两点左右。为了减少建筑室内的得热，降低室内温度，减少空调制冷设备的适用。在这几个时间段里，要通过遮阳设计阻挡过于强烈的太阳辐射。此外，温和地区全年的温度较为舒适，适合人类居住；但是温和地区全年的太阳辐射较强，相对比于温度，给人体的不舒适感觉更为强烈，因此在建筑遮阳设计中，要着重分析建筑遮阳对太阳辐射的影响。温和地区在冬季气温较低，受到其丰富太阳辐射的作用的影响，建筑室外温度可以达到15℃。因此，可以利用太阳辐射带来的热量，调节建筑室内外温度，从而达到居民舒适度的要求。

2）统筹经济水平，以低技术遮阳为主，高科技节能手段为辅

我国的温和地区的经济发展水平略低于全国平均水平，因此在推广过程中，不但要兼顾气候、自然条件和地理特征，而且要考虑经济发展因素。从人们的遮阳意识和遮阳技术水平来看，云南地区的遮阳技术水平和制造业水平都比较落后。同时由于遮阳行业各参与方的信息不平衡，导致建筑遮阳产品，尤其是高科技遮阳产品的推广度较小。因此，在温和地区推广低技术水平的遮阳产品，需要从低技术水平的产品入。首先，低技术水平的遮阳措施，能够借鉴和发扬当地的传统技术特点和人们生活习惯，从而来保证建筑防热和降温的目的。这种方法既统筹发展了我国节能、自然和经济，实现了我国的地域性和文化传统性，又实现了人、建筑、自然的和谐统一。随着经济的发展以及人们节能意识的提高，高性能的节能产品也会受到重视。其中高技术水平遮阳手段指的是依靠现代高性能产品，例如数控技术、太阳能转换技术，调节和控制自然环境，使其满足人们的遮阳要求。在经济、气候、环境条件允许的情况下，建筑师有意识地采用高技术水平的遮阳措施，对于引导和促进该地区遮阳行业健康有序的发展。

3）统筹兼顾地域传统文化与现代节能技术

我国的温和地区是少数民族的聚居区，具有较为悠久的历史，继承和发扬了丰富的民族特

色和传统文化。因此该地区的地域性传统文化需要在建筑节能技术构造中加以保护。首先，遮阳产品能够适应我国建筑偏好，如选材、形制和色彩，尊重和继承传统建筑特色。随着现代建筑技术的发展，在对现代建筑材料和技术的适用过程中，会对人们的传统建筑审美情趣和传统文化特色造成冲击，因此，统筹兼顾传统建筑文化和现代节能技术对一个地区的建筑行业发展具有重要的意义。总之，对于温和地区建筑遮阳设计，既要创新，又要发扬传统文化特色，推崇本土建筑特色发展。

3 \ 绿色节能建筑的设计标准

在我国，绿色建筑的理念被明确为在建筑全生命期内"节地、节能、节水、室内环境质量、室外环境保护"。它是经过精心规划、设计和建造，实施科学运行和管理的居住建筑和公共建筑，绿色建筑还特别突出"因地制宜，技术整合，优化设计，高效运行"的原则。2014 年最新版的《绿色建筑评价指标体系》与原版标准相比，除了"四节一环保"和"运营管理"指标外，本次修订增加了"施工管理"评价指标，实现标准对建筑全寿周期内各环节和阶段的覆盖。"设计评价"评价内容为"四节一环保"五大类指标，而"运行评价"评价内容为"四节一环保""施工管理""运营管理"等七大类指标。

建筑节地设计首先应该是节约耕地，其次应该尽可能减少硬化下垫面，保持地表的生态化。从城乡规划和设计角度，只要规划师、建筑师以及景观设计师具有了"节地"的理念，从实现措施上，应该不是很困难的。

建筑节水设计，担当首要责任的应该是设备工程师。不论是设计节水型供水系统、高效的污水回用系统、选取节水型器具，则技术上已不困难。节水设计中建设与运营成本是关键。

建筑节材设计与建筑设计师和结构设计师们有着密切的关系。建筑师决定建筑构造及装饰材料的类别和来源；尽可能选用就地取材，实现绿色建筑的理念。结构工程师过于保守的结构与抗震设计，会加大钢材与混凝土的用量。

环保是指建造过程中减少污染物的排放。固体垃圾的排放量，主要取决于施工组织。排放到大气中的污染物，除施工中扬起的尘埃外，CO_2，CO，NO_x，烟尘等，与建筑物的运行能耗直接相关（煤、气燃烧过程排放）。给排水工程师则应该控制好污水和废水的排放量。

3.1 绿色建筑的节能设计方法

自工业革命以来，人类对石油、煤炭、天然气等传统的化石燃料的需求量大幅度增加。直到 1973 年，世界爆发了石油危机，对城市发展造成了巨大的负面影响，人们开始意识到化石能源的储存与需求的重要性。近年来，全世界的石油价格呈现出快速增长的整体趋势，同时化石燃料的使用造成严重的环境危害。人们为了应对上述问题，开始寻求减低能耗方法与技术。

我国的能源供给以煤炭和石油为主，而对新能源和可再生的能源的利用量较少。据统计，我国煤炭使用量约占全世界煤炭使用量的 30%，可再生能源的使用比例不到 1%，严重不合理的能源利用结构给城市的发展带来了巨大的压力，特别地近年来的热岛效应和环境污染日益严重，使得城市发展陷入了一个困境。研究表明，现在的城市发展与建筑舒适度的营造是通过城市能源资源支撑形成的。在发达国家，建筑能耗已占据了国家主要消费能量的 40% ~50%。研究表明，我国建筑能耗所占社会商品能源消耗量的比例已从 1978 年的 10% 上升到 2005 年的 25% 左右，且这一比例仍将继续攀升，据估计，到 2020 年，建筑能耗将上升到 35%。

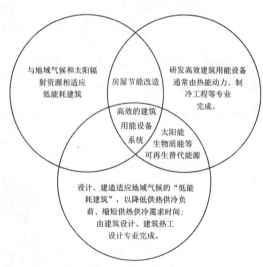

在绿色建筑中，最困难的是建筑节能（建筑   图 3-1 建筑节能专业分类

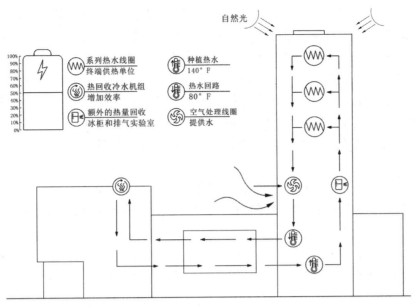

图3-2　建筑节能分类

节能分类如图3-1所示）。原因在于，建筑运行能耗的高低，与建筑物所在地域气候和太阳辐射、建筑物的类型、平面布局、空间组织和构造选材、建筑用能系统效率设备选型等均有密切关系。对于建筑师来说，完成一个绿色建筑的设计，既要有节能、节地、节水、节材、减少污染物排放的理念和意识，更要逐步练就节能设计的技巧，并贯穿建筑设计全过程。

3.1.1　太阳能技术的应用

我国现有的绿色建筑设计中建筑节能的主要途径有：

（1）建筑设备负荷和运行时间决定能耗多寡，所以缩短建筑采暖与空调设备的运行时间是节能的一个有效途径。如图3-2所示，建筑物处于自然通风运行工况时，采暖与空调能耗为零。通过建筑设计手段，尽可能延长建筑物自然通风运行时间。

（2）现代建筑应向地域传统建筑学习。酷冷气候区的传统建筑，通过利用太阳能、增加固炉气密性，避开冷风面，厚重性墙体长时间处于自然运行的状态（图3-3）。炎热气候区的

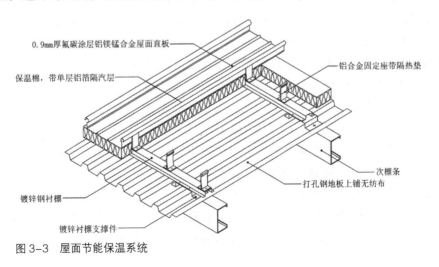

图3-3　屋面节能保温系统

建筑，利用窗遮阳、立面遮阳、受太阳照射的外墙和屋顶遮阳等设计手段保证建筑水平方向和竖向方向气流通畅——尽可能使建筑物长时间处于自然通风运行状态，空调能耗为零。

（3）太阳能技术是我国目前应用最广泛的节能技术，太阳能技术的研究也是世界关注的焦点。由于全世界的太阳能资源较为丰富，且分布较为广泛，因此太阳能技术的发展十分迅速，目前太阳能技术已经较为成熟，且技术成果已经广泛地应用于市场中。在很多的建筑项目中，太阳能已经成为一种稳定的供应能源。然而在太阳能综合技术的推广应用中，由于经济和技术原因，目前发展还是较为缓慢。特别地，在既有建筑中，太阳能建筑一体化技术的应用更为局限。

按照太阳能技术在建筑的利用形式划分，可以将建筑分为被动式太阳能建筑和主动式太阳能建筑。从太阳能建筑的历史发展中可以看出，被动太阳能建筑的概念是伴随着主动太阳能建筑的概念而产生的。

我国《被动式太阳房热工技术条件和测试方法》国家标准中对于被动太阳能建筑也进行了技术性规定，对于被动式太阳能建筑，在冬季，房间的室内基本温度保持在 14℃ 期间，太阳能的供暖率必须大于 55%。虽然根据不同地域气候不同来考虑，这样的要求不均等，尤其是严寒地域的建筑。即使前期建筑设计很完美，但由于建筑本身受到的太阳辐射少，所以要求建筑太阳能的供暖率大于 55% 是比较困难的。但气候比较炎热的地区，建筑太阳能的采暖率则很容易达到该要求。所以，在尚未设定地区的情况下，仅仅通过太阳能采暖率来评定太阳能房是不合理的。广义上的太阳能建筑指的是"将自然能源例如太阳能、风能等转化为可利用的能源例如电能、热能等"的建筑。狭义的太阳能建筑则指的是"太阳能集热器、风机、泵及管道等储热装置构成循环的强制性太阳能系统，或者通过以上设备和吸收式制冷机组成的太阳能空调系统"等太阳能主动采暖、制冷技术在建筑上的应用。综上所述，只要是依靠太阳能等主动式设备进行建筑室内供暖、制冷等的建筑都成为主动式建筑，而建筑中的太阳能系统是不限的。

主动式建筑和被动式建筑在供能方式上，区别主要体现在建筑在运营过程中能量的来源不同。而在技术的体现方式上，主动式和被动式的区别主要体现在技术的复杂程度。被动式建筑不依赖于机械设备，主要是通过建筑设计上的方法来实现达到室内环境要求的目的。而主动式建筑主要是通过太阳能替换过去制冷供暖空调的方式。

国标《太阳能热利用术语：第二部分》（GB 12936.2–91）中规定，"被动太阳能系统"（Passive solar（energy）system）是指"不需要由非太阳能或耗能部件驱动就能运行的太阳能系统"，而"主动式太阳能系统"Active solar（energy）system 是指"需要由非太阳能或耗能部件（如泵和风机）驱动系统运行的太阳能系统"。

考虑耗能方面，被动式建筑更加倾向于改进建筑的冷热负荷。而主动式建筑主要是供应建筑的冷热负荷。所以被动式建筑基本上改变了建筑室内供暖、采光、制冷等方面的能量供应方式。而主动式建筑主要是通过额外的太阳能系统来供应建筑所需的能量。如果单从设计的角度来分析，被动式建筑和传统建筑一样需要在建筑设计手法上（例如建筑表现形式、建筑外表面以及建筑结构、建筑采暖、采光系统等）要求建筑设计和结构设计等设计师们使用不一样的设计手法。而这些都要求设计师对建筑、结构、环境、暖通等跨学科都有着深入的了解，才能将各个学科的知识加以运用，得到最佳的节能理想效果。

如图 3-4 所示，所谓的"主、被动"概念的差别可以理解为两种不同的建筑态度，一种是以积极主动的方式形成人为环境，另一种是在适应环境的同时对其潜能进行灵活应用。主动式

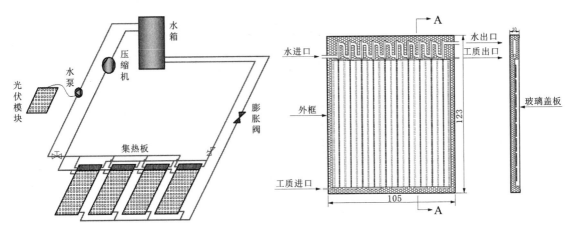

图 3-4　太阳能建筑应用中的集成技术

建筑是指通过不间断的供给能源而形成的单纯的人造居住环境，另一种是与自然形成一体，能够切合实际地融合到自然的居住环境。

太阳能被动式建筑的概念意指建筑以基本元素"外形设计、内部空间、结构设计、方位布置"等作媒介，然后将太阳能加以运用，实现室内满足舒适性的需求。太阳能建筑的种类很多，从太阳能的来源种类分为四种：直接受益、附加阳光间、集热蓄热墙式和热虹吸式。同时因为能量传播的方式不同，所以也可分为直接传递型、间接传递型和分离传递型。

太阳能被动建筑一般都定义了对应的太阳能贡献率和节能指标。旧版和新版《被动式太阳房热工技术条件和测试方法》（GB/T 15405—1994/2006）依据不同地域气象的影响因素定义了不同区域被动式建筑的太阳能贡献率和节能指标（表 3-1）。

表 3-1　　　　　　　　　被动太阳能建筑的技术划分标准

综合气象因素 /[KJ/（m² · ℃ · d）]	太阳能贡献率（%）		典型城市
	1994	2006	
＞ 30		＞ 55	拉萨
25~30			北京、安阳、洛阳、郑州、汉口
20~25	＞ 50	＞ 50	哈密、银川、大连、太原、西安
15~20		＞ 45	宝鸡、张家口、呼和浩特、喀什
13~15		＞ 40	乌鲁木齐、沈阳、长春、鸡西
＜ 13		≥ 25	吉林、哈尔滨、佳木斯、海拉尔

我国《被动式太阳房热工技术条件和测试方法》规范中规定了太阳能被动式建筑技术，遇到冬季寒冷时间，太阳能房的室内温度保持在 14℃，太阳能房的太阳能设备的供暖率必须超过 40%。

太阳能分为主动式和被动式两种，太阳能建筑的被动式技术只要是指被动采暖和被动制冷两种方式。太阳能建筑的主动式系统涵盖太阳能供热系统、太阳能光电系统（PV）、太阳能空调系统等。主动式建筑中安装了太阳能转化设备用于光热与光电转化，其中太阳能光热系统主要包括集热器、循环管道、储热系统以及控制器，对于不同的光热转化系统，又具有一些不同的特点（表 3-2）。

太阳能建筑的被动式供暖方式定义为直接获热和间接得热两类，而间接式摄取太阳热又涵盖阳光间、温差环流、蓄热墙（Trombe wall）等三个类型（图 3-5）。

表 3-2　　　　　　　　　　　　　　　太阳能建筑技术分类

分类	热		光	风	电
	采暖	制冷			
被动技术	直接获热 阳光间 集热蓄热墙温差环流壁	隔热 遮阳 潜热散热 夜间辐射 重质蓄冷	自然采光 光导采光	自然通风	
主动技术	太阳能热水 太阳能采暖	太阳能空调		太阳能通风	光伏发电

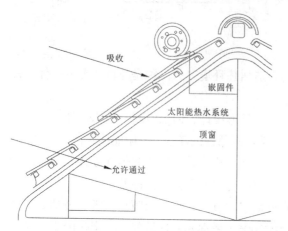

图 3-5　光伏建筑屋顶一体化

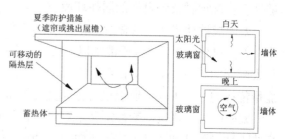

图 3-6　直接收益式太阳能采暖系统示意图

1. 直接获热

如图 3-6 所示，冬季太阳南向照射大面积的玻璃窗，室内的地面、家具和墙壁上面吸收大部分太阳能热量，导致温度上升，极少的阳光被反射到其他室内物体表面（包括窗户），然后继续进行阳光的吸收作用、反射作用（或通过窗户表面透出室外）。围护结构室内表面吸收的太阳能辐射热，一半以辐射和对流的方式在内部空间传输，一部分进入蓄热体内，最后慢慢释放出热量，使室内晚上和阴天温度都能稳定在一定数值。白天外围护结构表面材料吸收热量，夜间当室外和室内温度开始降低时，重质材料中所储存的热量就会释放出来，使室内的温度保持稳定。

住宅冬日太阳辐射实验显示，对比有无日光照射的两个房间，两者室内温度相差值最大高达 3.77℃。这数值对于夏热冬冷地区的建筑遇到寒冷潮湿的冬季来说是很大的，对于提高冬季房间室内热舒适度和节约采暖能耗都具有明显的作用。所以直接依赖太阳能辐射获热是最简单又最常用的被动太阳能采暖策略。

太阳墙：太阳墙系统（Solar Wall System）是加拿大 CONSERVAL 公司与美国能源部合作开发的新型太阳能采暖通风系统（图 3-7）。太阳能板组成的围护结构外壳是一种通透性的硬膜，空气通过表面直径大约 1 毫米的许多小孔。在冬天，建筑的太阳墙系统可以穿过空气实现加热到 17℃ ~30℃的效果。如图 3-8 所示，到了夜间，太阳墙集热器可以实现采暖，原因是通过覆盖有太阳墙板的建筑外墙的热量损失由于热阻增大而减少。太阳墙空气集热器同时还可以满足提高室内空气品质的需要，因为全新风是太阳墙系统的主要优势之一。在夏季，太阳墙系统通过温度传感器控制将深夜冷风送入房间储存冷量，有效降低白天室内温度。太阳墙集热器可以

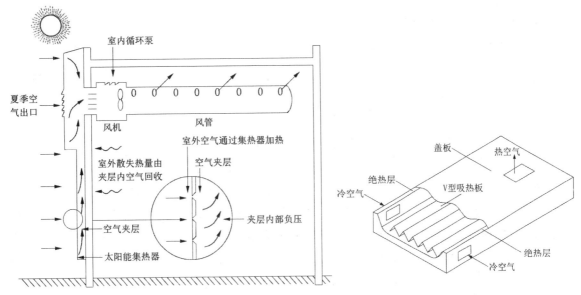

图 3-7　太阳墙采暖系统示意图 　　　　　　　　　　　图 3-8　太阳墙式空气集热器

设计为建筑立面的一部分；面向市场的太阳墙板可以选择多种颜色来美化建筑外观。

2. 间接得热

　　阳光间：这种太阳房是直接获热和集热墙技术的混合产物。如图 3-9 所示，其基本结构是将阳光间附建在房子南侧，中间用一堵墙把房子与阳光间隔开。实际上所有的一天时间里，室外温度低于附加的阳光间的室内温度。因此，阳光间一方面供给太阳热能给房间，另一方面作为一个降低房间的能量损失的缓冲区，使建筑物与阳光间相邻的部分获得一个温和的环境。由于阳光间直接得到太阳的照射和加热，所以它本身就起着直接受益系统的作用。白天当阳光间内温度大于相邻的房间温度时，通过开门（或窗、墙上的通风孔）将阳光间的热量通过对流传入相邻的房间内。

　　集热蓄热墙：集热蓄热墙体又称为 Trombe 墙体，是太阳能热量间接利用方式的一种，如图 3-10 所示。这种形式的被动式太阳房是由透光玻璃罩和蓄热墙体构成，中间留有空气层，墙体上下部位设有通向室内的风口。日间利用南向集热蓄热墙体吸收穿过玻璃罩的阳光，墙体会吸收并传入一定的热量，同时夹层内空气受热后成为热空气通过风口进入室内；夜间集热蓄热墙体的热量会逐渐传入室内。集热蓄热墙体的外表面涂成黑色或某种深色，以便有效地吸收阳光。为防止夜间热量散失，玻璃外侧应设置保温窗帘和保温板。集热蓄热墙体可分为实体式集热蓄热墙、花格式集热蓄热墙、水墙式集热蓄热墙、相变材料集热蓄热墙和快速集热墙等形式。

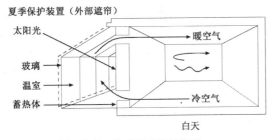
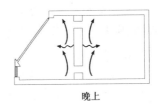

图 3-9　阳光间式太阳能采暖系统示意图

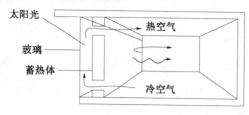

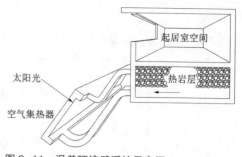

图 3-10　蓄热墙式太阳能采暖系统示意图　　　　　图 3-11　温差环流壁系统示意图

温差环流壁：也称热虹吸式或自然循环式，如图 3-11 所示。与前几种被动采暖方式不同的是这种采暖系统的集热和蓄热装置是与建筑物分开独立设置的。集热器低于房屋地面，储热器设在集热器上面，形成高差，利用流体的对流循环集蓄热量。白天，太阳集热器中的空气（或水）被加热后，借助温差产生的热虹吸作用通过风道（用水时为水管）上升到上部的岩石储热层，被岩石堆吸热后变冷，再流回集热器的底部，进行下一次循环。夜间，岩石储热器或者通过送风口向采暖房间以对流方式采暖，或者通过辐射向室内散热。该类型太阳能建筑的工质有气、液两种。由于其结构复杂、占用面积，应用受到一定的限制。适用于建在山坡上的房屋。

3.1.2　风能技术的应用

世界上的学者通过对当地的气候特征以及建筑种类进行分析研究得到了，建筑形式对风能发电影响的主要规律，同时研究人员建立了风能强化和集结模型，三德莫顿（Sande Merten）提出了三种空气动力学集中模型，这对风力涡轮机的设计与装配中具有重要的意义。按照风力涡轮机的安装位置来看，其主要可以分为扩散型，平流型和流线型三种。此外英国人德里克泰勒发明了屋顶风力发电系统，基于屋顶风力集聚现象，将风力机安装在屋顶上，可以提高风力机的发电效率，同时在城市中也具有一定的适用性。在 2001—2002 年，荷兰国家能源研发中心通过开展建筑环境风能利用项目，提出了平板型集中式的风力发电模型。之后，随着计算机技术的发展，2003 年三德莫顿通过数值模拟的方法，对空气环境进行了详细计算，从而确定建筑上风力机的安装位置，这样就大大提高了风力机安装设计效率。2004 年日本学者又通过数值模拟的方法，模拟分析了特殊的建筑流场形式，从而较为科学全面系统地确定了最佳的风能集聚位置。

而我国对风能发电技术的研究较晚，直到 2005 年，我国学者田思进才开始提到高层建筑风环境中的"风能扩大现象"并进行了计算方法推算，并提出了风洞现象和风坝现象，从而为提高城市风力发电利用率的设计与安装方法，从而为城市风力发电提出了参考性意见和方案。2008 年，鲁宁等人采用计算流体力学方法数值分析了建筑周围的风环境，并给出建筑不同坡度下的风能利用水平。山东建筑大学专家组经过分析山东省不同地区的气候特点，采用数值模拟方法和风洞试验方法，基于基本的风力集结器，分析不同形式建筑的集结能力。

目前，在建筑中可以采用的风力发电技术主要包括两种：其一是自然通风和排气系统，这主要能够适应各地区环境下的风能的被动式利用；其二是风力发电，主要是将某一地域上的风力资源转变为其他形式的能源，属于主动式风力资源利用形式。

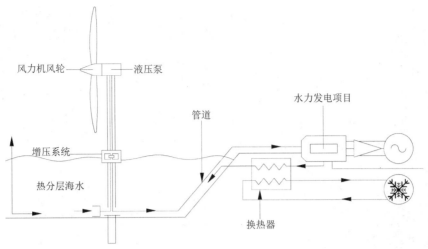

图 3-12　随动液压变容增效风力发电技术

建筑环境中的风力发电模式，主要包括：①独立式风力发电模式，这种发电模式主要是将风能转化为电能，储存于蓄电池中，然后配送到不同地区的居住区内；②另外一种发电模式属于互补性发电模式（图 3-12），采用这种发电模式，可以将风能与太阳能、燃料电池以及柴油机等各种形式的发电装置进行配合使用，从而能够满足建筑的用电量，此时城市集中电网作为一种供电方式进行补充利用。如果风力机在发电较强时，能够将电能输送到电网中，进行出售。如果风力发电机的发电量不足，那么又可以从电网取电，从而满足居民的使用需求。在这种发电模式中，对蓄电池的要求降低，因此后期的维修费用相应降低，使得整个过程的成本远远低于另一种方式。

如图 3-13 至图 3-16 所示是当今全球运用风力发电技术的优秀建筑案例，依次是迪拜"动态城堡"、迈阿密 COR Building、伦敦 Castle House 摩天大厦、广州零能源大楼——珠江大厦。

建筑风环境中的发电科科技的三大要素是建筑结构、建筑风场以及风力发电系统。如果要求建筑周边的风能利用率达到最高，那么要求这三大要素一起发挥作用。风力发电技术是一门综合性的跨多学科的技术，其中涉及建筑结构、机电工程、建筑技术、风工程、空气动力学以及建筑环境学等学科。因此研究风力发电技术必须不仅仅对建筑学科甚至对其他学科也有着不

图 3-13　迪拜"动态城堡"
资料来源：http://photocdn.sohu.com/20151111/
mp41055872_1447224461030_21.jpeg

图 3-14　迈阿密 COR Building
资料来源：http://img.bimg.126.net/photo/ekkAsjjaUUZzZd-
ikNf3Bw==/3407536068059691271.jpg

图 3-15　伦敦 Castle House 摩天大厦
资料来源：http://z.k1982.com/show_img/201303/
2013032916250458.jpg

图 3-16　广州零能源大楼——珠江大厦
资料来源：http://a.hiphotos.baidu.com/image/pic/item/cdbf6
c81800a19d8bc1d155d3bfa828ba61e464f.jpg

同寻常的意义。自从风力发电被欧盟委员会在城市建筑的专题研究中提出后，国内外的很多研究学者们都开始对该项技术做了深入的研究，研究过程中遇到很多新兴的问题，虽然通过学者们的努力已经解决部分，但仍存在很多有待更加深入分析和研究的问题。因此在建筑风环境中的风能技术方面存在以下的问题：

风能与建筑形体之间的关系：如图 3-17 所示，建筑周围的风速会随着风场紊流度的增加而降低。因此只有很好地规划建筑周围的环境，同时建筑形体设计和结构设计达到最优化，才能实现建筑风环境中的风能利用率达到最大，才能增强建筑集中并强化风力的效果。

计算机模拟风场：发电效率受风力涡轮机安装布局的影响，在位置的选择方面一定要实现风力发电的最大利用率。此外还要防止涡流区的产生，将其对结构的影响降到最低。如图 3-18 所示，为了达到这一目的，我们必须拿出最精确的计算湍流模型来提高计算机模拟风场时的准确度。

建筑室内外风环境舒适度：建筑风环境中风能利用率的研究中，我们的焦点都凝聚在风能利用最大化的研究，往往忽视了室内外人体对风环境的感知。如果建筑对风过度集中和强化，会给人体带来强烈的不舒适感。所以所有关于建筑风能利用的研究，应该优先考虑建筑室内外舒适度。

建筑风环境中风力发电：风力发电针对不同类型的建筑也有所区别。例如风力发电机的类型选择，对于高层建筑而言，传统的风力涡轮机是不适用的。风力涡轮机中任何关于叶片的不

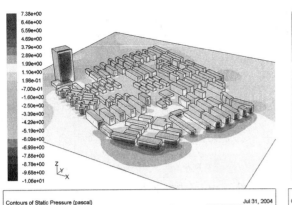

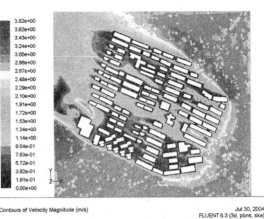

图 3-17　建筑风环境　　　　　　　　　　　图 3-18　1.5m 高度风速放大系数分布

平衡，都将放大离心力，最终导致叶片在快速转动时摇摆。而对于高层建筑，建筑周围构件中也是存在于涡轮机相同的共振频率，所以最后高层建筑也会随着涡轮机的摇摆而发生振动，对建筑结构本身和室内居住人群都不会产生恶劣的影响。所以，高层建筑安装风力发电机时，如何减振是风力发电设计中必须考虑的一大问题。现今，学者们主要研究如何提高风力发电率、涡轮机减振等问题。

　　建筑风环境的风能效益的技术评估：建筑风环境是一个动态的环境，它的不稳定性会提高现代测量技术的要求。目前的测量技术还无法精确的测量和计算风力发电机的利用率，所以也不能根据利用率来评价建筑风环境中的风能效益。

　　风能利用的主要原理是将空气流动产生的动能转化为人们可以利用的能量，因此风能转化量即是气流通过单位面积时转化为其他形式的能量的总和，风能功率的计算公式如下：

$$E = \frac{1}{2}\rho V^3 F$$

式中，E 为风功率（W），ρ 为空气密度（kg/m³），V 为风速（m/s），F 为截面积（m²）。

　　其中，空气密度与大气压，空气温度以及空气相对湿度密切相关，其计算公式为

$$\overline{\rho} = \frac{1.296}{1+0.00366T}\left(\frac{P-0.378e}{1000}\right)$$

式中，P 为年平均气压，T 为温度，e 为绝对湿度，均可在气象资料中查到。

　　一般情况下，空气温度、大气压和空气相对湿度的影响不大，空气密度可以取为定值，1.25。

　　通过风能发电功率的计算公式可以看出，风能与空气密度、空气扫掠面以及风速的三次方成正比，因此在风力发电中最重要的因素为风速，将对风力发电起到至关重要的作用。

　　在风力发电中，通常通过以下因素来评价风资源：风随时间的变化规律，不同等级的风频、一年之内有效风的时间，每年的风向和风速的频率规律；就目前的统计数据来看，评价风能的利用率和开发潜力的依据主要是风的有效密度和年平均有效风速。

　　如图 3-19 所示，建筑环境中的风力机，可以直接安装在建筑上，也可以安装在建筑之间的空地中。风能利用目前主要用在风力发电上，有关风电场的选择大致要考虑：海拔高度、风速及风向、平均风速及最大风速、气压、相对湿度、年降雨量、气温及极端最高最低气温以及灾害性天气发生频率。

目前，按照建筑上安装风力机的位置，可以将风能利用建筑分为三类：顶部风力机安装型建筑、空洞风力机安装型建筑和通道风力机安装型。

（1）顶部风机安装型建筑，充分利用建筑顶部的较大风速，在建筑顶部安装风力机进行发电，以供建筑内部使用；

（2）空洞风机安装型建筑，建筑里面中风受到较大风压作用，在建筑中部开设空洞，对风荷载进行集聚加强，安装风力机进行风力发电；

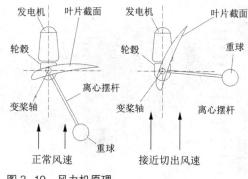

图 3-19　风力机原理

（3）通道风机安装型建筑，由于相邻建筑通道中，存在着狭缝效应，因此风力在此处得到加强，在通道中安装风机进行建筑风力发电。

在上述三种风力发电模式中，空洞风机安装型和通道风机安装型建筑需要一些建筑体型上的特殊构造，其广泛应用受到一定的限制。而第一种安装模式，对建筑体型的要求较小，同时安装比较方便，在现有的建筑中比较容易实现。

3.1.3　新能源与绿色建筑

新能源和可再生能源作为专业化名词，是在 1978 年 12 月 20 日联合国第 33 届大会第 148 号决议中提出的，专门用来概括常规能源以外的所有能源。所谓常规能源，又称传统能源，是指在现阶段已经大规模生产和广泛使用的能源，主要包括煤炭、石油、天然气和部分生物质能（如薪柴秸秆）等。新能源和可再生能源的这一定义还比较模糊，容易引发争议，需要加以明确，比如用作燃料的薪柴属于常规能源，从其可再生性上，又属于可再生能源。

新能源是指以新技术为基础，尚未大规模利用、正在积极研究开发的能源，既包括非化石不可再生能源核能和非常规化石能源如页岩气、天然气水合物（又称可燃冰）等，又包含除了水能之外的太阳能、风能、生物质能、地热能、地温能、海洋能、氢能等可再生能源。如图 3-20 所示为我国利用新能源的发电结构变迁图。

如图 3-21 所示，全球各国现有的关于新能源的研究主要在能源开发方面，旨在解决能耗

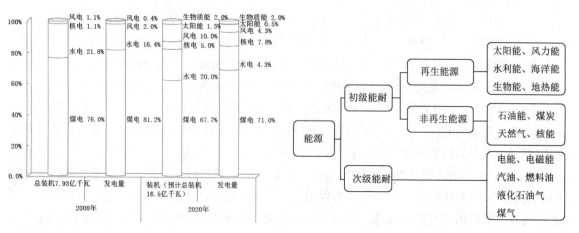

图 3-20　我国发电结构变迁图　　　　图 3-21　我国新能源分类

过大的问题。伴随着各种新能源的开发与利用，人类已经从原始文明社会向农业社会文明和工业社会文明迈进。自工业革命以来，全球人口数量呈现出快速增长的趋势，同时经济总量也在不断增长，但是同样也造成了环境污染、全球变暖以及这些问题带来的次生灾害，例如酸雨、光化学烟雾以及雾霾等情况，这些污染对人类的生存造成的威胁是毋庸置疑的。在环境污染、能源消耗以及人口增长的大背景下，低碳概念以及生态概念应运而生，这些概念的发展与应用是社会经济和环境变革的结果，将指引人类走上一条生态健康的道路。如图 3-22 所示，摒弃 20 世纪以能源与环境换取经济发展

图 3-22　我国新能源利用量及结构图

的社会发展模式，选择新世纪技术创新与环境保护，促进经济可持续发展的道路，也就是选择低碳经济发展模式与生活方式，保证人类社会的可持续发展是当今社会的唯一选择。虽然这种理念具有广泛的社会性，但是人们对于如何实现低碳环保还没有一个确切的定义，因此这一理念涉及管理学、建筑学、环境学、社会学、经济学等多个学科。早在 2003 年，英国率先提出了低碳经济的概念，并通过《我们能源的未来：创建低碳经济》一书，系统地阐述了低碳经济的课题，产生这一理念还应该追溯到 1992 年的《联合国气候变化框架公约》和 1997 年的《京都协议书》。

目前，我国的经济增长模式为高投入推进高增长。过去的 30 多年的时间，我国的经济增长率一直高于 8%，但是我国的经济发展的资金投入占国民生产总值的 40% 以上，甚至会达到50%。我国的产业结构以重工业为主，我国重工业在 1985 年占我国产业结构的 55%，虽然在过去的时间经过一系列的变动，但是我国的重工业的比例始终高于 50%。因此，从总体上看，我国的经济发展对能耗的需求量较大。

通过世界上其他国家的发展进程和规律估计，中国将于 2020 年步入中等收入国家的行列，那么中国城镇人口数量将会达到 6 亿。按照 1990—2004 年中国的城市用能强度来看，城镇居民的人均能源消耗量约为农村居民人均消耗量的 2.8 倍。按照这 15 年的发展情况计算，中国城市化发展对钢铁和水泥资源的需求量将会大幅度提升，而我国的钢铁产业和煤炭产业均属于高能耗产业。

在我国城市建设中，对水泥和钢铁资源的需求量较大，而且普遍在国内生产。在 2006 年虽然我国的 GDP 总量占全世界的 5.5%，但是钢铁消耗量占全世界的 30% 以上，水泥使用量占全世界的 54%。可以说，我国的经济发展是以资源消耗为代价，这与可持续发展理念相反。在之后的城市建设中，需要引入可持续发展理念，通过技术手段和设计手法，采用科学的发展模式，减少对资源和能源的依赖性。

相对于常规能源，新能源具有以下优点：①清洁环保，使用中较少或几乎没有损害生态环境的污染物排放；②除核能和非常规化石能源之外，其他能源均可以再生，并且储量丰富，分布广泛，可供人类永续利用；③应用灵活，因地制宜，既可以大规模集中式开发，又可以小规模分散式利用。新能源的不足之处在于：①太阳能、风能以及海洋能等可再生能源具有间歇性和随机性，对技术含量的要求比较高，开发利用成本较大；②安全标准较高，如核能（包括核裂变、核聚变）的使用，若工艺设计、操作管理不当，容易造成灾难性事故，社会负面影响较大。

新能源的各种形式都是直接或者间接地来自于太阳或地球内部深处所产生的热能，其主要功能是用来产热发电或者制作燃料。

图 3-23　太阳能板

（1）核能。又称原子能，是指原子核里核子（中子或质子）重新分配和组合时所释放的能量。核能分为两类，一是核裂变能，二是核聚变能。核能发电主要是指利用核反应堆中核燃料裂变所释放出的热能进行发电。核燃料主要有铀、钚、钍、氘、氚和锂等。据计算，1kg 铀 –235 裂变释放的能量大致相当于 2400t 标准煤燃烧释放的能量。核能被认为是一种安全、清洁、经济、可靠的能源。

（2）太阳能（图 3-23）。一般是指太阳光的辐射能量，源自太阳内部氢原子连续不断发生核聚变反应从而释放出的巨大能量。太阳光每秒钟辐射到地球大气层的能量仅为其总辐射能量的 22 亿分之一，但已高达 173000TW，相当于 500 万吨标准煤的能量。太阳能利用主要有光热利用、太阳能发电和光化学转换三种形式。太阳能的优点在于利用普遍、清洁，能量巨大、持久，缺点在于分布分散，能量不稳定，转换效率低和成本高。

（3）风能。是太阳能的一种转化形式，是地球表面大量空气流动所产生的动能。据估算，到达地球的太阳能中大约 2% 转化为风能。风能利用主要有风能动力和风力发电两种形式，其中又以风力发电为主。风电优点在于清洁、节能、环保，不足之处在于其不稳定性、转换效率低和受地理位置限制。

（4）生物质能。是指由生命物质代谢和排泄出的有机物质所蕴含的能量。它主要包括森林能源、农作物秸秆、禽畜粪便和生活垃圾等。主要用于直接燃烧、生物质气化、液体生物燃料、沼气、生物制氢、生物质发电等。生物质能是人类利用最早、最多、最直接的能源，仅次于煤炭、石油和天然气，但作为能源的利用量还不到总量的 1%。生物质能的优点在于低污染、分布广泛、总量丰富，缺点在于资源分散，成本较高。

（5）海洋能。是一种蕴藏在海洋中的可再生能源，包括潮汐能、波浪引起的机械能和热能。其中，潮汐能是由太阳、月球对地球的引力以及地球的自转导致海水潮涨潮落形成的水的势能。通常潮头落差大于 3m 的潮汐就具有产能利用价值。潮汐能主要用于发电。

（6）氢能。是通过氢气和氧气发生化学反应所产生的能量，属于二次能源。氢是宇宙中分布最广泛的物质，可以由水制取，而地球上海水面积占地球表面的 71%。主要用途是作为燃料和发电。每 1kg 液氢的发热量相当于汽油发热量的 3 倍，燃烧时只生成水，是优质、干净的燃料。

（7）地热能。是地球内部蕴藏的能量，源自地球内部的熔融岩浆和放射性物质的衰变，以热力形式存在，是引致火山爆发及地震的能量。相对于太阳能和风能的不稳定性，地热能是较为可靠的可再生能源，可以作为煤炭、天然气、石油和核能的最佳替代能源。主要用于发电供暖、种植养殖、温泉疗养等。

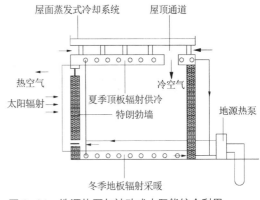

图 3-24　地源热泵与被动式太阳能综合利用

（8）地温能（图 3-24）。是通过地温源热泵从地下水或土壤中提取和利用的热能。存在于地表以下 200 米内的岩土体和地下水中，温度一般低于 25℃。主要用于地温空调、地温种植和地温养殖等。

（9）页岩气。是一种特殊的天然气，主要存在于具有丰富有机质的页岩或其夹层中，存在方式为游离态或者有机质吸附形态。对于页岩气的开发利用较为成功地为北美地区，尤其是美国，而我国的页岩气的开发利用还处于研究和勘探阶段。国家为了鼓励页岩气的利用，于 2012 年出台了《关于出台页岩气开发利用补贴政策的通知》，特别地要对页岩气的开采单位进行财政补贴，补贴力度的基本标准为 0.4 元 /m³，此外补贴标准将按照以后页岩气的发展情况进行调整。

（10）可燃冰。学名即天然气水合物，是指分布于深海沉积物中，由天然气与水在高压低温条件下形成的类冰状的结晶物质。据保守估算，世界上可燃冰所含的有机碳的总资源量，相当于全球已知煤、石油和天然气总量的 2 倍。可燃冰的主要成分是甲烷，燃烧后几乎没有污染，是一种绿色的新型能源，目前尚未进行商业开发。以上 10 种能源是 21 世纪新能源利用和发展的主要形式。本文在研究相关产业和发展政策时，难以一一兼顾，主要选择国内已经商业化运作的核能、风能、太阳能和生物质能为研究对象，对其他新能源也有部分涉及。

为了推进我国经济的科学持续的发展，需要改变我国的产业结构，减少能源与资源的需求量，如图 3-25 所示是我们的土地利用类型图。由于我国的能源消耗技术较大，虽然能源消耗量增长速度较低，但是对能源的需求总量还是十分巨大。我国 2006 年的能源需求总量为 24.6 亿吨标准煤，占世界能源需求量的 15%。如果将能源的增长率降低到 5%，那么每年的能源需求总量将会增加 1.23 亿吨标准煤。按照我国的经济增长率在 8% 以上，同时我国的对高能耗产业的依赖程度较大，我国很难将能源增长速度降低到 5% 以下。我国发改委在 2007 年公布了能源发展"十一五"规划方案，旨在减少能源消耗，并将能源需求量控制在 27 亿吨这一阈值以下。但是这一数字较为保守，经过几年发展我国的能源需求总量已经超出这一范围。

能源需求总量的问题是相对于能源储量和人口而言的。应当说中国能源资源储量并不少，但人口众多导致了中国人均能源占有率远低于世界平均水平，2005 年石油、天然气和煤炭人均剩余可采储量分别只有世界平均水平的 7.69%，7.05% 和 58.6%。以储量最丰的煤炭为例，根据国际通行的标准，2001 年中国煤炭的经济可开发剩余可采储量有 1145 亿吨。2002 年用煤 12 亿吨，煤炭消耗 100 年；如果没有长足的储量增加，2006 年再计算经济可采储量就只够用 50 年，这个数字实际上没有太大意义，因为它是按现在的年消费量（24.6 亿吨）来计算的。如果现在把资源的承受能力夸大了，将来是一定要吃亏的。中国人均能源消耗也处于很低水平，

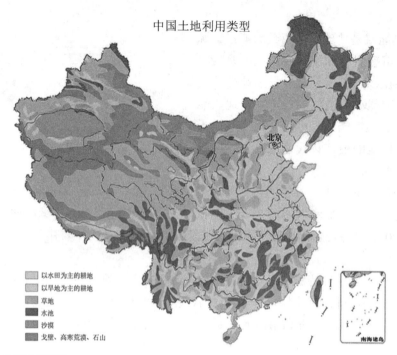

中国土地利用类型

以水田为主的耕地
以旱地为主的耕地
草地
水地
沙漠
戈壁、高寒荒漠、石山

图 3-25　中国土地利用类型图

资料来源：http://www.pep.com.cn/czdl/jszx/jxzt/bs/adly_1_1_1_2_2_1_3_1_2/jxfz/jcct/201410/W020141029412110102638.jpg

2005 年约为世界平均水平的 3/4、美国的 1/7。人均能耗低导致对高能源需求的预期。只要中国人均能耗达到美国的 25%，其能源总需求就会超过美国。只要人均石油消费达到目前的世界平均水平，其石油消费总量将达到 6.4 亿吨，如果保持现在 1.8 亿吨的石油产量水平，中国石油进口依存将达 72%，超过目前美国的石油进口依存（63%）。

能源需求总量的问题也是相对于国际市场而言的。对于一个缺乏能源的小国家，能源需求增长可以在国际市场上得到满足而不引起注意，对市场不会有实质性影响。相对于中国的能源需求总量来说，国际能源与材料市场规模不够巨大，因此我国能源与资源的需求量就会造成国家能源与资源市场发生明显变化。在 2007 年，世界各大投资机构指出我国对铁矿石的需求量增大造成国际铁矿石价格增长的主要原因。这同中国对世界石油的需求原理是一致的。虽然这是一个极具争议性的话题，但至少中国的消费总量是国际市场十分关注的问题。不同于其他产品，能源需求弹性小，能源资源大买家常常没有价格的话语权，而过多依靠国际市场就等于把自己的能源安全置于他人之手。中国本身长久可靠的能源安全只能立足于国内储备，因为只有能源价格可控，才能够保证国家制造业的稳步发展，确保我国经济持续稳步增长。

我国的经济目标为到 2020 年实现我国国民生产总值翻两番，但是能源消耗量只翻一番的目标很难实现，因为高投入和高消耗的经济发展模式决定着我国的能源开发模式转变的可能性不大。国内生产总值的高速增长，城市化进程的不断推进以及基础建设的持续进行，高能耗的状况将延续到 2020 年。从我国长期发展的角度来看，我国必须进行节能建设，从而减少中等收入国家过渡中的能源价格以及环境问题的担忧。

3.2 绿色建筑节地设计规则

3.2.1 土地的可持续利用

由于我国的人口数量众多，土地资源紧缺是我国面临的一个难题。土地资源作为一种不可再生资源，为人类的生存与发展提供了基本的物质基础，科学有效地利用土地资源也有利于人类生存生活的发展。国内外实际的城市发展模式表明，超越合理地的城市地域开发，将引起城市的无限制发展，从而大大缩小农业用地面积，造成严重的环境污染等问题。在我国，大量的开发商供远大于需的开发建筑面积，影响了城市的正常发展，产生了很多的空城，人们的正常居住标准也得不到满足。因此，只有保证城市合理的发展规模，才能保证城市以外生态的正常发展。城市中的土地利用结构是指城市中各种性质的土地利用方式所占的比例及其土地利用强度的分布形式，而在我国城市土地利用中，绿化面积比较少，也突出了我国城市用地面积的不科学与不合理。近年来，城市建筑水平与速度的飞速提升，将进一步增加我国城市土地结构的不合理性。为了缓解城市中，建筑密度过大带来的后果，非常有必要进行地下空间利用，保证城市的可持续发展，图 3-26 为上海土地利用。

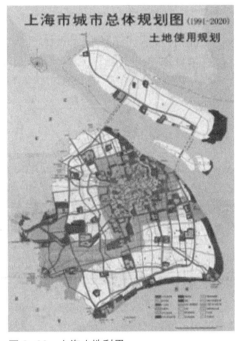

图 3-26　上海土地利用

资料来源：http: //218.242.36.250/Ghj_CMS/uploads/shsztgh/gy/tudishiyongguihuatu(quanshi).jpg

在城市土地资源开发利用中，要遵循可持续发展的理念，其内涵包括以下五个方面：

第一，土地资源的可持续开发利用要满足经济发展的需求（图 3-27）。人类的一切生产活动目的都是经济的发展，然而经济发展离不开对土地资源这一基础资源的开发利用，尤其是在经济高速发展、城镇化步伐突飞猛进的今天，人们对城市土地资源的渴求在日益加剧。但是如果一味追求经济发展而大肆滥用土地，破坏宝贵的土地资源，这种发展将以牺牲子孙后代的生存条件为代价，将不能持久。因此，人们只有对土地资源的利用进行合理规划，变革不合理的土地利用方式，协调土地资源的保护与经济发展之间的冲突矛盾，才能实现经济的可持续健康发展，才能使人类经济发展成果传承千秋万代。

第二，对土地资源的可持续利用不仅仅是指对土地的使用，它还涉及对土地资源的开发、管理、保护等多个方面（图 3-28）。对于土地的合理开发和使用，主要集中在土地的规划阶段，

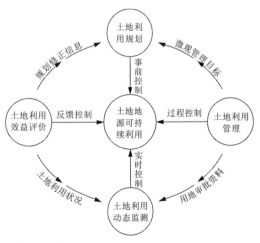

图 3-27　土地资源可持续利用

选择最佳的土地用途和开发方式，在可持续的基础上最大限度的发挥土地的价值；而土地的"治理"是合理拓展土地资源的最有效途径，采取综合手段改善一些不利土地，变废为宝；所谓"保护"是指在发展经济的同时，注重对现有土地资源的保护，坚决摒弃土以破坏土地资源为代价的经济发展。只有做到对土地的合理开发、使用、保护才能得到经济社会的长期可持续发展。

第三，实现土地资源的可持续利用，要注重保持和提高土地资源的生态质量（图3-29）。良好的经济社会发展需要良好的基础，土地资

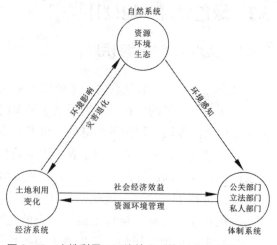

图3-28 土地利用—环境效应—体制响应反馈环

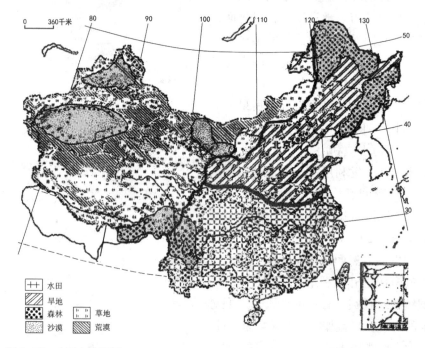

图3-29 中国土地资源
资料来源http://pic1.mofangge.com/upload/papers/06/20130804/20130804163324607278903.png

源作为基础资源，其生态质量的好坏直接影响着人类的生存发展。两眼紧盯经济效益而对土地资源的破坏尤其是土地污染视而不见是愚蠢的发展模式，是贻害子孙后代的发展模式，短期的财富获得的同时却欠下了难以偿还的账单。土地资源的可持续利用要求我们爱护珍贵的土地，使用的同时要注重保持她原有的生态质量，并努力提高其生态质量，为人类的长期发展留下好的基础。

第四，当今世界人口众多，可利用土地资源相对匮乏，土地的可持续利用是缓解土地紧张的重要途径。全球陆地面积占地球面积29%，可利用土地面积少之又少，而全球人口超过60亿，人类对土地的争夺进入白热化阶段，不合理开发，过度使用等问题日趋严重，满足当代人使用的同时却使可利用土地越来越少，以致直接影响后代人对土地资源的利用。如图3-30所示是

我国土地资源利用现状。只有可持续利用土地，在重视生态和环境质量的基础上最大程度的发挥土地的利用价值，才能有效缓解"人多地少"的紧张局面。

第五，土地资源的可持续利用不仅仅是一个经济问题，它是涉及社会、文化、科学技术等方面的综合性问题，做到土地资源的可持续利用要综合平衡各方面的因素。

上述各因素的共同作用形成了特定历史条件下人们的土地资源利用方式，为了实现土地资源的可持续利用，需对经济、社会、文化、技术等诸因素综合分析评价，保持其中有利于土地资源可持续利用的部分，对不利的部分则通过变革来使其有利于土地资源的可持续利用。此外，土地资源的可持续利用还是一个动态的概念。随着社会历史条件的变化，土地资源可持续利用的内涵及其方式也呈现在一种动态变化的过程中。

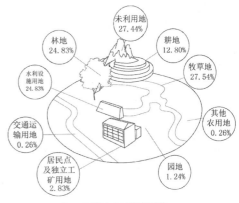

图 3-30　我国土地资源利用现状

可持续发展的兴起很大程度上是由于对环境问题的关注。传统的城市化是与工业化相伴随的一个概念，其附带的产物就是城市化进程中生态环境的恶化，这在很多传统的以工业化来推进城市化进程的国家中几乎是一个共同的现象。因此，强调城市化进程中的生态建设便构成了土地持续利用的重要方面。这里强调的生态建设原则在一定程度上意味着并不仅仅是对生态环境的保护问题，甚至在很大程度上意味着通过人类劳动的影响使得生态环境质量保持不变甚至有所提高。

3.2.2　生态建筑场地设计研究

场地设计是对工程项目所占用地范围内，以城市规划为依据，以工程的全部需求为准则，对整个场地空间进行有序与可行的组合，以期获得最佳经济效益与使用效益。

场地的组成一般包括建筑物、交通设施、室外活动设施、绿化景园设施以及工程设施等。为满足建设项目的需求，达到建设目的，场地设计需要完成对上述各项内容的总体布局安排，也包括对每一项内容的具体设计。为了合理地处理好场地中所存在的各种问题，形成一个系统整合的设计理念，以获得最佳的综合效益，在此提出了相应的对策。

1. 与周边环境协调性

在场地设计中，自然环境与场地是不可分割的有机整体，建筑与环境的结合、自然与城市的关系、建筑对环境的尊重，越来愈为公众所关注。当代建筑的发展，逐渐由个体趋向群体化、综合化、城市化。场地环境、区域环境乃至整体环境的平衡更应该成为建筑工作者所关注和重视的问题。场地周边环境，包括自然环境、空间环境、历史环境、文化环境以及环境地理等，要进行综合分析，方能达到圆满的境地。

2. 遵循生态理念

20 世纪 60 年代以后，建筑学逐渐把对建筑环境的认识放到了一个重要而突出的位置，现代建筑设计逐渐突破建筑本身，而拓展成为对建筑与环境整体的设计，文脉意识也渐渐成为建筑界的普遍共识，为建筑师们所关注，并在设计中进行不同角度的探索。许多建筑大师在经过了国际主义风格和追求个人表现后，转向挖掘现代建筑思想内涵，探索建筑与生态的深层关系，

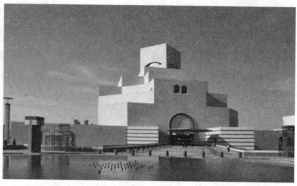

图 3-31　贝聿铭设计法国卢浮宫金字塔
资料来源：http://img1.imgtn.bdimg.com/it/u=3764538804,
　　　　　2824723343&fm=11&gp=0.jpg

图 3-32　贝聿铭设计伊斯兰艺术馆
资料来源：http://img.baozang.com/Upload/Space/2015/05/20/
　　　　　1459028971.jpg

作品寓于文脉之中。

例如，贝聿铭的建筑设计无不关注建筑所处的整体环境，尽量追求完美的环境关系（图3-31，图3-32）。他的作品，位于日本自然保护区的美秀美术馆采取了与自然环境与周围景色融为一体的建造方式，是一个可游、可观、可居、可使精神高扬的场所。

3. 强调内部各活动空间布局合理性

场地中，建筑物与其外部空间呈现一种相互依存、虚实互补的关系。建筑物的平面形式和体量决定着外部空间的形状、比例尺度、层次和序列等，并由此产生不同的空间品质，对使用者的心理和行为产生不同影响。因此，在场地总体布局阶段，建筑空间组织过程中，应当强调场地内部各活动空间的布局合理性，运用有关建筑构图的基本原理，灵活运用轴线、向心、序列、对比等空间构成手法，使平面布局具有良好的条理性和秩序感。

中国生态建设正在步伐加快，但它仍然是一个具有广泛意义生态环境词语，其实践意义并不普遍。在已经建成的建筑物周围，生态环境正与基地建设，形成人类赖以生存的空间。人们希望通过建筑实践活动积累生态建设经验，目前存在的基地设计只是生态环境设计中的一个尝试，在未来做出更系统的设计和环境设计研究，从而为其他领域的生态环境建设提供较为广泛的经验。

3.2.3　城市化的节地设计

从土地的利用结构上来看，在城市发展的不同阶段，土地资源的开发程度也会不同。从城市发展的进程上来看，城市结构的调整也会影响着土地资源的流动分配，进而发生土地资源结构的变动。农业占有较大比例的时期为前工业化阶段，土地利用以农业用地为主，城镇和工矿交通用地占地比例很小。随着工业化的加速发展，农业用地和农业劳动力不断向第二、三产业转移。如果没有新的农业土地资源投产使用，那么农业用地的比例就会迅速下降，相反城市用地、工业用地以及交通用地的比例就会不断提升。在产业结构变化过程中，农业用地比例下降，就会产生富余劳动力，这些劳动力就会自动地相第二产业和第三产业流动，知道进入工业化时代，这种产业结构的变动才会变缓。随着工业的不算增长，工业用地增长就会放缓，相应的第三产业、居住用地以及交通用地的比例就会增加。在发达国家中，包括荷兰、日本、美国等国家，在城市化发展的进程中，就经历过相同的变化趋势。从总体上讲，城市的发展过程中见证着城市土地资源集约化的过程（图3-33），土地对资本等其他生产性要素的替代作用并不相

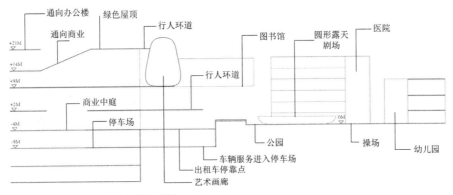

图 3-33 竖向一体化城市节地设计

同这一现象可以用来解释不同城市化阶段中的许多土地利用现象，如土地的单位用地产值越来越高等。

城市规模对城市土地资源的有较大的影响，主要表现在两个方面：首先是城市规模对用地的经济效益有很大的影响；其次是用地效率。这两方面的影响具有主要具有以下两个特点。城市用地效益可用城市单位土地所产生的经济效益来表示，其总的趋势是大城市的用地效益比中小城市高，即城市用地效益与城市规模呈正相关。就人均建设用地指标而言，总体上来讲城市化进程中，各级城市的建设用地面积均会呈上升趋势，都会引起周围农地的非农化过程，但各级城市表现不一。总的来看，大城市人均占地面积的增长速度小于中小城市。

此外，城市的规模对建设用地也有一定的影响。表 3-3 所示为不同城市规模对各类用地的影响，随着城市发展规模的减小，可采用的建设用地面积越大，相应地，各种功能的建筑用地面积越大。

表 3-3   不同城市规模的人均用地

	建设总用地	工业用地	仓库用地	对外交通用地	生活居住用地	其他用地
特大城市	57.8	15.0	3.3	3.0	26.8	9.7
大城市	74.0	24.4	4.2	5.3	29.5	10.6
中等城市	81.1	27.3	5.4	5.5	32.9	10.0
小城市	92.6	27.7	8.0	6.4	39.8	10.7
较小城市	101.1	29.9	8.7	7.8	44.0	10.7

在一定程度上，城市各类用地的弹性系数表明了不同城市规模的用地效率。城市用地的弹性系数越小，说明城市的土地资源较为紧张，其用地效率也就越高。一般地，在我国城市化进程中，各类城市的用地弹性系数具有很大的差异。城市的用地弹性系数与城市中的人口增长率和城市年用地增长率等因素密切相关。如果城市的土地增长弹性系数数值为 1，表明城市中的人口增长率与年用地增长率持平，说明城市的人均用地不发生变化。如果稀释大于 1，则说明城市扩张加快，人均用地面积增加；相反，如果弹性系数小于 1，说明城市的用地面积增长率低于城市人口增长率，人均用地面积减少。

3.2.4 建筑设计的节地策略

有关建筑设计中的节地策略，许多专家和学者也给出了自己的观点。我国前建设部部长汪光鳌指出建筑节地的内容在于：①合理规划设计建筑用地，减少对耕地和林地的占用，尽量地开发荒地、劣地以及坡地等不适合耕种的土地资源；②合理开发设计建筑区，在保证建筑健康、舒适和满足基本功能的前提下，能够增加小区内建筑层数，提高建筑用地的利用率。③进行优化设计，改善建筑结构，增加建筑可使用面积，向下开发地下空间，提高土地资源利用率；提高建筑质量，减少建筑重建周期，有效提高建筑的服役年限；同时也要合理设计建筑体型，实现土地集约化发展。④提高建筑居住区内的景观，满足人们对室外环境的功能需求；也可以通过设计地下停车场和立体车库，减少建设用地的占用，提高土地利用率。我国建设部的王铁宏工程师则从规划设计、围护结构和地下空间三个方面指出节约土地的要求：首先建筑要满足规划设计要求，通过小区规划布局，实现土地的集约化发展，特别地要保证开发区域的土地集约化。其次是建筑围护结构的改革，通过采用新型的建筑材料，减少对耕地资源的破坏。最后还要开发地下空间，减少对地上空间的占用。

目前学术界对城市土地节约利用的研究主要侧重于对城市土地的集约利用研究，主要研究内容包括：①对节地概念的研究，主要是对节地的内涵与外延进行剖析；②对节地意义的研究，旨在说明集约利用土地是我国土地开发利用的发展方向；③对节地问题的研究，主要是对土地开发利用与布局进行研究；④对节地实现途径的研究，主要通过土地储备、土地置换、城市规划、建筑设计等方法达到城市土地的集约利用。

1）建筑设计大师张开济的设计

建筑设计大师张开济的"多层高密度"住宅规划设计和"利用内天井，加大进深，缩小面宽，节约用地"的思想。如图 3-34 和图 3-35 所示为张开济大师的建筑设计。

张开济大师认为建设高层住宅并不是节约住宅用地的唯一途径，他认为住宅节约用地应该从住宅组团规划和住宅单体设计两个方面来解决。住宅的组团规划应秉持"多层高密度"的思想，利用住宅院落式布置的方法来进行规划设计。他通过北京民安胡同住宅小区和承德市竹林寺小区的规划设计来验证"多层高密度"的可行性。两个设计都是采用院落式布局和利用前高后低的剖面设计来提高建筑密度，并通过不同高低层数和坡顶和平顶结合的屋顶使这些住宅组群的空间体型和建筑轮廓线显得活泼多变，丰富多彩，给人们一种崭新的观感。在满足人们基本生活要求的条件下，尽可能加大住宅进深，缩短每户平均面宽，是住宅节约用地的有效措施。他主张在住宅设计中，将卫生间、厨房"内迁"，通过住宅中心的内天井来满足采光、通风要求。

图 3-34　张开济的建筑
资料来源：http://img2.imgtn.bdimg.com/it/u=3315882191,
　　　　　759852851&fm=11&gp=0.jpg

图 3-35　张开济的建筑设计
资料来源：http://i.k1982.com/design/up/200810/
　　　　　2008102802034246.jpg

住宅的屋顶还可以采用南高北低的方法来减少日照间距，以此来达到节地的目的。张开济大师用32个字来总结概括了住宅节地的方法：少建高层，改进多层，利用天井，内迁厨房，加大进深，缩小面宽，节约用地，节省投资。在当时的时代背景下，他就能意识到建筑节地的重要性和提出建筑节地的方法，是非常具有前瞻性的，这也是中国老一辈建筑师具有深厚的学术精神所造就的。

2）建筑设计大师戴念慈的节地设计研究

戴念慈在《住宅建设中进一步节约用地的探讨》一文中，从当时的国情出发，从理论上论证了高层并不是节约用地、加大密度的最有效的办法，他提出解决问题的出路在于住宅个体平面和总体平面如何符合节约用地的规律。文中通过对不同个体平面的住宅研究，来分析住宅节地的设计策略。他总共提出了四种节约用地的途径：途径一是通过改变住宅的层数、层高、间距系数、标准层每户面宽、进深来减小住宅基本用地；途径二是适当考虑少量的东西朝向的建筑，使两栋楼所需的间距空地重叠起来；途径之三是利用的靠近住宅的马路空间，把房屋所需的日照间距空间和马路空间重叠起来；途径之四是运用高层塔楼住宅在节约用地方面的优势。

3）同济大学台阶式住宅的节地设计研究

在"多层高密度"的思想下，同济大学建筑系提出了台阶式住宅的节地设计方法。如图3-36所示，通过对上海霍兰新村实验性规划及方案设计，论证了台阶式住宅的节地效果及建设的可行性。霍兰新村规划布局及建筑设计吸取了上海传统里弄住宅的方法。规划采用行列式布局方式，将弄道设置其中，并将房屋端墙贴临街道布置，充分利用土地。住宅设计通过层层跌落的五、四、三层台阶式设计来减少日照间距，并且通过内部小天井的设置来增大进深、缩小面宽的设计方法来达到提高建筑容积率的效果。经过研究表明，采用五层台阶式的居住建筑的建筑面积为普通六层的居住建筑的建筑面积高出25%。

天津大学的建筑师胡德君先生设计了里弄式居住建筑布局，同时采用了退台式的设计手法和错列式的布局方式，建立了高密度的住宅形式。通过单体建筑向北退台减少的形式，提高了建筑的间距，同时能够错列地利用光照，在两层建筑上可并列但是不重叠，从而能够保证后排建筑的光照需求，如图3-37所示为天津大学的建筑学院。

4）"零占地"住宅

著名专家学者张玉坤，通过研究农业建设用地情况，提出了一种节能理念，也就是"零占地"住宅。这种住宅形式已经在天津市的一个地区开发建设项目上得以实施，该项目为6栋居住建筑，建筑的进深为15.5m，间距25m，交通道路宽度为6m，人行道的宽度为1.5m。在建

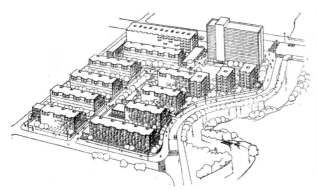

图3-36 霍兰新村规划方案

图3-37 天津大学建筑学院

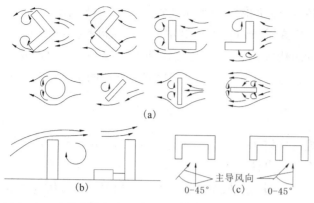

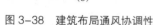

图 3-38　建筑布局通风协调性

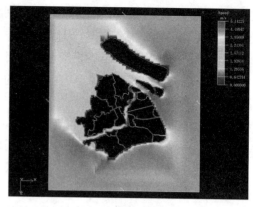

图 3-39　城市建筑规划布局与气候关系

筑空间内，除了交通和建筑用地以外，其他的用地均为农作物和鱼类养殖用地，从而保证建筑用地的 100% 利用。在建筑设计中，屋顶除了能够进行绿化屋顶以外，还可以进行农业种植，公共绿地可以种植农作物和进行鱼类养殖。经过推算，该区域的用地面积为 1.6 万平方米，住宅户为 360 户，建筑仅占地 475 平方米，从而保证了建筑区域"零土地"浪费。

建筑设计中很多设计元素都有可能影响到整个建筑的土地利用率，所以在建筑设计初期，就应将《绿色建筑设计标准》中对节地的相关条例和规范考虑到设计中。

在进行居住区规划设计时，住宅的布局方式的选用尤为重要。如图 3-38 所示，建筑的布局形式不但会影响到居住区的土地资源利用率，而且会影响到建筑的其他基本功能，例如通风、采光、交通便利性等。同样，小区的规划设计会受到其他因素的影响，例如气候条件和地形条件。如果居住开发区域为市区，土地资源的经济价值较高，此时会适当地提高小区的容积率，从而充分发挥土地资源的价值。按照建筑的规划布局方式，可以将小区的布局方式分为三种：行列式布局、周边式布局以及混合式布局。这三种小区布局分时具有各自的特点，具有不同的气候和地理条件适应性。如图 3-39 所示为城市规划布局数字模拟图。在小区规划中需要按照气候条件和场地状况，并进行数字化模拟，来选择合适的规划布局方式。

减少住宅的日照间距是节地的一个途径，住宅日照间距系数是以正南、正北向布局为依据的，按照城市的建筑小区规划设计要求，可以通过调整单体建筑的角度来获得合适的光照时长和强度。在建筑设计中，由于地形、气候以及建筑环境影响，建筑师需要主动或者被动地调整建筑方位，这时候人们提出了折减系数来表示建筑与正南向建筑的方位角差异。从理论来看，建筑的最佳朝向为南偏东，因此在此基础上，通过合理地调整住宅的角度（表 3-6），除了能够获得良好的通风和采光以外，还能够调整住宅形式，从而实现建筑节地。

在我国城市居住规划设计规范指出：建筑光照的最低标准为最底层建筑的窗台位置，相当于距离建筑地坪 0.9 米处的外墙位置，大寒日或者冬至日时，建筑的光照时长应该达到表 3-7 的标准。为了满足建筑的光照需求，可以采用的较为合理的布置方式为北向退台式建筑，这样就可以减少对后排建筑的遮挡，同时就可以缩小光照时长，提高小区的容积率，节省土地资源。如果在建筑土地上布置 6 栋普通居住建筑和 6 栋北向退台式建筑，层高均设为 2.8 米，日照系数设定为 1.5 米，经过计算北向退台式建筑的节地效果十分明显。同时，如果在建筑场地的北部设计楼宇，就不会对场地以外的建筑造成日照影响，因此可以通过增加建筑的高度，相应地建筑的容积率也会提升，土地资源能够得到充分开发。从建筑环境的角度来讲，北部高楼建筑也能够起到阻隔噪声的作用，保证小区不受冬季冷风的侵袭，从而能够为小区提供一个健康舒适的环境。

表 3-6   全国部分地区建筑建议朝向

地区	最佳朝向	适宜朝向	不宜朝向
北京地区	正南至南偏东以内	南偏东以内、南偏西以内	北偏西 –
上海地区	正南至南偏东	南偏东、南偏西	北、西北
石家庄地区	南偏东	南至南偏东	西
太原地区	南偏东	南偏东至东	西北
呼和浩特地区	南至南偏东、南至南偏西	东南、西南	北、西北
哈尔滨地区	南偏东	南至南偏东、南至南偏西	西北、北
长春地区	南偏东、南偏西	南偏东、南偏西	西北、北、东北
沈阳地区	南、南偏东	南偏东至东、南偏至西	北、东北至北、西北
南京地区	南、南偏东	南偏东、南偏西	西北
广州地区	南偏东、南偏西	南偏东、南偏西至西	——
济南地区	南、南偏东	南偏东	西偏北
重庆地区	南、南偏东	南偏东、南偏西至北	东、西

表 3-7   住宅建筑日照标准

建筑气候区划	I、II、III、VII 气候区		IV 气候区		V、VI 气候区
	大城市	中小城市	大城市	中小城市	
日照标准日	大寒日		冬至日		
日照时数（h）	≥ 2	≥ 3	≥ 1		
有效日照时间带（h）	8~12		9~15		
日照时间计算起点	底层窗台面				

此外，建筑规划师在早期，可以进行小区的规划布置，设置与之配套的公共设施，保证居民能够在较短的时间内到达公共活动中心，这样就能够统一分区开发土地资源，做到公共设施的集中使用，从而提高居住设施的使用率。如果这些公共设施较为分散或者间距过大，就会因为其交通不便，而起不到应用的效果。

3.3 绿色建筑的节水设计规则

3.3.1 绿色建筑节水问题与可持续利用

绿色建筑是可持续发展建筑，能够与自然环境和谐共生。而水资源作为自然环境的一大主体，是建筑设计中必须考虑的一个重要因素。节水设计就是在建筑设计、建造以及运营过程中将水资源最优化分配和利用（图 3-40）。从目前我国的水资源利用现状来看，水资源的可持续利用是我国的经济社会发展命脉，是经济社会可持续发展的关键。

建筑的施工建造过程中会消耗大量的自然资源和对自然环境造成严重的危害。我国是世界上 26 个最缺水国家之一，由于我国庞大的人口数量，导致虽然我国的水资源总量排名世界第 6，但是人均占有量才是世界人均占有量的 1/4。而在社会耗水量中，建筑耗水量占据相当大的比例，所以建筑的节水设计问题是绿色建筑迫在眉睫的问题。

以建筑物水资源综合利用为指导思想分析建筑的供水、排水，不但应考虑建筑内部的供水、

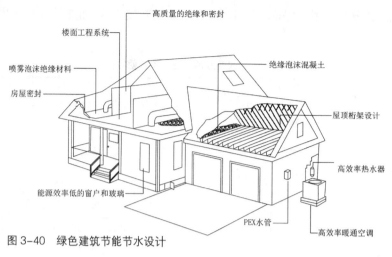

图 3-40　绿色建筑节能节水设计

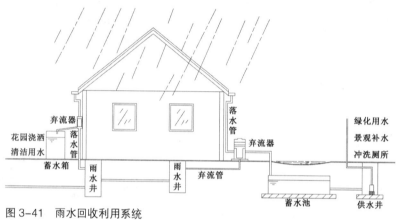

图 3-41　雨水回收利用系统

排水系统，还应当把水的来源和利用放到更大的水环境中考虑，因此需要引入水循环的概念。如图 3-41 所示，绿色建筑节水不单单是普通的节省用水量，而是通过节水设计将水资源进行合理的分配和最优化利用，是减少取用水过程中的损失、使用以及污染，同时人们能够主管地减少资源浪费，从而提高水资源的利用效率。目前，由于人们的节水意识以及节水技术有限，因此在建筑节水管理中，需要编制节水规范，采用立法和标准的模式强制人们采用先进的节能技术。同时应该制定合理的水价，从而全面地推进节水向着规范化的方向迈进。建筑节水的效益可以分为经济效益、环境效益和社会效益，实现这一目标最有效的策略在于因地制宜地节约用水，既能够满足人们的需求，又能够提高节水效率。

　　建筑节水主要有 3 层含义：首先是减少用水总量，其次是提高建筑用水效率，最后是节约用水。建筑节水可以从 4 个方面进行，主要包括：供水管道输送效率，较少用水渗漏；先进节水设备推广；水资源的回收利用；中水技术和雨水回灌技术。图 3-42 和图 3-43 所示是通过雨水收集回用，实现水资源的回收利用。此外，还可以通过污水处理设施，实现水资源的回收利用。在具体的实施过程中，要保证各个环节的严格执行，才能够切实节约水资源，但是目前我国的水资源管理体制还有很大的欠缺，需要在以后加以改进执行。

　　人们都视水资源为一种永远用不完的东西，因此对于水，则随意乱用，完全没有珍惜水的意识，更谈不上行为上去节约水资源。然而，国内多地出现的用水难、缺水等问题，说明了情况并非人们想象中的那样。水资源之所以出现匮乏，甚至有些地方无水的主要原因有两大方面。

图 3-42 建筑雨水回用技术

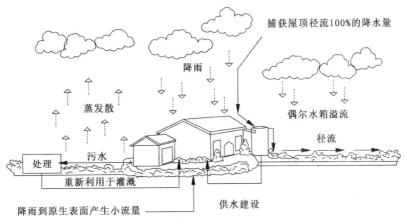

图 3-43 城市住宅区学校雨水收集利用示意图

一方面是中国每年的人口在不断增长，且人民生活水平随着经济和社会的发展不断提高，自然的对于水资源的需要量增加，且呈直线式增长，但是某一地区，可用水资源的量是有限的，因此部分地区初现水荒，甚至某些地区出现的断水的情况；另一方面是由于国家的不断发展，工业等主要行业作为国家的主要产业，不断增多，加上人员多，且多无节水意识，造成了大量可用水资源的污染。

水资源是全世界的珍贵资源之一，是维持人类最重要的自然因素之一。为了解决水资源缺乏的情况，人们在绿色建筑设计中，十分重视节能这一重要问题。在绿色建筑的节水理念中，要求水资源能够保证供给与产出相平衡，从而达到资源消耗与回收利用的理想状态，这种状态是一种长期、稳定、广泛和平衡的过程。在绿色建筑设计中，人们对建筑节水的要求主要表现在以下四点：

（1）要充分利用建筑中的水资源，提高水资源的利用效率；

（2）遵循节水节能的原则，从而实现建筑的可持续发展利用；

（3）降低对环境的影响，做到生产、生活污水的回收利用；

（4）要遵循回收利用的原则，能够充分考虑地域特点，从而实现水资源的重复利用。

按照绿色建筑设计中的水资源的回收利用的目标，给予现有的建筑水环境的问题，从而依据绿色建筑技术设计规定，在节水方面的重点宜放在采用节水系统、节水器具和设备；在水的重复利用方面，重点宜放在中水使用和雨水收集上；在水环境系统集成方面，重点宜放在水环境系统的规划、设计、施工、管理方面，特别是水环境系统的水量平衡、输入输出关系以及系统运行的可靠性、稳定性和经济性。

在水的重复利用方面，重点宜放在中水使用和雨水收集上。在目前水资源十分紧缺的情况下，随着城市的不断扩张，水资源的需求量不断上升，同时水污染现象也正在越来越严重。另一方面城市的水资源随着降水，没有经过回收利用，就会白白流失。伴随着城市的改建与扩张，城市的建筑、道路、绿地的规划设计不断变化，导致地面径流量也会发生变化。图 3-44 所示为"海

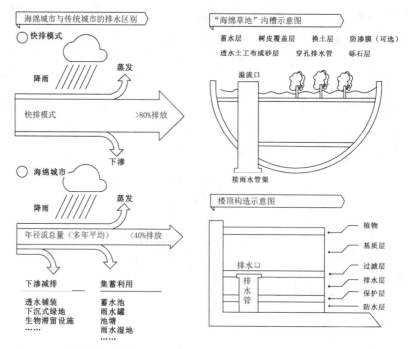

图 3-44 海绵城市水的收集和释放

绵城市"水资源的收集与释放图，建设"海绵城市"可以加强城市水资源的回收，防止水资源白白流失。

城镇发展对城市排水系统的要求越来越大，我国城市中普遍存在排水系统规划不合理的问题，造成不透水面积增大，雨水流失严重，这就造成了地下水源的补给不足，同时也会造成城市内涝灾害的发生。此外，城市雨水携带着城市污染物主流河流，也会造成水体污染，导致城市生态环境恶化。对于水资源可持续利用系统，应该将重心放在水系统的规划设计、施工管理上，实现城市水体输入和输出平衡，保证其可靠性、稳定性和经济性。

我国水资源分布不均，因此要建筑供水是一个需要解决的难题。建筑在运营期间对水资源的消耗是非常巨大的，因此要竭尽所能实现公用建筑的节水。由于建筑的屋顶面积相对较大，因此为屋顶集水提供了较为有利的条件。我国很多的建筑已经开始使用中水技术，对雨水进行回收处理，用于卫生间、植被绿化以及建筑物清洗。从设计角度把绿色建筑节水及水资源利用技术措施分为以下几个方面。

1）中水回收技术

为了满足人们的用水需求，减少对净水资源的消耗，我们必须在环境中回收一定量的水源，中水回收技术能够满足上述需求，同时也能够减少污染物的排放，减少水体中的氮磷含量。与城市污水处理工艺相比，中水回收系统的可操作性较强，而且在拆除时不会产生附加的遗留问题，因此对环境的影响较小。在我国绿色建筑的开发中，采用了中水回收技术和污水处理装置，从而能够保证水资源的循环使用。由于中水回收技术，一方面能够扩大水资源的来源，另一方面可以减少水资源的浪费，因此兼有"开源"和"节流"两方面的特点，在绿色建筑中可以加以应用。

在中水回收装置设计时，人们往往只考虑了其早期投入，而很少计算其在运行中的节水效益。这样在投资过程中，就会造成得不偿失的结果。因此在中水处理中，需要将处理后的水质放在第一位，这就需要采用先进的工艺和手段。如果处理后水源的水质达不到要求，那么再低廉的成本也是资源与财力的浪费。

随着科学技术的进步与经济实力的增长，对于传统的污水处理工艺，例如臭氧消毒工艺、活性炭处理工艺以及膜处理工艺，在使用过程中经过不断的改进与发展，已经趋于安全高效。人们在建筑节能设计中的观念也随着不断改变，国际上人们普遍采用的陈旧的节水处理装置，因此水源处理过程效率较低而逐渐被摒弃。同时，随着自动控制装置和监测技术的进步，建筑中的许多污染物处理装置可以达到自动化。也就是说，污水处理过程逐渐简单化。因此通过上述过程，我们就不用考虑处理过程的可操作性，只要保证建设项目的性价比，就可以检测水源处理过程。

绿色建筑中水工程是水资源利用的有效体现，是节水方针的具体实施，而中水工程的成败与其采用的工艺流程有着密切联系。因此，选择合适的工艺流程组合应符合下列要求：全适用工艺，采用先进的工艺技术，保证水源在处理后达到回用水的标准；其次是工艺经济可靠，在保证水质的情况下，能够尽可能地减少成本、运营费用以及节约用地；水资源处理过程中，能够减少噪声与废气排放，减少对环境的影响；在处理过程中，需要经过一定的运营时间，从而达到水源的实用化要求。如果没有可以采用的技术资料，可以通过实验研究进行指导。

2）雨水利用技术

自然降水是一种污染较小的水资源。按照雨形成的机理，可以看出将雨中的有机质含量较少，通过水中的含氧量趋近于最大值，钙化现象并不严重。因此，在处理过程中，只需要简单操作，便可以满足生活杂用水和工业生产用水的需求（图3-45）。同时，雨水回收的成本要远低于生活废水，同时水质更好，微生物含量较低，人们的接受和认可度较高。

建筑雨水收集技术经过10多年的发展已经趋于完善，因此绿色小区和绿色建筑的应用中具有较好的适应性。从学科方面来看，雨水利用技术集合了生态学、建筑学、工程学、经济学和管理学等学科内容，通过人工净化处理和自然净化处理，能够实现雨水和景观设计的完美结合，实现环境、建筑、社会和经济的完美统一。对于雨水收集技术虽然伴随着小区的需求而不同，但是也存在一定的共性，其组成元素包括绿色屋顶、水景、雨水渗透装置和回收利用装置（图

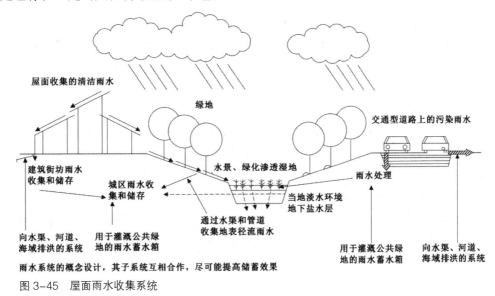

图3-45 屋面雨水收集系统

3-46），其基本的流程为，初期雨水经过多道预处理环节，保证了所收集雨水的水质。采用蓄水模块进行蓄水，有效保证了蓄水水质，同时不占用空间，施工简单、方便，更加环保、安全。通过压力控制泵和雨水控制器可以很方便地将雨水送至用水点，同时雨水控制器可以实时反应雨水蓄水池的水位状况，从而到达用水点。可用的水还可以作为水景的补充水源和浇灌绿化草地。还应考虑到不同用途必要用水量的平衡、不同季节用水量差别等情况，进行最有效的容积设计，达到节约资源的目的。伴

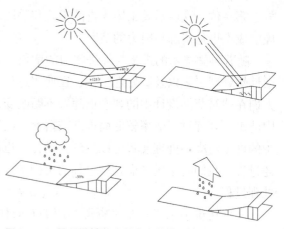

图 3-46　屋顶倾斜方式对雨水收集的影响

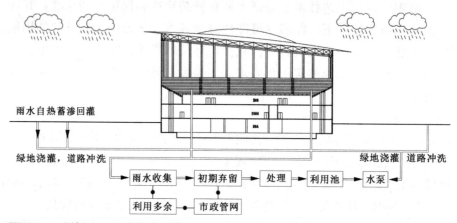

图 3-47　世博园区雨水收集技术解析

随着技术的不断进步，有很到专家和工程师已经将太阳能、风能和雨水等可持续手段应用于花园式建筑的发展之中。因此，在绿色建筑设计中，能够切实地采用雨水收集技术，其将于生态环境、节约用水等结合起来，不但能够改善环境，而且能够降低成本，产生经济效益、社会效益和环境效应（图 3-47）。

在绿色建筑设计中，可以通过景观设计实现建筑节水。首先，在设计初期要提高合理完善的景观设计方案，满足基本的节水要求，此外还要健全水景系统的池水、流水及喷水等设施。特别地，需要在水中设置循环系统，同时要进行中水回收合雨水回收，满足供水平衡和优化设计，从而减少水资源浪费。

3）室内节水措施

一项对住宅卫生器具用水量的调查显示：家庭用的冲水系统和洗浴用水约占家庭用水的50% 以上。因此为了提高可用水的效率，在绿色建筑设计中，提倡采用节水器具和设备。这些节水器具和设备不但要运用于居住建筑，还需要在办公建筑、商业建筑以及工业建筑中得以推广应用。特别地以冲厕和洗浴为主的公共建筑中，要着重推广节水设备，从而避免雨水的跑、冒、滴、漏现象的发生。此外还需要人们通过设计手段，主动或者被动的减少水资源浪费，从而主观地实现节水。在节水设计中，目前普遍采用的家庭节水器具包括节水型水龙头、节水便器系统以及淋浴头等。

3.3.2　绿色建筑节水评价

　　绿色建筑节水评价指标是评价所要实现的目标及诸多影响因素综合考虑的结果。绿色建筑节水评价主要针对绿色建筑用水，因而所有与绿色建筑用水有关的因素在制定指标体系初期皆应在考虑之列。

1. 绿色建筑节水评价指标体系框架

　　根据已有的绿色建筑评价体系中对节水的指导项要求以及建筑节水评价指标设置的原则，经调研测试和分析权衡影响建筑节水诸因素对应的节水措施在当前实施的可行性程度及其经济、社会效益的大小，广泛征求专家意见，提出"建筑节水评价指标体系框架"。

2. 绿色建筑节水措施评价指标及评价标准

　　在绿色建筑设计中，中水回收利用技术是建筑师较为青睐的节水措施之一，这种技术具有效率高规模大的特点。这样在建筑中产生的废水就可以实现就地回收利用，从而可以减少建筑用水的使用量。在建筑上，采用中水回收利用技术，可以减少建筑对传统水源的依赖性，达到废水、污水资源化的目的，在资源紧缺的大背景下，能够有效地缓解水资源矛盾，促进社会的可持续发展。因此绿色建筑的中水回收利用技术理应受到全社会的重视。

　　随着水处理技术和水质检测技术的发展，建筑用水质量检测将会变得越来越常态化，随着日常生活中水质监测次数的增长，建筑水源监测流程与处理过程将越来越方便便宜。如图 3-48 所示，在中水回收利用技术中，水质指标受到水处理技术、供给水源水质及其变化情况的影响很大，因此在绿色建筑中要求水质的达标率达到 100% 方可记为合格，否则将会加重对环境的污染，导致节水效果化为乌有。也就是说，只有水质的达标率达到 100%，才能认为其权重为 1，否则为 0。

　　建筑用水的影响因素众多，因此对建筑用水指标的评价需要综合各种因素方可完成，在因素选择中需要采用综合评价法。综合评价法的一般过程为基于给定的评价目标与评价对象，选择给定的标准，综合分析其经济、环境与社会等多个方面中的定性与定量指标，然后通过计算分析，显示被评价项目的综合情况，从而指出项目中的优势与不足，从而为后续工作中的决策提供数据信息。总的来说，各因素对水质和水资源的作用方式不同，从多个角度影响着建筑节水效果。所以采用综合评价法能够从多个方面将评价目标与对象分解为多个不同的子系统，然后对各个小项进行逐一评价。分析各小项之间的关联性，采用适当的方法进行组合求和，做出评价。在综合评价法中，人们比较常用的方法为模糊综合评价法和层次分析法。

　　1）模糊综合评判

　　模糊综合评判这一方法由于环境模糊性的，故在评判过程中受到很多影响因素的作用。模糊综合是指在依据特定的目的综合评判和决定某一项事物。它的基本原理是 Fuzzy 模拟人的大

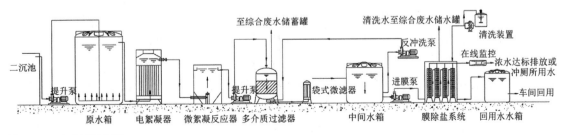

图 3-48　中水回收利用

脑对事物进行评价的过程。理论实践中，人们评价一项事物采用最多的是多种目标、因素与指标相结合的方法。但是随着评价系统变得更加复杂的情况下，对系统的不准确性和部确定性的描述也变得更加复杂。该系统所拥有的两项特性同时又具备随机性和模糊性。再者，人们大多数情况下评价事物时是模糊性的，所以根据人脑评价事物的这一特性，我们采用模糊数学的方式评判复杂的系统，是完全能够模拟甚至吻合人类大脑的全过程的。实践证明，在众多评判方法中，模糊综合评判是最有效的方法之一。各个行业人士都在广泛应用该评判方法，并借鉴模糊评判方法的原理加以运用到其他评判方法中。

2）绿色建筑节水评价方法的选择

对比上述内容提到的两种评判方法，我们不难发现，模糊综合评判方法的优势在于评价结果采用向量的方式标识，相比于其他评判方法更加直接客观，但是整个计算过程比较繁琐。另一方面，层次分析法就比较直接简单，适用于一些目标和准则较多或者没有结构特征的问题来进行复杂的决策评判，被各界人士广泛应用于素质测评、经济评估、管理评价、资源分析和安全经济等专业。综上所述，这两种评判方法在绿色建筑节水评估中可以求同存异，相辅相成。

3）绿色建筑节水措施评价

上述提到综合运用模糊综合评判法和层次分析法进行绿色建筑节水措施的最终节水效果评价，最后可以分析各种不同的节水措施在绿色建筑节水中的效果和应用频率。频率越大的表示该项节水措施达到的节水效果越显著，即可以加以运用到绿色建筑节水设计中。

（1）绿色建筑节水措施的层次结构模型

我们按照层次分析法的要求构建绿色建筑节水设计中的层次结构模型，主要包括以下几个：目标层次结构模型（节水措施所要实现的节水效果）、措施层次模型（管理制度、雨水收集率、设备运行负荷率、工作记录、设备安装率、水循环利用率、防污染措施、中水水质、利用水质量合格率、回收废水、雨水收集等利用率、水循环措施、节水宣传效果）、二级评价目标层次模型（雨水、中水利用率、节水管理效果）

（2）绿色建筑节水措施的层次分析评价

对比分析1到9各个标度的方法，采纳绿色建筑专家的专业建议，依次确定各个影响因素相互之间的关联性和重要性来得到各自的分值，勾勒出不同层次的评判矩阵，最后计算出结果向量并进行一致性校验。

3.3.3　绿色建筑节水措施应用

1. 绿色建筑雨水利用工程

近年来在绿色建筑领域发展起来一种新技术绿色建筑雨水综合利用技术，并实践于住宅小区中，效果很好。它的原理中利用到很多学科，是一种综合性的技术。净化过程分为两种形式：人工和自然。这一技术将雨水资源利用和建筑景观设计融合在一起，促进人与自然的和谐。在实际操作中需要因地制宜，考虑实际工程的地域以及自身特性来给出合适的绿色设计，例如可以改变屋顶的形式，设计不同样式的水景，改变水资源再次利用的方式等。科技日新月异，建筑形式在多样化的同时也越来越强调可持续发展，可以把雨水以水景的模式利用再和自然能源相结合建造花园式建筑来实现这一目标。这一技术在绿色建筑中，在使水资源重复利用的同时改善了自然环境，节约了经济成本，带来了巨大的社会效益，所以应该加大推广力度，特别是

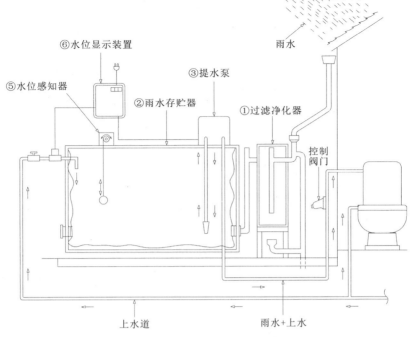

图 3-49 雨水利用

在条件适宜的地区。这种技术也有缺点：降水量不仅受区域影响还有季节影响，这就要求收集设施的面积要足够大，所以占地较多。

2. 主要渗透技术

如图 3-49 所示，雨水利用技术在绿色建筑小区中通过保护本小区的自然系统，使其自身的雨水净化功能得以恢复，进而实现雨水利用。水分可以渗透到土壤和植被中，

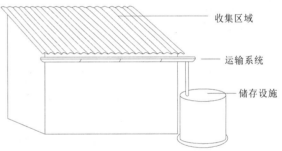

图 3-50 屋顶雨水利用

在渗透过程中得到净化，并最终存储下来。将通过这种天然净化处理的过剩的水分再利用，来达到节约用用水、提高水的利用率等目的。绿色建筑雨水渗透技术充分利用了自然系统自身的优势，但是在使用过程中还是要注意这项技术对周围人和环境以及建筑物自身安全的影响，以及在具体操作时资源配置要合理。

如图 3-50 所示，在绿色建筑中应用到很多雨水渗透技术，按照不同的条件分类不同。按照渗透形式分为分散渗透和集中渗透。这两种形式特点不同，各有优缺。分散渗透的缺点是：渗透的速度较慢，储水量小，适用范围较小。优点是：渗透充分，净化功能较强，规模随意，对设备要求简单，对输送系统的压力小。分散渗透的应用形式常见的为地面和管沟。集中渗透的缺点是：对雨水收集输送系统的压力较大，优点是规模大，净化能力强，特别适用于渗透面积大的建筑群或小区。集中渗透的应用形式常见的有池子和盆地形。

3. 节水规划

用水规划是绿色建筑节水系统规划、管理的基础。绿色建筑给排水系统能否达到良性循环，关键就是对该建筑水系统的规划。在建筑小区和单体建筑中，由于建筑或者住户对水源的需求量不同，这主要与用户水资源的使用性质有关。在我国《建筑给水排水设计规范》（GB50015—

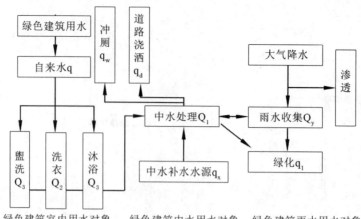

图 3-51　绿色建筑用水对象关系

2003）中提供了不同用水类别的用水定额和用水时间。在我国中水回收利用相关规范中将水源使用情况分为五类：冲厕、厨房、沐浴、盥洗和洗衣。在实际水资源的应用中，又可以将用水项目细分为其他小项，如图 3-51 所示。

3.3.4　绿色建筑节水的决策模型

目前，建筑界的学者们已经对建筑水资源的利用提出了多种研究成果和结论，包括对绿色住宅小区的节水、中水处理、雨水收集利用等节水措施做出了科学合理的设计方案和有效的增量成本经济分析。

与传统建筑节水工艺相比，绿色节水工艺以及中水回收技术的早起资金投入要远高于传统建筑；同时对于设备的运行维护成本也相对较高，但是其这些高科技节水工艺带来的经济效益、环境效益和社会效益要远远高于传统节水技术。因此政府决策者与设备开发商在绿色建筑节水技术上要进行经济博弈。也就是说，经济效益在绿色建筑发展中起到至关重要的作用。从全寿命周期的角度出发，绿色建筑节水与中水利用项目，从规划设计、到施工建造、再到运行维护等整个过程，需要将项目分解为不同的阶段，综合考虑建筑节水的全生命经济成本与产出，下面将对其经济成本进行分析。

首先 C_1 是初始成本，这一成本属于一次性成本，主要包括立项、规划、设计以及建造成本。假设节水项目建造期为 t，每年的投入为定值，则现值为 C_1；

其次是日常运行成本，主要是指在节能项目运行期间消耗的能源，如果以非传统水源为主要供给源，主要包括中水和雨水，那么这些水源的净化处理成本记为 C_2。由于净化处理过程每年都会重复发生，且以 $r\%$ 的年速率增长，那么其现值为 $C_2=P_1\cdot Q\cdot(P/A,\ r,\ T)$，其中 P_1 为单位水量的能耗药耗单价，Q 为水源处理，T 为全生命研究周期。在传统的节水净水项目中，运行成本基本为零。

第三为日常维护成本，这主要涉及节水设备、景观维护、中水设备以及绿化装置等进行维护和修理的费用，由于设备日常维护每年都会重复发生，其成本记为 C_3，现值为 $C_3=P_2\cdot(P/A,\ r,\ T)$，其中 P_2 为年维护成本。

第四为管理成本，主要为建筑节能设备管理过程的费用，用于维护节水设备日常正常运行的工人开支，而且以每年 $q\%$ 的速率增长，记为 C_4，现值为 $C_4=P_3(1+r)^{-1}\cdot(F/A,\ (1+q)$

（1+r）$^{-1}$，nnr），其中 P_3 为第一年日常运行年人工成本，nnr 为全生命周期研究时间。由于传统建筑的管理由建筑物业方面承担，因此可以忽略不计。

第五为大修成本，主要是指在节能项目运行中，需要更换建筑节水设备、管道大修等等，这些成本在一年中是随机出现的，其费用也具有很大的随机性，记为 C_5，现值为 $C_5=P_4\cdot（P/A，R_1，n_1）$：

其中 n_1 为设备的大修频率，R_1 为大修增量成本计算复利，P_4 为每次大修费。

第六为替换成本，主要是指水项目的设备到了一定的年限就需要进行更换，这主要与各个设备的使用寿命有关。假定整个建筑节水项目的全寿命周期为 50 年，给水与排水在这个年限内的更换次数为 n_2，假定一次更换成本为 R_2，那么现值为 $C_6=P_5\cdot（P/A，R_2，n_2）$，其中 P_5 为项目的设备费。

最后为在建筑节水项目的全生命周期结束后的项目残余价值，其现值为 $C_7=C_8\cdot（P/F，r，T）$，其中 C_8 为全生命周期末的残余值。

绿色建筑节水项目全寿命周期成本的经济模型为

$$C = \sum_{i=1}^{6} C_1 - C_7$$

传统水资源项目全寿命周期成本的经济模型。

通过上述的绿色建筑节水成本分析，可以更加有效地进行投资分析，通过定义成本构成要素之间的相关系数，对全生命周期成本进行较为准确的预测，进行趋势分析可获得不同置信水平下的全生命周期成本额。

3.4 绿色建筑节材设计规则

3.4.1 绿色建筑节材和材料利用

节材作为绿色建筑的一个主要控制指标，主要体现在建筑的设计和施工阶段. 而到了运营阶段，由于建筑的整体结构已经定型，对建筑的节材贡献较小，因此绿色建筑在设计之初就需格外地重视建筑节材技术的应用，并遵循以下 5 个原则：

1.对已有结构和材料多次利用

在我国的绿色建筑评价标准中有相关规定，对已有的结构和材料要尽可能利用，将土建施工与装修施工一起设计，在设计阶段就综合考虑以后要面临的各种问题，避免重复装修。设计可以做到统筹兼顾，将在之后的工程中遇到的问题提前给出合理的解决方案，要充分利用设计使各个构件充分发挥自身功能，使各种建筑材料充分利用。这样多次利用来避免资源浪费、减少能源消耗、减少工程量、减少建筑垃圾在一定程度上改善了建筑环境。

2.尽可能减少建筑材料的使用量

绿色建筑中要做到建筑节能首先就是减轻能源和资源消耗，最直接的手段就是减少建筑材料的使用量，特别是一些常用的材料。就像钢筋、水泥、混凝土等，这些材料的生产过程会消耗很多自然资源和能源，它的生产需要大量成本，还影响环境，如果这些材料不能合理利用就会成为建筑垃圾污染环境。建筑材料的过度生产不利于工程经济和环境的发展，所以要合理设计与规划材料的使用量，并好好管理，避免施工过程中建筑材料的浪费。

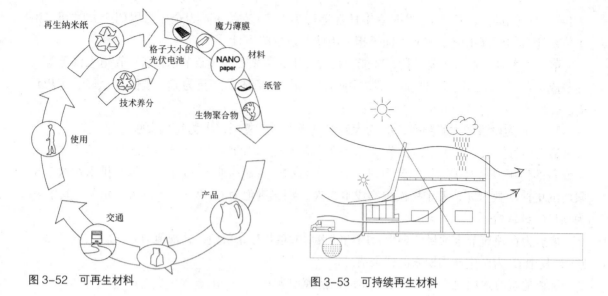

图 3-52　可再生材料　　　　　　　　　　图 3-53　可持续再生材料

3. 建筑材料尽可能与可再生相关

如图 3-52 所示，在我们的生活中可再生相关材料有很多，大体可以分为三类。第一种，本身可再生。第二种，使用的资源可再生。第三种，含有一部分可再生成分。我们自然界的资源分为两类：可再生资源和不可再生资源。可再生资源的形成速率大于人类的开发利用率，用完后可以在短时间内恢复，为人类反复使用，例如，太阳能、风能，太阳可提供的能源可达 100 多亿年，相对于人类的寿命来说是"取之不尽，用之不竭"。如图 3-53 所示是利用可再生能源的建筑。这种资源对环境没有危害，污染小，是在可持续发展中应该推广使用的绿色能源。不可再生资源在使用后，短时间内不能恢复，例如煤、石油，它们的形成时间非常长需要几百万年，如果人类继续大量开采就会出现能源枯竭。此外这种资源的使用会对环境造成不良影响，污染环境。

如果建筑材料大量使用可再生相关材料，减少对不可再生资源的使用，减少有害物质的产生，减少对生态环境的破坏，达到节能环保的目的。

4. 废弃物再利用

这里废弃物的定义比较广泛，包括生活中、建筑过程中，以及工业生产过程产生的废弃物。实现这些废弃物的循环回收利用，可以较大程度地改善城市环境，此外节约大量的建筑成本，实现工程经济的持续发展。我们要在确保建筑物的安全以及保护环境的前提下尽可能多地利用废弃物来生产建筑材料。国标中也有相关规定，使我们的工程建设更多地利用废弃物生产的建筑材料，减少同类建筑材料的使用，二者的使用比例要不小于 50%。

5. 建筑材料的使用遵循就近原则

国家标准规范中对建筑材料的生产地有相关要求，总使用量 70% 以上的建筑材料生产地距离施工现场不能超过 500km，即就近原则。这项标准缩短了运输距离在经济上节约了施工成本，选用本地的建筑材料避免了气候和地域等外界环境对材料性质的影响在安全上保证了施工质量。建筑材料的选择应该因地制宜，本地的材料既可以节约经济成本又可以保证安全质量，因此就近原则非常适用。

3.4.2 节能材料在建筑设计中的应用

在城市发展进程中建筑行业对国民经济的推动功不可没,特别是建筑材料的大量使用。要实现绿色建筑,实现建筑材料的节能是重要环节。对于一个建筑工程,我们要从建筑设计、建筑施工等各个方面来逐一实现材料的节能。在可持续发展中应该加强建设、推广使用节能材料,这样在保证经济稳步增长的同时又能保护环境。现在国际上出现了越来越多的绿色建筑的评价标准,我们在设计和施工中要严格按照标准来选用合适的建筑材料,向节能环保的绿色建筑方向发展。

1. 节能墙体

节能墙体材料取代先前的高耗能的材料应该在建筑设计中广泛被利用,以达到国家的节能标准。在建筑设计中,采用新型优质墙体材料可以节约资源,将废弃物再利用,保护环境,此外优质的墙体材料带给人视觉和触觉上的享受,好的质量可以提高舒适度以及房屋的耐久性。在节能墙体中可以再次利用的废弃物种类有废料和废渣等建筑垃圾,把它们重新用于工程建设,变废为宝,节约了经济成本的同时又保护环境,实现可持续发展。随着城市的发展,绿色节能建筑也飞快发展,节能环保墙体材料的种类也越来越多,形式也逐渐多样化,由块、砖、板以及相关的复合材料组成(图 3-54)。我国学者结合本国实际国情以及国外研究现状又逐渐发展出更多的新型墙体材料,经过多年的研究和发展,有一些主要的节能材料已经在实际工程中广泛应用,例如混凝土空心砌块,在保证自身强度的前提下尽可能减少自重,减少材料的使用。

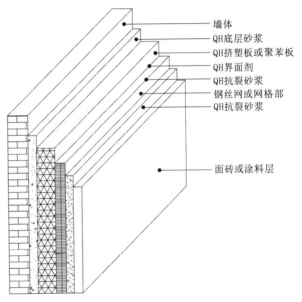

图 3-54 节能墙体

2. 节能门窗

绿色建筑不断发展,节能材料逐渐变得多样性,技能技术也快速发展,为实现我国建筑行业的可持续发展奠定了基础。节能材料不再是仅仅注重节能的材料,更人性化地加入了环保、防火、降噪等特点。这种将人文和环境更加紧密融合在一起。这些新型节能材料的使用,提高了建筑物的性能如保温性、隔热性、隔声性等,同时也促进了相关传统产业的发展。建筑节能主要从各个构件入手,门窗是必不可少的构件,它的节能对整体建筑的节能必不可少(图 3-55)。相关资料显示,建筑热

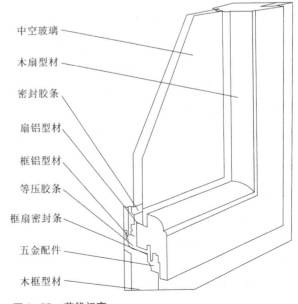

图 3-55 节能门窗

能消耗的主要方式就是通过门窗的空气渗透以及门窗自身散热功能，约有一半的热能以这种形式流失。门窗作为建筑物的基本构件，直接与外界环境接触，热能流失比较快，所以可以从改变门窗材料来减少能耗，提高热能的使用率，进一步节约供热资源。

3. 节能玻璃

玻璃作为门窗的基本材料，它的材质是门窗节能的主要体现。采用一些特殊材质的玻璃来实现门窗的保温、隔热、低辐射功能。在整个建筑过程中，节能环保的思想要贯穿整个设计以及施工过程，尽可能采用节能玻璃。如图 3-56 所示，随着绿色建筑的发展，节能材料种类的增多，节能玻璃也有很多种，最常见的是单银（双银）Low-E 玻璃。

以上提到的这种节能玻璃广泛应用于绿色建筑。它具有优异的光学热工特性，这种性能加上玻璃的中空形式使节能效果特别显著。在建筑设计以及施工过程中将这种优良的节能材料充分地应用于建筑物中，会使整体的节能性能得到最大程度的发挥。

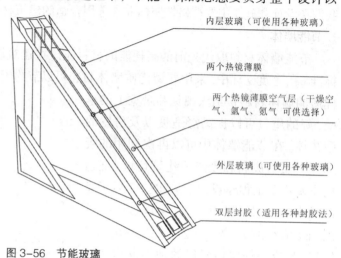

内层玻璃（可使用各种玻璃）

两个热镜薄膜

两个热镜薄膜空气层（干燥空气、氩气、氪气 可供选择）

外层玻璃（可使用各种玻璃）

双层封胶（适用各种封胶法）

图 3-56　节能玻璃

4. 节能外围

建筑物的外围和外界环境直接接触，在建筑节能中占有主要地位，所占比例约有 56%。如图 3-57 所示，墙和屋顶是建筑物外围的主要构件，在建筑物整体节能中占有主要地位。例如，水立方的建设就充分使用了节能外围材料，水立方的外墙透光性极强，使游泳中心内的自然光采光率非常高，不仅高度节约了电能，而且在白天走进体育馆内部也会有

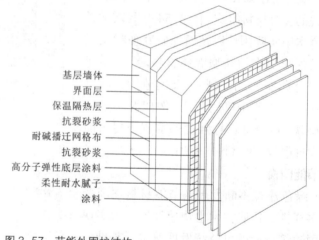

基层墙体

界面层

保温隔热层

抗裂砂浆

耐碱播迁网格布

抗裂砂浆

高分子弹性底层涂料

柔性耐水腻子

涂料

图 3-57　节能外围护结构

种梦境般的感觉，向世界展示了我国在节能材料领域的成就。气泡型的膜结构幕墙，给人以舒适感，展示了最先进的技术，代表着我国对节能外围材料的研究已经达到国际水平，并将之推广应用到实际工程。

此外，除了墙体材料的设计，屋顶再设计中也可以实现节能。我们可以在屋顶的设计中加入对太阳能的利用，将这种可再生能源更大限度的转化成其他形式的能源，来减少不可再生资源的消耗。这种设计绿色、经济、环保，在推动经济稳步发展的同时又符合我国可持续发展的总目标。

5. 节能功能材料

影响建筑节能的指标中还有一项是不可或缺的节能功能材料，它通常由保温材料、装饰材

料、化学建材、建筑涂料等组成。不仅增强建筑物的保温、隔热、隔声等性能，还增加建筑物的外延和内涵，增强它的美观性能。这些节能功能材料既能满足建筑物的使用功能，又增加了它的美观性，是一种绿色、经济、适用、美观的材料。目前节能功能材料主要以各种复合形式或化学建材的形式存在，新型的化学建材逐渐在节能功能材料中占据主导地位。

3.4.3 建筑节材技术

建筑是关系到国计民生的一个重要领域。据统计我国既有建筑和新建建筑中仅有 4% 采用了节能措施，如今建筑能耗已经与工业能耗、交通能耗并列成为我国的 3 大"耗能大户"。我国目前使用的建筑节材技术主要有以下七种。

1. 废弃物的循环再利用

1）矿物掺合料的使用

矿物掺合料是指用在混凝土、砂浆中的可替代水泥使用的具有潜在水化活性的矿物粉料。目前应用的主要有粉煤灰、矿渣、硅灰等。在混凝土配合比设计时，由于掺合料与水泥颗粒细度的不同，会具有一定的"超叠加效益"和"密实堆积效应"，从而使得混凝土的孔隙率降低，密实度升高，可有效提升混凝土的抗渗性能和力学性能，配制出高性能的混凝土，满足不同工程的需求；且不同掺合料之间水化活性的不一致。还可形成"次第水化效应"，水化活性高的掺合料优先水化，产生的水化产物可填充到尚未水化的掺合料与砂、石之间的间隙中，进一步提高混凝土的整体密实程度，促使其力学性能、抗渗性能提高。

随着材料制备技术的提高，矿物掺合料取代水泥的量可高达 70%，大量节约了建筑工程的水泥用量。掺合料的应用还会对混凝土的其他性能有一定的提升作用：如矿渣可提高混凝土的耐磨性能，可用于机场和停车场；粉煤灰可有效降低混凝土的水化热，减少其因温度应力而形成的开裂；硅灰可提高混凝土的早期强度，有利于缩短工期。

2）造纸污泥制备复合塑料护栏的技术

造纸污泥主要有生物污泥、碱回收白泥和脱墨污泥三种。其中生物污泥是指造纸厂所排放废水经处理后产生的纤维、木质素及其衍生物和一些有机物质等沉淀物；碱回收白泥是白泥回收工段苛化反应的产物。主要成分是碳酸钙；脱墨污泥则产生于废纸脱墨过程。可将这些污泥掺入聚丙烯树脂中，经熔融、混炼、挤塑、模压等工序加工成护栏，可应用于建筑、道路、公园等各种护栏，取代部分金属材料。

除了造纸污泥外，湖底和河底的淤污泥，工业生产排放的废水污泥，部分工业废渣等，因其都含有一定量的硅铝化合物，都可用于生产水泥、陶粒、空心砖等建筑材料。

3）磷石膏生产石膏砌块的技术

磷石膏是指在磷酸生产中用硫酸处理磷矿时产生的固体废渣。其主要成分为硫酸钙。经净化后，加入一定的砂、水泥，采用一定的压力压制成型即可生产出高强度的石膏砌块。且具有质轻、体薄、平整度好，以及隔音、防火、保温和可调节室内温湿度的优点。砌块在安装中可锯、可刨和可钉，安装、装修方便，产生的建筑垃圾量少，用于住宅和公共建筑的内隔墙、填充墙吸音墙、保温墙和防火墙等部位，可大大节约砖材的使用。

4）加固材料的应用

加固材料是指利用粉煤灰、钢渣和炉渣等具有潜在水化活性的工业废料与碱激发剂按一定

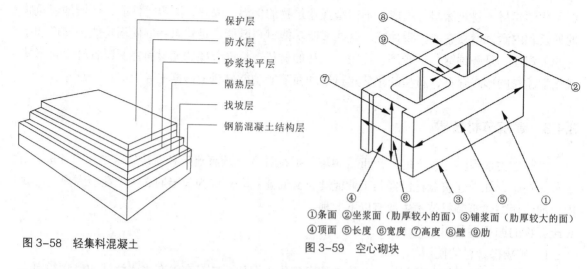

图 3-58 轻集料混凝土

①条面 ②坐浆面（肋厚较小的面）③铺浆面（肋厚较大的面）
④顶面 ⑤长度 ⑥宽度 ⑦高度 ⑧壁 ⑨肋

图 3-59 空心砌块

比例混合而成可固结土壤的材料。这种材料具有高渗透性和固结性能，材料的流动度、扩散度大，具有优良的可灌性，早期强度高，后期强度仍可增长；可实现单液灌浆、定量校准、无噪声、工艺简单；可用于建筑地基土坡、隧道土壤的加固。

2. 轻质建筑材料的应用

随着建筑楼层的增高，建筑材料的自重成了限制其在高层、超高层建筑应用的一大问题。轻质建筑材料的发展则可有效解决这一问题。轻质建筑材料主要有轻集料混凝土、加气混凝土、空心砌块、多孔砖等。

1）轻集料混凝土

如图 3-58 所示，轻集料混凝土是采用人造的轻质、多孔集料替代天然矿石配制的混凝土材料。其比强度和保温隔热性能高于普通混凝土，可用于高层和超高层建筑的非承重墙。轻集料可大量采用淤污泥、粉煤灰、煤矸石等固体废弃物，节约优质原始资源。

2）空心砌块

如图 3-59 所示，空心砌块是由胶凝材料（水泥，粉煤灰等）、集料（天然矿石、人造集料、冶金废渣等）按照一定的比例和水经搅拌、机械加工成型并在一定的温湿度条件下养护硬化而成的砌块材料。其主要特点就是砌块并非实心的内部有大量贯穿砌块的圆形或方形孔洞，可大幅降低砌块的自重，并提高其保、隔热性能，适用于小高层、高层住宅和公共建筑的维护结构及内隔墙等非承重墙和承重墙。

3）加气混凝土

加气混凝土是以硅质材料（砂、粉煤灰及含硅尾矿等）和钙质材料（石灰、水泥）为主要原料，掺加发气剂（铝粉）或发泡剂（动植物蛋白类、松香皂类、纸浆废液等）或引气剂（松香树脂类、烷基苯磺酸盐类、脂肪醇磺酸盐类等），通过配料、搅拌、浇注、预养、切割、蒸压、养护等工艺过程制成的轻质多孔硅酸盐制品。混凝土内部存在大量的封闭孔洞，这些孔洞一方面降低混凝土自重，另一方面还可提高其保温、隔热、隔音性能，适用于工业、民用建筑的非承重墙和保温材料。

4）多孔砖与空心砖

多孔砖和空心砖是指以黏土、页岩、粉煤灰、淤污泥为主要原料，经挤压成型、高温焙烧而成的高孔隙率砖材。其孔洞率一般为 15% ~30%，孔型为圆孔或非圆孔，孔的尺寸小而数量多，主要适用于砖混结构的承重墙体。

3. 可再生材料的应用

1）植物纤维水泥复合墙板

如图 3-60 所示，植物纤维水泥复合板是一种新型的生态墙板。该墙板以可再生的木材或农作物秸秆（如棉秆、玉米秆、麦草、高粱秆、麻秆、烟秆等）为增强材料，以水泥、粉煤灰、钢渣等胶凝材料为黏合剂，加上一定的特种添加剂按比例注模成型，经冷压或热压或自然养护成板。它具有节能、环保、隔声和节水等特点，可加快施工进度、工业化生产程度高。它适用于住宅和公共建筑的非承重内外隔墙。

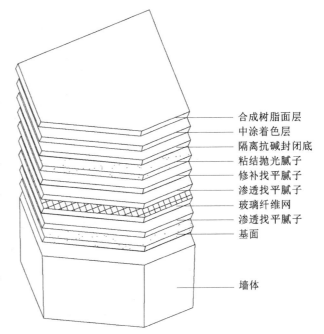

合成树脂面层
中涂着色层
隔离抗碱封闭底
粘结抛光腻子
修补找平腻子
渗透找平腻子
玻璃纤维网
渗透找平腻子
基面

墙体

图 3-60　合成树脂幕墙装饰系统

2）纤维石膏板

以建筑石膏和植物纤维为主要原料，经半干法工艺生产压制而成. 具有轻质高强、防火、隔音、环保等特性，施工安装方便，表面可做不同装饰。适用于住宅和公共建筑的非承重内隔墙及吊顶。

4. 本地建筑材料的应用

1）散装水泥的使用

我国是水泥的年产量居世界第一，其中散装水泥仅占 35% 左右，远低于美国、日本的 90% 以上散装率，甚至低于罗马尼亚（70%）、朝鲜（50%）等第三世界国家。每年，我国袋装水泥的使用要消耗包装牛皮纸数百万吨，相当于 10 个大兴安岭一年的伐木量：且由于包装袋的破损和包装袋对水泥的吸附，大约有 3% 以上的水泥被浪费。直接经济损失达 50 多亿元。

因此，在建筑施工时应大力提倡散装水泥的使用，既减少用于生产包装袋的木材资源消耗和浪费，又减少工程的水泥用量。

2）本地固体废弃物的使用

大部分的固体废弃物都含有 Si，Al 组分，是制备砖材、轻集料、板材的物质基础。在城市规划过程中就应充分考虑本地固体废弃物的材料化应用，建立专门的废弃物处理厂，将当地固体废弃物集中处理，进行建材化利用。建筑施工过程中还不可避免地会产生大量的建筑垃圾。这些废弃物主要以废弃混凝土、砖块、砂土为主，具有一定的强度，可用于建筑区间路基的铺设，有效降低建筑工程量和路基材料的使用量。

作为建筑工程能源和资源消耗大户的建筑材料，对整个建筑的节能环保具有重要的影响，因此建筑节材就显得格外重要。随着材料制备技术的发展，必然会有更多符合绿色建筑要求的建筑节材技术出现，如图 3-61 所示渗透型装饰防水系统。然而仅仅是新技术的突破尚远不能满足目前我国绿色建筑的发展要求，还应从源头出发，提高建筑施工人员和管理人员的素质，制定合理的节材方案，并在施工中落实各项节材措施，减少建筑材料的浪费。提高建筑材料的使用效率，如此才能有效保证建筑的节材效率。

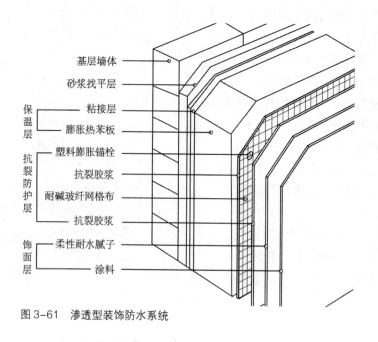

基层墙体
砂浆找平层
保温层 {
　粘接层
　膨胀热苯板
抗裂防护层 {
　塑料膨胀锚栓
　抗裂胶浆
　耐碱玻纤网格布
　抗裂胶浆
饰面层 {
　柔性耐水腻子
　涂料

图3-61　渗透型装饰防水系统

3.4.4　绿色建筑节材及材料资源利用

　　节材及材料资源利用作为绿色建筑的一个主要控制指标，主要体现在建筑的设计和施工阶段。如何实现建筑有效节材和资源材料利用最大化，就需要在设计与施工时重视建筑节材及材料资源利用策略。应遵循以下方面：

　　（1）最大限度地运用本地生产的建筑材料

　　受气候条件和自然环境的影响，不同地区的原始资源具有不同的物理化学性质，用其生产出的建筑材料在各项性能上也会有所差异。总体来说，本地生产的建筑材料更能适应本土建筑。另一方面选择本地材料可以减少材料在运输过程中的能源消耗，从而减少运输过程中对环境的影响。

　　（2）合理回收与利用建筑废弃物

　　建筑废弃物是指建设、施工单位或个人对各类建筑物、构筑物、管网等进行建设、铺设或拆除、修缮过程中所产生的渣土、弃土、弃料、余泥等。若能对建筑废弃物加以回收利用，就可以有效地减少城市中废弃物的数量，从而对周围环境进行了有效保护。施工过程中选用废弃物制造的建筑材料，对建筑材料是一种有效节约，有利于环境的保护。

　　（3）尽可能多地利用可循环材料和速生材料

　　根据《绿色建筑评价标准》中定义：可循环材料指对无法再进行利用的材料通过改变物质形态的方法；速生材料指的是生长速度较快、生长周期较短的材料。因为速生材料生长周期较快，对比生长周期较慢的树木材料而言，具有对自然环境影响相对较小的特点。

　　建筑是资源和材料消耗的重要部分。随着地球资源日益减少、环境不断恶化，保持对建筑可循环材料和速生材料的使用，提高建筑材料的综合利用率已被人们所关注。在建筑建造时尽可能多地运用可循环材料和速生材料，一方面可以减少建筑废弃物的数量，另一方面减少对自然资源的依赖，对自然环境起到明显保护作用，具有较好的环境效益。

（4）充分运用功能性构件代替装饰性构件

建筑不能为了片面追求美观，而以资源消耗为代价运用装饰性构件，就违背了绿色建筑的基本理念。在前期建筑设计中就应考虑减少多余的装饰性构件，尽可能利用功能性构件作为建筑造型的元素。在满足功能需要的前提下，通过系统地运用功能性构件代替装饰性构件，表达建筑的美学效果，这样才能有效地节约材料资源，减少不必要的浪费。

（5）优先使用当地生产的建筑材料

使用当地生产建筑材料可以有效地减少材料运输过程中能源和资源的消耗，是保护环境的重要方法之一。建筑应尽可能多地使用当地生产的建筑材料，努力提高就地取材生产的建筑材料所占的比例。施工前对材料清单进行统计，优先选择当地材料，并详细完善工程材料清单，其中在清单中标明材料生产厂家的名称、采购的重量、地址，从而更好地减少资源消耗。

（6）建筑废弃物的分类收集和回收利用

施工过程中产生的固体废弃物，如拆除的模板，废旧钢筋、渣土石块、木料等，为节约资源，提高材料利用率，制订专项建筑施工废物管理计划，对上述建筑垃圾进行分类收集并最大化回收利用：如把废弃的模板铺设新修的道路；木料加工产生的木屑回用于路面的养护、包装回收等；用于修建工地临时住房、施工场址的外围护墙的墙砖，完工后再拆除用作铺路、花坛、造景等。

3.5 绿色建筑环保设计

3.5.1 绿色建筑室内空气质量

室内环境一般泛指人们的生活居室、劳动与工作的场所以及其他活动的公共场所等。人的一生大约 80%~90% 的时间是在室内度过的，在室内很多污染物的含量比室外更高。因此，从某种意义上讲，室内空气质量（IAQ）的好坏对人们的身体健康及生活的影响远远高于室外环境。

从 20 世纪 70 年代开始，人们开始意识到能源危机，因此人们开始研究在建筑中的能源使用率。由于在早期人们对节能效率较为重视，而对室内空气质量的重视不够，造成很多建筑采用全封闭不透气结构，或者室内空调系统的通风效率很低，室内的新风量获得较少，造成室内空气质量较差，造成建筑综合征频发。随着经济的飞速发展和社会进步，人们越来越崇尚居室环境的舒适化，高档化和智能化，由此带动了装修装饰热和室内设施现代化的兴起。良莠不齐的建筑材料、装饰材料及现代化的家电设备进驻室内，使得室内污染物成分更加复杂多样。

研究表明，室内污染物主要包括物理性、化学性、生物性和放射性污染物四种（图 3-62），其中物理性污染物主要包括室内空气的温湿度、气流速度、新风量等；化学性污染物是在建筑建造和室内装修过程中采用的甲醛、甲苯、苯以及吸烟产生的硫化物、氮氧化物以及一氧化碳等；生物性污染物则是指微生物，主要包括细菌、真菌、花粉以及病毒等；放射性污染物主要是室内氡及其子体。室内空气污染主要以化学性污染最为突出，甲醛已经成为目前室内空气中首要的污染物而受到各界极大的关注。

室内空气质量的主要指标包括：室内空气构成及其含量、化学与生物污染物浓度，室内物理污染物的指标，包括温度和湿度、噪声、震动以及采光等。影响室内空气含量的因素主要是我们平时较为关心的室内空气构成及其含量。从这一方面分析，空气中的物理污染物会提高室内的污染物浓度，导致室内空气质量下降。同时室外环境质量、空气构成形式以及污染物的特

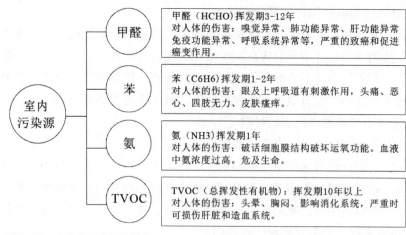

图 3-62　室内空气主要污染物

点等也会影响室外空气质量。因此，在营造良好的室内空气质量环境时，需要分析研究空气质量的构成与作用方式，从而得到正确的措施。

1. 室内温湿度

湿度温湿度，顾名思义，是指室内环境的温度和相对湿度，这两者不但影响着室内温湿度调节，而且影响着室内人体与周围环境的热对流和热辐射，因此室内温度是影响人体热舒适的重要因素。有关调查表明：室内的空气温度为25℃时，人们的脑力劳动的工作效率最高；当室内的温度低于18℃或高于28℃时，工作效率将会显著下降。如果将25℃时对应的工作效率为100%，那么当室内温度为10℃时的工作效率仅为30%，因此卫生组织将12℃作为室内建筑热环境的限值。空气湿度对人体的表面的水分蒸发散热有直接影响，进而会影响人体的舒适度。但相对湿度太低时，会引起人们的皮肤干燥或者开裂，甚至会影响人体的呼吸系统而导致人体的免疫力下降。当室内的相对湿度较大时，容易造成室内的微生物以及霉菌的繁殖，造成室内空气污染，甚至这些微生物会引起呼吸道疾病。

2. 新风量

如图 3-63 所示为室内新风系统，为了保证室内的空气质量，要求进入室内的新风量满足要求，要求主要包括"质"和"量"。"质"要求新风保证无污染、无气味，不对人体的健康

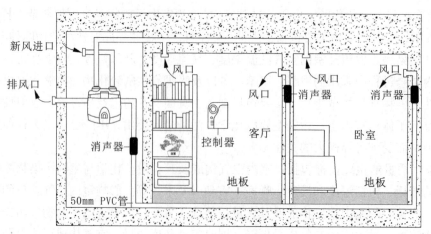

图 3-63　室内新风系统

造成影响；"量"则是指到达室内的空气含量能够满足室内空气新风量达到一定的水平。在过去的空调设计中，只考虑室内人员呼吸造成的空气污染，而忽略了室内污染物对空气的污染，造成室内空气质量不良，这需要在空调设计中加以重视，从而保证室内空气质量。

3. 气流速度

与室外空气对环境质量的影响机理相同，室内气流速度也会对污染物起到稀释和扩散作用。如果室内空气长时间不流通，就会可能造成人体的窒息、疲劳、头晕，以及呼吸道和其他系统的疾病等。此外，室内气流速度也会影响到人体的热对流和交换，因此可以采用室内空气流通清除微生物和其他污染物。

4. 空气污染物

按照室内污染物的存在状态，可以将污染物分为悬浮颗粒物和气体污染物两类。其中悬浮颗粒物中主要包括固体污染物和液体污染物，主要表现为有机颗粒、无机颗粒、微生物以及胶体等；而气体污染物则是以分子状态存在的污染物，表现为无机化合物、有机物和放射性污染物等。

3.5.2 改善室内空气质量的技术措施

据美国职业安全与卫生研究所（NIOSH）的研究显示，导致人员对室内空气质量不满意的主要因素如表3-8所示。

表 3-8　　　　　　　　　　　　美国职业安全与卫生研究所调查结果

通风空调系统	48.3%	建筑材料	3.4%
室内污染物（吸烟产生的除外）	17.7%	过敏性（肺炎）	3.0%
室内污染物	10.3%	吸烟	2.0%
不良的温度控制	4.4%	不明原因	10.9%

因此，可见要想更好地改善室内空气质量，关键是完善通风空调系统和消除室内、室外空气污染物。从影响室内空气质量的主要因素及其相互间关系出发，提出了改善室内空气品质的具体措施。

1. 污染源控制

众所周知，消除或减少室内污染源是改善室内空气质量，提高舒适性的最经济最有效的途径。从理论上讲，用无污染或低污染的材料取代高污染材料，避免或减少室内空气污染物产生的设计和维护方案，是最理想的室内空气污染控制方法。对已经存在的室内空气污染源，应在摸清污染源特性及其对室内环境的影响方式的基础上，采用撤出室内，封闭或隔离等措施，防止散发的污染物进入室内环境。如现代化大楼最常见的是挥发性的有机物（VOC），以及复印机和激光打印机发生的臭氧和其他的刺激性气味的污染。其控制方法可采用隔离控制、压差控制和过滤、吸附及吸收处理等。对建筑物污染源的控制，会受到投资、工程进度、技术水平等多方面因素的限制。根据相关数据确定被检查材料、产品、家具是否可以采用，或仅在特定的场合下可以采用。有些材料也可以仅在施工过程中临时采用，对于不能使用的材料、产品可以采取"谨慎回避"的办法。因此要注重建筑材料的选用，使用环保型建筑材料，并使有害物充分挥发后再使用。

微生物滋长是需要水分和营养源，降低微生物污染的最有效手段是控制尘埃和湿度。对于微生物可以通过下列技术设计进行控制：将有助于微生物生长的材料（如管道保温隔音材料）等进行密封。对施工中受潮的易滋生微生物的材料进行清除更换，减少空调系统的潮湿面积；建筑物使用前用空气真空除尘设备清除管道井和饰面材料的灰尘和垃圾，尽量减少尘埃污染和微生物污染。

室内空气异味是"可感受的室内空气质量"的主要因素。因此要控制异味的来源，需减少室内低浓度污染源，减少吸烟和室内燃烧过程，减少各种气雾剂、化妆品的使用等。在污染源比较集中的地域或房间，采用局部排风或过滤吸附的方法，防止污染源的扩散。

2. 空调系统设计的改进措施

空调系统设计人员在设计一开始就应该认真考虑室内空气质量，为此还要考虑到系统今后如何运行管理和维护。要使设计人员认同这是他们的责任，许多运行管理和维护的症结问题往往出自原设计。

新风量与室内空气质量之间有密切联系，新风量是否充足对室内空气质量影响很大提高。入室新风量目的是将室外新鲜空气送入室内稀释室内有害物质，并将室内污染物排到室外。在抗"非典"中，十分强调开窗通风，实质上就是用这个办法改善室内空气质量。但需注意的是室外空气也可能是室内污染物的重要来源。由于大气污染日趋严重，室外大气的尘、菌、有害气体等污染物的浓度并不低于室内，盲目引入新风量，可能带来新的污染。采用新风的前提条件为室外空气质量好于室内空气质量。否则，增大新风量只会增大新风负荷，使运行费用急剧上升，对改善室内空气品质毫无意义。

通过通风系统，在室内引入新鲜空气，除了能够稀释室内的污染源以外，还能够将污染空气带出室外。为了保证新风系统能够消除新风在处理、传递和扩散污染，需要做到以下几点：首先要选择合理的新风系统，对室内空气进行过滤处理，这就需要进行粗效过滤；其次是要将新风直接引入室内，从而能够降低新风年龄，减少污染路径。在室内的新风年龄越小，其污染路径越短，室内的新风品质越来越好，从而对人体健康越有利。同样，空调技术也会对室内空气造成污染，采用新型空调技术，可以提高工作区的新风品质。同样，可以缩短空气路径，因此可以将整个室内的转变为室内局部通风，专门提高人工作区附近的空气质量，从而能够提高室内通风的有效性。此外，还可以采用空气监测系统，增加室内的新鲜空气量和循环气量，从而维持室内的空气品质。

3. 改进送风方式和气流组织

室内外的空气质量是相互影响的，置换通风送风方式在空调建筑中使用比较普遍。以传统的混合送风方式相比较，基于空气的推移排代原理，将室内空气有一端进入而又从另一端的将污浊空气排出。这种方式，可以将空气从房间地板送入，依靠热空气较轻的原理，使得新鲜空气受到较小的扰动，经过工作区，带走室内比较污浊的空气和余热等。上升的空气从室内的上部通过回风口排出。

此时，室内空气温度成分层分布，使得污染也是成竖向梯度分布，能够保持工作区的洁净和热舒适性。但是目前置换通风也存在着一定的问题。人体周围温度较高，气流上升将下部的空气带入呼吸区，同时将污染导入工作层，降低了空气的清新度。采用地板送风的方式，当空气较低且风速较大时，容易引起人体的局部不适。通过 CFD 技术，建立合适的数学物理模型，研究通风口的设置与风速大小对人体舒适度的影响，能够有效地节约成本，因此目前已经研究置换通风的新方法。图 5 为室内通风方式对室内温度的研究分析。此外，可以通过计算流体力学的方法，模拟分析室内空调气流组织形式，只要通过选择合适的数学、物流模型，因此可以通过计算流体力学方法计算室内各点的温度、相对湿度、空气流动速度，进而可以提高室内换气速度和换气速率。同时，还可以通过数值模拟的方法，计算室内的空气龄，进而判断室内空气的新鲜程度，从而优化设计方案，合理营造室内气流组织。通过上述分析，改善与调节室内通风，提高室内的自然通风，是一项较为科学经济有效的方法。

4. 通风空调系统的改进措施

空调系统的改进主要包括空调设备的选择以及通风管道系统的设计与安装，从而能够减少室内灰尘和微生物对空气的污染。在安装通风管道时要特别注意静压箱和管件设备的选择，从而保证室内的相对湿度能够处于正常水平，以减缓灰尘和微生物的滋生，美国暖通空调学会的标准对室内的空调系统的改进进行了特别的说明。同时要求控制通风盘管的风速，进行挡水设计，一般地要求空调带水量为 1.148 以内，从而能够确保空调带水量能够在空气流通路径中被完全吸收，从而减少对下游管道的污染。此外，对于除湿盘管，要设计有一定的坡度并保证其封闭性，从而在各种情况下可以实现集水作用，还要求系统能够在 3 分钟之内迅速排出凝水，在空调停止工作之后，能够保证通风，直至凝结水完全排出。

针对由于人类活动和设备所产生的热量超过设计的容量，产生的环境及空气问题（图 3-64）往往在建筑设计中通过以下的措施来解决：①在人员比较密集的空间，安装二氧化碳及 VOC 等传感装置，实时监测室内空气质量，当空气质量达不到设定标准时，触动报警开关，从而接通入风口开关，增大进风量。②在油烟较多的环境中，加装排油通风管道。③其他的优化措施还包括：有效率合理的利用各等级空气过滤装置，防止处理设备在热湿情况下的交叉污染；在通风装置的出风口处加装杀菌装置；并对回收气体合理化处理再利用。一个高质量设备实现设计目标的前提应该包括：合理规范的前期测试及正确的安装程序，在设备的运行过程中，更要有负责的监管和维护。

图 3-64 室内空气污染主要表现

5. 建筑维护和室内空调设备的运行管理

建筑材料，室内设备和家具在使用过程中，应包括定期的安全清洁检查和维修，防止化学颗粒沉积，滋生有害细菌。空调系统是室内空气污染的主要源头，空调系统的清洁和维护更是尤其重要。空调系统的清洁和维护主要分为两部分：①风系统。风系统的维护方法主要有人工、机械化及自动化的方式。②水系统。水系统的维护和清洁主要有物理跟化学两种。其中化学方法比较普遍应用的较广泛，利用人工或者自动向水系统中投入化学试剂来实现除尘、杀菌、清洁、排废水等。

6. 应用室内空气净化技术

如图 3-65 所示，使用空气净化技术，是改善室内空气质量，创造健康舒适的办公和住宅环境十分有效的方法，在冬季供暖，夏季使用空调期间效果更为显著，和增加新风量相比，此方法更为节能。

1）微粒捕集技术

将固态或液态微粒从气流中分离出来的方法主要包括机械分离、电力分离、洗涤分离和过滤分离。室内空气中微粒浓度低、尺寸小，而且要确保可靠的末级捕集效果，所以主要用带有阻隔性质的过滤分离来清除气流中的微粒，其次也常采用静电捕集方法。室内空气中应用不同类型的过滤器以过滤掉不同粒径的微粒。

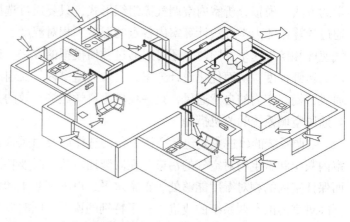

图 3-65 室内空气质量解决方案

2）吸附净化方法

吸附是利用多孔性固体吸附剂处理气体混合物，使其中所含的一种或数种组分吸附于固体表面上，从而达到分离的目的。此方法其优点是吸附剂的选择性高，它能分开其他方法难以分开的混合物，有效地清除浓度很低的有害物质，净化效率高，设备简单，操作方便。所以此方法特别适用于室内空气中的挥发性有机化合物、氨、H_2S、SO_2、NO_x 和氧气等气态污染物的净化。作为净化室内空气的主要方法，吸附被广泛使用，所用吸附剂主要是粒状活性炭和活性炭纤维。

3）非平衡等离子体净化方法

等离子体是由电子、离子、自由基和中性粒子组成的导电性流体，整体保持电中性。非平衡等离子体就是电子温度高达数万度的等离子。将非平衡等离子体应用于空气净化，不但可分解气态污染物，还可从气流中分离出微粒，整个净化过程涉及预荷电集尘，催化净化和负离子发生等作用。非平衡等离子体降解污染物是一个十分复杂的过程，而且影响这一过程的因素很多，因此相关研究还需深入。非平衡等离子体不仅可净化各种有害气体，而且可分离颗粒物质，调解离子平衡所以从理论上说，它在空气净化方面有着其他方法无法比拟的优点，它的应用前景非常乐观。

4）光催化净化方法

光催化净化是基于光催化剂在紫外线照射下具有的氧化还原能力而净化污染物。光催化剂属半导体材料，包括 TiO_2，ZnO，Fe_2O_3，CdS 和 WO_3 等。其中 TiO_2 具有良好的抗光腐蚀性和催化活性，而且性能稳定、价廉易得、无毒无害，是目前公认的最佳光催化剂。光催化法具有能耗低，操作简单，反应条件温和、经济，可减少二次污染及连续工作和对污染物全面治理的特点，适用范围广泛。

在实际应用中，针对所需去除污染物的种类，充分利用各种方法的特点，将上述各种技术方法进行优化组合，即可取得良好的空气净化效果。

室内空气质量问题已经谈论了许多年，国内外的研究及论文相当丰富，但真正解决问题的路程还相当遥远，面临的困难还相当多。目前应当从以下几个方面入手：

首先我们必须认识到室内空气质量是一门跨学科的新兴学科，其研究对象是如何为人员提供可以长时期生活的健康、舒适的室内环境，明确了定义、性质、范畴和要求，才能科学有效地展开研究。它不是任何一个或几个现有学科可以解决的问题，它是具有很大发展潜力的学科。因此，对室内空气质量问题的性质要建立一个科学、全面和比较统一的认识。应尽快地建立起我国的比较完善的室内空气质量和标准与评价方法。

其次，由于多因子、多途径地诱发了室内空气质量问题，改善室内空气质量实际上是一个系统工程，并不是单一的措施或方法能奏效。我们应清楚地认识到，现在提出的一些"解决"方法或开发的一些产品，还不能"解决"室内空气质量问题，只能从局部改善"污染"问题。空气质量问题既不容忽视也不应夸大。目前的问题不在于能否达到良好的室内空气质量，而在于如何以有效的途径，合理的能耗提供合适的室内空气质量。必须加强基础研究和实验，首先解决危害机理，检测和评价的标准和手段等关键问题。

3.5.3 《绿色建筑评价标准》室内环境质量

从绿色建筑7大类评价指标条文数量来看，室内环境质量评分项共13项，控制项共7项，为条文数量最多指标。而在设计阶段，室内环境质量评分权重在所有指标类别中排位第二，仅次于节能与能源利用指标。由此可见，在国家大力倡导节能减排政策的背景下，提高室内环境质量已成为《绿色建筑评价标准》评价标准中较为重要的内容。

如图3-66所示，室内环境质量包括声环境、光环境、热环境和空气品质四个部分内容。从各条文的分支分配来看，改善室内天然采光效果、改善自然通风效果和采取遮阳措施三类技术分数占比最高，体现了绿色建筑在设计上遵循"被动式技术优先，主动式技术优化"的技术原则。

1. 室内声环境

《绿色建筑评价标准》8.1.1条是控制项，关注通过噪声控制措施所能达到的室内噪声级效果。噪声控制对象包括室内自身声源和来自室外的噪声。本条所指的低限要求，与国家标准《民用建筑隔声设计规范》（GB50118—2010）中的低限要求规定对应。如标准中没有明确室内噪声级的低限要求即对应该标准规定的室内噪声级的最低要求。设计评价时，查阅相关设计文件、环评报告或噪声分析报告；运行评价时，查阅相关竣工图、室内噪声检测报告。

8.1.2条是控制项关注围护结构隔声的能力。外墙、隔墙和门窗的隔声性能指空气隔声性能，楼板的隔声性能除了空气声隔声性能之外，还包括撞击声隔声性能。

本条所指的围护结构构件的隔声性能的低限要求，与国家标准《民用建筑隔声设计规范》中的低限要求规定对应如该标准中没有明确围护结构隔声性能的低限要求，即对应该标准规定的隔声性能的最低要求。设计评价时，查阅相关设计文件、构件隔声性能的实验室检验报告运行评价时，查阅相关竣工图、构件隔声性能的实验室检验报告，并现场核实。

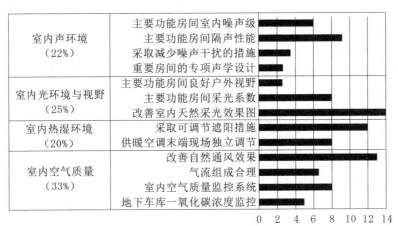

图3-66　室内环境质量各类技术指标总评分值

8.2.1 条是在 8.1.1 条要求基础上的提升。国家标准《民用建筑隔声设计规范》将住宅、办公、商业、医院等建筑主要功能房间的室内允许噪声级分"低限标准"和"高要求标准"两档列出。对于《民用建筑隔声设计规范》一些只有唯一室内噪声级要求的建筑（如学校），本条认定该室内噪声级对应数值为低限标准，而高要求标准则在此基础上降低 5dB（A）。对于不同星级的旅馆建筑其对应的要求不同，需要一一对应。

本条设计评价时，查阅相关设计文件、环评报告或噪声分析报告．运行评价时，查阅相关竣工图、室内噪声检测报告。

8.2.2 条是在 8.1.2 条基础上的提升，对围护结构的隔声性能有更高的要求。国家标准《民用建筑隔声设计规范》（GB50118—2010）将住宅、办公、商业、旅馆、医院等类型建筑的墙体、门窗、楼板的空气声隔声性能以及楼板的撞击声隔声性能分"低限标准"和"高要求标准"两档列出。居住建筑、办公、旅馆、商业、医院等建筑宜满足《民用建筑隔声设计规范》中围护结构隔声标准的低限标准要求。

对于《民用建筑隔声设计规范》只规定了构件的单一空气隔声性能的建筑，本条认定该构件对应的空气隔声性能数值为低限标准限值，而高要求标准限值则在此基础上提高 5dB。同样地，本条采取同样的方式定义只有单一楼板撞击声隔声性能的建筑类型，并规定高要求标准限值为低限标准限值降低 5dB。对于《民用建筑隔声设计规范》没有涉及的类型建筑的围护结构构件隔声性能可对照相似类型建筑的要求评价。

8.2.3 条重点关注建筑中所采取的减噪措施。解决民用建筑内的噪声干扰问题首先应从规划设计，单体建筑内的平面布置考虑。这就要求合理安排建筑平面和空间功能，并在设备系统设计时就考虑其噪声与振动控制措施。例如，变配电房、水泵房等设备用房的位置不应放在住宅或重要房间的正下方或正上方。

此外，卫生间排水噪声是影响正常工作生活的主要噪声。目前民用建筑中大量采用 PVC 排水管，隔声性能较差。使用时产生噪声对使用者产生较大干扰。因此鼓励采用包括同层排水、旋流弯头等有效措施加以控制或改善。使用率 50% 的计算依据为，采用同层排水的卫生间比例（个数或面积）不小于总数的 50%，或排水管采用新型降噪管的数量不少于总数的 50%。

8.2.4 条关注公共建筑中有特殊声学要求的重要功能房间的专项声学设计。公共建筑中 100 人规模以上的多功能厅、接待大厅、大型会议室、讲堂、音乐厅、教室、餐厅和其他有声学要求的重要功能房间等应进行专项声学设计。专项声学设计包括建筑声学及扩声系统设计。建筑声学设计可参考《剧场电影院和多用途厅堂建筑声学设计规范》（GB/T50356—2005）、《民用建筑隔声设计规范》中的相关内容，主要应包括体型设计、混响时间设计与计算、噪声控制设计与计算等方面的内容、扩声系统设计可参考《厅堂扩声系统设计规范（GB50371—2006）中的相关内容，应包括最大声压级传声频率特性、传声增益、声场不均匀度、语言清晰度等设计指标，设备配置及产品资料、系统连接图、扬声器布置图、计算机模拟辅助设计成果等。设计评价时查阅相关设计文件、声学设计专项报告；运行评价时，查阅声学设计专项报告检测报告并现场核实。

2. 室内空气质量

8.1.7 条是控制项，重点关注室内空气中污染物浓度情况适用于运行评价。国家标准《民用建筑工程室内环境污染控制规范》（GB50325—2010）第 6.0.4 条规定，民用建筑工程验收时必须进行室内环境污染物浓度检测：并对其中氡甲醛、苯、氨总挥发性有机物等五类物质污

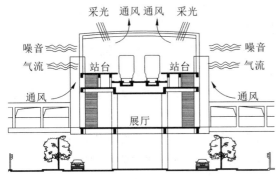

图 3-67 轨道交通通风设计

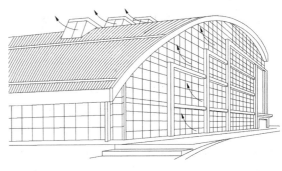

图 3-68 公共建筑自然通风

染物的浓度限量进行了规定。此外，建材中污染物含量控制也是要求的内容。本条在此基础上进一步要求建筑运行满一年后氨、甲醛、苯、总挥发性有机物、氡五类空气污染物浓度应符合现行国家标准《室内空气质量标准》（GB/T 18883）中的有关规定。运行评价时，查阅室内污染物检测报告，并现场核实。

8.2.10 条关注建筑设计是否有利于自然通风。对于居住建筑。主要通过通风开口面积与房间地板面积的比值进行简化判断。此外，卫生间是住宅内部的一个空气污染源，卫生间设置明卫，开设外窗有利于污浊空气的排放。要求一套住宅有一个明卫。如图 3-67 所示，针对不容易实现自然通风的公共建筑（例如大进深内区、由于别的原因不能保证开窗通风面积满足自然通风要求的区域）进行了自然通风优化设计或创新设计，保证建筑在过渡季典型工况下平均自然通风换气次数大于 2 次 /h（按面积计算，对于标准房间如办公室、客房、教室，单侧通风进深不超过 3 倍净高，或者双侧通风进深不超过 5 倍进深的，可按照开孔器面积与房间地板面积比例简化计算）；对于高大空间，主要考虑 3 米以下的活动区域。

如图 3-68 所示，对于公共建筑自然通风效果可通过以下两种方式进行判断：

（1）在过渡季节典型工况下. 自然通风房间可开启外窗净面积不得小于房间地板面积的 4%，建筑内区房间若通过邻接房间进行自然通风，其通风开口面积应大于该房间净面积的 8%，且不应小于 2.3m（数据源自美国 ASHRAE 标准 62.1）。对于标准房间如办公室、客房、教室，单侧通风进深不超过 3 倍净高，或者双侧通风，进深不超过 5 倍进深的情况。

（2）对于复杂建筑，必要时需采用多区域网络法进行多房间自然通风量的模拟分析计算。本条进行设计评价时，查阅相关设计文件、计算书、自然通风模拟分析报告；运行评价时，查阅相关竣工图、计算书、自然通风模拟分析报告，并现场核实。

8.2.11 条关注室内气流组织情况。对于重要功能房间区域，供暖、通风或空调工况下的气流组织应满足功能要求. 避免冬季热风无法下降，气流短路或制冷效果不佳，确保主要房间的环境参数（温度、湿度分布，风速，辐射温度等）达标。对于不同功能房间应保证一定压差，避免气味散发量大的空间（比如卫生间、餐厅、地下车库等）的气味或污染物串通到室内别的空间或室外主要活动场所。

设计评价主要审查暖通空调设计图纸，应有专门的气流组织设计说明，提供射流公式校核报告，末端风口设计应有充分的依据。必要时应提供相应的模拟分析优化报告。运行评价时，应检查典型房间的抽样实测报告。

8.2.12 条重点关注室内空气质量的监控。要求在人员密度较高且随时间变化大的区域设置室内空气质量监控系统。人员密度较高且随时间变化大的区域，指设计人员密度超过0.25人/平方米。设计总人数超过8人，且人员随时间变化大的区域。

对于保证长期居住或停留，人体健康不受危害的室内空气中二氧化碳浓度的限值标准国家标准《室内空气中二氧化碳卫生标准》（GB/T17904—1997）中规定，室内空气中二氧化碳卫生标准值为不大于0.10%（2000mg/m³）。二氧化碳浓度传感器监测到二氧化碳浓度超过设定量值（如1800mg/m³）时，进行报警，同时自动启动送排风系统。

相对于二氧化碳检测技术氡、甲醛、苯、氨、可吸入颗粒物、总挥发性有机物等空气污染物的浓度监测比较复杂，因此本条要求对甲醛等空气污染物。可以实现超标实时报警。超标报警的浓度限值可以依据国家标准《室内空气质量标准》（GB/T18883—2002）的规定。

8.2.13条重点关注地下车库一氧化碳浓度的监测与控制。地下车库空气流通不好，容易导致有害气体浓度过大，对人体造成伤害。有地下车库的建筑，车库设置与排风设备联动的一氧化碳检测装置，超过一定的量值时需报警，并立刻启动排风系统。设定的量值可参考国家标准《工作场所有害因素职业接触限值化学有害因素》（GBZ2.1—2007）（一氧化碳的短时间接触容许浓度上限为30 mg/m³）等相关标准的规定。

一个防火分区至少设置一个CO检测点并与通风系统联动，CO测点布置需反映最不利NO浓度的情况。回风口附近应布置一个。设计评价时，查阅相关设计文件；运行评价时，查阅相关竣工图，并现场核实。

11.2.6条为新增条文，且为创新条文，关注主要功能房间是否采取了有效的空气净化措施。对室内空气污染物的有效控制是室内环境改善的主要途径之一。近些年，我国一些地区秋冬季节由于雾霾天气引起的污染事件屡见不鲜，对人体健康和情绪产生了严重影响。空气处理措施包括在空气处理机组中设置中效过滤段、在主要功能房间设置空气净化装置等，对PM10，PM2.5进行处理。本条设计评价时，查阅暖通空调专业设计图纸和文件；运行评价时，查阅暖通空调专业竣工图纸、主要产品型式检验报告、运行记录、第三方检测报告等，并现场检查。

11.2.7条为创新条文，重点关注室内污染物的浓度值。适用于运行阶段的评价。本条是第8.1.7条的更高层次要求。以TVOC为例，英国BREEAM新版文件的要求已提高至300g/m³，比我国现行国家标准还要低不少。甲醛更是如此，多个国家的绿色建筑标准要求均在50～60g/m的水平。相比之下，我国的0.08mg/m³的要求也高出了不少。在进一步提高对于室内环境质量指标要求的同时，也适当考虑了我国当前的大气环境条件和装修材料工艺水平。因此，将现行国家标准规定值70%作为室内空气品质的更高要求。运行评价时，查阅室内污染物检测报（应依据相关国家标准进行检测），并现场检查。

综上所示，在室内环境质量章中，控制项衔接了现有国标中的强条。如图3-69所示，对于声环境评价，室内声环境指标是评价的关键，围护结构的隔声性能是措施。同时补充了排水噪声、专项声学设计的评价。如图3-70所示，对于室内光环境与视野评价。应重视天然采光质量，兼顾视野。重视采光空间（内外区、地上、地下）和采光效率（DF、眩光控制）的综合提升。对于室内热湿环境评价，注重与节能的衔接，重视个性化被动调控手段和主动式供暖空调调控措施。对于室内空气质量，关注自然通风效果、气流组织、污染物监测与控制措施。

一个好的建筑最大的目的就是满足人的生活工作要求，不仅能够提供较高的舒适度。还要有良好的室内空气质量。而不管是提升舒适度，还是加大新风量改善室内空气质量，都需要能源的支持。这就为中国的建筑节能事业带来了两个矛盾：一个是建筑节能与提升室内环境水平

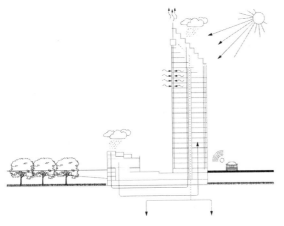

图 3-69　室内声环境

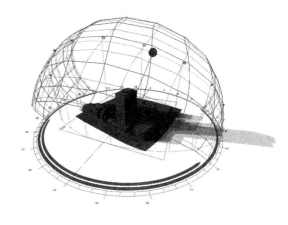

图 3-70　光环境阴影分析

的矛盾，另一个是建筑节能与改善室内空气质量的矛盾。人类对于室内环境和舒适度的要求越来越高，相应的建筑能源消耗就越来越多。

在改善室内环境质量的实践中，绿色建筑应做到与自然和谐共生遵循"被动式技术优先，主动式技术优化"的原则。在满足建筑功能要求前提下因地制宜，尽可能利用有利的自然条件，在建筑规划设计中通过对建筑朝向的合理布置、遮阳设置、建筑围护结构的保温隔热技术、有利于自然采光和自然通风的建筑开口设计等使室内环境接近人的健康和舒适要求并且实现建筑需要的采暖、空调、通风、照明等能耗的降低。当室外气候为极端条件时采用经过优化的高效设备系统，维持室内的舒适空间。

绿色建筑不仅仅是节能环保建筑，还应优先考虑使用者的适度需求，为人们提供健康适用和高效的使用空间。建筑室内环境质量关乎绿色建筑的服务品质，是衡量绿色建筑性能优劣的重要组成部分。在绿色建筑的发展过程中，应重视提高室内环境质量，兼顾健康舒适与节能。

4

建筑节能设计和环境效益分析

4.1 绿色建筑节能设计计算指标

4.1.1 城市建筑碳排放计算分析

在已有的文献中，对大尺度碳排放的研究主要包括美国佐治亚理工学院的玛丽莲·布朗（Mariyn Brown）所完成的美国 200 个都市圈低碳研究等，多半采取由上而下的系统输入输出研究方法，仅估计碳排放在区域发展中的总量，无法针对城市空间内部结构所产生的作用进行解释。采用一种由下而上的空间分析方法，探讨城市内部空间结构以及能耗与碳排放的关系，分析城市规划中最核心的开发密度、土地使用以及城市空间形态等因素如何影响碳排放，提出一个低碳城市设计的政策架构与流程让碳足迹的分析落实到城区及街廓尺度，以形成低碳设计原则。

1. 三种城市空间尺度的碳排放分析架构

为了分析城市空间对建筑能耗和碳排放的影响，本小节选择了三种（城市、街区和单体建筑）城市空间尺度进行了系统分析。

首先在城市空间尺度上，研究人员需要采集城市能耗、统计城市人口数量、分析地区差异并分析城市的用能强度。通过城市空间能耗强度分析，从而获得能耗与人口密度、区域面积等参数间的关系，从而获取社会总量级别的碳排放情况。对于信息采集，主要是通过信息收集的方法进行的，并主要以宏观数据为主题，例如人口密度、城市面积、总能源消耗和人均能源消耗等。

其次是中尺度的碳排放模型，主要为城市街区或者小区空间。对于城市街区和小区的建筑碳排放计算的计算，主要包括两种方法：①根据土地的使用情况进行统计计算，也就是假定某一特定区域上的建筑用能强度相同，不存在差异性；②通过数值模拟的方法进行分析，在分析中可以考虑建筑外形、气候特征、土地使用率以及建筑人员的活动等因素的影响。对比上述两种方法，第一种方法便于实行，但是结果较为粗糙；第二种方法相对复杂，但是结果的可靠性和精确度较高。建筑能耗可以通过自下而上的方法进行计算，首先计算单体建筑的能耗，然后逐级累加。

此外，太阳能的利用程度可以通过 GIS 系统进行直接计算，如图 4-1 所示。因此，可以分析建筑能耗与太阳能接受度的关系，这与城市地理位置、城市规划方式、人口密度以及建筑形态等多个因素密切相关。在信息采集过程中，首先区分建筑类型，将其划分为小尺度空间模型，从而采集其基本信息，进而将其上升到中尺度层面上，进行分析。因此街区的信息管理与评估体系为建筑碳排放统计的核心工作。

最后是单体建筑或者具有统一形体的建筑的尺度模型。在建筑场地上，人们能够更加准确地计算分析太阳能接受度，从而计算单体建筑与太阳能接受度之间的关系。小尺度建筑碳排放模型主要包括绘图、建模和分析三个部分。在建模过程中，小尺度模型对建筑的具体参数，例如建筑高度、面积、类型与体型等的要求较高，如图 4-2 所示。

2. 中尺度的系统分析

本节对中尺度的街区建筑耗能进行了着重分析。在分析过程中，需要考虑城市设计的尺度与描述城市街区的重要信息，例如建筑容积率，土地使用方式，建筑尺寸与街道尺寸等。上述属性同时描述了建筑碳排放的性质与参数情况，用于研究建筑城市空间与碳排放以及能源消耗之间的关系，如图 4-3 所示。

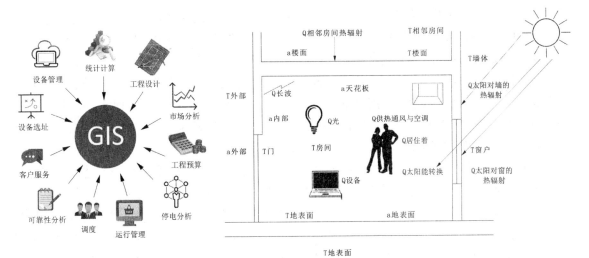

图 4-1 基于 GIS 的公共平台　　　　图 4-2 建筑环境模拟软件 DeST 软件模型

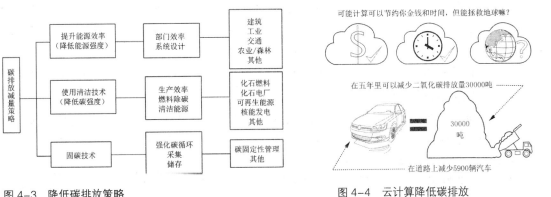

图 4-3 降低碳排放策略　　　　图 4-4 云计算降低碳排放

如图 4-4 所示，参考美国能源部提供的土地利用类型对建筑能耗密度数据的影响关系。基于土地的利用情况以及建筑外形，可以自下而上的计算建筑的能源消耗和碳排放情况。采用这种方法计算建筑碳排放时，只需要关注土地的利用情况及建筑的耗能强度，同一地域上的建筑碳排放只需要采用简单的相乘即可得出。在建筑设计中，建筑层高通常假设为 3.5m，这是参照美国城市环境委员会处理不确定性的建筑数据得出的。

通过上述叙述可知，计算基地碳排放方法有两种：第一种方法是基于土地使用面积的计算方法，在单位土地面积上的碳排放量是固定的；第二种方法是基于建筑类型的计算方法，在计算充分考虑了建筑体型、气候特征、使用方式以及人们的耗能行为等。为了比较分析上述两种方法在计算建筑碳排放时的精确度，有学者对澳门地区的建筑用电量进行了对比分析。通过对比上述两种方法的计算结果，可以得出：方法二能够更加精确地计算预测建筑能耗，其误差水平一般控制在 20% 以内；而方法一的预测结果误差较大，其结果一般会超出实际结构的 1~2 倍。虽然采用方法二的结果精度较高，但是在计算过程中的耗时较长，方法一的运算时间较短，因此在实际的应用中，上述两者均可采用。

3. 小尺度建筑类型的碳排放效能分析

小尺度建筑的能耗与空间参数密切相关，参数主要包括土地使用情况、建筑外形、建筑面积与建筑体积，本小节将对其进行着重研究分析单位面积的碳排放与土地使用情况之间的关系。

以澳门地区为例，民用住宅的单位面积的年耗电量为68度，商业建筑单位面积的年耗电量为246度，办公建筑单位面积的年耗电量为154度，其他建筑单位面积的年耗电量为56度。通过对同一地块上的住宅的碳排放研究发现，建筑外形（诸如低矮建筑、塔形建筑以及庭院建筑）与单位面积建筑能耗没有直接的联系，而居住者的行为、建筑材料与供能设备与建筑的能耗有很大的关系。此外通过对建筑制冷设备（主要包括直接膨胀冷却系统和冷却水系统）进行了比较，在膨胀系统中，主要选用了一体化多区制冷系统；而在冷却水系统中，主要分析了传统变风量再热系统、风机盘管系统和双管系统。

太阳能辐射接收量与建筑外形的关系。人们为了研究建筑物的辐射接收量与建筑体型之间的关系，需要将所有的建筑按照外形进行归类，然后对同类的太阳能辐射量取平均值，从而对比分析同类建筑之间的能耗接收量。通过分析所有外形的建筑发现，阶梯形建筑的太阳能接受量较大，其次是普通阶梯形建筑、庭院式以及三角形建筑。需要指出的是，在实际的建筑空间中，建筑物的太阳能接受量，不但取决于建筑外形，而且还受到周围环境，例如周围建筑高度与外形的影响。

已有的研究发现，对于小尺度的建筑空间，即单栋建筑的比表面积较大，因此可以接受的太阳能辐射量较大，通过太阳能光伏板接收转化的太阳能一般能够满足建筑运行的需求（图4-5），因此可以中和建筑的碳排放。因此在设立建筑节能目标时，需要预测太阳能的利用率占到整个建筑碳排放的比例。也就是说，在城市规划设计中需要同时兼顾某一地区的碳排放和太阳能利用，从而提高环境效益。

在小区空间中，建筑的容积率越高，太阳能板的安装率相应降低，因此减碳率也随着降低。当人口密度较大，建筑的容积率一般较高，通过可再生能源的方式难以降低建筑的碳排放量，因此需要通过设计手段提高其减碳率。

一般而言，在建筑群中，低层建筑的采光性能受高层建筑的影响很大。在人口密度较大的区域，为了提高空间利用率和提供开放空间面积，通常建立高层建筑（图4-6），从而导致低层建筑的采光受到影响。因此在建筑设计过程中，需要注重减少高层建筑对周围建筑和公共活动空间的影响。通过上述建筑空间的节能绩效评估发现，建筑类型、能耗水平、碳排放、太阳

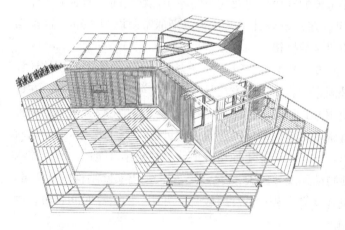

图4-5 太阳能建筑一体化

图4-6 太阳能摩天建筑
资料来源：http://sh.eastday.com/eastday/
shnews/slideshow/20081127_5/
images/00114803.jpg

能利用程度与建筑碳利用程度具有一定的相关性。

在未来低碳城市的发展过程中，政府应该给予政策与经济支持，引入可再生能源的负碳设计机制。因此，需要将低碳城市发展与城市规划设计工作相结合，然后从单体建筑、小区或者街区、大尺度基地建设等多个方面进行空间形态方案的分析评估。因此建立绩效评估低碳指标应与城市设计准则相适应。

4.1.2 既有大型公共建筑节能途径

目前，我国城市建设速度较快，对能源与资源的需求量较大。按照中国建筑能耗模型进行计算可知，我国自 1996 年开始至 2008 年，我国每年的建筑商品能耗消耗量从最初的 2.59 亿标准煤增长到了 6.55 亿标准煤，大约提高了 2.5 倍。我国 2008 年的建筑商品能耗总量为 6.55 亿标准煤（不包括生物质能），约占全社会总能耗的 23%，同时电力耗能量达到 8230 亿 kWh，经过换算可知，其占社会总能耗的 21%。如果将居住建筑以外的建筑看作公共建筑，又可以发现公共建筑的规模对建筑能耗强度的影响很大。特别地，当建筑面积超过 2 万 m^2 时，建筑通常采用中央空调的制冷模式，此时建筑的能耗强度约为那些建筑面积较小不采用中央空调建筑能耗强度的 3~8 倍。此外，建筑规模不同，建筑的能耗特点又有很大的差异性。对于大型公共建筑的节能，需要从节能方向，降低建筑能耗等方面展开。

据统计，我国既有建筑面积达到 480 亿 m^2，大型公共建筑数量约占 10%，居住建筑数量约占 50%，但是公共建筑的能耗水平与居住建筑相差不大。我国财政部、住建部于 2011 年联合实施了《关于进一步推进公共建筑节能工作的通知》，指出：我国将率先在一些城市展开公共建筑节能改造工作；截至 2015 年，我国公共建筑的节能水平提高 20% 以上，大型公共建筑的节能水平提高 30% 以上。目前，我国住建部已经在全国范围内的 40 多个城市中开展了公共建筑节能工作，并确立这些城市为重点改造城市。这些城市在过去两年的时间中，建筑节能改造面积均超过了 400 万 m^2。同时，我国财政部对公共建筑节能项目进行了财政补贴，补贴标准为 20 元 $/m^2$。我国建筑节能协会对节能改造市场的潜力进行了评估计算，如果按照建筑节能改造成本为 250~300 元 $/m^2$ 计算，我国的公共建筑节能市场可以达到 50 万亿元。对住建部提出的 40 座重点节能改造城市进行计算，我国在过去两年间公共建筑节能改造带来的效益可以达到 400 亿元。

1. 更高的节能标准

建筑节能除了具有明显的经济效益以外，还具有重要的社会价值与环境价值，因此建筑节能是兼具经济型和公益性的项目。在实施过程中，只依靠建筑市场的调节是难以是实现的，还需要政府通过节能政策与鼓励措施进行努力推进，实现建筑节能的标准化发展。在建筑节能较为先进的国家里，专门成立了负责建筑节能的机构和部门，从而建立较为完善的建筑节能标准化体制。在过去几年中，我国建筑节能主要取得了以下成果：第一，在"十二五"期间，全国加大力度执行节能标准，完成全国节能 65% 的总量。在部分省市更新建筑节能从设计到施工的标准体系，着手提高建筑节能设计标准，加大节能力度。第二，建筑节能设计的标准主要是通过围护结构保温和气密性能的提高，以及采暖空调设备能效的提高等，来达到减少空调和采暖能源的消耗，对于既有公建节能更多的是用节能产品来替代原来的高能耗产品，所以提高建筑产品的行业标准也是至关重要的。

2. 高效照明

2009年，国家发改委与联合国开发计划署、全球环境基金签订了"中国逐步淘汰白炽灯、加快推广节能灯"项目，计划三年内逐步淘汰白炽灯。高效照明产品应用的同时，控制系统和节能意识也尤为重要，办公场所要杜绝"白昼灯、长明灯"，提倡自然采光办公，养成人走灯灭的好习惯，各公共机构办公场所的楼道、门厅、卫生间等可采用照明自动控制系统、安装延时或感应开关等自动控制装置，消灭长明灯现象。

3. 分项计量

公共建筑的分项计量是指对建筑各用能系统进行单独的能源计量，如空调系统、电梯系统、给排水系统、通风系统照明系统及办公设备系统等。2008年1月1日国务院签署了《公共机构节能条例》中明确指出了公共机构应当实行能源消费计量制度，区分用能种类、用能系统实行能源消费分户、分类、分项计量，并对能源消耗状况实行监测，及时发现、纠正用能浪费现象。各地方政府也出台了相关规定。能耗分项计量系统本身并不节能，但是通过采用分项计量的方法，能够实现建筑能耗的实时监测与管理，从而进行量化分析，掌握建筑物各类负荷水平。基于上述分析，可以对建筑实施基于目标的能耗管理，科学地进行能耗负荷分配，从而提高能耗水平。此外，通过分项计量的方法，可以监控供电系统，并与其他建筑的能耗水平进行比较，从而能够及时地发现问题，解决问题。可以通过这一方式立刻看到节能改造的效果，此外以分户/分单元计量为基础的用能管理方式能够促进末端用户节能意识的提高，对既有建筑实行能耗分项计量实现了建筑节能用数据说话，通过分项计量最终实现对建筑物用能的科学管理，提高电能的使用效率，降低成本。

4. 能效基准比对

近年来，国内专业人士致力于建筑节能领域的工作，取得了一系列成果，但建筑的形式多种多样，影响建筑能耗的因素也非常复杂，对于某一特定建筑，只有确立了该类型建筑的能耗基准，才能作为对建筑节能改造、实施节能措施、采用节能运行模式等方式的节能效果评定的基础，没有这个基础，仅通过对单栋建筑进行软件模拟或能耗测评，都无法精确表达单栋建筑的能效相对于同类建筑的能效水平。目前国内并没有切实可行的建筑能耗基准（图4-7），仅有部分科研机构或高校根据小范围内搜集的建筑能耗数据进行分析。2009—2011年，中国建筑科学研究院采取多种渠道和合作方式，收集了北京11栋大型公共建筑、上海95栋大型公共建筑和630栋全国各大中型城市3星级、4星级、5星级酒店的建筑信息和运行参数等信息，根据数据情况，结合国内大型公共建筑能耗分布特点，针对相关建筑类型分别建立了独立的建筑能耗相关性模型，初步开发了中国建筑能效比对工具（图4-8）。

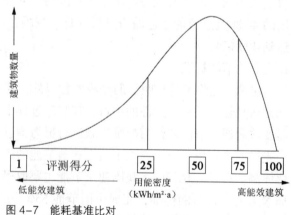

图 4-7 能耗基准比对

5. 能耗审计

建筑能耗审计为建筑节能提供了一种科学的管理与服务方法，如图4-9所示。能耗审计的主要内容（图4-10）包括：①客观地考察建筑单位面积上的能源效率、能耗水平以及经济效果；②定量分析建筑能源的使用状况，审计、监测、诊断和评价建筑的能源效率、能耗水平及其经济、环境与社会效益；③制定相应方案策略，提出节能建议，从而提高政府部分对能源效率和能耗模式的监控。在过去几年中，我国已经实施了办公建筑和大型公共建筑的能源审计项目，从而实现从中央到地方政府的能耗控制。各省市按照建筑节能标准和规范，建立了能耗审计的职能部门，制定了规范化的建筑能耗审计制度，以期达到能源量统计，发现并控制异常能耗项目，准确控制能耗需求，减少能源浪费。通过实施能耗监控，

图 4-8　能效标识与实际市场的对比

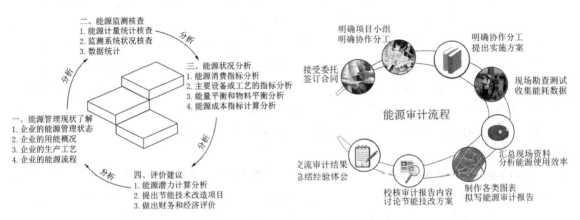

图 4-9　建筑能源审计　　　　　图 4-10　能源审计内容

制定针对性的节能方案，再进行节能改造，实现现阶段我国在逐步重视既有公建的能源审计，能源审计周期的逐步确定，可以随着能耗基准不同，来确认其能源利用水平，并发掘其节能潜力。

6. 系统调试

对于既有建筑的能源系统调试可分为两类：既有建筑物管人员低成本 / 无成本调试和专业机构第三方调试。既有物管人员低成本 / 无成本调试指物业管理人员通过相关数据采集，优化系统及设备使用和相关照明控制，制定并实施针对室外空气参数变化的室内 HVAC 系统维护和管理方案。对既有建筑物的第三方调试，指通过选择专业建筑节能服务机构，检查建筑能源系统，调节风管水管相关参数来确保建筑物的设备安装正确并以最高效率运行，这种既有建筑物调试则需要一到两年时间。目前，我国既有建筑物管人员整体水平不高，对建筑运行还整体停留在保安保洁等领域，即使物管公司完整地收集了建筑运行数据并制定了系统维护方案，在操作层面上其节能效果并不理想；而既有建筑物的第三方调试在我国还处于起步阶段，以系统调试业务作为主业的单位还不太多，调试工作没有标准规范进行约束考核，建筑业主对系统调试的认识还不够，宁可维持系统高能耗病态运行也不愿意花一笔不菲的费用进行调试。目前已

经完成的调试项目主要是一些政府工程和外资企业项目，这也从另一个方面反映了调试市场巨大的潜力。

4.1.3　绿色建筑的低碳设计

1. 朝向

在住宅建筑低碳设计过程中，首要考虑的是选择并确定建筑物的朝向。建筑物朝向的选择的一般原则是既能保证冬季获得足够的太阳辐射热，并能使冬季主导风向避开建筑，又能在夏季保证建筑室内外有良好的自然通风。一般来说，"良好朝向"是相对的，其主要是根据建筑物所处的地区地段和特定的地区气候条件而言的，在多种因素中，日照采光、自然通风等气候因素是确定建筑朝向的主要依据。对于厦门地区而言，决定朝向首要的是夏季的自然通风，次要的是冬季的阳光。

2. 自然通风

良好的建筑朝向，能有效促进室内外空气的流动，从而在夏季改善建筑室内的热环境。如果仅仅考虑增大建筑单体通风角度看，建筑长边与夏季主导风方向垂直的时候，风压最大，但还要考虑到室内人体的降温（室内降温需要最大的房间平均风速以及室内均匀分布气流运动）以及利于建筑群体布局通风角度看，将在建筑后面形成不稳定的涡流区，严重影响到后排建筑自然通风的顺畅。所以规划朝向（大多数条式建筑的主要朝向）与夏季主导季风方向最好控制在30°到60°之间，并且是风向与建筑物墙和窗的开口夹角在30°至120°，尤其是在45°至145°之间的时候，就可以使得建筑物获得良好的自然通风效果。

3. 日照与采光

在厦门地区，由于夏季时间长，太阳辐射强，高度角大，通常表现的是酷暑的炎热。因此首先应考虑到夏季的隔热与遮阳设计，尽量避免朝向东西向，减少东西晒，结合阳台空间、绿化等措施来进一步降低太阳辐射热对围护结构的影响。但是我们在考虑隔热的同时，还需要注意到建筑的日照与采光要求。引入一定的采光将降低室内光电能源的消耗，而日照在建筑冬季表现的将更为需要，一般将建筑的朝向布置在南北向或偏东、偏西小于30°的角度，避免东西向布置，并且在南侧尽量预留出对建筑尺度许可的宽敞室外空间，这样可以获得大量的冬季日照。在具体建筑设计中，我们可以根据计算机模拟技术对建筑各方向的围护结构所接受到的太阳辐射量的分析结果，来以此确定建筑的最佳朝向。在夏热冬暖地区居住建筑节能设计标准中规定，该地区的居住建筑的朝向宜采用南北向或接近南北向。

4. 建筑体形

图4-11所示为绿色泰然大厦。建筑的体形系数在数值上为建筑物与室外空间大气的接触面（不包括楼梯间墙体）与其包围体积的比值，又称为建筑物的比表面积。建筑物的体形系数越小，表示建筑的散热面积越小，其散热水平越低；如果建筑物的体形系数较大，那么单位面积上散失的热量越多，能耗越多。与长条形建筑相比，点式建筑在体形系数控制上更加具备优势。建筑体形与围护结构材料的热工性能是构成建筑物最终热顺势的最主要影响因素，因而建筑体形对建筑物的能耗影响很大。在建筑体型形状的选择中，具备最小外表面的是圆形平面，其次是正方形平面，我们通常将体形系数（外表面积/体积）较小的形式作为建筑合适体形的选择，比如正方体。德国建筑大师托马斯·赫尔佐格（Thomas Herzog）根据这个原理，在1987年柏

林住宅展览会上，设计了一个近似立方体的体形，并以对角线为南北方向放置的8层的住宅。体形系数的控制不仅与建筑形状相关，还与其他各种建筑要素如建筑总高度、层高、建筑进深、层数等相关，体形系数随这些要素呈一定规律发生变化。在具体建筑设计中，要选择与本地区气候适应且合适的体形以保证夏季最小的得热量与冬季最小的失热量。在夏热冬暖地区的居住节能设计规范中规定，单元式、通廊式住宅的体形系数不宜超过 0.35，塔式住宅的体形系数不宜超过 0.4。

图 4-11　绿色泰然大厦

5. 平面设计

平面开口设计。试验证明，住宅建筑南北向开口的位置将影响室内自然通风的气流运动方向，建筑南北向开口轴线上的畅通，能极大改善通过室内的穿堂风（图 4-12）。当平面开口在南北方向上保持一条轴线对开时，在没有室内障碍下，风将进行直线流动，在直线运行线路上，风速大，而其他偏离运行方向上的气流明显减弱。尽管南北开口在一条轴线上时，能增强穿堂风，但对室内气流均匀分布很不利。在夏季室内，我们需要的是均匀的室内空气流

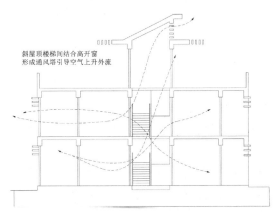

斜屋顶楼梯间结合高开窗
形成通风塔引导空气上升外流

图 4-12　中庭浮力通风模拟图

场，这样才能使气流带动整个室内空气循环，当在平面位置上风向与进风口及出风口位置不在一条轴线上，将有利于形成稳定的室内气流场，均匀分布室内空气风速，如果在平面位置上进行局部开口变化使围护界面与风向存在一定夹角时候，对室内气流的均匀扩散分布将更为有利。在住宅建筑室内风场及风速大小与平面开口面积大小也有很大的关系。当建筑平面开口面积较大时，则形成的室内风场较大，开口小则室内风场小。但是开口面积的大小并不能完全决定室内的自然风效果，而是由进气口和出气口的面积之比来决定，面积比值越小，室内通风效果越好。有实验表明：当进、出气口面积相等时，室内平均风速随进、出风口宽度增加而显著增加。但是窗宽也不能随意增加，当已经达到开窗墙体 2/3 左右时候，室内平均风速增加不再明显，并且当开窗洞口高度超过 2m 后，对人体有影响的室内风速基本不起作用。

平面体形设计。针对单栋住宅建筑平面形体设计而言，建筑形体以直线方向展开与以曲线方向展开对室外自然通风效果、空气的流动走向具有不同的影响。在面对来自相同方向的空气流以及风向投射面宽相同情况下，曲线形建筑的长度相对于直线形建筑而言，可达到最大，其相当于将建筑的迎风面与风向角度进行改变，这样会减弱建筑下风向涡流区的强度和大小。因此曲线形建筑布局相比较直线板式建筑，其形成的风环境状况较好，负压区最小。总的来说，在相同基地面积状况下，平面体形呈圆形曲线形要比方形直线形对室外风环境状况影响程度要来的小，是不同平面形式在相同条件下所形成的室外风环境 CFD 计算机模拟状简图，可以从得出的结果分析得知：建筑边界越接近曲线形或圆形，在建筑背风面形成的风压越稳定，风环

境受影响的程度越小。

平面区域的合理划分。夏季是住宅建筑耗能的主要季节，所以有效的自然通风能很大程度上改善室内的热环境状况，减少夏季空调耗能。而室内隔墙平面组织是影响建筑室内有效通风的主要因素，尤其是对穿堂风的形成。

在室内平面功能布局上，主要房间位于南边，利于夏季通风、冬季采暖；其他辅助用房，因采光要求不高，可置内部。楼层服务核的合理定位可遮阳挡风。如果有可能，比较理想的室内设计方法是使得居住单元内部尽量开敞，尽最大可能满足自然通风要求，除了一些必须分割的空间外，其他单元内部功能空间不作分割，不同功能的划分通过一些"象征性"的界限来实现，例如家具、地面水平高差等。在实际过程中，对于居住单元内部的私密性也是往往需要特别考虑的，我们可以通过两个途径来解决这个问题，其一是将门设计成百叶形式，在阻挡视线的同时保证风能够正常通过；其二是在门的上部，视线无法达到的高度上，安装一个可以开启的窗，这样能使风进入需要良好私密性的空间内部，达到自然通风的目的。如果还要达到听觉私密性的要求，那就只能根据不同空间对听觉私密性要求来进行设计。

6. 剖面设计

开窗洞口剖面位置与室内风环境。考虑到立面开窗洞口在建筑剖面上的位置能极大地影响进入室内气流的方向及分布，我们需要针对这一影响因素进行优化调整洞口的剖面位置。在实际应用中，当在外墙低处设置进风洞口时，气流进入室内，呈向下部运动趋势；当在外墙面较高位置处设置进风洞口时，气流进入呈向上部运动趋势；如果在建筑围护结构上设遮阳百叶或窗体构件时可以有效地改变室内的气流场。一般而言，在1.5m左右的高度，气流对人的活动是最为有利的，也使人感到最为舒适。因此，进风口的位置要与人体舒适性相关，做到设计剖面中进风口的位置要与人的高度相当，还有尽可能在下风向墙面较高的位置设出风口，保证污浊的室内热空气能顺利排出而不滞留在室内空间，还可以积极设置根据需要调整遮阳百叶及挡板风位置，来适应室内空间风场的要求。

建筑剖面形式与通风方式。在建筑通风中，有两种最主要的通风方式，分别是风压和热压通风，有的时候是两者混合结合应用，如图4-13所示。一般来说，有的时候为了达到最大的建筑通风，建筑剖面形式的选择往往是对各种通风方式的呼应。而风压通风主要是由建筑体形、朝向、建筑开启洞口位置、平面进深以及室内净高等要素共同决定，一般对建筑剖面的形式影响不是很大，相对来说，为了利用热压通风来加强室内外的自然通风，从而对建筑的剖面形式设计影响很大。热压通风模式一般是由人的一些活动、太阳辐射热、建筑内部设备运转产生热量，以及外围护结构的辐射热造成室内上下空间存在温度差异形成压力差，引起室内外气流的流动，室内高温气体上升导致底部气压减少，室外空气自底部进来补偿空缺的气压，实现空气

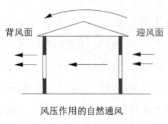

风压作用的自然通风

热压作用的自然通风

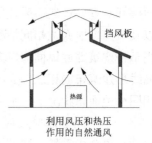

利用风压和热压
作用的自然通风

图4-13　三种自然通风系统

循环流动，如图 4-14 所示。

如图 4-15 所示，在具体建筑设计中，实现
热压通风的两种最基本建筑形式是：通风塔式
与中庭式。其他出现的各种不同建筑形式的热
压通风方式基本上是在这两种模式基础上的变
异及演化。热压通风效果的好坏取决于三个因
素。首先从原理上讲，室内外温差越大，热压
通风效果越明显；其次，从气流路径上讲，室
内外的贯通程度越大，空气流动速度越快；第
三，从空间体积上讲，室内空间越大，气流发

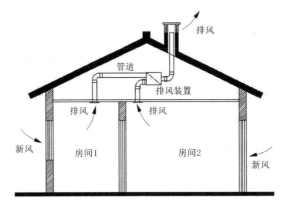

图 4-14　新风系统

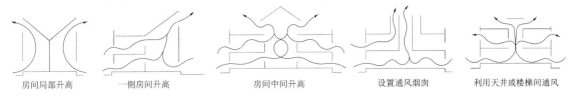

图 4-15　几种不同的热压通风建筑剖面形式

展速度越快，热压作用越明显。在最基本的热压通风的基础上，可以对其立体空间进行改造，
形成不同的热压通风方案。

4.1.4　规划中的建筑局部节能设计

1. 立体绿化与立面色彩

在建筑立面上还可以应用立体绿化，在进行遮阳的同时，加强夏季的自然通风效果。在一
些多层和高层的住宅设计中，可在外墙上隔段设计种植台、花。有条件的，可以在构架上设置
自动喷淋设施，仿照"双层表皮"原理，形成一道绿色屏障，构架与墙面之间的空气潮湿层则
形成通风井，加强了自然通风效果，同时带走了墙面上的热量。对于厦门地区而言，其处于夏
热冬暖地区，该地区的住宅建筑应采用浅色饰面，如浅色粉刷、涂层和面砖等，正确选择建筑
外墙面的颜色也能起到放热作用。

2. 窗户遮阳

从窗户遮阳板的外立面形式上分有水平遮阳、垂
直遮阳、综合遮阳以及挡板遮阳（图 4-16）。每种
对应的遮阳形式适用方位各不同，如水平遮阳板适合
设置在南向，垂直遮阳板则能阻挡窗侧斜射过来的太
阳光线，挡板遮阳位于窗户正前方，遮挡住正射的太
阳光线，而综合式遮阳效果最好，其兼顾了水平遮阳
与垂直遮阳的优点。从遮阳设施在围护结构所处的位
置来区分，可分为外遮阳与内遮阳。在日常生活中，
窗户内部的窗帘就是内遮阳形式的一种，相对于外遮
阳来说，仅仅遮挡住了外面入射的太阳光线，却无法

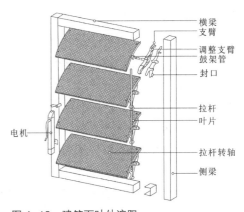

图 4-16　建筑百叶外遮阳

挡住太阳辐射热的侵入，引起室内温度的升高，无法真正做到节能，而外遮阳却能避免大部分热量进入室内。据研究资料表明，外遮阳所获得的节能收益为10%~24%，而用于遮阳的建筑投资则不足2%。从遮阳板在建筑立面上固定与否又可分为活动遮阳与固定遮阳。固定遮阳在夏季的时候遮挡住炎热的太阳辐射热的同时，在冬季也遮挡住了室内生活环境所需要的阳光，在这种情况下，活动式遮阳应运而生，其具有可控性，可根据居住者的需要随意调节遮阳的程度，保证既能遮挡住夏季的阳光，又能在冬季让阳光毫无遮挡地入射进来。

3. 阳台设计遮阳

在建筑立面处理上，阳台的凹凸变化能带来建筑的形式视觉美，同时阳台作为住宅建筑主要的半户外活动空间，功能逐渐走向多样化。夏季炎热，阳台设计一般要求向室内凹进的进深较大，并且为了防止进深过大，造成室内采光的弱化，通常将阳台上空高度依据一定比例放大，通过改变阳台的进深与上空高度的设计设计策略能使阳台形成一种室内外过渡的阴影空间，能很好地遮挡住太阳光的直射，同时减少太阳辐射热对室内的侵入，这一过渡使空间成为人们休憩纳凉的好场所。在具体设计中，一般将外凸阳台与内凹阳台形式相结合，形成半凸半凹的兼顾遮阳与导风功能的新式阳台。既能形成建筑立面变化的秩序美，又能增加阳台上空高度，在满足遮阳的同时，还不影响室内的采光，从而让阳光毫无遮挡地入射进来。

4. 立面导风设计

自然通风对于住宅建筑夏季能耗的降低具有不可估量的作用，一定的自然通风在带走室内炎热的气流同时，能满足人们期望的室内热环境舒适度。在住宅建筑设计中，除了在场地规划、建筑布局、平面合理优化中进行自然通风的引导，还可以在立面设计中进行进一步的导风设计，通常我们可以采取以下几种策略进行立面上的处理来增加自然通风，分别是立面开口处理、设置导风板、屋顶设计。

在住宅建筑进行群体布局时，有时候迎向主导风向的住宅建筑背风向会形成不稳定的风场，这会造成住区内部风环境的不顺畅，大大降低了住宅建筑室内空间自然通风的能力，这对夏季住宅建筑室内环境的散热是相当不利的。然而，可以通过建筑立面上的局部开洞解决这些问题，在迎向主导风向的住宅建筑立阳台。

5. 墙体低碳设计

根据相关研究，屋顶形式不同的建筑自然通风效果不同，一般屋顶在小于45°坡度情况下，坡度较平缓，屋顶室外自然通风效果不甚理想；而坡度大于5°时，则形成的坡屋面正负压力差大，屋顶室外自然通风效果较好，但是对于室内热压自然通风则较为不利，会引起屋面气流倒灌进室内空间，从而与室内上升的热压气流混合，减弱室内自然通风。试验证明，屋面坡度在30°时对室内热压通风最有利于45°，上风向屋面处则完全受室外风压作用对于居住建筑来说，节能率不高的窗框导致的冷风渗透以及高传热系数也能使得建筑的运行能耗大幅度增加，所以应该注重对窗框材料的选择与应用。在具体设计中，要优先选用导热系数小的窗框材料同窗框材料导热系数。在各种建筑使用中，基本主要由三种材料构成：木、铝和PVC。在实际应用中，也有这几种材料的结合运用，包括铝、木复合窗框，铝塑复合窗框，以及在目前建筑中应用比较多的铝合金和PVC塑钢窗。

一直以来大量的砍伐导致市场上的木材价格昂贵，所以最多的还是使用PVC塑钢窗，其隔热、保温和防水性能都比铝合金窗和木窗优良，但是也存在颜色单一、容易变形发黄与框玻比大的缺点，不过在以后的材料技术革新研究开发中能解决这些问题，从而使得以后窗框材料既节能环保又经济有效。未来透明围护结构发展的重要方向是将被动式自然通风与主动式相结合的双层玻璃幕墙窗的应用。相对于中空玻璃窗与真空玻璃窗来说，双层玻璃幕墙窗具备现代控制技术的特点，能够根据通风时机的变化与需求控制通风量。独特的构造特点，将建筑窗户遮阳、保温隔热、采光等功能进行融合，形成可调节的构件、出风口、可旋转的百叶等多重功能构件的集合体，体现了以往各种保

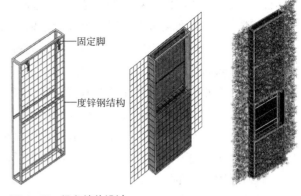

固定脚

度锌钢结构

图 4-17　绿色墙体设计

温隔热玻璃所不具备的优势。试验证明，具有灵活开启风口的双层玻璃窗比固定风口双层玻璃窗及单层玻璃窗户具有更好的热工性能。此外也可以通过绿色植物实现墙体的绿色设计，如图4-17所示。

6. 屋顶低碳设计

在建筑围护结构中，屋顶比其他的围护结构更容易吸收太阳辐射热，是造成室内温度升高的主要界面。所以在设计中要针对建筑屋顶进行专项的隔热保温设计，同时还要考虑到屋顶结构层的负担，不能简单地增厚屋面，经过现代建筑材料的发展与构造技术的变革，开始出现了多种有效的屋顶低碳设计策略（图4-18），分别有倒置式屋顶、双层通风屋顶、阁楼式屋顶、蓄水屋顶、种植屋顶等。

（1）倒置式屋顶

倒置式屋顶是目前在住宅建筑中使用最普遍的保温隔热屋顶，其是将憎水性保温材料设置在防水层上的屋面。其比传统的正置式屋顶有很大的进步，但是仅仅进行简单的材料革新还是不够的，研究证明，双层通风屋顶比实砌倒置式屋顶具有更好的隔热效果。所以在将来的住宅建筑设计中，还需要进行构造技术上的革新，来满足人们对热环境舒适度日益提高的需求。

（2）双层通风屋顶

双层通风屋顶形式分为封闭式双层式及开敞架空式。封闭双层式屋顶一般出现在传统民居建筑中，其做法往往是在纵向椽子的上方先铺望砖，再铺上瓦，瓦片与望砖之间形成空气层，保证夏季屋面通风，降低屋面向室内热辐射的同时增加冬季的保温效果。印度著名建筑师科利

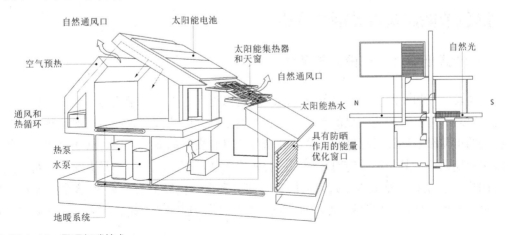

自然通风口　太阳能电池
太阳能集热器和天窗
空气预热
自然通风口
通风和热循环
太阳能热水　N　自然光　S
热泵
具有防晒作用的能量优化窗口
水泵
地暖系统

图 4-18　屋顶低碳技术

亚设计的管式通风屋面与双层通风屋顶的原理类似，一方面是通过屋面层中的空气对流，形成散热机制，另一方面又可以在屋顶上起到辐射热缓冲作用。上述两者之间的通风方式也存在着差异，前者是以风压形成通风，而后者则是通过热压通风促进气流流动。在具体设计中，一旦住宅建筑采取的是坡屋顶，我们可以采用这种屋顶构造形式，进行保温隔热。目前比较常用的一种屋面处理方法是进行屋面的开敞式架空，经过大量的变形处理，现代建筑灵活地运用这种架空式屋顶，大多以遮阳棚架形式存在于屋面、建筑入口及中庭处。在夏季，架空处理后的屋面直接避免了阳光的直射造成顶层空间室内温度的上升，其在顶部形成的阴影也能大量降低室内的温度，如在庭院处设置，则能形成阴凉舒适的交往室外空间。

（3）阁楼式屋顶

阁楼式屋顶其实也是双层通风屋顶的一种，但是其空间较高大，所形成的空间容量也大，从而形成的保温隔热能力会优于双层通风屋面，此种形式非常适合夏热冬暖地区。在屋顶上（例如檐口、屋脊和山墙等）开设通风口，有助于实现室内空气流通和除湿散热。因此，根据通风位置，可以将阁楼式屋顶的通风方式划分为檐口通风、屋脊通风和老虎窗通风等方式。为了适应冬夏两季的气候，可以对阁楼式屋顶进行改造，夏季通风口开启，有助于通风散热；冬季通风口关闭，有助于建筑保温。

（4）蓄水屋顶

通过水分蒸发散热和水体比热容较大蓄热的特点，蓄水屋顶能够起到保温隔热性能。夏季的时候，可以大幅度降低照射在屋顶的太阳辐射热，减少对顶层空间的传热量；冬季的时候，水的蓄热性能特别好，从而起到保温隔热作用。但是蓄水屋顶施工技术要求严密复杂，否则会造成屋面防水失效及耐久性不够等问题，引起渗漏。除了施工技术问题外，还有水的问题，尽量使用中水处理后的水或收集的雨水进行屋面蓄水，在提高屋面围护结构保温隔热性能的同时不消耗其他的资源，真正做到低碳设计。

（5）种植屋顶

种植屋面由于屋面上的植物能很好地削弱太阳照射在屋顶上的热量，是一种防止顶层室内空间过热的一项有效隔热措施。其原理是利用植物的茎叶遮挡阳光直射，能有效减弱屋顶的太阳辐射热，且屋顶的水土蒸发也能带走部分太阳辐射热，总的来说，是一项十分有效的隔热措施。

4.2 绿色节能建筑设计能耗分析

4.2.1 被动式低能耗建筑设计与评估

随着气候变暖和能源消耗，绿色建筑的理念越来越深入人心。绿色建筑除了具有环保和节能的优势以外，还具有较为明显的经济效益和社会效益。因此被动式低能耗建筑甚至零能耗建筑对社会的可持续发展以及环境与经济的和谐发展具有良好的促进作用。低能耗建筑的作用不止仅限于短期效应，其长期效应对环境和社会效应更加可观。同时为了促进绿色建筑的发展，世界各国积极建立和完善节能建筑评估体系。截至现在，世界上已经有30多个国家和地区建立了绿色建筑评估体系。但是被动式低能耗建筑设计手法通常被忽略，在未来还需要对其进行深入研究。

1. 设计理念的提出

20世纪90年代，美国建筑师巴鲁克·吉沃尼建立了被动式低能耗设计方法与体系。这种设计方法对最初的建筑设计和建筑材料使用的要求较高，但是其最终的目的是降低建筑能耗，实现建筑、环境、气候等的和谐统一。目前，被动式低能耗建筑设计方法的能耗方式在于太阳能利用，进而为居住者提供舒适节能环保的空间环境。这与目前建筑节能、可持续发展的理念不谋而合，因此受到了建筑师的青睐。从广义上讲，被动式低能耗建筑设计方法包含内容较多，而从建筑自身来讲，这主要包括光照、建筑热工性能、自然通风等适应性方法。

2. 设计特点

被动式低能耗建筑受气候的影响很小，是迄今世界上最为先进的绿色建筑。这种建筑的能耗水平仅为普通建筑的10%左右，同时兼备保温隔热、密封性好的特点，同时能够很好地利用太阳能资源、自然通风和地热资源，从而实现建筑的采暖与制冷，因此被动式低能耗建筑被称为低能耗建筑和零能耗建筑。由于该类建筑的节能率达到90%，因此受到人们的重视，目前被动式建筑的重要性已经受到人们的普遍关注。

与发达国家相比，我国被动式低能耗建筑研究与应用较晚，在应用过程中存在着很多的欠缺。但是近年来我国的零能耗建筑的发展取得了长足的发展，特别地在第四届太阳能大会召开之后，我国的低能耗建筑已经大量地应用于企业中。如图4-19所示，在过去由于人们过分地强调机械设备在建筑节能中的应用，因此在传统评估体系中，人们更加注重建筑设备的应用，但是采用机械设备调节室内舒适度和降低能耗的效果并不明显，但是通过采用被动式低能耗设计手法能够很好地弥补上述不足，实现建筑低能耗和零能耗的目标。

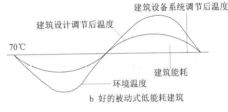

a 建筑对环境温度曲线的改变

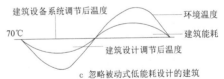

b 好的被动式低能耗建筑

c 忽略被动式低能耗设计的建筑

图4-19 被动式低能耗设计与建筑设备所占比例示意图

3. 评估方法

以生物气候学为依据，匈牙利建筑师威克多·欧尔乔一提出了被动式低能耗设计的评估方法。在评估过程中需要着重设计室外温度变化情况，使之控制在一个较小的波动范围内，从而实现室内恒温条件。另外还需要通过建筑设备来调节室内空间环境，从而满足人体的热舒适需求。在建筑节能设计中，如果片面地着重考虑建筑设备的需求，并不能实现被动式节能设计，导致大部分能源浪费把空气调节在正确的范围内。虽然机械设备能够满足人体的热舒适度需求，但是这与可持续建筑具有较大的差异，并不是真正的节能建筑。

4. 被动式低能耗建筑设计评估方法

（1）评估方法

如图4-20所示，在低能耗建筑评估中，首要任务是将建筑设备系统和被动设计手法区分开来，然后根据他们的贡献分配权重系数。目前大多数国家的评估体系比较重视建筑设备，因此一般的建筑设备系统的权重高于被动式建筑设计手法，而仅在新加坡被动式设计手法的权重高于机械设备的权重。通过将建筑性能和设备性能进行区分，并给予相应的权重系数，能够适

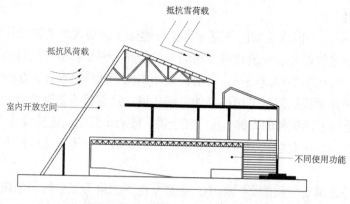

图 4-20　被动式低能耗建筑

应于多种绿色建筑评估体系。此外，又可以根据气候特点和空间地域的差异，科学动态地分配权重系数，具有较高的科学性。此外，每个国家又可以根据其自身的经济状况和风俗习惯，进行适当地调整，从而保证建筑与节能评估方法相适应，得到适合国情的评估方式与比例。

（2）程序

通过权重系数分配之后，然后需要对低能耗建筑的各项指标进行细分。例如在低能耗建筑的设计过程中，需要注重建筑布局、朝向等，这些因素需要通过定性评价；而对于建筑的热工性能、视觉舒适和自然通风等因素，需要通过计算机模拟或者实时监测才能完成。

4.2.2　低能耗建筑的设计研究

建筑节能设计主要考虑两个手段：第一是"开源"，即开发利用自然能源；第二是"节流"，即阻止热量流进或流出室内。因此，具体的方法主要包括建筑本身设计时对自然能源的利用和采暖空调设备系统节能设计以及加强围护结构的热工性能设计。建筑本身的节能设计主要包括对太阳能、自然通风、建筑蓄热和蒸发降温被动式手法以及加强建筑的保温隔热性能的相关手段。主动式的设备系统设计手段主要包括主动式太阳能系统、地源热泵等技术在建筑中的应用。而针对围护结构的热工性能方面，应主要考虑新型保温材料的性能同时发掘传统材料热工性能的优缺点。

1. 低能耗建筑的被动式设计手段

1）被动式太阳能利用设计要点

被动式太阳能设计要点集中在设法争取太阳辐射得热和夜间储热量；提高围护结构保温性能，减少热量的散失上。建筑方案设计时需要考虑建筑的形体、朝向和热质量材料的运用，主要包括以下几种设计手段：

（1）增加建筑南向墙面的面积；房间平面布置可以采用错落排列的方法，争取南向的开窗，建筑的南向立面，其窗墙面积比应大于30%，同时考虑南北向空气对流（图4-21）；此外可以利用建筑的错层、天窗、升高北向房间的高度等使处于北向的房间和大进深房间的深处获得日照（图4-22）。

（2）为了增加建筑的太阳辐射热，建筑通常为南向，其建筑最大偏移角为30°。太阳房的效果与窗户的朝向具有很大的关系，随着建筑偏转度，建筑的辐射热得热逐渐降低。根据计

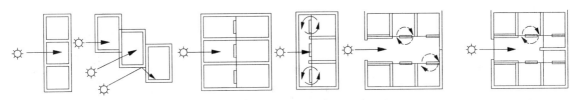

图 4-21　大进深房间争取南向太阳能得热的平面布局

图 4-22　进深房间争取南向太阳能得热的剖面布局

算，建筑物门窗 30° 的范围内，其耗能水平会提高。

（3）为了防止室内空间的辐射得热，通常情况下，会在建筑结构中采用蓄热性较大的材料，例如钢筋混凝土材料、砖石和土坯材料等。在白天有光照时可以通过这些材料吸收一部分的辐射热量；而在没有光照时，又可以向外散发一部分热量，从而能够对室内温度实现动态调节，避免室内的温度波动。试验证明，直接暴露于阳光下的蓄热材料比普通材料的热量储存能力高于四倍。

2）建筑蓄热与自然通风降温设计要点

基于建筑围护结构的蓄热性与自然通风降温的特点，可对夏季日温差大的区域进行建筑降温。一般地，白天室内温度较高，通过建筑围护结构的蓄热可以阻隔热量进入室内，但是白天自然通风会导致室内的温度提高，因此需要关窗，完全采用围护结构的蓄热性进行降温。到了夜间，室外温度下降较快，可以通过自然通风的方式降低室内外温度，并提高室内空气的清新度。

（1）建筑围护结构采用具有足够热质量的材料，墙体以重质的密实混凝土、砖墙或土墙外加具有一定隔热能力的材料为佳，提高围护结构的蓄热性，通过吸收室外传来的热量降低室外温度波动，降低最高温度值。

（2）在室内均匀布置热质量材料，使其能够均匀吸收热量。夜间有足够的通风使白天储存在材料内的热量尽快散失，降低结构层内表面的温度。

（3）建筑物宜与主导风向成 45° 左右，并采用前后错列、斜列、前低后高、前疏后密等布局措施。

（4）尽量在迎风墙和背风墙上均设置窗口，使能够形成一股气流从高压区穿过建筑而流向低压区，从而形成穿堂风（图 4-23）。在建筑剖面设计中，可以利用自身高耸垂直贯通的空间来实现建筑的通风，常用的利于通风的剖面形式有跃层、中庭、内天井等，也可通过设置通风塔来实现自然通风。

3）蒸发降温设计要点

夏季酷热、降雨量多、室外温度高于 35℃ 的天数多达 97 天的地区，建筑需要利用蒸发冷却降温。采用这种方式，需要引导室外空气进入冷却蒸发塔，继而流入室内，降低室内的温度，因此这种降温设计方法又称为冷却塔法。一般情况下，冷却塔置于建筑物的屋顶上，在其进风口处需要将垫子浸湿，因此当室外的热空气进入室内时，干燥空气吸水的同时，也会蒸发降温，使得冷空气下沉进入室内。同时也可以将室内的热空气排出室外。当室外温度低于室内时（夜

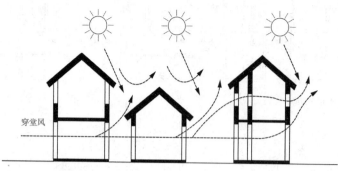

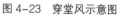
穿堂风

图 4-23 穿堂风示意图

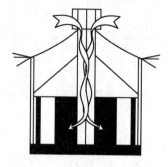

图 4-24 蒸发冷却塔剖面图

间），冷却塔又可以作为热压通风的通道，进行夜间通风（图 4-24）。冷却塔在屋顶的上面吸入空气，它们可以与热干旱气候的紧凑形式、院落式布局良好结合。

另外可用水作为冷媒，通常在屋顶上实现蒸发冷却。带有活动隔热板的屋面水池就是这种方法的特例。也可利用蒸发及辐射散热的作用使流动的水冷却，此时冷却的水可贮藏于地下室或使用空间的内部。冷水由贮藏空间经过使用空间再回到进行冷却的地方。

4）建筑防风设计要点

在冬季建筑容易受到寒风的影响，建筑室内温度降低。因此需要考虑建筑的冬季防风，这主要是采用防风林和挡风建筑物来实现的。可以推算，一个单排高密度的防风林，在距离建筑物的 4 倍高度处的风速能够降低 90%。在冬季，这可以减少 60% 的冷风渗透量，从而可以减少 15% 的常规能源消耗。具体的放风林布置方式取决于植被的特点，高度、密度和宽度等。通常情况下，防风林背后最低风速出现在距离林木高度 4 到 5 倍处。

在较寒冷地区（设计 1 至 3 区）应减少高层建筑产生的"高层风"对户外公共空间的不舒适度影响：高层建筑形体设计符合空气动力学原理。相邻建筑之间的高度差不要变化太大。建筑高度最好不要超过位于它上风向的相邻建筑高度的 2 倍。当建筑高度和相邻建筑高度相差很大时，建筑的背风面可设计伸出的平台，高度在 6~10m，使高层背后形成下行的"涡流"不会影响到室外人行高度处。

5）建筑遮阳设计要点

遮阳是控制透过窗户的太阳辐射得热的最有效的方法。研究表明，大面积玻璃幕墙外围设计 1 米深的遮阳板，可以节约大约 15% 的空调耗电量。另外，室外遮阳构件又是立面的一个重要构成要素。

在进行遮阳设计时，需要考虑遮阳形式和尺寸。遮阳的形式分为永久性遮阳和活动遮阳，其中永久性遮阳分为水平遮阳、垂直遮阳、综合遮阳和挡板式遮阳。根据需遮阳窗户所处的方位，应选择不同的遮阳形式。而确定遮阳设计时，首先需要确定一些设计参数：需要确定遮阳的时间，即一年中哪些天，一天中的哪些时段需要遮阳？根据遮阳时间提出合适的遮阳形式。

2. 低能耗建筑的围护结构

根据建筑的气候控制原理，良好的建筑外围护结构设计会降低室内舒适环境对于人工设备的依赖程度。建筑外围护结构作为室内与外界环境间能量流通必经媒介，通过热传导，空气对流和表面辐射换热三种热传递方式进行能量交换。同时合理的自然光的引入也会降低人工照明设备的使用。基于在不同气候环境下，对于热量传递三种方式采用何种控制，对于自然采光如何引入，成为外围护结构设计的基本思路。按照气候分区，围护结构的设计原则主要有：

（1）在寒冷气候条件下，为了尽量减少建筑的失热量以维持舒适的热环境，可通过加强外围护结构热阻、增加围护结构墙体厚度，使用蓄热系数高的墙体材料等方式减少由围护结构所产生的热损失。同时强化门窗的气密性，减少冷风渗透的影响，也可以降低室内的能耗。再者，考虑被动式太阳能的利用，适宜的开窗既能将阳光引入室内满足自然采光要求，亦可以和材料的良好的蓄热性能结合达到采暖目的。

（2）在炎热气候条件下，围护结构的设计就要考虑到隔热设计，以减少热量向室内的传导。再者，在合理布置窗和洞口的前提下组织自然通风，尤其是利用夜间通风降温，可以大大减少夏季的空调负荷。同时，良好的门窗气密性也可防止在过热季节的热风渗透。为了防止过多的太阳辐射进入室内，门窗部位采用各种必需的遮阳方式也是有效的控制环境的策略。此外，屋顶和外墙壁利用遮挡或是采用较强反射能力的材料或是色彩，都能起到降低太阳辐射影响的作用。

目前，随着我国节能规范、标准的更新，对建筑围护结构的热工性能提出了越来越高的要求，因此而不断地研制开发出了多种新型的节能材料。与此同时，不同地区的不同传统建筑围护结构同样具有良好的热工性能。以生土材料围护结构为代表，这些传统材料体现了传统建筑的生态观。

3. 建筑材料的选择

1）新型节能材料性能与选择

与我国的传统材料相比，新型建筑材料具有很多的特点，轻质高强、保温节能、装饰节土等特点，因此得到广泛的应用。按照新型建筑材料的材质，可以将其分为天然材料、化学材料、金属材料和非金属材料等。按照其功能有可以将其分为墙体材料、饰面材料、门窗材料、保温隔热材料（图4-25）、防水材料和密封材料等。对于低能耗建筑来讲，新型建筑材料中保温隔热材料的使用是

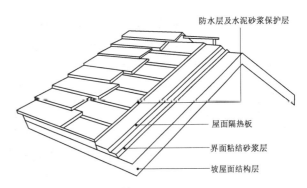

图4-25 保温隔热材料

实现其"低能耗"的关键。保温隔热材料是以减少热损失为目的的材料，目前较为广泛使用的有很多种，主要有矿物棉及其制品、玻璃棉及其制品、膨胀珍珠岩及其制品、加气混凝土及其制品、节能玻璃及其制品、泡沫塑料、复合板材等。

随着可持续发展战略的深入发展，相信会有更多的新型保温隔热材料出现，低能耗建筑节能效果将会进一步提高，将会给人类带来更加舒适的工作和生活环境。

2）传统生土材料的性能

从可持续发展的角度来看，因地制宜地就地取材是建筑节能的主要手段之一，因此人们对传统"生土"建筑材料的重视程度提高。研究表明，西北地区的生土是最具有发展前景的绿色建筑材料。生土建筑主要分布于我国的西北地区、黄河中上游等区域。由于该地区的经济发展滞后，植被资源贫乏，水土流失严重，生态环境脆弱。因此人们在长期的生活中，基于环境和气候，做出了适应性的调整，建造了具有民族特色的生土建筑，包括藏族民居、回族民居、维吾尔族民居以及汉族民居等。我国南方地区的人民也极具智慧地建造了土楼，采用土坯和土墙形成了围护结构，屋顶则是就地取材由木材、杂草和土体拌合而成。在黄土高原地区，人们在

断崖和平地上建造窑洞，具有冬暖夏凉的特点。我国传统的生土建筑，是我国人民在长期的生活中，对气候做出的适应性的调整的结果。

4. 低能耗建筑的设备系统设计手段

低能耗建筑设备系统主要包括主被动太阳能、热泵系统、VRV系统、VAV系统、蓄冷系统等，但是在运用各个系统时，要根据具体的情况而定，否则低能耗设计系统就成了高费用运行系统了，所以要实现低能耗的手段必须合理设计低能耗设备系统。现介绍一下各个系统的设计原则。

1）主动式太阳能系统的设计要点

太阳能资源取之不尽，且无污染，但是我国太阳能资源分布不均匀，且太阳能资源波动很大，在利用过程中要注意因地制宜，因时制宜。主动太阳能在运行中需要机械动力进行强制循环，把太阳能加热的工质（水和空气）送入蓄热器，再从蓄热器通过管道与散热设备输送到室内，进行采暖。工质流动的动力由泵或风机提供，其形式包括太阳能热水、太阳能采暖、太阳能空调等（图4-26）。

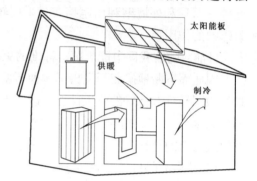

图4-26 太阳能与燃油锅炉结合系统

（1）太阳能热水。根据用户的要求，即用水温度、用水量、用水时间及用水方式、当地的气象条件、建筑场地条件、经济核算等，因地制宜地作综合分析，选择合适的系统。系统选择建议：集热器面积小于50m² 的小型系统，若管理力量薄弱，房屋结构允许承重，宜采用自然循环式；集热器面积大于100m² 以上的大型系统，宜首先考虑强制循环式；对于希望能尽早得到热水使用的用户如餐厅等，一般系统不要大，通常在50m² 以下，可选用直流系统。甚至可以不用电磁阀，手动操作；严寒地区要考虑防冻措施，在强制循环中首先考虑落水式排空防冻，大型的系统可以用水箱的热水进行循环进行防冻或者加伴热带；根据经济分析比较，选择合理的集热器或者系统。

（2）太阳能采暖。首先要进行前期的可行性分析比较再决定，由于太阳能采暖对建筑、地理气候条件、辅助能源方案等因素有很大关系，且初投资往往很大，所以在进行太阳能采暖设计时，要综合考虑各个方面因素之后再确定。再次，在做太阳能采暖设计时，尽量首先考虑主被动相结合形式。最后要求运行稳定，运行费用低。

2）热泵系统的设计

热泵由于其可以实现低位热能产生高位热能，热效率高的特点深受人们的关注。热泵根据热源来分，可以分为空气源热泵、水源热泵、土壤源热泵。然而正是由于不同热源形式使它在使用过程中要因地制宜，不可盲目推广。

（1）空气源热泵。空气源热泵以空气为热源，且取之不尽，不污染环境，可以全年运行，且安装和使用方便。但由于其性能受到室外气象条件的影响很大，制冷量和制热量难于和建筑的冷热负荷相对应，且还有结霜问题。通常应用在我国长江以南地区，气候特点：夏热冬暖地区。在北方寒冷地区，容易出现结霜，效率低下，且随着室外温度的降低，机组的性能变得越来越差。通常设计原则是推荐在冬季室外温度不太低的地区中的一些中小规模的办公楼中。

（2）水源热泵。如图4-27所示，水源热泵是利用水作为冷热源。通常有两种形式：一种是水-水换热，一种是水-空气换热。水源主要有天热水源（如深井水、江河水、温泉水、海水）、自来水、工业废水、污水和冷却塔循环水等。水源热泵由于受到水源的水质、水量、水温的限制，应用不及空气源热泵。海水源热泵由于海水硬度高、腐蚀性强，为确保运行的安全可靠，必须采用特殊材料的换热器后加装辅助清洁设备等，解决换热器腐蚀问题。设计原则：适用于建筑物内区有热量且外区需要供热的场合；单纯的供热供冷的水源热泵是不合理的；冷热负荷比较均匀的大型商场等；有低品位且稳定可靠的废热利用的场合；建筑物内

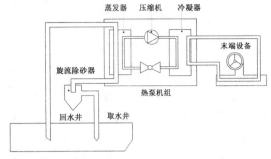

图 4-27　水源热泵工作原理

同时有制冷和制热，且制冷量不大，又要求独立计量电费，使用时间不一，个别房间或区域经常在夜间或节假日独立使用的建筑。

（3）地源热泵。地源热泵是以大地为冷热源，因此具有一定的地域性。通常情况下，通过热泵系统和大地温度恒定的特点，可以将建筑物的冷热负荷控制在较为平衡的范围内。在一年中，大地夏季接收的热量与冬季为建筑提供的热量相平衡。从地域上讲，我国的华北地区、华东地区以及与之相同的纬度带之间的区域适合采用地源热泵技术。从地源热泵的经济上讲，上述区域的地热利用率较高，经济性较强，而在上述区域之外的地方，地源热泵的使用价值不高，这主要是由地源热泵系统的冷堆积和热堆积现象造成的。2003 年在深圳地区出现地源热泵热堆积的案例有 2 例；而在 2006 年江都也产生热堆积现象。上述方案在论述过程中，由于热量不平衡的原因未能通过可行性评估分析。为了提高地源热泵的应用，有些方案可以通过组合形式提高地源热泵的使用面积，从而使得我国南方和北方的资源得到充分利用。这些组合方案经过地源热泵的主机和转换器实现负荷的转移利用，即使用附加装置使用热源和冷源。通过组合型地源热泵的使用可以减少热量堆积、又可以减少地源热泵的运行成本，从而降低地源热泵项目的投资。

3）VRV 空调系统的设计

VRV 空调系统由于其可以根据系统负荷变化自动调节压缩机转速，改变制冷剂的流量，保证机组以较高的效率运行。在安装过程中节省建筑空间、施工安装方便、运行可靠，可以满足不同工况的房间使用要求。

4）VAV 空调系统的设计

VAV 空调系统可以分区温度控制，使能量合理利用；采用 VAV 系统可以减小设备容量，运行能耗减低；VAV 系统的末端装置布置灵活；维修工作量小。

5）地板辐射采暖系统设计

低温热水地板辐射供暖是一种节能并可有效调节房间小气候的供暖方式。它有热舒适性高、节能、运行维护方便、不占用使用面积、卫生、无污染、寿命长等优点，在欧洲已有几十年的历史，并在世界许多国家和地区得到广泛应用。近几年来，节能和分户热计量已成为我国建筑节能的任务和目标，低温热水地板辐射供暖系统的应用将对此起到积极的推广和促进作用。

由于低温热水地板辐射供暖系统具有上述优点，越来越多地应用在住宅、别墅、商场、展览馆、游泳池、车库等建筑以及室外路面、户外运动场的地面化雪等工程中。该系统虽然已被广泛应用，但一方面由于设计、施工人员不能严格执行设计规范，另一方面由于规范、技术规程本身不够完善、合理，在工程实际中存在较多问题。设计中的常见问题有以下几点：

有时会出现供暖房间过热的情况。出现这种情况的原因主要有两种：一是设计人员设计时

热负荷计算偏大；二是早期的地暖工程许多是地暖安装公司直接施工的，其施工时不管房间的大小、位置及外围护结构保温效果如何，加热管之间的间距统一按固定间距（如200mm）安装，势必造成某些房间偏冷，某些房间过热。对于热负荷的计算问题，地板辐射供暖由于存在辐射和对流换热的综合作用，对房间供暖形成较合理的温度分布和热辐射作用。据国外文献记载，室内平均温度19℃~21℃的低温热水地板辐射供暖房间的热舒适性可等效于平均温度24℃的传统散热器供暖房间。因此在等效热舒适性条件下，设计低温热水地板辐射供暖的室内计算温度可比传统对流散热器供暖系统低2℃~3℃。同时，低温热水地板辐射供暖系统也不存在室内空气通过地面或地板向外的传热，因此低温热水地板辐射供暖系统的热损失大为降低。

　　6）地板辐射供冷系统设计

　　如图4-28所示，与地板辐射采暖一样，地板辐射供冷系统中地板主要通过辐射和对流作用与房间进行热量交换。因此在地板辐射供冷系统设计中应注意的问题也与地板辐射采暖系统基本类似，但是与地板辐射采暖系统设计时不相同注意事项的主要有以下几点：

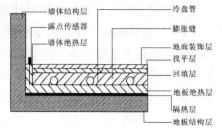

图4-28　地板辐射供冷系统

　　（1）结露问题

　　在地板辐射供冷系统启动阶段，地板下的水管首先将地板温度降低，地板表面通过辐射换热和自然对流换热的形式将室内空气的热量带走。此时，室内空气温度和含湿量较高，空气露点也较高，显然，地板降温较快而室内空气降温较慢，且室内空气露点在无除湿设备时维持不变，当地板表面温度降到室内空气露点以下时，地板表面就会结露，尤其对于湿度较大的沿海城市，问题更加突出。

　　置换通风可考虑用于地板表面除湿的可能性。由于地板辐射供冷的结露位置是地板表面，而此时室内空气的温度依然较高，空气湿度也远远未达到饱和状态，可以向地板表面进行置换送风，不断输送低露点空气，使地板表面附近空气露点低于地板表面温度，则地板表面的结露问题也可以解决。但是要受诸多因素的影响：不同地区的气候差别；地板辐射供冷启动的时间；启动过程的长短以及地板表面设计温度等。如果借鉴仿真实验小室，对辐射供暖和供冷效果进行的测定结果表明：空气露点温度大体在19℃左右，进出水平均温度7℃时可降温约12℃；进出水平均温度约15℃时降温近7℃。水温与地面温度、室内空气温度之间的关系受室外温度影响，难于简单分析其数量关系，但根据实验结果推断：即便露点温度高至25℃，仿真实验小室温度也不会超过28℃。

　　（2）舒适性问题

　　影响地板供冷的舒适性因素为：横向和竖向的温度及温度均匀性、气流的均匀性和地板温度引起的脚部的感觉。实验表明：在距地面1.1m处（坐着的人的头部）和0.11m处（踝部）设置探测元件并调查人员在不同竖向温度梯度下的舒适感，得出的结果是：人员待90min和180min的，当温差超过3℃时，5%以上的人感到不舒适。国外实验室也曾做过测试：让被实验者在23℃环境温度下静坐1h，使离地面30cm处温度低于17℃，风速保持在0.12m/s左右。结果证明，脚和小腿仅对空气温度敏感而对空气流动不敏感。因此地板供冷的房间竖向温度场分布均匀，在温度梯度为1.5℃~2℃，管路布置合理的前提下，房间横向和竖向的温度梯度主要取决于负荷变化，而空气在保证不结露的温度梯度下的流动有利于人体舒适感，有研究表明：距地面10cm处的空气流速不超过0.3m/s时，不会造成不舒适。由于不同国家、不同生活习惯的差别，以及所穿鞋袜的不同，很难确定一个地面舒适温度界限。一般而言，当地板温度低于18℃时，多数被测试者不满意；而且地面材料仅对赤足者有影响，对穿鞋者影响很小。

4.3 绿色节能建筑热舒适性分析

4.3.1 热舒适度的主要理论研究

1. 热舒适度的基本概念

如图4-29所示，人体的热舒适度取决于室内环境，即室内温度，相对湿度以及气流流动速度。只有这些因素处于最佳的组合状态时，人体才会得到最佳的舒适感，即最佳的热舒适度。研究表明，人体的最佳热舒适度范围为：冬季温度为18℃~25℃，相对湿度为30%~80%；夏季温度为23℃~28℃，相对湿度为30%~60%，同时要求室内气流流动速度为0.1~0.7m/s。目前对于大部分住宅建筑中装有空调设施，其最佳舒适度范围为：温度范围为19℃~24℃，相对湿度为40%~50%。考虑到温度对人体脑力劳动的影响，热舒适度的最佳范围为：温度18℃左右，相对湿度为40%~90%（图4-30）。在上述范围内，人体通常能够保持良好的精神状态，其工作效率较高。

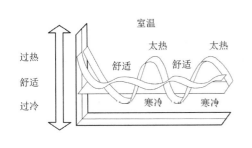

图4-29　热舒适度

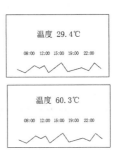

图4-30　温湿度监控系统

人体向周围环境的散热方式主要是通过传导、辐射、对流和蒸发。由于人体是恒温的，如果人体放出的热量大于其新陈代谢所产生的热量，人体就会感觉到冷，相反，如果人体向环境释放的热量小于新陈代谢所产生的热量时，热量就会积聚在人体内，人体就会感觉到热。人体在不同的活动形式，人体的新陈代谢率是不同的，人体在热平衡破坏时，可以通过人体的新陈代谢调节机制，主要是通过控制人体出汗蒸发来实现的。室内空气的温度、湿度，以及空气流动速度对于人体出汗蒸发散热影响很大，而这些物理数据的合适与否会直接影响到人体出汗蒸发量是否处于一个舒适的范围内。这些因素共同决定了在某一特定环境下人体的热舒适度。

当我们把建筑物看作防御室外风雨的掩体的时候，建筑的一切基本行为就是面对各种大气因素的影响，建筑外围护结构的基本功能就是为满足居住者的舒适要求。适宜的人体热舒适度不仅可以为人们提供一个良好的工作生活场所，而且可以避免各种疾病的发生和传染，室内是人类生活的主要场所，室内热舒适度对人体健康状况有很大的影响。良好而温馨的生活环境和适宜的室内热舒适度，对于机体的休息、保养和健康状况的改善具有重要作用。很难想象在一个空气污浊，高气温（低气温）、高气湿（低气湿）和空气流动性差的环境中，人会有一个良好的精神状态和健康的体魄。

2. 影响人体热舒适度的因素

1）主观因素

同样的热舒适度对于不同的人有不同的主观感受，这是由于热舒适度对人体的影响不只靠物理环境，主观的因素也同样重要。热舒适度的主观因素主要是指人体的新陈代谢和衣着情况。主观因素是我们在改造中区别不同建筑的主要依据。

新陈代谢率。人体的新陈代谢率对人体对热舒适度的反应和适应能力有很大的影响，人体的新陈代谢率的不同，会让他们向体外散发热量的能力不一样。新陈代谢率高的人，会向人体外散发更多的热量，抵御低温的能力强，但不耐高温。这从不同年龄和不同性别对热舒适度的不同主观感受就能看得出来。年轻男性的新陈代谢最为旺盛，更加能够抵御相对低的温度，但是对于相对高的温度，他们更会觉得闷热，而老年女性对于低温相对敏感，相对高的温度却不会给他们带来不舒适的感觉。

衣着情况。对于热舒适度对人体的影响，还有一个方面就是衣着情况。衣着情况可以将人体向体外散发的热量储存起来或者阻隔人体向体外发散热量，从而变相地提高人体抵御寒冷气候的能力。不同的使用功能间的使用者他们的衣着情况有很大的不同，抛开工业建筑不谈，光是民用建筑就有很多不同，比如居住建筑、办公建筑、其他公共建筑他们的使用者的衣着情况就有很大的不同。相同的建筑不同的房间，他们的使用者衣着情况也有很大不同，比如同样是住宅卧室和客厅就应该有不一样的温度，病房楼的走廊和病房温度也应该不一样，这是因为卧室和病房的使用者大多数衣着单薄。

2）客观因素

客观因素主要是指热舒适度的一些物理指标，诸如室内空气温度、空气相对湿度、空气流通速度等，这些物理指标都是对热舒适度影响重大的直接因素，同时也是对人体感受影响最重要的指标，它们和主观因素共同决定了人体对热舒适度的感受，共同决定了人体在一定的热舒适度是否会感觉到适宜。

空气温度。温度是热舒适度最主要的因素，直接决定人体是感觉到冷还是热。空气温度的高低直接决定皮肤向室内空气传热量多少，直接决定人体表面的蒸发量。过高和过低的温度对于人体都是不舒服的，过高的温度会让人体不能大量向体外发散新陈代谢所产生的热量，会导致人体大量的出汗，通过加大蒸发来达到降温的目的；而过低的温度，人体的新陈代谢所产生的热量不足以维持身体的恒温，从而必须缩小毛孔，减少排汗量。过高或者过低的温度都会给人体带来不适应，人体最为适宜的室内气温为 24℃ ~28℃。

空气相对湿度。空气的相对湿度对于人体的热舒适度影响也很大，高的相对湿度会让人感觉很闷，体表会感觉到粘；而低的相对湿度会让人呼吸起来很不舒服，对于有上呼吸道疾病的人还会引起哮喘、咳嗽等并发症状，低的相对湿度还会让空气中有大量的浮尘，进一步的污染室内空气。对于我国北方地区，由于冬季降水很少，比较容易出现问题的是室内相对湿度低，空气干燥。冬季室内合适的室内空气相对湿度应为 40%~80%。

空气流动速度。前面谈到空气温度和空气相对湿度都是直接影响人体感受的物理指标，而室内空气流动速度是间接的通过空气温度和空气相对湿度来影响人体的热舒适度。合理的空气流动速度不仅可以使室内温度场和相对湿度场相对均衡。不仅如此，适宜的空气流动速度还可以增加人体体表的蒸发量，严格来说，不管冬季还是夏季，人体都需要不停地向体外散热，合适的空气流通可以给人以清新的感觉。

空气流动可以将人体散发的废气带走，可以降低人体周边的二氧化碳浓度对于提高室内空气的清洁度也有很重要的意义。但冬季室内的空气流动速度也不宜过快，0.2~0.5 米 / 秒是一个人体能感觉得到的比较舒适的空气流动速度，但人体不宜长期处于有风的感觉下，所以要控制室内空气流动速度，长期有人的空间室内空气流动速度应该更低一些。

3. 热舒适度的目标

1）舒适是室内热舒适度控制的基本目标之一

自从有了人类以来，人类就在追求舒适的室内热舒适度，从远古的穴居到现在的各式各样功能不尽相同的建筑，随着建筑种类的越来越细化，人们对热舒适度也追求越来越高。舒适对于热舒适度来说，就是适宜的空气温度、适宜的空气湿度、适宜的空气流动速度。

2）健康是室内热舒适度控制的理想标准

随着时代的发展，人们比以往任何时候更加关注周围的环境是否健康，作为人长期停留的室内空间，这个空间是否健康更加值得人们关注。对于室内的热舒适度光有适宜的空气温度、空气相对湿度和空气流动速度还不够，还需要室内的空气是干净、清洁和无毒害的。试想一下，一个污浊不堪、大量细菌存在、有毒有害气体充斥的室内环境，适宜的空气温度、湿度这些物理指标对于人体已经变得没有任何意义。在注重适宜的同时，必须保证一个健康的室内热舒适度。

3）高效节能是发展的趋势

大家都知道，我国是一个人均能源很少的国家，节能是我们发展的唯一途径，为了使发展有更多更好的空间，就决定了在我国无论做任何事情都必须是节能和高效的。不节能的技术和措施在当今社会是没有竞争力的，对于室内热舒适度的改善也是一样，一种技术不能做到高效和节能，就不应该推广和发展，必须通过改良和升级达到相应的节能标准。如图 4-31 所示为中外高效节能建筑的设计案例，为马斯达尔学院。

图 4-31　高效节能的马斯达尔学院

4. 我国采暖期热舒适度存在的主要问题

1）采暖过度或者采暖不足

冬季由于接受太阳辐射的不同，经常造成南侧房间过度采暖，而其他房间则采暖不足，导致南侧房间气温过高，其他房间气温过低。南侧房间过热导致人们更多的开窗降温，不但白白损失大量的热量，而且让室外的灰尘进入室内，污染了室内的空气。

此外，北侧的房间得不到日照，再加上气温较南侧房间低，使得北侧房间使用者的心理会觉得很不舒服。

2）空气流动性差、污染严重

我国北方地区，不管是从使用者心理上还是建筑师的设计初衷，都是为了提高建筑冬季抗严寒能力，所以十分注重建筑的气密性，但除了较少数的新建大型公共建筑以外，许多建筑都不是很关注建筑的换气，这样一来就造成冬季室内换气量严重不足，室内的空气就出现含氧量低，二氧化碳浓度高，而且空气中其他有害气体含量也会升高，对人体的危害很大。这种现象在老旧建筑里表现得特别明显，尤其是人员密集的建筑。

人为的开窗通风，一次性换气量大，可以进行快速有效的换气，但是不仅开窗会带走大量的热量，降低了室内空气的温度，十分不利于节能，而且由于快速换气，空气流动速度快，会给人不舒服的感觉。

3）冬季室内空气干燥、相对湿度低

北方地区，由于降水较少，室内温度高，空气蒸发量大，会导致室内相对湿度很低，一般来说，室内湿度低于40%的话，人体就感觉到干燥不适，感觉到口唇发干、起皮，体表明显产生静电。干燥的空气也会导致室内空气含大量的灰尘和细菌，加剧了室内的空气污染。

室内温度过高，空气干燥，人体的水分流失得比较多，就会导致鼻腔黏膜干燥，最终导致血管破裂。现在因为干燥而流鼻血的人非常多。此外患脑血管病的老人，其中不少就是因为供热后室内温度过高，人体水分蒸发导致血液黏稠，从而使得脑血管病高发。除了脑血管病外，因暖气太热、空气干燥导致的心血管病、咽干、皮肤瘙痒等情况也明显增加。

5. 改善的手段

改善建筑室内热舒适度的手段，有两大类：一类通过建筑设备人为的、主动的进行干预，这一类就是主动式改善手段；另外一类就是通过建筑围护结构的热惰性，通过更好地利用自然和建筑本身而不依靠建筑设备来干预从而改善热舒适度的手段，这一类可以称为被动式改善手段。改善室内舒适度既可以采用主动式改善手段，也可以采用被动式手段，还可以共同使用。本节主要讨论被动式的改善手段，主要通过如下几条：

1）避免短板效应以加强绝热能力

美国管理学家彼得提出一个理论叫水桶效应（短板效应），决定水桶盛水高度是由水桶中最短板的部位所决定，而不是最长的板。这个理论的言外之意就是，由于最短板的存在可以使得比它长的板变得没有意义。为使得水桶可以盛更多的水，对于短板的改造是最重要的工作。

对于建筑的隔热性能而言，这个理论一样是成立的，整个外围护结构就是一个水桶，建筑外围护结构的绝热能力是由绝热性能最差的部位所决定。窗户中的玻璃是建筑的热工最薄弱的部位，建筑设计当中应该对窗户的玻璃进行特别的设计，在改造中玻璃也应该是大力改造的部位，还要避免各种由于设计不合理造成的建筑冷桥。外围护结构的短板效应主要是通过气密性和绝热性来体现的。

2）通过温室效应来加强得热能力

玻璃是一种只能通过较短波长太阳辐射的透明材料（图4-32），温室效应是由于太阳光在通过玻璃的时候，波长较短的辐射进入室内，而被辐射加热后的蓄热体发散的长波却不能通过玻璃，而用来加热室内空气，这就是温室效应。"温室效应"是一种典型的太阳能得热方式，在寒冷地区冬季应该被合理应用。被动式太阳能建筑就是不用或少用机械动力，利用南向的采光窗，并尽可能使用大面积开窗并使用光线透光性好的玻璃，能控制太阳能在

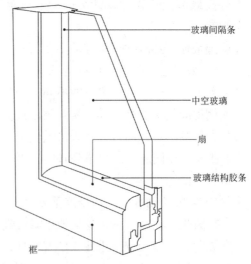

玻璃间隔条

中空玻璃

扇

玻璃结构胶条

框

图4-32 LOW-E玻璃

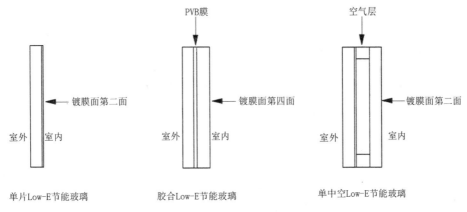

单片Low-E节能玻璃　　　　胶合Low-E节能玻璃　　　　单中空Low-E节能玻璃

图 4-33　不同 LOW-E 玻璃对比

日间进入以及储存以备在夜间、阴天等没有日照条件的情况下使用（图 4-33）。建筑被动式太阳能设计的工作方式主要有两种方式：直接得热和间接得热。

直接得热主要是通过把建筑空间内接受的太阳辐射热储入建筑物的各种蓄热体内，然后分不同时间逐步释放出其热量，在晚上或者阴天的室内温度不至于过低。间接得热是通过加热各种热媒来接收和储存太阳能，再通过热媒来加热室内空气或者室内各种蓄热体的方式。综合来说直接得热最为有效也最为经济，是值得大力推广的，而间接得热造价较高，需要消耗一定的能源，属于主动式或混合式利用太阳能。

3）通过蓄热设计强化时间滞后效应

室内温度的控制在很大程度上取决于隔热材料和蓄热材料的配置，合理的设置蓄热材料将会产生室内气温的变化规律滞后于室外的气温变化的现象，这就是"时间滞后"现象。

对夜间有使用需要的建筑，利用太阳能采暖的情况，在房间设置有一定蓄热能力的材料。尤其是造成直接受益窗时，对房间蓄热的要求就更加严格，如果室内的蓄热能力差，就会造成太阳能利用不充分的现象，良好的蓄热体不仅可以将白天多余太阳能吸收并储存起来，以避免白天室内气温太高，而且可以在夜间将白天储存的太阳能释放出来，以避免夜间室内气温太低。如果利用"时间滞后"效应现象，我们可以在严寒的冬季保持室内温暖。在一天当中，将白天的热或者高温转移到夜间，从而被动式的解决建筑的得热问题。如果我们能将室外的气温变化在一天里延迟半天，就可以不至于使夜间的气温降得太低而日间气温升得太高，轻松实现舒适的热舒适度。

4）设置气候缓冲区来控制热舒适度

对于我国的北方地区，作为冬季室内相对高温区域和室外的相对低温区域，通常有很大的热压差，冷热空气被外围护结构分割开，室内空气和室外空气在门窗洞口的部位会有交界面，这里的空气对流十分强烈，而这种强烈的对流不仅会降低该部位的空气温度并带走大量热量，而且强烈的气流也会给人以不舒服的感觉，给室内的热舒适度带来冲击。在改造中设置一些辅助的空间设置于这些门窗洞口和室内空间之间，可以有效降低室外冷空气进入室内，在这些区域的温度比室内温度低一些，与室外空气的对流也小很多，这些区域就是气候缓冲区。

气候缓冲区主要有两个目的：①为室外空气和室内空气之间设置了一个过渡区域，产生来一个气候梯度；②为室外空气进入室内形成一个过滤器，可以稀释室外空气。常见的气候缓冲区有防寒门斗、封闭阳台、北侧的辅助房间等。

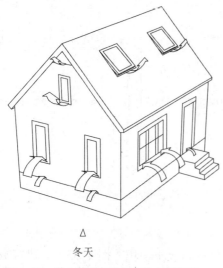

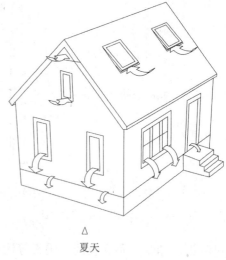

△
冬天

△
夏天

图 4-34　独立住宅冬季烟囱效应示意图　　　　图 4-35　独立住宅夏季烟囱效应示意图

5）利用烟囱效应进行室内空气对流的控制和换气

如图 4-34，图 4-35 所示，由于温度和高度不同会造成空气压力差，从而形成室内气流的运动，这种效应叫作"烟囱效应"。烟囱效应是建筑室内空气流动的主要模式，也是空气流动的主要原理。在被动式设计当中，作为促进建筑室内空气流动，改善热舒适度的主要模式，烟囱效应不仅对建筑热舒适度的改善，而且对于设计一种健康而有洁净的室内空间，都有重要的意义。

4.3.2　增加热舒适度的有效措施

1. 绝热设计与建筑热舒适度的相互关系

建筑在古代西方人称作"掩体"（shelter），建筑学人称之为"空间"，这个所谓的空间，就是由建筑的围护结构所围合而成。风雨和寒暑是室外的大气环境，人直接生活在室外很难生存下来，需要利用围护结构的围护功能来人为的提供一个舒适的室内环境，就是本文所谓的建筑热舒适度。通过对围护结构的绝热设计尽可能为人们提供一个良好的热舒适度。

对于通过加强绝热设计改善热舒适度来说，主要途径就是：①减小外表面积以减少室内外空气的接触面；②加强围护结构的绝热性能来减少热量的散失；③通过提高建筑结构的气密性，减少室外寒冷空气流入室内，同样也减少室内热量散失到室外，造成热量损失。而在建筑节能改造中，对建筑表面积进行改造对热舒适度的提高影响不大。

1）良好的保温能力

围护结构热工性能的高低对室内的热舒适度影响较大，主要体现于建筑墙体表面上。如果室内的温度较低，那么墙体会对人体产生冷辐射，对人体的工作活动由负面影响，在长时间内还会对人体的健康造成影响。当室内温度低于空气凝结温度时，会造成室内产生露水，导致结构受潮，在长时间范围内会在建筑表面霉变，不但会降低室内的热舒适度，而且会降低建筑结构的耐久性。为了保证室内温度高于空气凝结温度以及保证人体的生理、心理与身体健康，需要控制围护结构的热损失在一定范围内，围护结构的传热阻就不能小于某个最低限度值。这个限度值就是最低标准，实际的绝热能力必须高于这个限值。

2）外围护结构的密封作用

建筑物的外围护结构的另外一个作用就是隔绝室内外空气，既从空间上区分了建筑室外和室内，也防止了冬季的室外干、冷空气进入室内，同时也阻止了室内的热空气泄入室外。

冬季，无论建筑内部的温度比室外温度高多少，渗入建筑的空气（冷风渗透）或被引入建筑室内的新鲜空气（通风）一定要被加热。在没有良好的气密性的建筑里，室外空气的加热在建筑的热负荷占有很大的比例。所以外围护结构的气密性在冬季的建筑热舒适度的改善上有重要的作用。

2. 绝热设计存在的问题

在建筑的绝热设计当中，就是要避免各种热工短板，在分析既有建筑的绝热设计存在的问题时，既要考虑建筑的各构件以及他们之间的连接部的绝对传热系数。

1）建筑构件的绝热能力不够

我国于2005年颁布实施了《公共建筑节能设计标准》，同时根据我国1995年提出的《民用建筑节能设计标准（居住建筑部分）》，对我国寒冷地区的围护结构的传热系数进行了规定，但是传热系数的标准与美国、德国和英国的传热系数标准具有很大的差异，对比三者的传热系数如表4-1所示，说明我国的建筑节能标准有待提高，并且我国公共建筑具有很大的节能空间。

表 4-1 围护结构传热系数限值，遮阳系数比较

类别	外墙 K	屋面 K	外窗		
			窗墙比	K	SC
中国（JGJ 26—1995）	0.90~1.16	0.60~0.80	北：<25% 东、西：<30% 南：<35%	4.00~4.70	无规定
美国 ASHRAE	0.59	0.36	0~40%	3.80	北：0.56；其他 0.45
			40.1%~50.0%	2.67	北：0.41；其他 0.29
德国	0.20~0.30	0.20	—	1.50	—
英国	0.35	0.16	—	2.00	—

2）夜间失热严重

由于夜间人体的新陈代谢率很低，日间躺着休息（46W/m²）仅为室内走动、实验室活动的轻型活动的一半（93W/m²），在低的新陈代谢率，人体更容易感觉到冷，且夜间的服装较日间更加单薄，对流散热和辐射散热较日间更大，容易导致感冒，为了更充分的利用冬季太阳能，尽可能多地接受阳光，设置了大面积的南向玻璃窗，在夜间，太阳能辐射消失后，窗户作为建筑围护结构的薄弱环节（用双层中空玻璃稍好），在气密性和热阻等热工性能上和带有保温层并有相当厚度的外围护墙相比有很大的差距，如果绝热措施做得不好的话，白天经过太阳能辐射获得的宝贵的热量，将大量流失。白天得热的设施晚上就是散热的冷桥，就会出现"热量从那里来还从那里跑"的现象。

从理论上说，对于太阳能被动式设计，夜间是一个只失热而不得热、一个将日间获得并储存起来的太阳能缓慢释放的过程，所以在夜间太阳能被动式设计最重要的目标，是如何使更少的太阳能以热能的形式释放到室外。夜间保温主要通过房间的合理组织和对窗户进行绝热设计来实现的。

3）冷桥现象严重

冷桥是指在建筑物外围护结构与外界进行热量传导时，由于围护结构中的某些部位的传热

系数明显大于其他部位，使得热量集中地从这些部位快速传递，从而增大了建筑物的采暖负荷及能耗。我国老旧建筑大多数没有保温设计或者保温设计很薄弱，主要是在钢筋混凝土构件与室外空气的接触面上没有采用保温材料进行包裹，如果在钢筋混凝土柱、楼板和女儿墙等部位和各种出挑的混凝土构件，这些部位的冷桥现象普遍而严重，对于建筑的绝热能力是一种极大的破坏。

3. 加强绝热常见的设计方法

改善热舒适度的外围护结构的被动式设计，主要包括以下几方面：外围护结构的形式、紧凑围护结构的布局、良好外围护结构的热工性能。为外围护结构创造一个良好的外部环境和通过自身的紧凑的布局和小的体形系数共同作用来改善热舒适度，还可以通过设计给外围护结构一个良好的热工性能，也可以改善热舒适度。

寒冷地区的冬季，建筑外围护结构主要需要抵御就是室外寒冷的空气对室内环境的破坏，这是外围护结构的最基本的功能。外围护结构对于热舒适度的稳定主要是通过它的绝热性能来实现的。建筑内部各种能源所创造的热能，要么被吸收和储存，要么透过外围护结构发散到大气中去，良好的外围护结构保温绝热性可以使得更多的热量吸收和储存起来而不是发散到大气中去，可以有效提高室内温度并使室内空气温度的保持稳定。提高建筑外围护结构的绝热性能，可以很大程度节约冬季的采暖能耗，同时也可以保持建筑热舒适度的稳定（图4-36）。

1）控制外围护结构的传热系数

控制外围护结构的传热系数是外围护结构设计的主要内容，是外围护结构的保温绝热设计的重点，为降低外围护结构的传热系数主要从材料选择和细部构造两方面着手。

合理的选用建筑材料。建筑材料的选择应遵循健康、节能、绿色的原则，随着科学技术的爆炸式发展，大量的新技术、新材料应当应用到建筑设计当中去。在选择材料的同时还应该选择材料的组合方式，这都对建筑外围护结构传热系数的控制有很大的影响。在建筑改造中应该大量和大胆地使用新材料。

合理的细部构造。除了建筑设计和建筑材料的选择，合理的建筑构造对于外围护结构的绝热性能也有很重要的作用。为创造一个具有良好绝热性能的外围护结构，必须对建筑的各个构

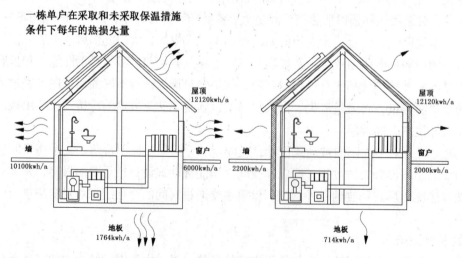

图4-36　独立住宅采取保温措施前后的热损失量

件进行良好的设计，从而提高建筑外围护结构的热阻，而且要避免构件自身的冷桥以及构件之间的冷桥。

2）改善外围护结构形式

建筑的外围护结构形式对热舒适度和节能的影响，这主要体现在建筑的体形系数、平面形式、开窗形式、屋顶形式以及围合方式。

体形系数：体形系数是被围合的建筑室内单位体积所需要的建筑围护结构的表面面积。体形系数越小，意味着建筑的外墙表面越小，能量流失越少，相对应室内的空气温度就越高。

平面形式：围护结构的平面形式，是否有内院、内庭院，是南北朝向还是东西朝向，对于建筑的热舒适度也有重要的作用。

开窗形式：围护结构的开窗方式，对于室内的热舒适度也有很大的影响，南向的开窗对于建筑物起采光、采暖、通风的目的，其他方向的开窗起采光、通风的目的，南向窗户是得热构件而其他方向是失热构件。所以应该增加南向窗户减少其他方向的开窗。

屋顶形式：建筑采用什么样式的屋顶，是坡屋顶还是平屋顶，是否是种植屋面，屋面是否开有天窗，天窗是何种形式，对于建筑的绝热性能也有很重要的意义。

3）提高外围护结构的气密性

通过外围护结构的气密性管理，可以减少室外的冷风渗透量。冷风渗透是指外部温度较低的空气通过围护结构上各种缝隙或者孔洞进入室内的现象。在建筑中，外部砌体进入室内在一定程度上能够起到通风换气的效果，从而保证室内的空气质量。但是外部冷风渗透量普遍低大于室内空气需求量，造成大量的热量损失。因此，对于普通的建筑环境，通常不能以冷风量为标准设计室内通风换气，因此建筑施工过程中，要着重保证室内空气的气密性。

4. 具体的改善手段

1）外墙体、屋顶绝热设计

对于冬季采暖建筑来说，围护结构的绝热作用是其最重要的功能之一。只有温差才能决定导热方向，围护结构的绝热作用就是靠抑制导热来实现的，主要的方式有如下几种：

（1）围护结构应采用厚的、导热系数小的材料。改善围护结构的绝热效果的方式主要是采用比较厚重的和热工性能好的材料来建造房屋。绝热性能较好的墙体材料主要有烧结砖、非烧结砖和砌块和各种预制墙板。为了保护保护耕地，各种空心的、实心的黏土砖都不适合使用，烧结砖由于能耗较大整体使用的生态成本很高。我们应该大力推广各种非烧结类的墙体材料和预制墙板。在材料选择上应该多采用纤维材料、颗粒材料、多孔材料作为外墙材料，以增加墙体的围护结构的绝热性能。

（2）设置保温层。通过在承重材料设置保温层可以提高围护结构的绝热性能，保温层的安置方式主要有三种方式：第一种是将保温层放在外围围护结构中间；第二种是将保温层放在外围围护结构的表面；第三种是将保温层和结构一体化。连续的保温层可以有效提高围护结构的保温性能，而且可以避免框架结构的、钢筋混凝土的热桥效应。

（3）设置空气夹层加强围护结构的绝热性能的另外一个方式就是通过在围护结构内部设置空气夹层来实现。封闭间层的传热过程与固体材料层内不同，它实际上是一个有限空间内的两个表面之间的热转移过程，包括对流换热和辐射换热，而非纯导热。而由于空气的热惰性较固体材料的热惰性高，可以有效提高围护结构的热阻。此外，在保温层外侧设置密闭空气层，可以使处于较高温度侧的保温层经常保持干燥。

（4）种植屋面。通过设置种植屋面可以有效提高屋面的热阻，并提高屋面的蓄热能力。由于种植土的热工性质，土壤可以提高屋面的热阻来降低建筑在冬季的失热，德国有些种植屋面的传热系数 U 值可以小于 $0.1W/（m^2 \cdot K）$。由于设置种植屋面对屋面荷载增加较多，种植屋面对于建筑改造应该对屋面的承载能力进行核算。

（5）做好围护结构的防水、防潮。由于大多数绝热材料都具有一定的吸湿、吸水能力，如图 4-37 所示，在实际使用时，表面应做防水层和隔气层，以保证绝热材料正常工作。许多强度低的绝热材料常与承重材料复合使用，而承重材料也有一定的保温绝热性能，也需要做好防水和隔气，承重材料受水受潮不仅会破坏其热工性能，也会破坏起承重和围护性能。

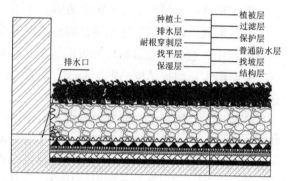

图 4-37　种植屋面防水卷材

2）门窗洞口的绝热设计

为了减少门窗、洞口的耗热量，我们需要在门窗的材料、部件、构造、加工工艺等多方面进行近期和远期的研究。德国在近零能耗建筑的研究当中提出，合适的窗户，它的传热系数 U 值应该低于 $0.8W/（m^2 \cdot K）$，同时太阳能的透过系数应该不小于 48%，达到这个标准的产品在德国被称为近零能耗建筑窗。

（1）选用双层玻璃、三层玻璃。双层玻璃可以降低内外层玻璃之间的传导和对流换热，有 20mm 厚密封间层的双层玻璃比普通单层玻璃的传热系数减小 55%，如果在密封

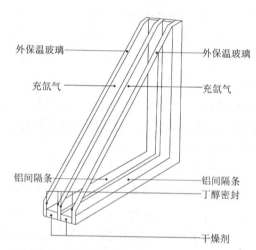

图 4-38　三层保温玻璃的详细构造

空气层内填充氩气、二氧化碳、氙气等惰性气体，导热系数会进一步下降，真空夹层的双层玻璃导热系数则最低。如图 4-38 所示的三层保温玻璃的详细构造，这种玻璃可以使得窗户的太阳能得热大于放热，从而使得窗户在日间变成一个净得热的构件，三层中空玻璃的总厚度为 28mm。

（2）提高门窗的气密性。减少冷风渗透十分重要，近年来有各类商品门窗密封条投入市场，对减少新旧住宅的冷风渗透发挥了重要的作用，有的可以减少房间渗透能耗 50% 以上，提高室内温度 3℃~5℃。这些窗户使用的中空玻璃的空气夹层密封材料多是塑料而不是通常使用的金属，并且嵌入深度很大，可以有效提高门窗的气密性。

（3）涂膜玻璃。在窗户内层玻璃上敷一层能透过可见光和太阳短波辐射，但对室内表面在室温下发射的长波肤色有反射作用的"半导体"透明膜可以有效减少辐射热散热，又叫"热镜"。

（4）加强门窗框保温。我国以前长期使用的钢门窗，不仅气密性差，而且窗框的热工性能很差，会流失大量的热量。多利用高强度改性塑料、复合材料等来制作窗框可以减少窗框的

传热损失。门窗框还可以设计成中空的，利用空腔或者空气间层，也可以大幅提高门窗框的绝热性能。

此外，还可以尽量用墙体保温层覆盖窗框的方式来控制窗框的传热系数，进一步减少窗框的冷桥作用。

3）门窗洞口的气密性设计

（1）防寒门斗的设置。北方地区冬季主吹西北风，作为建筑失热的主要方式的一种，冷风渗透对于热舒适度的影响很大，由于北侧入口人为活动很多，进出都会导致室内大量的热空气流入室外而室外的冷空气大量的进入室内，不仅对建筑室内温度和湿度影响很大，而且由于风量大，给人体带来很不舒服的感觉。通过在北侧入口设置防寒门斗不仅为北侧入口设置了气候缓冲区域，防止冷风直接进入室内，直接吹向人体带来不适，而且双层门斗还会减少室外冷空气直接进入室内的机会。

（2）风幕、窗帘、门帘的设置。风幕、窗帘和门帘尤其是现在市场上存在的防寒窗帘和防寒门帘，都可以阻碍寒风轻易进入室内，当然窗帘和门帘还可以改善门窗的热工性能。为了良好是视线感觉和便于使用，防寒门斗、窗帘、门帘和防寒绿化布置经常出现在楼宇的北侧，南侧的防寒风侵袭主要由风幕来完成。

（3）夜间保温。夜间保温措施可以显著提高各种太阳能被动式设计的性能。常见的夜间保温措施有反射保温挡板、充气窗帘和保温百叶等。为不遮挡太阳，反射保温挡板、充气窗帘主要设置在南向房间的窗户，从而增强夜间保温能力而不影响日间接受太阳辐射，而保温百叶主要用于东、西、北等以采光和通风为主的房间。托马斯·赫尔佐格在德国青年学院旅社，采用了一种透明保温材料（TI）安装在蓄热墙的玻璃背后，该材料具有良好的通透性、低辐射率，传热系数 U 值低于 $1.0W/(m^2 \cdot K)$，这也是一种新的考虑方式，可以广泛应用于外围护结构中玻璃的保温。

（4）避免建筑冷桥。从外围护结构保温绝热能力的短板原理不难看出，冷桥对于建筑外围护结构的绝热性能来说是最短的短板，冷桥部位的传热系数是一般保温墙体的几十倍甚至上百倍。从短板理论上来看，如果建筑外围护结构存在冷桥现象的话，其保温绝热能力是由建筑冷桥所决定的，如图 4-39 所示。

冷桥不只会降低室内温度还会对外围护结构造成破坏，冷桥在室内一侧由于有温度突变，室内的空气会在这个部位结露从而渗入外围护结构内部，甚至结冰使外围护结构材料丧失了绝热能力。要避免这些情况，就要尽量减少冷桥的数量和面积，对不可避免的冷桥，要用保温材料进行包裹。

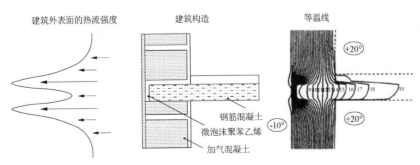

图 4-39　建筑冷桥的形成示意图

4.3.3 加强得热蓄热的设计及改良措施

原则上来说，不管是冬季得热还是夏季降温，所有的被动式设计都不可能不考虑太阳能的辐射，辐射防热作为一种传热方式，太阳无时无刻在向地球传热，太阳能辐射的强度和方式对外围护结构的绝热、蓄热设计和室内外的空气流通的控制和引导有很重要的意义。众所周知，建筑的绝热设计、得热设计和建筑的蓄热设计共同决定了室内空气的温度。寒冷地区在采暖期的既有建筑当中应该通过加强得热设计来得到更多的太阳辐射，充分利用玻璃的温室效应可以有效提高冬季的得热效率，同时还应避免得热不均匀的问题，这样才能有效控制室内温度，提高室内的热舒适度。

1. 围护结构的得热设计存在的问题

1）采暖期建筑得热强度低

冬季采暖期，由于冬季的太阳高度角比较低，而且有效日照时间短（从早上9：00到下午15：00），辐射的强度也比较低，而且由于太阳高度角比较低的缘故相互遮挡比夏季更加严重。除了住宅有比较严格的日照要求外，大多数公共建筑在冬季能够接受满窗日照的小时数少得可怜，这就使得既有建筑在采暖期接受日照辐射的机会很少。所以日照时间短、太阳辐射强度低、遮挡严重这三个原因决定了采暖期建筑得热强度很低。

2）温度不易控制，夏季室内温度高

如图4-40，各种太阳能的被动式技术，大多是以接受太阳能辐射和以热能来储存太阳能的方式，来实现太阳能的利用，但这些方式大多有些通病，就是受到天气和地区的限制，不同气候条件和不同地区的太阳能辐射也很不相同，设计是很难有一个统一的标准，只能用本地区常年的平均温度和太阳辐射来设计，由于每天的温度和采暖期平均温度有相当的出入，由于太阳能辐射的强弱不同，这就导致建筑室内的空气温度与设计值有较大的出入，会出现辐射过度或者不足的问题，而又没有一种特别好的调节与控制的方法。

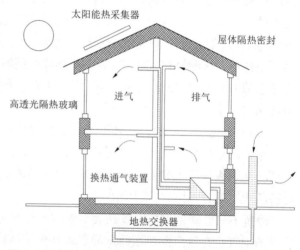

图4-40 被动式太阳能房屋设计

此外，由于南向的大面积开窗，在冬季获得了大量的、充足的日照，但是在夏季会有大量的太阳光辐射到室内，以至于室内的热量来不及散发出去，使得建筑室内酷热难耐，严重恶化了建筑热舒适度。

3）建筑得热不均匀造成温度不均匀

在我国，尤其是在寒冷地区，北向的房间在整个采暖期都没有获得日照的机会，南向获得日照的机会的强度比其他朝向的房间大很多，在相同强度的供暖设施下，南向的房间就会比适宜的温度高许多，甚至超过人体的承受范围。而北侧房间却有可能因为种种原因温度不能满足人体的需要，这种由于建筑得热设计造成的室内温度不均匀在既有建筑是普遍存在的。

2. 加强得热常见的设计方法

通过加强得热要达到的目标应该是：①得热强度足够的高；②均匀得热。这也是温室效应的基本目的，也是加强得热设计的主要内容。

1）采光洞口的精细设计

对于既有建筑来说，建筑接受的太阳能辐射的强度很难有大幅度的变化，如果想要有更多的太阳能进入室内必须对采光洞口进行优化设计。过大的采光洞口可以获得更多的太阳辐射有利于得热设计，但与此同时过大的采光洞口会削弱建筑的绝热能力。如何通过对采光洞口的精细设计来加强获得太阳能辐射的能力而不至于过多的影响建筑的绝热能力，是建筑得热设计的主要内容之一。

2）透光外围护结构的得热设计

据研究，通过透光外围护结构（主要是指门窗的玻璃和玻璃幕墙）传热进入室内的部分热量是以玻璃表面的对流换热形式进入室内的，另外一部分是以长波辐射的形式进入室内。通过透光外围护结构的太阳辐射得热量也分为两部分，一是直接投射进入室内，二是被玻璃吸收，然后再通过长波辐射和对流换热进入室内。

由于玻璃在热工计算当中，传热系数高，一般在建筑设计当中为了提高玻璃的热阻，常常设计成双层玻璃或者三层玻璃，这样会降低玻璃的透光性，所以对于加强建筑得热设计来说，尤其是对既有建筑进行改造，玻璃的透光性就显得特别重要。

3）均匀得热和热的传递

为了建立一个合理舒适的人体热舒适度，不仅要更多地获得太阳能辐射，还有一点是很重要的，那就是争取均匀地获得太阳辐射，如果不能均匀地获得太阳辐射，就应该通过其他手段将建筑得热区域的太阳能以热传递、热辐射和空气对流的方式，均匀地分配到建筑室内的每个有采暖需要的房间，以提高相应房间的室内空气温度。

4）合理均衡的得热

合理、均衡的得热需要合理的建筑布局，应该将主要的功能房间设置在建筑物的南侧以及层数较高的部位。合理的建筑布局对于外围护结构得热性能的影响是策略性的，建筑只有将需要得热的房间设置在可能得到太阳辐射的部位，这样的得热最为有效直接，而不需要在建筑内部进行热量传递。

3. 具体改良措施和手段

1）深色的外围护结构

寒冷地区，外部表面应为深色以吸收太阳辐射。深色的外围护结构可以更多地吸收太阳的短波辐射，更大程度地吸收太阳能，浅色的外围护结构会将太阳辐射反射回去，不利于外围护结构吸收太阳能。例如丹麦建筑师 Tegnestuen Vandkunsten 设计的丹麦哥本哈根港口住宅工程，建筑的外表面使用了黑色的材料，黑色的材料会吸收太阳的辐射并升高其周围的空气温度。

2）采光窗设计

在太阳能被动式设计当中，直接受益型是太阳直射到建筑物室内，以达到提高室内空气温度的目的，在采光口部设计当中，有以下几条原则需要注意。在门窗洞口的设计当中，南侧的窗户主要起采暖和采光的任务，北侧的窗户主要是通风和采光的任务，而天窗主要起采暖和采光的任务，兼顾通风任务。由于各自的任务不同，所以设计手法也不太一样。东西向窗户多以通风和采光为主要任务设计方式可以参照北向窗户（图4-41）。

（1）东、西、北窗的设计。北窗的设计主要目的是为了采光和通风，在建筑设计当中，一般也不会将对照度要求高的房间设置在建筑物的北侧，而是将一些对采光要求不高的房间或者对采光要求比较柔和的房间（比如画室、阅览室等）设置在建筑的北侧，这些房间对通风要求也不是很高，所以北侧窗口的尺寸都比较小，对于这些窗口绝热性能和密封性更加重要，应该选择密封性能好且为多层的节能玻璃为好。

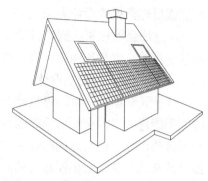

图 4-41 太阳房

（2）南窗的设计。建筑南侧的窗户洞口的主要热工任务是采暖，为了在冬天更多的采暖，需要加大洞口尺寸，更通透的玻璃以获得更多的太阳辐射。南向不宜设置进深很大的阳台、南侧采光窗不宜在建筑凹槽内。在建筑设计当中，有时候为了造型考虑，在南向设置了大量的阳台，这样固然丰富了建筑立面，但就建筑节能角度来说，这样的设计不可取，进深很大的阳台阻挡了阳光进入室内。将采光窗置于进深很深的凹槽内，只有中午很有限的一段时间可以获得日照，也是不可取的。

（3）天窗的设计。天窗按类型和位置分类，可以大致分为平天窗、高侧窗、矩形天窗和锯齿形天窗。平天窗由于玻璃为水平设置，在高纬度地区，冬季太阳高度角较低而夏季太阳高度角较高，冬季的采光效率较低，而夏季则接受了大量的太阳辐射。矩形天窗和高侧窗在冬季的性能与平天窗有较大的差异，这是由于玻璃的角度所决定的，高侧窗和矩形天窗的区别主要是取决于夏季，在夏季由于矩形天窗有两个可开启的窗口，夏季的通风散热效果较好，而在冬季北侧的窗口则失去更多的热量。在北方地区综合采暖和采光，矩形天窗效果最好，如果光从采暖效果角度来看，高侧窗更加适合北方寒冷地区。

3）阳光房

温室效应下的阳光房。阳光房不需要使用附加的供热设备。太阳的短波辐射可以穿过阳光房的玻璃进入室内并转变成热量，而被加热的室内蓄热体释放的长波辐射不会从玻璃外立面中溜走，这样就产生了温室效应，它能够明显地降低了来自于传统供热系统的热量需求。温室效应下的阳光房为冬季室内提供的宝贵的热量。

阳光房按结构分类：钢结构阳光房、铝结构阳光房、钢铝结构阳光房、木结构阳光房。

阳光房的设计要点：

（1）玻璃的选择。玻璃的透光性和透明性是不同的两个概念，透光不一定透明。阳光房的玻璃选择应该做到：让太阳光能够直接照射进室内，加热室内空气，而玻璃或透明塑料薄膜又可以不让室内的热空气向外散发。通过玻璃的合理选择也一样可以做到加强建筑得热设计，所以玻璃的选择必须做到：①有一定的透光性，主要是针对太阳短波的通透性，使更多的太阳短波辐射进入室内；②有一定的绝热能力，保证室内空气和各种蓄热体释放的热量不能通过玻璃进入室外。

（2）做好夜间保温和避免冷桥。如何做好夜间保温和避免冷桥，在第3章已经谈到，这里就不再进行阐述，不过需要注意的是，在做好夜间保温的前提下，一定不能过多降低阳光房的通透性，或者在阳光房与建筑主体之间进行保温隔断也是一种处理方法。不管选用何种结构形式的阳光房，必须经过精细化设计，提高玻璃和窗框的绝热能力，并提高气密性。

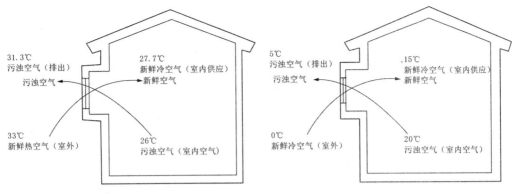

图 4-42　室内热交换

4）室内热交换

为了均匀得热，避免局部室内温度过高，在设计当中需要对室内不同空间进行热交换设计，在室内热交换设计中主要的问题就是如何将南侧的热空气引入北侧房间，将北侧房间的冷空气引入南侧进行加热。这当中有两种方式，一种是通过合理的房间布局来完成，一种是通过被动式的气流控制或者通过空气泵来实现，如图 4-42 所示。

在建筑改造当中，将一些辅助性的房间设置于建筑物的北侧来抵挡凛冽的西北风，为南侧的太阳房不直接与北侧外墙接触，这些房间有些学者称作保护区。例如拉尔夫·厄斯金在位于瑞金 Lindingo 的 Gadelius 别墅中把车库和储藏室作为对寒冷北风的缓冲区。

大进深的房间的建筑物，可以通过建筑物有效的组织平面和剖面，可以使一些不能接受太阳辐射的房间与有较好日照区的房间连接，在走道上空和地板分别形成热冷空气的回路，让南侧的热空气和北侧的冷空气能够交换从而实现整个建筑的太阳能利用。

在冬季，通过合理的得热设计，可以大幅度地增加太阳能的利用效率，但是对于冬季夜间而言，只有通过围护结构的蓄热设计将白天的太阳能吸收并储存起来并在夜间缓慢释放出来。通过合理的蓄热设计不仅可以更加合理地利用太阳能，而且可以将白天的太阳能变相地转移到夜间，利用白天太阳能的高峰期间蓄热在夜间太阳能的低谷期间放热，可以有效迟滞夜间降温对室内空气温度的影响。

4. 蓄热设计的研究概述

1）蓄热设计的概念

通过在建筑围护结构和建筑内部通过合理的建筑设计和构造设计，将日间各种热能（主要是太阳能）加以吸收和储存，在夜间缓慢释放出来，这个过程就是建筑蓄热。

2）蓄热的系统组成

建筑蓄热主要是由三个部分组成，即建筑外围护结构的蓄热、建筑内围护结构的蓄热和装修及家具蓄热。

对于建筑蓄热系统而言，从热源形式不同可以分为电能蓄热、太阳能蓄热和余（废）热蓄热，各自的原理和特点也不一样。对于既有建筑改造，由于周边环境的因素，除了太阳能蓄热，其他两类蓄热都会受到限制，故本章只研究太阳能蓄热。

蓄热体也有所不同，常见的有常温水蓄热（图 4-43）、相变材料体和蒸汽蓄热。由于需要水泵和管道，水蓄热体和蒸汽蓄热都不能在既有建筑中广泛使用，所以用相变材料做成的蓄热构件可以在建筑室内热舒适度的改造中广泛应用。

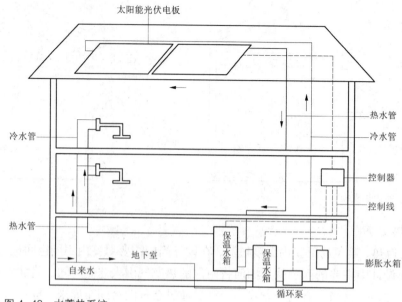

图 4-43　水蓄热系统

3）弥补太阳能的间隙性

对蓄热体的整个工作过程进行研究，就会发现，不管是什么蓄热材料对于太阳能蓄热来说都一样，就是利用太阳能蓄热来弥补太阳能的间隙性和不可靠性的缺陷，在夜晚不能获得太阳能辐射的时候，利用太阳能的蓄热可以尽量提高室内的温度。此外，由于阴天和太阳遮挡的问题，东侧的房间在上午可以通过蓄热来为下午提供热量，西侧的房间可以在下午来蓄热为夜间或者日落以后提供热量。蓄热是有效利用太阳能的重要手段。

5. 加强蓄热常见的设计方法

蓄热设计的内容和蓄热的分类一样，按照不同的形式可以有不同的内容，对建筑的蓄热而言，建筑蓄热是由以下三部分组成：外围护结构蓄热、内围护结构蓄热和家具装修蓄热。

1）围护结构的蓄热设计

外围护结构的蓄热主要是墙体和屋面，这有两个原因：第一，我国北方地区由于保温的要求，屋顶和墙体大多数设计得比较厚重，重量上占建筑的绝大比例，有相当的余地进行蓄热设计并选用蓄热性能高的材料进行建造；第二，由于我国冬季太阳有效日照时间短，外墙和屋顶接受日照的时间较长，有足够的太阳辐射来让蓄热体接受太阳辐射，所以外围护结构的蓄热设计是蓄热设计的重要组成部分。

2）室内蓄热体设计

室内蓄热体的设计和外围护结构的蓄热主要不同在于，外围护结构蓄热体经蓄热后有相当一部分放热是释放到室外，只有有限的一部分热量能够向室内释放来提高室内的空气温度，而与室外蓄热体不同的是，室内蓄热体经过蓄热后可以将热量毫不损失地释放到室内。虽然室内蓄热体接触太阳辐射的机会和强度没有室外蓄热体大，但对室内得热的贡献却不比室外蓄热体小，所以室内蓄热体的设计也是相当重要的。

3）装修及家具的蓄热

太阳辐射不管进入室内还是在室外，大都直接照射到装修上，尤其是对于室内接受辐射来说，多是以地面和墙面来接受太阳辐射，所以在没有特殊的蓄热设计上，装修面层的蓄热能力就决定了室内的蓄热能力，比如地毯和壁纸的蓄热能力就比大理石地板和普通粉刷的蓄热能力强很多。加强装修面层的蓄热能力对于建筑的蓄热设计也是十分重要的。

此外，太阳的辐射也会照射到室内家具上，木质的家具要比金属家具更加给人以温馨感，这个现象不仅从心理学上有科学依据，对于建筑蓄热来说也是有道理的，因为木质家具的蓄热能力要比金属的蓄热能力强。通过家具的蓄热设计一样可以提高建筑的蓄热能力。

6.改良太阳能利用技术的措施和手段

1）外围护结构的蓄热体设计

外围护结构吸收了太阳能，需要将吸收的太阳辐射以热量的形式储存下来，这就需要特定的蓄热体。由于外围护结构要有承载、防水、防火等许多功能，一般的蓄热材料不能直接用在围护结构上，但是可以在围护结构的表面附着一些蓄热性能强的蓄热材料来帮助围护结构蓄热。

2）种植屋面的应用

种植屋面不仅可以提高建筑物屋面的绝热性能，还可以提高屋面的蓄热能力，对于提高建筑的蓄热是一种可靠的手段。

由于屋面可以长时间接受太阳辐射，是通过建筑来接受辐射的重点部位，通过在屋面设置种植土来接受和储存太阳辐射，而且土壤的热惰性较好，得热和放热都很缓慢，蓄热量大。种植屋面可以用于平屋面，也可以用于破屋面。

3）室内蓄热体的设计

（1）室内蓄热体。室内温度的控制在很大程度上取决于绝热材料和蓄热材料的配置，蓄热体实际是将白天的热量转移到夜间，从而被动式地调节了室内的气温。常见的形式主要有以下几种：直接受益式、附加阳光间式和集热蓄热墙式。如图4-44所示，建筑室内蓄热体自身设计也很重要。在建筑中一味增加蓄热体并不足够，这些增加的蓄热体应该具有足够的内表面积和室内空气进行换热。

（2）室内蓄热体的构造。为了使建筑室内空间的温度在阴天或者晚上不至于过低，为保证建筑室内的温度相对稳定，建筑物室内的布置就相当的重要，在建筑设计及室内设计当中，一般来说，建筑按照蓄热效果可以分为：①低蓄热构造：假平顶、夹层地板、轻型墙、隔墙等；②中蓄热构造：无遮掩的轻楼板、楼梯底面、夹层地板等；③高蓄热构造：无遮掩的重型混凝土楼板、裸露的平顶、重型外墙体和重型隔墙。一般情况下，高蓄热构造的蓄热能力最大。

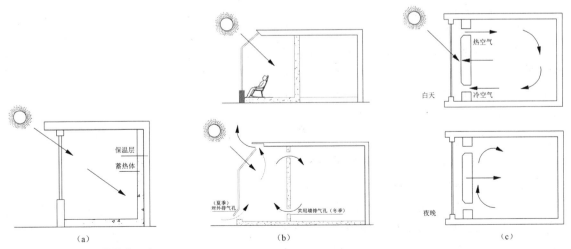

图4-44　建筑室内蓄热体示意图

（3）室内蓄热体的位置。蓄热体的设置位置也非常重要。蓄热体所接受的热量包括直接太阳辐射、间接辐射和室内对流作用。直接太阳辐射包括外围护结构接受的太阳辐射，以及内部表面吸收的通过门窗等射入的太阳辐射。间接辐射为建筑内不透明物体接受由室内热表面散发的热量辐射。在蓄热技术中，对于直接太阳辐射的处理应比对间接辐射更重要。如建筑北向和东向对于时间延迟的需求少，而西向需要一定的时间延迟，因此西面的蓄热体布置非常重要，屋顶也是。

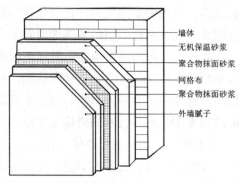

图 4-45　无机活性保温材料

（4）室内蓄热体的颜色。冬季室内各类型的蓄热体都应该以深色为主（图 4-45），以吸收更多的太阳短波辐射并转化成热能。如果房间中超过一半的墙体均为蓄热体的时候，其色彩可以为浅色，如果仅有一面墙体为蓄热体的时候，该墙面就应该为深色的。材料的吸热系数取决与其色彩、抛光度和类型。当房间的蓄热体表面积超过阳光窗面积的 3 倍时，吸热系数就不重要。

（5）室内蓄热体的反射。如果室内蓄热体的表面积不够大，或者能接受太阳辐射的表面积不够大的情况下，可以接受其他受辐射的物体反射的太阳光。对于蓄热体来说，当太阳辐射达到表面时，一部分能量被表面吸收，余下的部分则被反射。如果蓄热体表面的吸热系数过小，房间中的空气便会被加热。当直接被阳光照射的蓄热体表面积只占所有体块面积的一小部分时，那么该表面积应具有一定的反射特性，使辐射传播到其他的吸收表面。

阳光房的浅色表面会将阳光发射出阳光房，阳光房应该设置一定的角度，将阳光反射到室内其他房间，或者设置成深色表面自己来吸收。

（6）室内水面的设置。由于水体具有较大的比热熔，其蓄热能力较强，加上阳光吸收率较高。因此可以在朝南的房间设置水体，一方面能够起到水体吸热蓄热的功能，从而提高阳光的利用率，另一方面能够增加室内空间环境的趣味性。

4）蓄热墙体

如图 4-46 所示，蓄热墙体式太阳房是间接式太阳能采暖系统。蓄热墙体的工作原理为：太阳光照射到墙体上，墙体集热蓄热升温，进而加热墙体与玻璃之间的空气，空气受热上升进而转化为热气流，热气流进入室内即可为室内空间升温。此时室内的冷空气通过蓄热墙体低端通道吸入墙体之间，再进行加热过程，从而循环加热不断供暖。在蓄热墙体太阳房内的空气变化较小，居者的舒适性较高，但是热能转化率不高，因此需要与其他形式的功能形式配合使用，形成多种用途的供暖房形式，用于各类建筑的供暖。蓄热

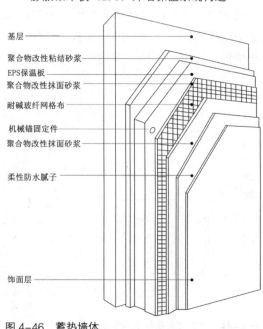

膨胀聚苯板（EPS）外墙保温系统构造

图 4-46　蓄热墙体

墙体效果与其构造和使用材料密切相关，这主要是对建筑材料的导热系数、热量辐射量与速度有关。在蓄热墙结构中，如果墙体的集热效率较高，但是墙体的蓄热量较小，就会导致蓄热墙在短期内达到热量饱和；当墙体不再接受外部太阳辐射时，内部的热量很快就会耗尽，造成室内温度降低，建筑的舒适性降低。此外，蓄热墙体的蓄热效率与室内舒适性虽然存在依存关系，但在有些情况下，也会产生矛盾。

4.3.4 控制室内空气与通风的设计及改良措施

1. 室内空气湿度研究概述

我国北方地区冬季的室内空气湿度一般都比较低，在干燥的环境中，人呼吸系统的抵抗力降低，容易引发或者加重呼吸系统的疾病。医学研究表明，当室内的空气相对湿度低于40%时，容易造成人体呼吸道和鼻腔内的黏膜脱水，弹性降低，导致必需的黏液减少。这样就容易造成灰尘和细菌等微生物附着，刺激人体呼吸道，造成咳嗽、气管炎和支气管炎等疾病。特别地，当室内的相对空气湿度降低时，容易影响人们的正常生活和工作。因此需要对室内的空气相对湿度进行调节。

1）影响室内空气湿度的因素

空气湿度是影响热舒适度的重要因素，我国北方地区冬季降水较少，大气中的水蒸气含量很低，而且由于气候比较寒冷，经过室内的加热后相对湿度就大幅降低，给人以干热的感觉。若要保证室内空气一定的相对湿度，就必须有一定的蒸发量。

空气流通速度对于室内空气湿度的控制有着重要的作用，空气流通对室内空气湿度主要影响是以下两方面：①通过空气流通增加室内水面的蒸发量来补充干燥空气中水分；②保证室内的空气湿度相对均衡。

2）室内空气湿度对热舒适度的影响

相对湿度主要影响人体的热代谢和水盐代谢。当气温极端（较高或较低）时，湿度对人体的热平衡和温热感就变得非常重要。冬季阴冷潮湿时，由于空气中相对湿度较高，身体的热辐射被空气中的水汽所吸收，加上衣服在潮湿的空气中吸收水分，导热性增大，加速了机体的散热，使人感到寒冷不适。冬季过于干冷时，虽然身体的寒冷感相对湿冷要低一些，但是过度干燥的空气也会不知不觉带走人体的水分，导致皮肤皲裂、口干舌燥等物理损伤。

3）室内空气湿度的控制

北方地区冬季降水较少，室内空气湿度比较低，室内空气湿度的控制主要是提高室内空气湿度，一般不存在空气除湿的问题。为提高室内的空气湿度不仅要求保证室内有一定的蒸发量，而且要保证室内有一定的温度，研究表明：冬季室温18℃时，相对湿度控制在60%~70%。对于室内空气相对湿度的控制应做到空气绝对湿度和空气温度的双控。

2. 控制室内空气湿度的设计的内容

1）蒸发量的控制

在我国北方地区冬季降水较少，室外的空气比较干燥，空气中的水蒸气含量不足，而同样的空气进入室内，经过加热后，空气相对湿度迅速下降，在18℃的室内气温条件下，需要更高的空气相对湿度才能满足人体的需要，冬季室内空气干燥需要增加水蒸气的蒸发量来补充空气中的水分。对于既有建筑而言尤其在公共建筑当中，在改造当中适当设置一定的室内水体，不仅可以作为室内景观，而且可以有效增加水蒸气的蒸发量，但是冬季的气温比较低，而且室内的空气流动速度较低，导致室内水体的蒸发量不够，不能有效提高室内空气的空气湿度。所以，提高室内水蒸气的蒸发量是提高冬季室内空气湿度的重要内容。

2）室内绿化的设置

除了设置水面来增加水蒸气的蒸发量外，还可以通过在室内设置绿化。植物是天然的湿度调节器，植物根系所在的土层降雨时是天然的蓄水池，空气干燥时又可通过叶片的蒸腾作用增加空气湿度，这对于气候干燥地区是非常有利的。

3）室内空气的流通

在既有建筑的改造中，由于受限于建筑布局只能在有限的部位设置水体和种植绿化，为了获得良好的太阳辐射，水体和绿化也大多设置于建筑的南侧，为了使建筑获得均匀地空气湿度，必须有一定的室内空气流通，使加湿加热的空气在建筑内部循环起来，更大程度地提高室内的热舒适度。此外，为了使得室内的水体增加蒸发量，需要提高室内的空气流动速度，加快水分蒸发。

3. 具体的措施或者手段

1）设置水景以提高空气湿度

由于水体能够通过蒸发提高空气相对湿度，因此可以在北方地区加以利用。与空气加湿器设备相比，水景是天然的水循环系统，其效果要明显优于空气加湿器设备。在水体环境中，由于人工水景的水速较快，水源与空气的接触面积较大，空气降温效果明显。因此环境比较清透舒爽，可以驱走沉闷，带来勃勃生机，而且向空气中蒸发游离水蒸气的也比较多，是一种很好地提高室内空气湿度的方法（图4-47）。

此外还有很多人喜欢养金鱼，鱼缸不仅为人们提供很好的观赏性，也可以提高室内空气湿度。各种各样的水面都可以增加室内空气湿度，在有可能的条件下，尽可能地将室内水面设置成一定的水景，让室内的水体不仅为了增加空气湿度而设，还要增加观赏性，使其成为室内景观的一部分。

2）设置绿化以提高空气湿度

蒸腾作用是水分从活的植物体表面（主要是叶子）以水蒸气状态散失到大气中的过程，绿化植物的蒸腾作用为大气提供大量的水蒸气，使当地的空气保持湿润，使气温降低，在室内设置绿化，通过蒸腾作用可以有效提高室内空气湿度，同时光合作用还可以为室内提供氧气（图4-48）。

设置绿化应该注意的问题：①绿化应该设置在南侧等可以获得充足日照的区域，不要设置于建筑的北侧，这样不仅绿色植物不能有效进行光合作用，不能释放氧气和水蒸气，而且植物会降低室内空气温度。②不宜种的花草。一是会产生异味的花卉。二是耗氧性花草，它们进行光合作用时，大量消耗氧气，影响人体健康。夜来香在夜间停止光合作用时，大量排出废气，会使高血压和心脏病患者感到郁闷。三是使人产生过敏的花草。③在条件允许时，可以考虑将绿化设置在阳光房中可以大幅度地提高植物的生长和光合作用。

3）阳光型中庭的设置

阳光型中庭对建筑热舒适度的影响。①阳光型中庭为建筑提供更多接受阳光辐射的可能，由于增加了中庭，阳光型中庭可以为建筑提供一个采光的穹顶，可以大量地接受太阳辐射，如果采用嵌入型南向中庭还可以增加一个南向的受光面。②阳光型中庭本身就是一个巨大的阳光房，由于中庭大多设在南面，不管中庭的平面、立面、剖面的形式如何，它本身都会产

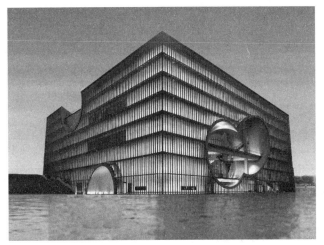

图 4-47　建筑水景设置
资料来源：http：//bbs.unpcn.com/attachment.aspx?
attachmentid=3722205

图 4-48　建筑绿化设置
资料来源：http：//www.archcy.com/uploads/
140717/53.png

生相应的"温室效应"和"烟囱效应"，对建筑室内的热舒适度都有很大影响。③阳光型中庭可以以气候缓冲区的形式存在于建筑中，阳光型中庭可以为建筑室内和室外设置一个气候梯度缓冲室外空气对室内的直接影响，减少室外空气对热舒适度的冲击。这对于北方地区的冬季采暖也有很重要的意义（图 4-49）。

图 4-49　阳光型中庭效果
资料来源：http：//www.yizhanzx.com/UpFiles/Image/
2015-09/20150923103645549525005044462.jpg

阳光型中庭设计中应该注意的问题。中庭冬季的采暖问题上，虽然有很多的好处，但是在设计当中还是有很多问题需要注意，否则的话，不但达不到预期的效果，白白花费了数额不菲的投资，甚至还会恶化建筑热舒适度。①阳光型中庭的设置，应该以解决实际问题为目的，除了在空间的艺术设计上有特殊的要求，中庭的开间和进深都不宜过大，这样既不利于节能，又浪费了宝贵的建筑面积。②阳光型中庭与外界接触面不宜过大，尤其在非南向的接触面更应该小，这样就可以用更小的接触面来缓冲更多的室内空间。这对于北方地区来说十分重要。③阳光型中庭在利用烟囱效应和温室效应的同时，要做好换气设计，过度的换气会降低室内温度带走大量的热量，而同时如果中庭过于封闭换气量不足的话，使室内空气含氧量不足，室内空气有害成分提高和滋生细菌从而对人体健康带危害。良好的换气设计应该是缓慢匀速地换气，而不是快速大量地换气。

4. 建筑室外气流研究概述

空气流动本身就是热舒适度的影响因素之一，而空气流动还会对室内的温度和空气相对湿度产生很大的影响。

建筑室内外气流的控制和引导，也是被动式设计的一个重要举措。空气流动主要是通过热压和风压来实现，主要的模式就是通过气候缓冲区和烟囱效应以及外表面空气流通，通过控制不利气流和有利气流的引导来对室内空气的温度和相对湿度进行调节，同时控制风速来营造良好热舒适度。

1）建筑室内外气流的流动原理和方式

自然通风最基本的动力是风压和热压，在实现原理上有利用风压、利用热压、风压与热压相结合以及机械辅助通风等几种形式。

（1）风压。主要是通过风压差，建筑物在迎风区域会形成一个正压区，在背风区域会形成一个负压区，两个区域的风压差会给建筑带来穿堂风，这种通风方式空气流动方式以水平运动为主。在我国南方地区，夏季利用穿堂风来加强建筑的室内空气流通，降低室内温度，是一种非常理想的手段，但在北方采暖地区尤其在冬季采暖期内不是特别合适。风压差的大小不仅与外部风力大小有关系，而且与建筑物和风向的角度有关系。

（2）热压。由于热空气轻而冷空气重的缘故，冷热空气之间会形成热压。利用热压而形成的空气对流形式，就是我们通常说的"烟囱效应"。这种通风方式空气流动方式以竖直运动为主。热压的压力差是决定烟囱效应强度的主要因素，提高上部出风口和下部进风口的距离可以有效提高两口部的热压差。实际操作起来，中庭、楼梯间、各种吹拔都有近似"烟囱效应"的作用，在建筑改造中，应广泛应用这种原理对建筑室内空气流动进行引导和控制。

（3）风压与热压相结合。在建筑中往往不是单一的空气运动模式，既要水平运动的空气流又要竖向的空气流时，往往采用风压与热压混合的模式。

（4）机械辅助。有些时候建筑设计较为复杂，风压通风受布局的影响，热压又没有合适的吹拔空间，机械辅助可以加强通风效果，实现室内空气的流通还有一种情况就是，在利用"烟囱效应"将热空气集中到建筑空间的上部，而冷空气集中在室内的底部，当达到一定的平衡时，空气流动速度会大幅下降，这个时候需要一些机械辅助将顶部的热空气输送到底部空间，底部空的冷气会进入顶部的负压区，从而实现空气在室内的循环，强化了"烟囱效应"。

2）空气流通对室内空气湿度的影响

空气湿度是影响热舒适度的重要因素之一，空气流通速度对于室内空气湿度的控制有着重要的作用。空气流通对室内空气湿度主要影响有以下两方面：①通过空气流通，从室内的湿空气源带来湿空气来补充干燥空气中的水分；②保证室内的空气湿度相对均衡。

我国北方地区冬季的室内空气湿度一般都比较低，给人的感觉往往是热而干燥，通过在室内设置一定的水面，通过温度和对流来增加水面的蒸发量，而室内的空气流通可以将水气输送到室内的房间中，以提高室内空气的相对湿度，避免空气干燥。

3）空气流通对室内空气温度的影响

冬季的空气流动会降低室内的温度，同时也会加大人体表的蒸发量从而让人觉得更冷。但适宜的风速会给人以清新的感觉，而且适宜的空气流通对于人体的健康是必不可少的。

根据研究表明：当气流速度小于0.5m/s时，人体无感觉，为不感气流，这个速度对于人体正常的新陈代谢是必需的；当气流速度大于0.5m/s时有吹拂的感觉，长期暴露有不舒适感觉，不同季节气流对人体的影响不同。但气流太大，会带来不舒服的吹风感，人体散热过多引起寒冷，不易保暖，使人精神分散，影响工作效率。在室内环境中，舒适温度的气流速度为0.15~0.25m/s。

4）空气流通与换气

此外一个良好的建筑热舒适度，有很多个条件，不但要有舒适和恒定的室内的温度和湿度，还需要有一定的换气次数，以保证空气的清新。以前粗放的换气方式，会导致建筑大量的失热。室内气流对污染物有输送和稀释作用，所谓输送作用，即污染物从一处移到另一处；所谓稀释作用，即室内污染物的浓度越来越低，污染范围逐渐扩大。通风是一种清除微生物的有效方法，人们如果长期居住在通风不良、空气污染严重的室内，就会感到食欲不振、疲劳、头晕、恶心、贫血，且易患各种呼吸系统传染病和其他疾患，有损健康和寿命。

5. 通风换气设计的内容

1）建筑外表面空气流通

高层建筑会产生涌向街道的向下空气湍流，在夏季更多考虑建筑散热时这种气流是有利的，在冬季更多考虑建筑蓄热时这种气流是一种负担。这种沿着建筑的迎风面向下流动产生的效应叫作下冲涡流效应（图4-50a）。风在围绕建筑运动产生的风速加剧的效果叫转角效应（图4-50b）。在背风面还会产生一种螺旋的不确定方向

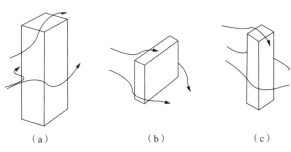

（a）　　　　　　（b）　　　　　　（c）

图4-50　建筑外表面的空气流通

的向上气流叫作伴流效应（图4-50c）。这些在建筑外表面所生的各种空气流动，都会加剧建筑表面的空气对流换热和冷风渗透。在冬季这些建筑外表面的空气流动加速作用，对建筑热舒适度有很大的影响。

2）不利室内气流的控制

在建筑设计的热工设计当中，对于建筑热舒适度不利的空气流动基本上分为两大类：一种气流导致室内的热空气流通到室外；另外一种就是室外的干冷空气进入室内。

冬季室外冷风渗透。冬季冷空气进入室内的方式很多，有人为的开启门窗，有门窗洞口的冷风渗透，而控制的方式也多种多样，大致有几种：设置防寒门斗；加设防寒窗帘、门帘以及风幕；北侧设置防寒绿化；减少北向开窗；增加门窗的气密性设计。冷风渗透是主要的不利气流。

热空气进入室外。为了防止建筑大量失热，控制方式主要采用呼吸幕墙、增加门窗的气密性设计。同时应该通过对换气路径和方式的设计，避免热空气通过开门开窗的方式进入室外，从而损耗大量的热量。这也是不利气流的一种。

3）有利室内气流的引导

建筑室内的空气需要循环流动，不仅是人体的舒适度的需要，也是为了更加均匀地分布室内热量和水蒸气。室内获得太阳能辐射和获得水蒸气大多数位于建筑南侧，为了营造一个良好的热舒适度必须使建筑各部位均能获得合适的空气温度和空气湿度，循环流动的室内空气流可以将热量和水蒸气送到建筑室内的每个角落。所以从人体舒适度和室内获得均匀的热量分布和水蒸气分布这两方面看来，都离不开室内气流。通过合理地利用室内的热压和风压，创造一种有利于室内空气热量和水蒸气流动的气流是非常必要和重要的。

4）有组织换气

我们室内环境含有许多空气污染物，如吸烟产生污染气体，杀虫剂清洁剂等释放的挥发性有机化合物，木质家具建造物所释放的氡气等有害物质。现在建筑为我们提供了一个坚固方便美观的家居生活，但是这些现代化也给我们带来了生活上的一些困扰。透风性很差的建筑设计，室内装修等人们的行为让室内的家居生活面临危机，人们很希望回归自然新鲜的空气，如何让

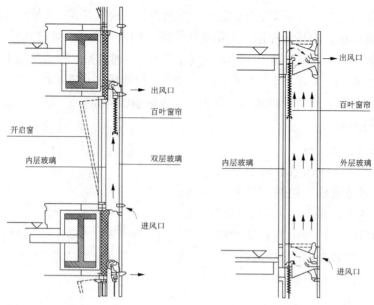

图 4-51　双层呼吸式幕墙

室内空气保持新鲜，如何改善室内空气污染现状，是人们关注的问题。作为既有建筑改造当中，尤其是在冬季严寒地区的既有建筑，为了节能而冬季不敢开窗而出现的换气次数不够的问题相当突出，严重影响室内热舒适和人体健康。

6. 具体的措施或者手段

1）可呼吸的幕墙

可呼吸幕墙的设计原理如图 4-51 所示。可呼吸幕墙为建筑的换气提供了新的思路，呼吸幕墙是在外墙的设计上利用热压在外墙上形成空气对流的一种幕墙构造方式，原理是空气从下进风口进入两层幕墙中间的空气间层，经过加热后从上出风口排出幕墙。呼吸幕墙按照气流运动方式可以分为外循环、内循环、混合式。

外循环呼吸幕墙。外循环呼吸幕墙就是指呼吸幕墙的下进风口和上出风口都是通向室外，而不与室内空气进行交换，这个过程只有热交换而没有换气。

内循环呼吸幕墙。内呼吸幕墙与外呼吸幕墙相似，不过进风口和出风口都是通向室内，同样没有室内外空气的交换，但与外循环呼吸幕墙不同的是，内循环幕墙可以有效提高室内空气的流动速度，尤其在同层间房间内的空气对流作用十分明显。

混合式呼吸幕墙。混合式呼吸幕墙是由两种循环呼吸幕墙结合而成，进风口和出风口都可以通向室外或者室内，所不同的是针对不同季节有不同的策略，对于夏季来说主要是通风散热，多以进风口接室内而出风口接室外；冬季主要是保温兼顾通风换气，多以进风口接室外而出风口接室内，并在夜间关闭出风口，来进行换气。

混合式呼吸幕墙是冬季室内换气的一种可行方法。

2）呼吸幕墙对冬季热舒适度的影响

有利于创造一种平和稳定的热舒适度，呼吸幕墙通过自身来组织室内的空气流通，可以将室内的空气不停地与幕墙热腔内的热空气形成对流，以一种微调节的方式，持续而又缓慢地调节室内空气的温度和湿度，使得建筑室内的空气的温度始终相对稳定。

可呼吸幕墙为建筑室内提供了一个气候缓冲区，建筑幕墙作为建筑的围护结构，不管气密性多好，都会有冷风渗透，而可呼吸幕墙由于幕墙内有热腔的存在，很大程度上解决了渗透冷空气直接进入建筑室内，而是经过空气热腔的加热，不仅有利于冬季节能，而且提高了室内热舒适度，保证了室内相对温度稳定。

3）呼吸幕墙的设计要点

内循环呼吸幕墙为首选。由于北方地区冬季极端气候时间长，而春秋季过度时间短。可以形成较高的热压，而冬季的室内空间相对比较封闭，使用外循环呼吸幕墙会导致大量的冷空气进入室内，而内循环幕墙由于空气交换都是在室内进行，热通道内不会有室外的干、冷空气进入，从而最大程度保证了室内空气的温度和湿度。

进风口和出风口应有一定的高差。由于冬季室内空间相对比较封闭，风压通风实现难度比较大，所以必须结合玻璃的温室效应，最大程度地争取热压通风，所以不管是内循环幕墙还是外循环幕墙，在设置进风口和出风口的时候，都必须保证相当的距离，以获得足够的高差以获得最大的风压，可以切实提高室内通风速度，最大限度提高室内通风效果。

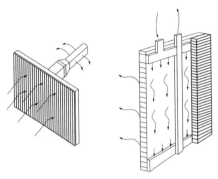

图4-52　提高呼吸幕墙的工作效率

可以采用一定的机械设备。通过一定的机械设备可以有效提高呼吸幕墙的工作效率（图4-52），可以将幕墙内的热量快速地吸收到室内，最大限度利用了太阳能。

4.4　绿色节能建筑环境效益分析

4.4.1　屋面绿化的环境效益分析

1. 屋面绿化的发展

绿化屋顶的概念起源于20世纪60年代，随后因其具有良好的适用性而得到广泛地认可。经过较长时间的探索，目前国外绿色建筑较为先进的地区已经在绿化屋面的设计、安装和养护中积累了大量的经验。

1）绿化屋顶的分类

在长期的发展过程中，绿化屋顶的设计手段已经趋于完善，目前普遍存在的三种类别包括开敞型、半密集型和密集型三类，具体比较如表4-2所示。人们又根据绿化屋面的构成，将其分为植被屋面和屋顶花园。因此可知植被屋面是开敞新建筑屋顶的一种，而屋顶花园则属于密集型的绿化方式。

表4-2　　　　　　　　　　　　　　　　　　　　屋面绿化技术类型的特点

技术类型	技术层次	技术特点
开敞型	属于粗放型绿化	养护成本低，无需灌溉，植被种类多，整体高度低（不超过20cm），绿化工程质量轻（一般在60~200kg/m²）
半密集型	介于开敞型和密集型之间	需适时养护和及时灌溉，绿化种类包括草坪绿化、屋顶和灌溉绿化，整体高度适中，绿化工程质量在100~200kg/m²
密集型	将绿化植被与人工造景等相互结合	需要经常养护和灌溉，绿化植被包括草坪、常绿植物、灌木和乔木，植被整体高度在15~100cm，绿化工程质量较重（200~1000kg/m²）

2）屋面绿化的技术结构

为了适应不同屋面类型，在设计过程中，屋面结构随着改变。一般来说绿化屋面结构包括植被层、土壤层、排水层、防水层以及基础等，具体的功能介绍如表4-3所示。

表4-3 典型屋面绿色技术结构的功能

结构名称	功能
植物层	完成美学与改善环境的要求
营养土壤层	给植物提供生存空间，产生植物根系生长空间，为植物提供水分和养分
排水和过滤层	储存水并将水排放到外部，从而阻止微小颗粒进入和阻塞排水系统
植物根阻拦、防水层	保护防水层，以免其受到冻胀盈利作用，并阻止根系穿透防水层和保温层
版面基础层	主要起到承重作用

3）我国屋面绿化的现状

由于我国的绿化屋面研究较晚，因此我国绿化屋顶应用并不广泛。同时绿化屋顶受到经济、建筑结构以及人们的主观行为的影响，我国的绿色屋顶面积的发展较为缓慢，远远落后于发达国家。但是我国的一些地区已经进行了绿化屋面的试点工作，并颁布了相关规则，如表4-4所示。

表4-4 国内部分城市制定屋面绿化的相关规则

城市	年份	绿化面积/m²	具体要求
上海	2007	>50×104	由房屋产权单位或者业主承担费用，绿化部门相应补贴
北京	2004	>100×104	由业主承担费用，并用环保基金支配屋面绿化
深圳	1996	>100×104	通过政策、技术和经济等方面扶持屋面绿化
杭州	1996	>60×104	将屋面绿化与主体建筑同步验收，强制执行
成都	1989	>300×104	实行屋面绿化评比，以奖代补，奖罚并存
重庆	2006	>40×104	通过政策、技术和经济扶持屋面绿化，以奖代补
厦门	2005	>30×104	统一规划，由业主承担费用，政策扶持

2. 屋面绿化的环境效益

1）改善生态环境与景观

屋面绿化使绿化向空间发展，为提高城市绿地面积提供了一条新的途径。我国旧城改造中可供绿化的用地较少，利用屋面绿化技术，可以有效增加绿地面积。我国城市中可进行屋面绿化的面积很大，增加城市绿地面积的潜力巨大。

以建筑面积20万m²的多层居住小区为例，若屋顶面积按20%计，将其中50%屋顶加以绿化，可增加绿地面积2万m²，以常住7000人计，人均可增加绿地面积2.8m²。对比我国城市人均绿地面积不足4m²的现状，屋面绿化对增加城市绿地面积的作用明显。

同时，绿色作为最适宜人眼观看的颜色，在视野中达到一定比例时，可以使人的心情舒畅。屋顶作为城市景观构成的重要部分，通过屋面绿化将使单调的屋顶得到美化，有效改善城市景观环境，增加城市绿色空间，形成多层次的城市空中绿化景观。

2）建筑节能降耗分析

屋顶绿化后，由于绿色植物的同化及遮阳作用，使绿化屋面的净辐射热量远小于未绿化的屋面；同时，因植物的蒸腾和蒸发作用消耗的潜热明显比未绿化的屋面大。绿化屋面的空气获得的热量少，热效应降低，破坏或减弱了城市的热岛效应。国外研究表明，屋面绿化对热岛效应的减弱量可达 20%，如果普遍推广，将有助于改善城市的气温。杭州市区的试验数据显示，绿化后室内温度较未绿化的室内温度下降 3.0℃~5.3℃，屋顶温度可下降 5℃~8℃，室内空调节电近 20%。

本杰明（Ben Jamin）证实，随着覆土厚度的增加，降温效果进一步增强，可以节约近 50% 的能耗。此外，屋面绿化降低了屋面温度变化幅度，延缓了各种密封材料的老化，增加了屋面的使用寿命。可见，屋面绿化的潜在效益明显。

3）对城市雨水消减分析

绿化屋面通过屋面绿化层截留、吸纳部分天然雨水，对暴雨起一定的缓冲作用。许萍等研究表明，在同等降雨强度下，绿化屋面汇流的雨水量较非绿化屋面减少 63%；且汇流的雨水量主要集中在前 15min，其后屋面雨水全部由人工种植土层吸纳或净化后渗透流出，不再形成表面雨水径流。史蒂文（Steven）等证实，屋面绿化可以对暴雨起一定的缓冲作用，落在绿化屋面的雨水仅有 10%~30% 排出，其他都存留在屋面上。屋面绿化可以有效缓解城市排水系统的压力，为城市安全提供保障。另外，屋面绿化还能利用土壤渗透过程，净化天然雨水中的部分污染物，对雨水中 COD 去除率超过 50%。

4）改善区域环境质量分析

绿化屋面对于改善区域环境质量也有很明显的作用。本杰明指出，绿化屋面通过吸收空气中的污染气体、过滤空气等作用提高空气环境质量；还能有效保存生物多样性，维持城市生态平衡。联合国环境署的一项研究表明，如果城市的屋顶绿化率达到 70% 以上，其上空的 CO_2 将下降 80%（体积分数），热岛效应会彻底消失。

除了能改善大气质量外，史蒂文等指出，绿化屋面至少可以减少 3dB 的噪声，最大可达到减少 8dB，屋面绿化无疑是个有效的降低噪声的方法。屋面绿化还能有效改善城市环境湿度，绿化屋面后其相对湿度会明显增加。浙江永康市生态住宅屋顶湿度的观测结果表明，相对湿度比常规屋面高 10%，夏季室内平均温度低 3.2℃。

5）实现对废气的治理

将屋面绿化技术与废气治理相结合，利用绿化植被及营养土壤中的微生物吸收、降解废气，是屋面绿化环境效益的一个新延伸。屋面绿化废气治理技术资金、设备投入少，无需大量占地，处理成本主要是绿化养护支出，费用低廉，处理效果良好。通过对废气的治理，实现屋面绿化环境效益的更大拓展与延伸。

3. 推广屋面绿化技术的对策与措施

1）引入环境补偿机制

环境补偿机制是指以防止生态环境破坏、增强和促进生态系统良性发展为目的，以从事对生态环境产生或可能产生影响的生产者、经营者、开发者为对象，以生态环境整治及恢复为主要内容、以经济调节为手段、以法律为保障的新型环境管理制度。

通过在产业政策上明确提出发展屋面绿化，在经济政策上引入环境补偿机制，运用税收、减息等经济杠杆，扶持引导房地产、物业管理企业等发展屋顶绿化，创建生态型屋面绿化示范工程。对于建筑使用者，作为受益人，可以通过适当征收费用，进行受益性补偿；而对积极进行屋面绿化工作的机构和个人，通过国家财政实施奖励性补偿。引入环境补偿机制，通过经济手段来实现屋面绿化工程的推广是个重要的方面。成都市通过实施以奖代罚，充分调动了屋面绿化实施者的积极性，有效促进了屋面绿化工程实施，使成都已有的屋面绿化总面积超过

$3.0106m^2$，成为我国实施屋面绿化的典型。

2）完善政策法规体系

德国、日本等国家都有详细的屋面绿化的法律法规。在日本，法律明确规定：凡是新建的建筑物占地面积超过$1000m^2$，屋面绿地面积必须达到20%以上。在德国，法律给任何新建筑的业主3种选择：第一，新建一片等面积的绿地；第二，交罚款；第三，进行屋面绿化。其中，屋面绿化是最省钱的方案，且政府还会根据实际情况给予一定数目的补贴。

目前，我国也有部分省、市已制定相关屋面绿化政策法规。如，北京市城市环境建设规划明确要求，北京市高层建筑中30%的屋顶和低层建筑中60%的屋顶要进行绿化。通过法规形式确定屋面绿化的地位，明确责任主体，保证屋面绿化的实施。当前，还没有全国性的法律规范，建议制定强制性的发展屋面绿化的国家法规和条例。政府要从规划开始就融入屋面绿化的理念，为屋顶绿化建设创造前期条件。只有完善政策法规后，才能从根本上确立屋面绿化技术发展的法律地位。

杭州市将屋顶绿化与主体建筑同步验收相结合，要求今后所有的新建建筑都必须进行屋顶绿化，屋顶绿化将与主体建筑的设计、施工、验收同时进行，并将计入小区的绿化率。通过完善政策法规体系，近年来，杭州市屋面绿地面积不断增加，逐步形成了良性循环。

3）加强人才培养

要推广屋面绿化，除了要在法律上立法保障外，还要解决专业技术人才匮乏问题。我国现有的屋面绿化技术人员不仅数量少，而且基本都非专业人才，严重制约了我国屋面绿化技术的进步，也影响了屋面绿化的工程质量。现阶段，必须要在高等院校和职业技术学校中开设有关屋面绿化的课程，抓紧培养城市屋面绿化的专业人才，特别是既懂园林设计又懂建筑设计的复合型技术人才。只有具备专业的技术人才，才能保证屋面绿化技术的有效实施和推广。

4）强化技术与标准研究

强化技术攻关和科研工作，尽快开展有关屋面绿化的技术标准的制定，解决屋面绿化所产生的防水、防腐等一系列设计、施工和配套材料等技术问题，做好绿化植被的选型和土壤的配制，以更科学的规范指导屋顶绿化建设，促使其有序发展，确保屋面绿化效果。

参照德国FLL制定和发布的绿色屋顶的设计、安装以及后期养护指南，我国也应在加强技术研究的同时，为屋面绿化技术标准化，制定和发表相关技术导则与指南。将现有无序的屋面绿化进行有效的技术规范和统一，易于监管和推动技术的进步。

5）实现多技术联用

国外屋面绿化的实践表明，在发展屋面绿化技术过程中，不仅要注重屋面绿化技术的研究，而且还需要和其他相关技术结合，以实现环境－经济－社会效益的统一。

德国在屋面绿化过程中，将平顶屋面改造成为室外活动休息、娱乐的空间，实现环境与社会效益的统一。近年来，屋面绿化技术越来越倾向于和一些其他生态设施结合。有研究者提出将屋面绿化与城市雨水处理系统和太阳能系统相结合。城市雨水处理系统对暴雨起到了延缓、过滤作用，多余的雨水可灌溉绿化或冲刷厕所；太阳能系统则能提供额外的能量。另外，还可将屋面绿化用于废气治理，实现对屋面绿化效益的拓展和延伸。

作为一个能源和水资源匮乏的国家，如果能在屋面绿化过程中实现多技术联用，则发展潜力巨大，产生的环境与社会效益将不可估量。实现多技术联用，也符合我国提出的可持续发展的观念，是世界屋面绿化发展的整体趋势。

6）做好宣传与推广

屋面绿化发展至今，除了业内人士，民众普遍还很陌生，不清楚屋面绿化可以带来的实质性效益，抑或混淆相关概念。应加大力度宣传屋面绿化，以生动、内容具体的实例宣传屋面绿化的意义和作用，让整个社会民众认识到屋面绿化带来的各种效益，消除人们的思想顾虑，促使屋面绿化成为全社会的共识。只有让公众认识到屋面绿化的益处，屋面绿化的全面推广才有市场和真正的原始动力。只有公众主动参与到实施屋面绿化工程中来，才能有效加快屋面绿化进程。当然，屋面绿化的发展，需要循序渐进，稳中求进，吸取先前的经验和教训，避免重建轻养，急于求成，使屋面绿化市场变成一个长期稳固的市场。

4.4.2 全寿命周期绿色建筑环境效益分析

绿色建筑的发展能够获得一定数量的环境效益，包括减少、烟尘等大气污染物排放的环境效益，水资源节约的环境效益等，通过研究绿色建筑环境效益的估算方法，可以定量分析绿色建筑发展带来的环境效益。绿色建筑以追求资源和环境效益为目的，其对能源的减排行为不可避免地与行业的经济利益相冲突。为了保证绿色建筑的发展，政府应给予一定财政扶持力度，包括财政补贴、税收优惠等措施。通过定量分析绿色建筑发展过程中取得的环境效益，可为政府的决策行为提供理论依据。

在全寿命周期成本理论的基础上，构建了绿色建筑环境效益测算体系，对于推广绿色建筑有重要的现实意义（图4-53）。并且，本文测算出了绿色建筑增量成本和增量环境效益，得出了合理科学的环境效益评价结果，从环境效益的角度说明绿色建筑在实际应用中的优越性及局限性，有助于推动政府制定合适的调控政策，从而促进绿色建筑的发展（图4-54）。

1. 绿色建筑的效益分析

根据绿色建筑效益的性质，可以将其分为经济效益、环境效益和社会效益。其中环境效益是绿色建筑得以重视和发展的重要前提，因此环境效益是经济效益和社会效益的基础，而经济效益和社会效益则是环境效益的后果，这三者相辅相成，互相影响。按照绿色建筑效益的明显性，又可分为显性效益和隐形效益。其中显性效益是在短期之内可以看得到的，又称为直接效

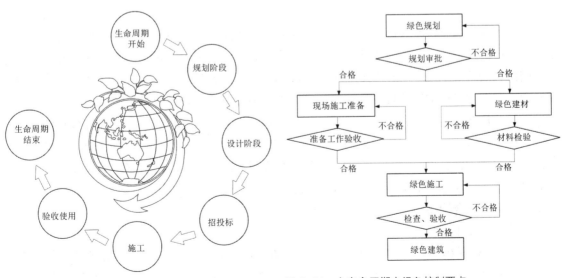

图 4-53　项目全寿命周期　　　　　　　　　图 4-54　全寿命周期中绿色控制要点

益，其受益者一般为投资者；与效益的性质相对比，显性效益则是经济效益，隐形效益则是间接效益，这种效益是要在长期之内才能够显现，主要包括环境效益和社会效益，其受益人是全社会所有人员。

2. 绿色建筑的环境效益分析

人们绿色建筑评估体系的研究较晚，目前对绿色建筑的环境效益研究较少，对其研究仅有较短的时间。在过去的一段时间里，国内学者李静建立了绿色建筑成本增量模型及其效益模型，进而分析了绿色建筑在运行期间的节水、节能、节材、节地以及室内环境等因素的影响。而学者吴俊杰等人则以天津中新生态城为例，分析了住宅建筑全面能耗以及气体排放量，进而分析了绿色建筑的经济效益。刘秀杰等人以建筑全生命周期理论和外部理论为出发点，综合分析了绿色建筑的环境效益。杨婉等人则以实际工程案例为依据，分析了绿色建筑节能改造的经济效益和环境效益。曹申等人详细论述了绿色建筑全生命周期的成本与效益，从而定量地分析了绿色建筑的环境效益与社会效益。

我国的《绿色建筑评价标准》指出绿色建筑需要在全生命的周期内，最大限度地减少资源浪费（即实行节能、节水、节地和节材）、环境保护和减少污染，从而能够为人们提供一个健康、节能环保的环境。从绿色建筑的定义中，可以看出绿色建筑的环境效益可以分为节能环境效益、节水环境效益、节材环境效益和节地环境效益。同时根据绿色建筑的目的来划分，绿色建筑的环境效益有可以分为健康效益、环保效益、减排效益等。

我国建筑的发展速度较快，建筑的碳排放量将会持续增加。根据联合国环境规划署的调查分析得出：如果碳排放量按照如今的速度持续增长，那么全球温度将会每百年升高3℃，那么人类的生存将会受到严重威胁。因此，绿色建筑追求的目标与未来环境的发展相一致，需要得到大力地推广与发展。

3. 绿色建筑的节能环境效益分析

随着全球气候变暖以及能源资源日益短缺，人们为了应对生态环境日益恶化的挑战，提出了碳循环的概念。目前，已经初步形成了以低碳为目标的循环经济、绿色城市的基本体系，以期促进低碳或者零碳建筑的发展。一般地，绿色建筑以太阳能、地热能等可再生能源为基础，以提高建筑围护结构的保温隔热性能为手段，通过合理地设计采暖与空调设备，实现建筑节能的目的。

绿色建筑的节能环境效益分析，主要体现在居住者对自然环境的要求。以此为前提，对环境做出适应性地调整，实现新建建筑或者既有建筑改造之后环境质量的改善，从而实现环境与人之间的和谐统一。通过对比既有建筑改造前后的污染物排放量的变化，提高建筑的环境效益，同时通过定性的指标加以体现，从而形象具体地体现绿色建筑环境效益。研究表明，通过节能改造之后的建筑的能耗量和污染物的排放量明显降低，证明这是缓解能源短缺与CO_2排放压力的有效方法。以我国哈尔滨地区为例，冬季较为寒冷漫长，供暖系统一般以燃煤为原料，但是在燃烧过程中，释放出大量的污染物，对环境造成很大的危害；但是在安装了保温层之后，煤炭的燃烧量大大降低，带来了巨大的环境效益。

4. 绿色建筑的综合论述

1）绿色建筑内涵

据国家标准《绿色建筑评价标准》（GB/T 50378—2006）所给的定义：绿色建筑是指在建筑的全寿命周期内，最大限度地节约资源（节能、节地、节水、节材）、保护环境和减少污染，

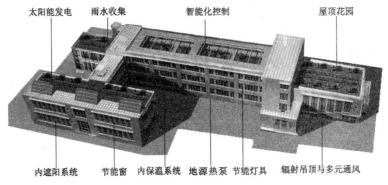

太阳能发电　雨水收集　　智能化控制　　　屋顶花园

内遮阳系统　节能窗　内保温系统　地源热泵　节能灯具　辐射吊顶与多元通风

图 4-55　绿色建筑模拟效果图

为人们提供健康、适用和高效的使用空间，与自然和谐共生的建筑。根据该节能标准，用软件模拟出绿色建筑的外部效果图，如图 4-55 所示。从图中可以看出，绿色建筑中的"绿色"两字是作为一种象征或者概念，并不是简单地从图中看出的屋顶花园以及其他高科技新技术的堆砌。绿色建筑又同时被称作生态型建筑、可持续发展建筑以及节能环保建筑等。作为绿色建筑，它充分地利用周围的自然环境所带来的各种地理、气候以及建筑材料等条件，建筑出的一种与周围环境和谐共处并且不破坏生态环境的建筑。通过绿色建筑的定义和绿色建筑模拟效果图，可以简单地将绿色建筑的内涵归纳为：实现人、建筑和环境和谐相处，实现可持续发展；减少传统建筑的能耗，减轻建筑对自然环境的污染；为人类提供更为舒适、安全、健康的生活环境。

我国绿色建筑的起步较晚，虽然已经颁布了《绿色建筑评价标准》，但是在已经通过的建筑中，普遍存在这样的问题：新建建筑满足了标准要求，但是这些建筑的能耗水平依然很高。考虑到我国建筑面积庞大的现状，我国建筑节能工作需要稳步向前发展。根据我国住房与建设委员会的调查数据显示：在新建建筑的设计过程中，要求强制执行的节能标准完成率高达97%；在建筑施工过程中，建筑的节能水平完成率达到了71%，中间节省的部分相当于700多万吨标准煤。我国既有建筑面积达到 480 亿平方米，其中 95% 以上的建筑属于高能耗建筑。这需要政府部门加强监管，对于既有建筑的节能改造要严格按照改造标准执行，并提供相应的经济激励政策。对于新建建筑，要严格按照节能标准进行管理，对于不满足节能设计要求的项目，坚决不予施工建设。

2）绿色建筑的评价体系分析

评价既有建筑是否改造成为绿色建筑，可以从绿色建筑的评估标准进行判断。图 4-56 是绿色建筑设计的技术路线图，从图中我们可以发现，绿色建筑评估标准作为该路线图的起点部分，有着十分重要的地位，所以对绿色建筑评价体系要有充分的认识和理解。当今对绿色建筑存在着一种误区，认为所谓的绿色建筑就是一系列技术的堆砌。这种现象导致许多常用的绿色建筑评价标准都采用设计技术和施工技术等措施作为评价方法的导向。这样使得人们对绿色建筑的误区更加扩大，所以有必要对当前常用的绿色建筑评价体系做一个理论分析，加深对绿色建筑的理解，推进绿色建筑产业在我国的发展。同理，在我国，既有建筑占据相当大的数量，既有建筑的节能改造也是应当在绿色建筑理念下，综合集成运用建筑节能改造技术。

那么什么建筑才能符合绿色建筑，如何评价一栋建筑为绿色建筑，既有建筑如何改造才能改造为绿色建筑等一系列问题。正是出现了这一系列的问题，所以使得绿色建筑评价体系的产生。依据统计的资料，在根据绿色建筑固有的特征和评价目的的基础上，用适当的评价方法，

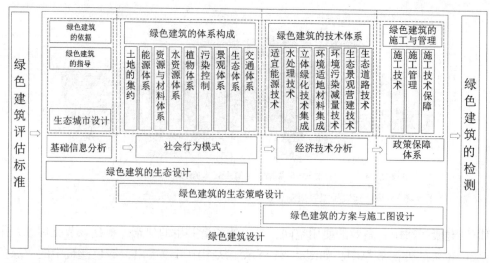

图 4-56　绿色建筑设计技术路线图

对各种评价指标针对不同的性质进行综合评论，最后得出总结性的结论。绿色建筑评价体系必须是客观真实的，是以定量并包括定性的方式来检测一栋建筑实现绿色化的程度，对于定量和定性的比例应该相当。如果在评价过程中，可操作性较差，那么可以考虑排除定量的分析，主要通过定性描述。对绿色建筑的评价过程一般分为三步，首先建立评价模型确定出评价指针，然后确定出各个指标的权重，最后计算出各个指针的属性值即可。

　　绿色建筑的发展离不开评估体系的支持，目前世界上很多国家和地区建立相应的绿色建筑评价体系，其中采用的评价方法有多种，但是大部分采用了综合应用的方法。日本的 CASBEE 绿色建筑评价体系，基于建筑全生命周期的理念，要求建筑的规划设计、建造施工与运行维护过程中，均要满足节能的要求。此外，又可以基于德费尔分析法，综合分析绿色建筑的能耗与污染物排放的问题，进而对其进行定量和定性的分析。目前，绿色建筑评价体系并不完善，但是随着绿色建筑的发展水平的提高，这些评价体系将会逐渐完善（图 4-57）。

　　3）绿色建筑的评估标准

　　从以上的评价方法分析发现，评价一栋建筑是否为绿色建筑可从以下三个方面进行评估，当然实际的评估过程中所包含的内容更加严格以及精细，本文只大致从以下三方面进行简单的判别：

　　节地、节能、节水、节材方面。该方面是指绿色建筑在围护结构、暖通空调系统以及室内的热水和照明供应上，都使用绿色无污染的材料和设备，对外面自然环境的破坏很小或者是没有。在建筑材料的来源，即开采、生产和运输的过程中都不存在污染，同时绿色建筑建造完成的拆除过程中所产生的垃圾和废弃物，这些也都是能够自然降解或者可以回收利用的。要达到这一目标就需要对建筑材料的生产工艺进行严格的选择和控制，并且尽可能地选择可循环利用的建筑材料。要达到节能的目的还可以充分的利用可再生的能源，如太阳能、地热、风能以及生物质能等。对于新建建筑合理的利用土地资源、结合建筑地的实际情况，将自然和气候等外部因素纳入设计环节，这样不仅能够达到节约资源的目的，还能够使建筑具有当地的特色外观，既美观有节能（图 4-58）。

　　绿色建筑的目标是为人们提供健康安全的居住空间环境，因此绿色建筑除了起到建筑节能的目的之外，室内空间质量优越是其另一特点，即建筑具有良好的室内舒适度。室内舒适度主

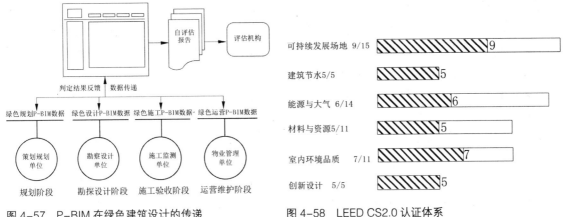

图 4-57 P-BIM 在绿色建筑设计的传递

图 4-58 LEED CS2.0 认证体系

要包括室内空气质量、通风状况、采光、噪声控制以及污染物控制等多个方面。因此在建筑设计阶段要对建筑的特性，例如朝向、体形以及布局进行合理化设计，从而保证建筑能够自然通风、自然采光，为人们提供一个健康舒适的环境。同时合理地利用自然资源，减少机械设备的使用能够保证室内的空气质量达到最优状态，从而减少环境污染。此外，还可以对建筑外部环境进行绿色设计，种植绿植，设计水体，优化自然景观，达到遮荫和防风的效果，促进生态与建筑平衡。

在建筑的运行期间，节能管理对节能水平具有较为重要的影响。在建筑运行期间，如果运用了较为先进的节能技术，那么建筑能源价格能够大幅度降低，能源转化率也得到很大的提升。同时，在运行过程中，如果能够采用较为科学合理的管理模式，控制功能与耗能设备，则能够降低建筑能耗造价和管理费用。因此，在建筑运行期间，能够起到最终节能效果的建筑，才是真正的绿色建筑。这就需要做到上述两个方面，首先要做到建筑设计和施工的节能水平，其次要做到运行期间的设备安装得当，从而保证建筑节能目标与实际效果相适应。总体上说，建筑节能不但需要节能技术的支持，也需要管理人员的节能素质。

5. 绿色建筑与一般建筑差异分析

为了实现既有建筑的节能改造，除了要了解绿色建筑对节能、节材、节地、节水的目标之外，还需要认识到普通建筑与绿色建筑的主要区别，这样才能够有效地针对普通建筑中的非节能点进行改造。首先，需要强调的是一般建筑并不是说不存在有利的节能点，也有可能具有代表性的节能点。例如我国传统建筑中的能源使用率普遍较低，但是传统建筑中的自然通风和建筑遮阳技术需要在现代建筑节能设计和改造中加以应用。绿色建筑是人们在长期的节能实践中，做出的对环境的适应性改变与调整，从而实现建筑、环境与人的和谐相处，不产生对环境有害的建筑。经过对比普通建筑和绿色建筑，具体地将其差异性总结为以下几点：

首先，从建筑布局与结构设计方面来讲，与传统建筑相比，绿色建筑采用了现代城市规划与建筑设计手段，因此对空间环境的综合利用程度较高，特别地能够充分发挥阳光、风和植被等因素，从而能够将人、自然与建筑充分地结合到一起，不但能够达到改善室内环境（热舒适度、采光度、空气质量和相对湿度等）的效果，而且能够充分利用环境降低资源消耗。此外，传统建筑的表现形式较为单体，设计比较呆板，不具有绿色建筑的新颖性。

其次，两种建筑的能耗水平有很大的差异。传统建筑在建筑设计、施工以材料选择上没有节能设计理念的指导，这就导致建筑的运行期间的能耗较大，而且产生大量的污染物。但是相对比于传统建筑，绿色建筑设置了建筑节能目标，通过可再生能源的使用与提高围护结构保温隔热性能的方法，实现建筑的低能耗或者零能耗的目标。此外，绿色建筑十分注重绿色环保，不但回收利用建筑施工过程中的废料，而且强调回收利用建筑运行期间，人们居住产生的废弃物。也就是说，绿色建筑在整个生命周期内，能够实现建筑、人与自然的和谐共处。

通过上述分析可知，与传统建筑相比，绿色建筑充分考虑了外部空间环境的影响，通过绿色建筑的理念，能够提高建筑与环境的协调性；通过现代建筑设计手段，降低环境污染，从而实现节能减排与可持续发展的宏伟目标。从建筑利用效果分析，绿色建筑更加能够实现人、自然与环境的和谐统一，能够满足人们实际生活中的心理和生理需求，实现资源和能源的均衡，尽可能地降低对环境的污染。

6. 既有建筑绿色节能改造的技术及分析

1) 既有建筑改造技术参数

对于既有建筑结构的改造工作，在建筑的规划阶段是难以实现的，这主要是由于规划阶段的一些重要参数，例如建筑布局、建筑体型及建筑朝向等已经确定。因此建筑节能改造工作，需要设计者考虑一些参数，包括围护结构的保温隔热性能、暖通空调设施以及可再生能源等（图4-59）。

建筑围护结构是指建筑结构以及各个房间的围护系统，主要包括门、窗、墙体、屋面以及地板系统。通过上述建筑各部位的节能改造，能够有效地提高其抵御外部环境的变化。建筑围护机构的节能改造，按照建筑围护结构各部位的不同，可以将细分为墙体的节能改造、

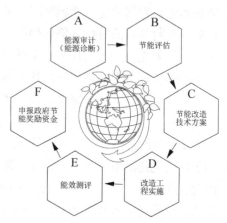

图4-59 既有建筑节能改造流程

窗户的节能改造设计、门的节能改造、地板以及屋面的节能改造。一般地，对建筑的外墙节能改造主要通过设置墙体内外保温层实现的；而门窗则是通过提高结构的气密性，从而减少室内的热量散失，具体地表现在添加门窗密封条和镶嵌玻璃材料，以及采用热传导系数较低的窗框材料。对屋面和地面的节能改造，则与外墙的节能改造措施一致，也是在屋面上部或者地板下设置保温层，从而减少热量（夏季）或者冷量（冬季）的散失。

暖通空调系统的节能主要表现在设备的设计与运行环节，但是对于既有建筑的暖通空调设备，因设备的在建筑中布局与配置已经确定，因此暖通空调系统的设计环节就不能进行二次设计，只能对其运行环节进行改造。除了通过技术上的建筑节能改造，也可以通过节能管理的方式提高建筑节能效率，降低能耗水平。其中，较为普遍的一种方法便是建筑热量收费方式。在建筑运行期间，通常在供暖处安装热计量装置。这就要求供能商进行能耗计费改革，使其切实地能够在改造后建筑运行中起到显著的节能效果。还可以通过中央空调系统水泵变频节能改造方案来实现节。

可再生能源因其清洁无污染的特点而得到重视。目前，可再生能源在建筑中的应用技术已经比较成熟，正处于大力推广阶段，现在可以利用的可再生能源主要包括太阳能、风能、地热能、潮汐能、生物质能等。在既有建筑节能改造中，可以利用自然风，一方面可以进行风力发电，减少城市供能系统的压力；另外还可以形成自然通风机制，改善室内环境，减少暖通空调设备的使用，间接地降低建筑能耗。太阳能是目前可再生能源利用最为广泛的可再生能源。在

建筑中，既可以通过太阳能光热系统，为建筑运行提供必要的热量，又可以通过太阳能光电系统，将建筑捕获的太阳能转化为光能，为建筑提供生活用电。目前，伴随着地热能技术的发展，地热资源受到建筑师的青睐，这既能够满足南方地区制冷需求，又可以满足北方地区供暖需求，在以后建筑可再生能源利用，能够得到大面积的应用。

2）既有建筑改造技术的可行性分析

在了解了大致的改造技术后，并不是某一种改造技术就是最优或者最差的，要求将进行改造的建筑作为一个整体研究，从技术角度出发，结合该建筑物的外部环境，即气候条件以及土建条件来选择适宜的改造方案。另外从经济效益方面，就需要将建筑物所处地点的经济条件也纳入考虑范围内。对于既有建筑绿色化节能改造在进行节能方案的选取时，因为少了设计时间的节能考虑，所以对改造方案更应该重视，充分了解各种改造技术的可行性以及所能获得的性价比，综合考虑后选取恰当的改造方案。并且既有建筑的改造技术也可以采用分阶段进行，如可先采用既有建筑中能耗高的部分进行改造，或者先使用简单方便的方法改造，逐步将既有建筑改造为绿色建筑。对既有建筑的改造技术有如下几种，各类改造技术的可行性如下（图4-60）。

首先是对既有建筑改造措施中，对可再生资源的利用，从前面的技术途径了解到，在暖通空调方面对太阳能的利用技术方面还没达到成熟，太阳能热水器在我国的发展反而是快速和应用范围最广的，这是我国在对可再生资源利用领域中发展最快也是最成功的范例。对于沼气方面，我国在这一技术上的应用历史很长，但是大多都集中在农村用户上，并且减排效果非常明显，但是城市中的建筑几乎用不上这一可再生能源。不过在利用垃圾填埋进行沼气发电这一领域，很有潜力。目前我国的生物质发电锅炉也是尚处在试验阶段，这方面的经验较缺乏，由于自身的技术有待提高，在与国外发达国家相比，我国在这方面的基础薄弱，因此导致经济效益不高，无法与目前成熟的大型煤炭发电厂竞争。最后在地热的利用上，因为地热供暖的设计与平时常规的供暖设计不同，所以要对既有建筑进行这一改造将耗费大量的时间和经费，同时散热设备也需要进行大量的更换，对于更换设备所产生的额外投资，这些要结合当地的供热价格

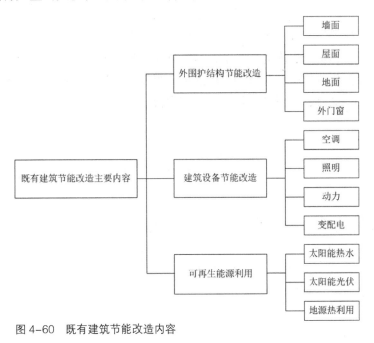

图4-60 既有建筑节能改造内容

以及初投资进行经济评价分析，判断是否适合进行改造。所以对可再生资源的利用方面，对既有建筑进行改造的阻碍较大，改造过程中施工较复杂，甚至有一部分技术尚未成熟，所以就目前的情况，这一途径的可行性不大。

其次是对整个暖通空调系统的改造方案，对于既有建筑，其供暖和空调系统的改造主要在热源、热网和热用户。热源一般是由城市热力站或者锅炉房提供，这类改造范围以不属于对既有建筑的节能改造中，同理热网也不属于这一范围内，因此主要集中在对热使用者这部分进行改造。目前主要的做法就是实行热计量收费的方式。供热计量技术来自于早期的欧洲发达国家，为了度过能源危机而产生的这一热用户的节能行为。这种方式提供了一种科学的计量收费条件，是节约能源的一个重要的途径之一，同时也可以改善室内的热舒适度。但这同样也随之产生了一些问题，即当一栋建筑的入住率较低时，由于户间传热而导致一些热量的散失，这就要求提高围护结构的保温性能，将传统的围护结构形式改造为新型的适用性、节能性和经济性良好的围护结构，由此来完善分户热计量这种新型的供热方式，以提高使用者的居住环境，节约能源。

这样，对整个暖通空调系统的改造又回到了对围护结构的改造上，从而从这些改造方式来看，最主要的还是对既有建筑围护结构方面的改造。在对既有建筑围护结构改造方式中，外墙的改造有两种，一是添加内保温层，二是添加外保温层。添加内保温层的优点有：安装及使用的整个过程中不用考虑安全方面的风险，不会出现悬挂物坠落以及表面发生渗水等现象；整个系统的组成很简单，使用后的维护成本几乎为零；内保温层的在妥善使用的情况下，使用寿命较长，可达 50 年左右；由于保温层在内部，所以开启房间内的空调后能够使房间迅速达到理想的温度，能更加节省能源的消耗。添加外保温层的特点为：能够对整个建筑主体有保护的作用，减少热应力的影响，使得主体建筑结构表面的温度差大幅度地减少；有利于房间内的水蒸气通过墙体向外扩散，避免水蒸气凝结在墙体的内部从而使墙体受潮；施工相对较简单方便，不影响建筑的内部活动，同时有美观建筑的作用。

在对门窗进行改造的途径中，发现这些改造工程较为繁琐，而且施工时会影响建筑内的活动，而且有的措施并不能达到理想的效果。例如，设置密闭条，这是为了达到气密和隔声的必要措施之一，但是密闭条断面尺寸并不能完全匹配窗户，且性能也不稳定，同时由于材质的刚度不够，会导致在窗扇两端部位形成较大的缝隙。除了以上两种改造措施以外，另一个简单快捷的方法就是将原有的窗户更换为节能窗，这种做法的投资较大，但是效果较前两种良好。节能窗在既有建筑绿色化改造中，能节约多少能耗，以及采用这种节能窗所多投资的部分能够在多长时间得到回收，这就需要对其进行节能经济评价。

5.1 建筑节能改造概况

5.1.1 建筑节能改造的背景与意义

建筑节能是指在不降低建筑舒适度的前提下，提高能源使用率，主要包括新建建筑节能与既有建筑的节能改造。据统计，截止到 2010 年我国的既有建筑面积达到 460 亿 m^2，并正以每年 20 亿 m^2 的速度快速增长，因此我国的建筑节能市场具有很大的潜力。既有建筑广泛分布于全国各地，具有建造年代久远、耗能强度大的特点，这主要是由于过去人们建筑节能意识薄弱、节能法律法规不完善不健全导致的。这些建筑普遍地是由居住者凭借经验自发建造的，而没有经过专业设计。虽然在过去十多年里，中央和地方政府鼓励和支持建筑节能项目的开展，一些建筑师和房地产商在设计和建造初期能够秉承高效节能的理念，采用建筑节能技术，但是后来由于经济成本过高，消费者不能理解其节能效益，造成一些"绿色建筑"项目就此终结。

从总体上看，我国既有建筑具有以下特点：

（1）数量大，分布广；

（2）增长速度快；

（3）能耗强度大；

（4）地域广阔，限制条件多。

从上述特点看出，既有建筑节能改造在我国具有很大的必要性，一旦在全国范围内的节能改造取得进展，将会取得非常巨大的经济效益和社会效益。与新建建筑不同，既有建筑的建造时间较为久远，其围护结构、暖通空调设施、室内照明等设备也在时间跨度上具有很大的差异。在建筑节能改造中，为了降低成本，建筑物的主要构造不得进行大规模拆除，应该尽可能地做到保持建筑结构原貌，采用热工性能好的材料，提高建筑的保温隔热性能；同时，保证建筑施工方法简单可行，施工周期短，减少对周围居民正常生活的干扰。

其次，既有建筑节能改造项目要做到因地制宜。针对不同地区、不同年代、不同建筑形式、不同功能的建筑要进行科学合理的项目检测，分析其主要耗能区，整体评价其热工性能、诊断并提出解决问题的方案。从总体上保证建筑节能改造与城区更新升级的形势保持一致，进而获得较大的收益。

5.1.2 公共建筑节能改造现状

1. 公共建筑能耗分析

按照建筑的适用方式，可以将建筑分为工业建筑和民用建筑，而民用建筑又可以细分为居住建筑和公共建筑。据统计，我国每年新增的建筑面积达到 15 亿 ~20 亿 m^2，其中公共建筑面积约占 20%。经过对上海地区的公共建筑能耗进行统计分析，可知公共建筑耗能量约占上海地区耗能量的 8%。而清华大学对公共建筑的耗电量进行了调查，结果表明公共建筑的耗电量为全年国家耗电量的 20%~25%。对于大型的公共建筑或者办公建筑，虽然它们的建筑面积仅为全国建筑面积的 4%，但是其耗电量却高达 22%，据推测单位面积的大型公共建筑或者办公建筑的耗电量在 70~300kWh，能耗强度为居住建筑的 10~20 倍之多。在大型公共建筑或者办公建筑中，因空调系统耗电量占到 45%~65%，远远高于发达国家的建筑能耗强度，约为欧洲和日本能耗强度的 1.5~2 倍。在我国北京地区，有学者进行了公共建筑用电量统计分析，虽然北京地区的大型公共建筑数量仅为 500 多栋，建筑比例也只占北京建筑耗能的 5.4%，但是其用电量却和北京地区的居住建筑年耗电量相当。

由于我国的人口较多，对公共建筑的形式和面积需求量较大。为了适应城市和社会需求，公共建筑的类型繁多，形式多样。同时，为了适应不同地区的气候特点，室内空调与采暖设备系统复杂多样。具有不同功能的建筑耗能强度与特点明显不同，商场的能耗市场较长，一天中的人流量较大，能耗强度大；同时为了保证商场内的空气清新和热舒适度，空调系统的运行时间远高于其他公共建筑形式，耗能强度也远高于其他建筑。我国的电能消耗主要集中于民用住宅，一般公共建筑与大型公共建筑，虽然大型公共建筑面积较小，但是其能耗量却与居住建筑相当。因此，我国建筑节能改造的重点应该在大型公共建筑，主要建筑内的采暖制冷设备经过部分改造，就可实现 30%~50% 的节能率；通过大规模的公共建筑节能改造，就可实现 50%~70% 的节能率。

根据对大新公共建筑节能改造示范项目经验，公共建筑每改造 1m² 就相当于居住建筑改造了 10~15m²，说明公共建筑的能耗指标很高，具有很大的节能改造潜力。同时对大型公共建筑的改造具有很强的可操作性，施工比居住建筑改造容易得多。对于大型公共建筑，一般为城市行政办公设施，甚至有一些城市地标式建筑。如果能够对公共建筑进行合理的节能改造，将会对建筑改造的节能标准、管理方式与手段、政策标准等具有很大的促进作用，从而引导全国范围内的既有公共建筑节能改造。从总体上说，既有公共建筑节能改造不但能够减少建筑的资源消耗量，而且能够改善建筑居住环境，提高建筑室内舒适度，从而能够为行政办公人员提供舒适环保健康的工作环境，因此既有建筑节能改造具有很大的实际意义。

2. 国外既有公共建筑改造

自从 1980 年开始，西方发达国家经过大量的探索，基于各国的发展形势，颁布了建筑节能及其改造的法律法规与技术标准，例如提高建筑围护结构的保温性能与降低建筑节能改造成本，提高其经济性；提高门窗结构的气密性以及节能型住宅的设计等。传统的建筑材料的热工性能较差，并不能满足建筑节能的需求，因此国外在建筑节能材料、节能技术与新型建筑节能产品开发方面做了大量的工作。从总体上说，建筑节能不但能够降低建筑能源使用量，降低废气的排放量，从而取得较为显著的经济效益和环境效益，而且能够改善环境、促进国家产业结构调整，达到良好的社会效益。

发达国家的城市化进程发展较早，目前已经进入稳定期，因此其每年新建建筑面积远远小于既有建筑面积，因此发达国家能够同时开展建筑节能设计与建筑节能改造工作，已经取得了大量的成果。通过既有建筑节能改造，西方许多国家发现结构的热工性能能够得到极大提高，节能效果明显提升，国家能源形势得到缓解，温室气体排放量明显降低，室内环境舒适性与城市环境得到极大提升。在过去的 30 多年的时间里，发达国家采取了经济激励政策与国家行政政策，来推进建筑节能工作的开展。甚至很多的建筑节能改造项目，是由政府部门组织出资实现的。

为了研究既有建筑的能耗性能，西方发达国家组织专门的研究人员，对公共建筑行了能耗统计调研，从而建立起了较为完整的建筑能耗数据库，这主要包括建筑结构类型、建造年代、建筑节能技术使用情况、建筑能耗情况等（图 5-1）。各国在根据本国的经济发展水平，气候特征以及建筑能耗特点，建立并实施了节能标准与评价体系。近年来，这些国家对产品的节能

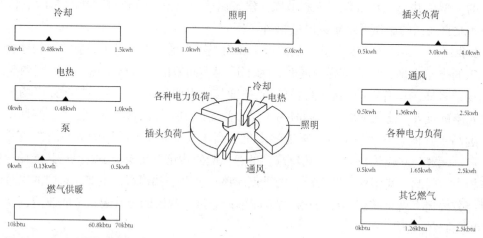

图5-1　商业建筑能耗统计数据库模式

要求提高，于是采取了一系列的能效标识，并得到政府部分、业主与生产商的支持与响应。

在欧洲各国，建筑节能设计标准体系较为完善，包括了各种类型的建筑，建立了整体节能目标与建筑构件的节能目标，例如外墙、门窗、地面、屋面等结构，而且这些国家的建筑节能水平远高于我国的节能水平。在建筑节能体系与技术的研究方面，德国处于世界的领先地位，德国的建筑节能规范中，明确指出建筑能源证书体系的法律效力，即在既有建筑的节能改造中，如果改造面积超过100平方米，那么必须要出具建筑能源证书；既有大型公共建筑的节能改造项目，必须要出具、悬挂建筑能源证书，除了方便建筑节能改造的监督，还有助于宣传与推广。

日本的能源资源较为匮乏，而人口数量众多，因此建筑节能也具有很强的紧迫性，于是进行了建筑节能技术和政策的探究，目前已经处于世界领先地位。日本的建筑节能政策与体制最为完善，在国家范围建立了一套自上而下的建筑节能咨询与能源管理机构，专门负责研究建筑节能问题。在1979年日本颁布了节能法，主要针对公共建筑和工业建筑，并在此基础上，将上述建筑细分为不同类型，制定不同的建筑节能设计标准，并采用了全年热负荷系数和设备系统能耗系数作为评价原则。基于这两个原则，就可以从建筑规划设计阶段控制既有建筑的节能改造。

3. 国内既有公共建筑改造

我国建筑面积巨大，而且耗能强度较高，耗能量相应地较大，得到了政府的极大关注。因此我国政府自1980年开始，在既有建筑的节能改造方面进行了大量的探索和努力，并制定了相关的建筑节能规范与标准。自1986年开始，我国颁布了第一部民用建筑节能设计标准，提出了北方采暖地区建筑节能率达到30%的目标。1994年，我国经济发展速度提高，建筑市场发展较快，节能技术水平提高，人们对建筑舒适度的要求更高。在建筑节能"九五规划"与2000年的建筑节能目标提高到50%，随后又对民用建筑节能设计标准进行了修订。

我国在建筑节能改造方面起步较晚，但是也已经出台了一些节能改造技术规程。2000年，中华人民共和国建设部出台了《既有采暖居住建筑节能改造技术规程》（JGJ129—2000）。指出从2001年开始，我国对既有建筑采取节能改造政策，这主要包括行政手段、技术标准等。同年，召开了全国建筑节能改造工作会议，制定建筑节能改造方针，组织起草建筑节能改造检测与评估手册，鼓励研究开发建筑节能产品，并取得了大量的成绩。在2006年，北京市召开了建筑节能会议，颁布了《既有居住建筑节能改造技术规程》（DB11/T381—2006），从而指导建筑节能改造工作的发展。

在我国"九五"到"十一五"，我国新建建筑面积增长速度较快，但是并没有严格执行建筑节能规范，造成我国既有建筑节能改造工作的压力较大。在建筑节能标准方法，我国根据各地区的热工分区，颁布了相应的建筑设计标准，主要包括北方严寒和寒冷地区、中部夏热冬冷地区和南方夏热冬暖地区。目前我国城市化进程较快，公共建筑面积逐年增加，在全社会中的建筑面积比例越来越大。因此，有必要制定并实施公共建筑节能改造标准，提高建筑室内的舒适度、提高能源与资源的利用效率，进而减少公共建筑能源浪费，提高能源利用率，从而产出经济、社会、环境效益。

在我国颁布的具有真正意义的建筑节能标准为1994年的《旅游旅馆建筑热工与空气调节节能设计标准》（GB 50189—1993），但是这部标准的适用范围较窄，仅为商业性旅馆建筑。而十年之后，由组织部组织编写，检疫局实施的《公共建筑节能设计标准》，才是我国第一部综合性的既有公共建筑节能设计标准。这部标准规范的实施，标志着我国公共建筑的节能改造进入了实质性的阶段。这部标准指出，公共建筑节能改造需要保持人体需要的建筑舒适度和健康条件，应该降低暖通空调、采暖照明的能耗。与20世纪80年的公共建筑相比，经过建筑节能改造的建筑基本能够实现建筑节能降低50%的目标。同样，地方政府为了推进既有建筑节能改造，采用了一系列的经济激励政策、行政政策，并积极制定能够符合地方特点的既有公共建筑节能标准。

5.1.3 公共建筑节能改造发展模式

1.国外节能改造的概况

西方发达国家开展建筑节能工作的时间较早，并修正地提出了"建筑节能"的科学含义。早期人们认为建筑节能的意义在于在建筑中节省能源，即减少建筑运行期间的能源使用，其英文含义为 Energy saving in building；后来，人们将其修正为在建筑中保护能源，即减少能源的散失，其英文含义为 Energy conservation in buildings；后来人们提出的建筑节能的含义为提高建筑能源利用率，也就是说人们主动地追求节约能源，而不是被动地节省，其英文含义为 Energy efficiency in buildings。现在人们指的建筑节能即是提高建筑能源利用率，西方国家主要通过两方面实现：一是新建建筑节能设计；二是既有建筑节能改造。

西方发达国家早在20世纪90年代对既有建筑进行了节能改造，经过20多年的发展，已经积累了大量的经验。在过去的10年里，西方国家进行了大量的既有建筑节能改造，并在建筑节能方面取得了丰富的成果。在建筑节能改造之初，受到人们节能意识低与节能改造成本的限制，节能改造项目进展缓慢。因此，这些国家采取了经济激励政策与技术支持。既有建筑节能改造主要包括两部分：围护结构的改造与建筑供暖的改造，基本上采取的是房主出资、政府补助的方法。为了大面积地推进建筑节能改造，减少居民节能改造项目的复杂度，当地政府对节能改造项目进行立项、组织、施工（图5-2），从而成片地进行了节能改造，并取得了良好的效果。

20世纪70年代，受到能源危机的影响，美国经济发展受阻，因此美国国会提出并通过了建筑节能政策，主要包括建筑节能和设备节能两个方面。在建筑节能方面，提出了新建建筑的

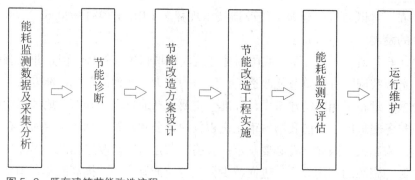

图 5-2　既有建筑节能改造流程

强制性和非强制性节能标准。同样,美国为既有建筑的节能改造提供了经济支持,表现在为装修和翻新,能够降低能源消耗,提高能源利用率的住宅提供抵押贷款的政策。为了适应国家节能政策,各个州也相继推出了节能标准和经济激励政策。例如,在加利福尼亚州,州政府制定了住宅能效评价系统,并提供了节能住宅抵押贷款优惠。对于低电耗的建筑,政府鼓励电力公司为住户提供奖励,从而全方位地推进了建筑节能改造的进步。

2. 国内节能改造的现状

我国建筑节能工作起步相对较晚,到了 20 世纪 80 年代,我国才开始意识到建筑节能工作的重要性。自 1980 年开始,我国开始研究建筑节能技术并提出了编写建筑节能标准的目标,直至 1986 年,我国出台了第一部具有完整意义的《民用建筑节能设计标准》,提出与既有建筑相比,新建建筑的节能效率应该提出 30% 的要求;并在 1987—1994 年期间得以实施,这一阶段是中国第一建筑节能时期。之后,随着我国建筑节能标准的颁布,节能工作逐渐进入正轨,并且发展速度不断加快。目前我国已经根据建筑热工分区,针对不同地域上的气候特点和地域特征,颁布了多部建筑节能标准,如《民用建筑节能设计标准(采暖居住建筑部分)》《夏热冬冷地区居住建筑节能设计标准》《夏热冬冷地区居住建筑节能设计标准》和《公共建筑节能设计标准》。在这个阶段,国家对建筑节能水平的要求提高,指出:与既有建筑相比,新建建筑的节能水平要达到 50% 以上。

为了实现节能减排目标,提高建筑能源利用率与室内热湿舒适度,保证我国经济、环境与社会的可持续发展,中华人民共和国建设部提出了建筑节能工作三步走的策略,即:

第一阶段时间为 1980—1996 年,要求新建建筑的能耗设计要比既有建筑降低 30%;

第二阶段时间为 1996—2005 年,要求在新建建筑的节能水平达到 30% 的基础上,节能水平需要再提高 50%。

第三阶段时间为 2005 年以后,建筑节能水平在完成第二阶段目标的基础上,需要再提高 30%,从而达到 65% 的节能率。在这个阶段,建设部要求新建建筑必须要通过节能设计审查。同时鼓励对既有建筑进行节能改造,从而全面推动建筑节能工作的进步。

自 20 世纪 90 年代开始,我国一些地区就进行了建筑节能改造工作试点项目,并获得了很多的经验。通过试点项目发现,建筑围护结构是建筑物热量散失的主要途径,因此需要重点改善建筑围护结构的热工性能同时指出改善建筑围护结构热工性能的有效途径是墙体保温技术,包括外墙外保温技术和外墙内保温技术。与内保温技术相比,外墙保温技术具有很大的优越性,如外墙外保温技术不受建筑内部装饰的影响,施工速度较快;外保温技术张贴在建筑外表面,能够起到建筑装饰作用;保温层张贴在外部墙体上,能够有效地阻断冷热传递途径,从而保证墙体的蓄热能力,内部温度较为恒定。因此在外墙节能改造中,要重点采用外墙外保温技术。

为了保证既有建筑节能改造工作的正常开展,并提供可行的技术支持,我国建设部于2000年颁布了《既有采暖居住建筑节能改造技术规程》(JGJ 129—2000),从而为节能改造工作提供了技术指导。2006年,我国建设部又通过了《既有建筑节能改造:(一)标准图集》(GB/T931)。并在以后得到了广泛应用。节能工作保证我国可持续发展的重要途径,2006年建设部在我国"十一五"规划纲要指出,节能工作中又强调里建筑节能的重要性。

我国既有建筑面积巨大,并且新建建筑面积正在以每年20亿 m^2 的速度增长。因此,我国既有建筑节能改造是一个复杂工程,需要有计划、有步骤地实施。目前,对于建筑节能改造,我国缺少必要的评估方法,因此很难快速地科学地推进建筑节能改造的发展。根据建筑节能标准对公共建筑的要求,需要对建筑自身构造、能源转换效率和能源利用率进行定期排查,以便发现建筑能耗利用中的优点与缺点,并挖掘建筑节能潜力,为建筑节能改造提供基础资料与科学依据。

5.1.4 公共建筑节能改造的发展与问题

1. 公共建筑节能改造发展趋势

调查表明,我国建筑能耗占全国能源总能耗的比例在2000年为27.8%,预测2020年可能达到40%。我国建筑节能的关键在于既有建筑的节能,调查显示,我国既有建筑中99%为高能耗建筑。所以,在既有建筑方向考虑实施建筑节能改造,才能真正在大范围内,有成效的实现建筑节能。

既有建筑中大型公共建筑是能源消耗的大户,调查显示,我国政府部门的大型公共建筑每年消耗的电力总费用超过800亿,占全国总能耗的5%,并且单位建筑面积能耗远远超过发达国家。相关人士指出:我们在公共建筑节能方向与发达国家的主要差距在于政府与开发商缺乏节能意识,将主要的注意力集中在建筑的外观上。因此,大型公共建筑节能同时带动既有居民建筑节能是建立节能型社会的必然趋势。

在既有大型公共建筑中,能源消耗情况往往比较复杂,每一个能源消耗系统都包含了很多个环节。目前在大型公共建筑中多为一块总电表,物业和统计部门所了解到的是大楼的总耗电量。很难了解到各个环节的能源消耗量,而实现建筑节能又必须了解每个环节中能源消耗不合理的部分。另外,在近年来的一些建筑节能改造项目中,合同双方经常因对最终节能量多少产生争议。综上,通过对建筑物内的耗能设施进行分项计量,在一定范围内实现信息的公开和交流,是解决这一系列矛盾的有效措施,同时,也可使系统的耗能管理更加合理。

除了以上的矛盾外,对既有大型公共建筑的改造还面临其他问题。其中包括多数既有大型建筑正处于使用状态,而对其改造主要包括对建筑物外围的维护结构、内部的通风和照明设施,必定影响到正常的职能工作。对于这类问题,可以通过应用适宜的改造方法、技术路线和分布施工的方法来解决。另外,还有一点值得注意,在节能改造中每一个项目的投资回收期都不一样。在示范项目中发现,投资回报率与改造措施是否齐全、改造节能标准成反比,即投资回报期越长。因此,我们必须掌握节能改造投资与投资回报、技术方案的关系,做好前期评估报告。

综上,建筑节能是适应我国基本国情的重要战略方针。建筑节能改造中,我们首先应该考虑的是既有大型公共建筑的改造。型公共建筑的改造，可以提高工作舒适度，提高工作效率和能源的利用率，具有较长远的经济战略意义。

2. 大型公共建筑改造存在问题

1）围护结构热工性能差

过去的公共建筑节能标准不完善，建筑门窗、墙体以及屋顶等受温度的影响加大，冬季室内热量流失较快，夏季室内较炎热。即围护结构的热工性能较差，直接导致更多的能源消耗。

2）采暖制冷及照明系统效率低

公共建筑中，采暖制冷及照明系统能源利用率低的问题很普遍。以空调系统为例，导致能源浪费的因素有许多办公室的门窗经常关闭不严、设备规格选用不合适、管道设计不合理等。

3）不重视可再生能源的使用

可再生能源主要包括风能、太阳能、地热能和生物化学能。这些可再生能源在我国既有公共建筑中利用的很少。即使利用了，由于技术体系的不完善，也未达到预期的效果。例如，某些建筑外围护结构上并未采用节能措施，却在地源热泵上大量投资。这样的建筑看似节约了一部分不可再生能源，事实上即造成了经济的浪费也未提高办公环境的舒适度。

4）建筑运行管理不当

我国绝大多数建筑物用能是由物业管理，所有的节能法律、法规、标准和政策都只靠物业后勤职能部门负责。并没有专人负责管理和统计能源消耗量，也没有完善的节能管理机制及节能管理文件，更不要说安排专属资金用于节能科研开发。另外，公共建筑尤其政府办公建筑的能耗费用由国家支付，这使得建筑能耗的管理和使用情况不被重视。

5.1.5 既有建筑节能改造前景与促进策略

过去建造的房屋，尤其是 20 年以前建造的房屋，建筑节能考虑较少甚至不考虑，这就造成了极大的资源浪费，同时也就形成了很大的既有建筑节能改造市场。目前我国既有建筑面积高达 430 亿㎡，只有极小一部分既有建筑充分应用了节能建筑理论。建筑耗能已经成为我国能源消耗不可忽视的部分，在"十二五"规划中建筑能耗已跃升为我国第二大能源消耗大户，对既有建筑投资进行节能改造符合国家节能减排的要求。预计在未来五年内，国家将投资 1.5 万亿对既有建筑进行节能改造，这充分说明既有建筑节能改造市场有巨大的市场潜力和广阔的投资空间。"十一五"规划的 1.5 亿 m² 改造任务的超额完成，更加激励了国家对既有建筑改造的投资力度，在国家"十二五"规划中提出了"加大改造力度、扩大改造规模、在体制机制上有所创新"的要求，力争在五年内基本完成既有建筑的节能改造。

虽然说既有建筑改造能够在运行期间产生巨大的经济、社会和环境效益，但是在节能改造初期，一次性投入成本较高，因此建筑节能项目需要得到系统性的分析。在西方发达国家，尤其是德国、美国和英国，除了对新建建筑提出了专业性的节能目标，而且在既有建筑节能改造方面出台了法律法规、经济激励政策、技术支持等，从而取得了较大的成果。我国既有建筑节能改造工作起步较晚，为了快速地推广节能改造，中央和政府从技术和市场等方面进行激励促进，因此也起到了一定的成果。基于我国已经取得的成果，借鉴国外既有建筑节能改造的经验，我国正在努力探究符合我国发展的既有建筑节能改造理论，以期在技术和市场方面取得突破性进展，提高建筑节能改造效率，完成节能改造任务。

1. 国外既有建筑节能改造市场开发

欧美发达国家，如德国、美国和英国，对建筑节能理论的应用已经十分成熟，很好地运用到了新建建筑上，同时对既有建筑节能改造的成绩斐然。这些工作成果离不开政府对建筑节能改造市场的大力支持，主要可以表现为五个方面：经济激励政策、合同能源管理、设立节能专项基金、能效能耗标识手段和行政手段。

1）采用经济激励政策对既有建筑节能市场主体进行激励

市场主体的规模大小和发展潜力对投资者的积极性有很大的影响，因为市场主体既是建筑节能改造的改造对象，也是建筑节能改造的依附主体。国家制定合理有效的激励政策可以极大促进市场主体的繁荣发展，如欧美发达国家制定了发放财政补贴和税收、贷款优惠政策等经济激励政策，力求推动建筑节能改造市场快速发展。其中德国政府从银行贷款和利息方面制定了专门的政策，对建筑节能改造方面的贷款降低基准利息，建筑节能改造效果越好，利率越低，有的银行贷款可低至1%。对建筑节能改造的质量也从经济上进行了监管，若改造后的建筑经检验效果高于国家标准，可以免去高达15%的贷款偿还额，还不包括每个项目10%的高额补贴。此外，德国政府还设立30亿欧元的专项资金，用于老房屋的建筑节能改造。英国政府对补贴对象的划分更加精细，例如设立针对房屋通风、楼顶隔热、空墙隔热和暖气控制等方面的专项补贴，例如通过英国天然气公司安装保暖墙的家庭可申请100英镑的退税补贴。美国在税收方面对企业提供了很大的优惠政策，鼓励建筑节能改造，优惠形式一般有税收豁免、税收扣除、优惠税率、延期纳税和退税等；在贷款方面也有专门的优惠政策，对中小企业提供贷款担保等。

2）以合同能源管理完善既有建筑节能市场机制

合同能源管理是欧美发达国家针对既有建筑节能改造发展出的一种成熟的、被广泛应用的商业模式。合同能源管理的优点在于极大减轻业主和政府的资金投入，又可以为企业提供稳定、可预估的利润。合同能源管理的基本做法是由能源管理公司或者能源服务公司（简称ESCO）对既有建筑节能改造市场进行评估，根据现有的节能改造能力做出预算，以技术方案的形式交付给政府和业主，鉴定协议后可向政府申请贷款和补贴等。政府提供了贷款和小比例的补贴，并未直接投入资金，而业主只需按照原有的能源消耗继续缴纳费用直到协议到期，也并未投入资金。ESCO企业投资的利润产自节能改造后节约的能源的价值，所以改造的能源节约率越高，企业的利润越大，这就极大地促进企业去发展新技术、应用新技术。ESCO企业在这种商业模式下承担了一定的风险，并且回收资金周期较长，这也要求了ESCO企业在研究制定既有建筑节能改造技术方案时要对市场主体进行深入仔细的研究，充分利用现有的技术体系，利用专业化的组织和经验丰富的人员，积极向政府申请贷款和补贴，在较短周期内获得显著效益。加拿大联邦政府和地方政府为支持节能服务产业的发展，主动接受服务，并鼓励企业和居民也接受节能服务公司的服务。

3）政府设立节能专项基金改善既有建筑节能改造市场部分失灵

既有建筑节能改造需要大量资金的投入，节能改造市场有着典型的正外部性，使得既有建筑节能市场部分失灵，德、美等发达国家便设立专项基金或无偿提供部分资金使既有建筑节能改造市场的外部性进行内部化，是解决市场失灵的有效手段。实行旧房改造以来，德国不仅投入近百亿欧元低息贷款用于此项工作，还设立了专门的基金，如KFW基金，用以推动旧房改造工程，以期实现提高建筑舒适度、降低建筑能耗、减少环境污染三大目标。为了保障低收入家庭的福利、节约能源，美国发起了低收入家庭住宅节能计划，帮助低收入家庭进行节能改造，政府为低收入家庭免费进行节能改造，并且，为了推动节能工作的开展，建立了节能公益基金。英国的节能基金主要用于建筑方面的节能，而且基金中的 55% 是作为无息贷款向节能改造者发放的，既有建筑房产主提出申请在审核通过的条件下的资金可得到政府无偿提供 50% 节能改造资金。

4）采用能效能耗标识手段提高既有建筑节能改造市场信息透明化

如何降低既有建筑节能改造市场信息不对称性，提高市场透明度是许多国家一直努力的目标。能效标识制度的建立和完善在很大程度上解决了这一问题，能源标识制度将改造后的建筑能效和能耗与改造之前进行对比，能够直观地了解改造效果，也为既有建筑节能改造的后期评估提供了依据。据国际能源署统计，已有包括美国、加拿大、德国等约 40 个国家和地区实施了能源标识制度。由第三方对既有建筑的各项有关指标，如用能效率、能耗及热工性能进行评估，并出具建筑能耗证书。建筑能耗证书是欧盟在 "EnEV2007" 提出了强制性要求，进行既有建筑改造，建筑体积超过 $100m^3$ 的或较大规模改造的必须出具建筑能耗证书，如图 5-3 所示为 EvEN 建筑节能改造策略。既有建筑改造之后，其整体能耗不得超过同等新建筑最高允许能耗的 40%，否则认为不达标。在此基础上，各国也相继推出了自己的标准，如美国针对商业建筑节能改造的 "能源之星建筑标识"，要求比同类建筑的能源效率高 25%。加拿大针对既有建筑推出的既有建筑标识体系 EGH（Energy Guide for Houses），对既有建筑评估分值，业主根据分值进行一定的节能改造。日本针对居民住宅推行了建筑节能标识制度，由政府组织对住宅进行建设节能的检查，达标的给予适当补贴，鼓励居民进行节能改造。

5）以行政手段辅助推动既有建筑节能改造

既有建筑节能改造市场的复杂性，决定了既有建筑节能改造是一个受多因素影响的工程。又因为市场的复杂多变性使得市场机制往往难以及时的调整结构应对挑战，这就需要政府设立相应的政策为既有建筑改造市场进行保驾护航，维持市场的基本秩序。德国制定的《能源节约法》"EnEV" 就是这方面的集中体现。自从出台开始就在不断完善，以适应市场的需求，这部法是德国建筑节能改造技术经验的集大成。"EnEV" 规定了业主有对所有房屋进行节能改

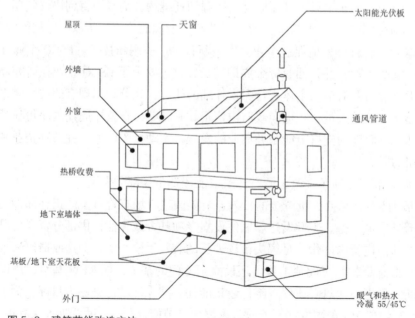

图 5-3　建筑节能改造方法

造的义务，还提出了一些强制性节能标准。例如详细规定了既有建筑节能改造的实施细则、既有建筑围护结构传热系数限值，要求进行节能改造成果评级等。只有通过标准审核的建有建筑节能改造工程才能获得国家分级补贴。类似的，美国 2007 年伴读的《节能建筑法案》（*Energy Efficient Buildings Act of* 2007）也强制规定了节能改造效果至少要达到原有减少原有消耗量 20% 的要求。

2. 我国既有建筑节能改造市场培育

我国建筑节能起步较晚，无论是从技术上，还是从政策上，我国的建筑节能工作的经验较为匮乏。虽然我国的建筑节能市场已经经过了十几年的发展，但是建筑节能改造市场十分不成熟，技术手段与节能目标均不清楚。因此，需要总结过去的政策手段，总结经验教训，为以后的发展提供技术支持。目前，我国在建筑节能改造市场培育方面的实践活动主要体现在经济激励手段、多元化的融资渠道、节能规范规程和示范工程带动等四个方面。

1）以经济激励手段弥补节能改造市场失灵

从建筑的全生命周期来看，既有建筑的节能改造具有显著的经济、环境与社会效益，但是在建筑节能改造初期一次性投资额较大，而且投资回收期较长，一般能够达到 5~10 年，因此开展建筑节能改造一般需要比较稳定的经济条件。这也是我国既有建筑节能改造工作开展缓慢的主要原因之一，因此需要对建筑市场采取经济激励与行政激励手段，才能够调动居民对建筑节能改造的积极性。现阶段，我国采取的经济激励政策较为单一，一般是由政府、企业和个人联合出资，政府和企业是按照建筑改造面积惊醒经济补贴。我国寒冷地区的节能改造经济补贴为每平方米 55 元，华北地区则为每平方米 45~50 元。为了鼓励人们尽早地完成节能改造，国家设定了节能改造经济补助系数，该系数逐年降低，例如 2008 年为 1.2，2009 年为 1.0，2010 年为 0.8。节能改造经济激励政策受到了地方政府的积极响应，一些地区按照中央财政补贴实施 1∶1 的标准补贴。内蒙古自治区试行了三级补贴的政策，实行国家，自治区和地级市平行补贴的政策。新疆维吾尔自治区则通过奖励的形式激励居民完成建筑节能改造，这样极大地调动了群众的积极性。

2）为市场主体广开融资渠道

目前我国的建筑节能市场处于起步阶段，需要经济与技术的支持。因此国家、企业以及业主需要采取多样化的融资方法为节能市场充实资金。由于在融资方面缺少必要的经验，一些国家和地区基于地区现状进行了大量的摸索工作，并取得了一定的成果。在具体的节能改造项目中，资金筹集渠道主要表现为政府为主导、多方辅助的模式，例如中央财政出资、企业自筹以及业主自筹，或者地方政府设立建筑节能改造专项基金。地方政府根据地方发展水平与管理模式探索出了各自的融资方式。北京市建立了多级主体筹资机制，从业主、政府财政部分以及产权单位共同分担资金，从而应用于特定的示范项目。天津市为降低业主的经济风险，提出了谁投资谁收益的原则，在建筑市场中基本上是政府和企业出资，业主收益的模式。而唐山市采取的融资手段较多，主要包括市场融资，中央布置补助，地方政府补贴，社会投资、税收优惠和业主承担等全方位的立体模式，从而为我国的节能改造项目的资金支持提供了宝贵的经验。

3）加强试点示范工程的带动作用

积极开展既有建筑节能改造的示范项目，统计分析示范项目的经济、社会和环境效益，总结节能改造经验，探索节能改造管理模式，从而为既有建筑的节能改造提供科学有效的依据。在建筑市场中,培育出节能改造榜样项目,从而在全国范围内进行大规模的节能改造项目。目前我国的既有建筑面积较大,应该首先对居住建筑和公共建筑进行节能改造,并得出符合各地域经济水平的技术经验。国外的既有建筑节能工作开展较早,并具有大量的建筑节能改造示范项目,应该加强与具有发达的节能改造技术的国家进行交流合作,从而推动我国建筑节能工作的进步。2005 年,我国与德国展开合作交流项目,对河北唐山市的建筑进行了建筑节能改造试点工作,节能改造完成后,建筑的节能率达到了 50% 以上。同样,该试点项目的经验得以应用于严寒和寒冷地区的建筑节能改造,并积累了大量有益的经验,为寒冷地区的节能改造提供了示范和推动作用。北京朝阳区惠新西街于 2007 年展开节能改造示范工程,分别对建筑的围护结构、通风系统、采暖系统以及屋面防水进行了改造,改造后建筑室内的舒适度明显提升,节能效率达到了 65% 以上。天津市的桃花南里小区于同年对 3 万 m² 的建筑进行了外墙和屋面的保温隔热改造,经过改造建筑的冬季室内温度提高了 20℃以上,耗热量明显下降,同时也降低了能源消耗量。上海市的既有建筑节能改造项目发展比较成熟,每年公布较为先进的建筑节能示范项目,如表 5-1 所示为上海市 2013 年公共建筑节能改造示范项目。

表 5-1　　　　　　　　　　　　上海市 2013 年公共建筑节能改造示范项目

序号	项目名称	建筑类型	建筑面积（万 m²）	改造内容	节能率	合同能源
1	上海龙之梦大酒店综合节能改造	宾馆饭店 +商务办公楼	11.06	空调系统综合改造、变电站系统改造、公共区域照明改造、锅炉热力系统改造	>20%	是
2	上海大学宝山校区图书馆建筑节能改造工程	学校	3.91	空调系统：用 2 台模式式空气源冷热水机组替代原有 2 台直燃型溴化锂冷温水机组。照明系统：LED 灯替代原有光源灯具	>20%	否
3	上海大学宝山校区建筑节能综合改造一期工程	学校	3.02	空调系统：以太阳能和空气源热泵系统为主的热水系统替代原燃油蒸汽锅炉。照明系统：LED 灯替代原有光源灯具	>20%	否
4	上海电力学院节能型校园公共建筑节能改造技术与示范（杨浦南、北校区）	学校	5.45	照明系统：LED 光源替换原有的光源灯具。空调集成管理与控制系统，分体式空调采用系统集成管理平台对室内温度和运行时间统一管理。太阳能光伏：新增太阳能光伏发电系统,总装机 140kWp	>20%	否
5	上海市和颐酒店节能综合改造项目	宾馆饭店	1.05	空调系统原风冷热泵机改为分体空调；照明系统 LED 代替普通荧光灯；空气源热泵热水机组替代原电锅炉	>20%	否

4）注重节能规范规程的科学指导

既有建筑节能改造工程是一项复杂而又繁重的工作,除了节能技术、经济激励政策的主持,还需要国家和地方的法律法规以及节能标准的科学引导。目前虽然我国已经颁布了多项节能政策、节能标准与法律文件,但是既有建筑节能改造领域尚未形成完整的法律体系。因此在未来的一段时间内,还需要对探究有关建筑节能改造的技术规程等。自 2000 年开始,我国颁布了第一部有关建筑节能改造的技术规程《既有采暖居住建筑节能改造技术规程》(J68—2001),指出了我国建筑节能改造项目的目标、原则以及建筑节能技术。与我国"十五"计划相适应,我国建设部在 2002 年将"既有建筑节能改造技术研究开发和工程应用"列为未来发展的重点项目。在此之后我国在建筑节能规划目标、节能改造项目管理、资金管理和节能

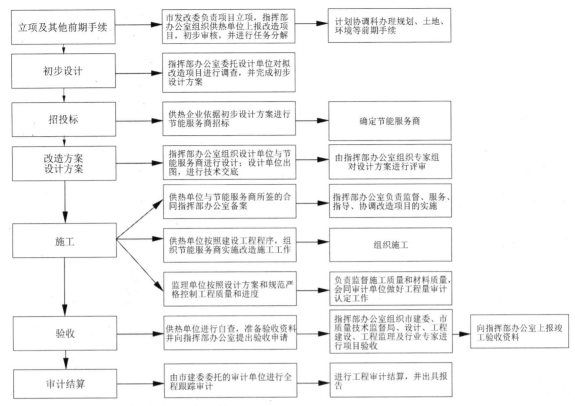

立项及其他前期手续	市发改委负责项目立项,指挥部办公室组织供热单位上报改造项目,初步审核,并进行任务分解	计划协调科办理规划、土地、环境等前期手续
初步设计	指挥部办公室委托设计单位对拟改造项目进行调查,并完成初步设计方案	
招投标	供热企业依据初步设计方案进行节能服务商招标	确定节能服务商
改造方案设计方案	指挥部办公室组织设计单位与节能服务商进行设计;设计单位出图,进行技术交底	由指挥部办公室组织专家组对设计方案进行评审
施工	供热单位与节能服务商所签的合同指挥部办公室备案	指挥部办公室负责监督、服务、指导、协调改造项目的实施
	供热单位按照建设工程程序,组织节能服务商实施改造施工工作	组织施工
	监理单位按照设计方案和规范严格控制工程质量和进度	负责监督施工质量和材料质量,会同审计单位做好工程量审计认定工作
验收	供热单位进行自查,准备验收资料并向指挥部办公室提出验收申请	指挥部办公室组织市建委、市质量技术监督局、设计、工程建设、工程监理及行业专家进行项目验收 → 向指挥部办公室上报竣工验收资料
审计结算	由市建委委托的审计单位进行全程跟踪审计	进行工程审计结算,并出具报告

图5-4 既有建筑供热计量改造工程实施流程图

改造项目评估与可行性分析等方面出台了相应的技术规程与法律条例,从而保证我国建筑节能改造工作的开展有法可依。同样,地方政府积极支持既有建筑节能工作,依照我国建设部出台的节能改造工作的指导原则,基于地区气候特征、建筑水平、经济状况以及人们对建筑的要求,2006年北京市出台了《既有居住建筑建筑节能改造技术规程》,提出了既有建筑改造后节能率提高到65%的目标,并给出了节能改造的相关设计方法和验收标准。陕西省根据其地区状况,于2006年提出了《关于加快推进既有建筑节能改造的意见》,制定了陕西省的既有建筑改造的目标、原则、任务以及保障措施等。而乌鲁木齐则将建筑节能改造作为重点项目,制定建筑供热计量与节能改造的实施方案,力图在社会范围内推行节能改造,具体流程如图5-4所示。

3.国内外实践特征比较

对比我国与德国、美国等发达国家既有建筑节能改造市场培育实践特征可以看出,我国在既有建筑节能改造上存在着明显的缺陷和不足(表5-2)。

表5-2 国内外既有建筑节能改造市场培育调查

	经济激励政策	合同能源管理	节能专项基金	能效能耗标识	节能法律法规
国外	多元化的经济激励政策:财政补贴和税收、贷款优惠等	普遍实行合同能源管理这一新型的商业模式进行节能改造,取得了很好的效果	节能专项基金专门用于节能改造有关工程,真正做到了专款专用,强化了政府行政与引导作用	普遍采用能效能耗标识手段,有专门的节能评价体系,使居民充分掌握节能改造信息以及建筑能耗信息	将节能改造上升到法制化、制度化,有专门的节能改造法律法规、系统的既有建筑节能改造标准

	经济激励政策	合同能源管理	节能专项基金	能效能耗标识	节能法律法规
国内	形式相对比较单一，以财政补贴为主，税收优惠等政策还只是停留在法律法规层次，没有具体实施细则，可操作性不强	合同能源管理模式刚被引进，各种机制尚不成熟，使得缺乏专门的融资渠道，节能改造经费难以落实，各地区只有自主摸索适合本地区的融资模式，其他地区难以复制，不能大范围的推广	专项基金只是停留在法律、法规层次，缺乏操作性强的细则规定，且主要用于节能技术和设备领域	能效能耗标识和节能评价体系等尚属空白	没有专门针对既有建筑节能改造的法规体系，只是各级政府根据国家的条例和规划等制定的相应改造意见和技术规程等，没有专门的既有建筑节能改造标准，按照新建建筑65%及50%等进行改造

5.2 建筑节能改造的效益分析

5.2.1 建筑主体效益分析

对既有建筑的改造应该根据建筑使用对象的需求，制定相应的改造目的。目前，我国既有建筑的主要服务对象为政府部门和居民。在节能改造过程中，应该根据既有建筑使用功能的不同，结合使用者的要求，明确改造的方向和具体改造的实施计划。避免因目的不明确而引起的盲目工作，和因实施方案不明朗而引起的消极怠工。并且，在改造实施计划中，对各个相关部门负责的内容进行效益分析，调动大家积极性的同时，为以后的各部分的影响效益分析做好铺垫。

从政府的角度出发，建筑节能的发展和一系列的对既有建筑的改造，都是为了提高能源的利用率，增强居民舒适度，符合可持续发展战略。中央政府通过颁布多项补贴政策，例如，在维修改造和建筑材料等方面提供经济支持。提供各种节能改造的技术支持，来推进和鼓励建筑节能的实施。相应的地方政府根据当地实际经济情况和具体的建筑类型制定具体的改造政策，通过设立基金和各种地方性的激励方针来观测贯彻中央政府的决策。

作为企业利润是其一直追求的目标，经济效益的大小直接影响企业的积极性跟工作的质量，在建筑改造中企业的目标是实现利益的最大化。对于我国的一些既有建筑的改造，要通过保障合同双方的共同的利益的方式，鼓励更多的单位实行节能改造。例如，一些单位分的房子，实行的供暖方式是物业集中供暖。房子的产权单位将供热承包给外面的物业公司，往往不是自己管理。对于这类既有建筑的改造，建筑外围结构物如门、窗、墙的改造与供热计量存在一定的分项性，并且对于这一类节能改造的投资收益周期较长，所以很少有单位愿意实行节能改造。对于这类问题，可以通过找到产权单位跟物业单位共同的利益来推进改造，例如，产权单位跟物业单位都可通过减少燃料成本跟增大供热面积中获得利益。现阶段的节能改造主要是通过合同能源管理公司的投资，资金的来源多数是合同能源管理公司自己的资金，改造的收益通过改造后节省能源效益分期实现。在此过程中，通过与产权单位签署合同减少风险，从而，实现改造效益与改造积极性的平衡。

居住者在建筑节能改造中除了注重建筑环境效益以外，会更加注重节能改造的舒适度与经济性。也就是说，在节能改造过程中，人们往往会降低改造成本，追求最优的节能改造效果；而在建筑运行期间，人们则希望通过最低的建筑能耗达到预期的居住水平。

5.2.2　综合效益分析

建筑节能改造技术的效益分析主要包括四个部分：技术效果分析、经济效益分析、环境效益分析和社会效益分析，下面将对其进行具体分析。

1. 技术效果分析

既有建筑的节能改造，通过对建筑的围护结构进行修缮，能够降低外墙、地面、门窗以及屋面的传热系数，同时也可以提高建筑门窗的气密性，进而能够改善建筑的保温隔热性能，提高建筑的室内的热舒适性。在建筑节能改造的同时，能够改善建筑结构的外观与功能，提高建筑物的耐久性，延长使用寿命，改善居住区环境。

2. 经济效益分析

1）改造成本分析

从建筑的全生命周期进行考虑，既有建筑的节能改造成本分析发生在前期的可行性方案制作阶段。建筑节能改造成本主要包括改造成本和运行成本，具体内容如表 5-3 所示。

自 20 世纪 90 年代开始，我国就在北方地区采取了建筑节能改造项目。据统计建筑节能改造成本为每平方米 80~90 元，建筑成本的回收期一般为 3~4 年；到了 1996 年，节能改造的节能水平有了大幅度提升，单位面积的成本随之提高为 100~120 元，节能成本的回收期为 4~5 年。通过在我国北方地区的主要城市，如北京、天津、石家庄、青岛以及济南的建筑围护结构节能改造的试点项目表面，改造成本为每平方米 200 元左右。由于国家对建筑节能改造进行了经济激励政策，居民只需要承担 20% 的改造成本，改造企业承担 30%，国家承担 50%，因此居民的节能改造成本旨在每平方米 40 元左右，其成本回收期也大大缩短。

表 5-3　　　　　　　　　　　　　　　　　建筑节能改造成本

成本	阶段	内容
改造成本	决策设计阶段	项目策划、市场调研、可行性研究、方案优选、筹措资金、方案设计与管理等费用
	施工阶段	人、材、机费用，管理费用以及各种税费
运行成本	改造后的使用过程	保持改造构件的节能性能所需要的维修和保养等费用

2）改造经济效益分析

建筑节能改造能够减少对能源的消耗量，缓解我国的能源压力。由于在建筑中，能耗的主要形式包括电力和煤炭，因此通常采用节能量和节煤量统计计算其产生的经济效益。

（1）单位面积节能量

$$\Delta E_{WH} = \frac{\Delta K_0(t_i - t_e)Z \times 24}{E_{ff}}$$

式中　ΔK_0——建筑节能改造后的传热导系数差值；

　　　t_e——室内的计算温度；

　　　t_i——室外的计算温度；

　　　Z——北方地区采暖期天数，因地区差异，取值不同；

　　　E_{ff}——热源热网的年平均效率。我国北方地区冬季采暖的热网效率取值为 0.6。

（2）单位面积节煤量

$$\Delta Q_{煤} = \frac{\Delta K_0(t_i - t_e)Z \times 24}{q_c E_{ff}}$$

式中　　q_c——煤炭燃烧热值，取值为8.14。

3）投资回收期

既有建筑节能的早期投入通常以改造之后建筑运行期间的经济效益抵偿，而建筑成本的抵偿时间称为投资回收期。建筑节能改造的收益是多方面的，理论上等于具有各项技术收益的总称，在实际的建筑节能收益计算中，仅采取节能量或者节煤量带来的经济效益，而环境效益、社会效益通常很难进行转化成经济效益计算。

居住者在进行建筑节能改造时，最为关心的是节能改造成本的回收问题。建筑成本的回收期越短，居住者对建筑节能改造的积极性越高。公式3-1提供了节能改造成本的回收期的计算公式。通过公式的计算，可以得出净现值，从而帮助人们做出正确的投资决策。

$$\sum_{t=0}^{P_t'}(CI-CO)(1+i_c)^{-t}=0 \qquad (3-1)$$

在项目可行性分析评估时，假设节能改造的成本回收期为T_c'，如果计算得到的回收期$P_c'<T_c'$，那么项目就可以接受，反之不予采纳。从能源使用效率和节约能源费用考虑，既有建筑经过改造之后，经过数年就可以收回全部成本。因此在建筑的全生命周期内，即可进入纯收益阶段。因此，建筑节能改造不但能够节约能源，而且能够减少建筑运营费用。

3. 环境效益分析

为了降低能源消耗与环境恶化的难题，国体提出了节能减排的政策。通过既有建筑的节能改造不但能够降低能源与资源的消耗，而且能够减少温室气体、酸雨气体以及烟尘等污染物的排放，从而能够提高居住环境。我国北方地区冬季采暖主要以煤炭为主，因此对建筑的节能改造，可以减少煤炭资源的使用量，减少污染气体的排放。通常对污染气体的减排量以R表示，其计算公式为

$$R = C \times S$$

式中　　R——污染气体种类，主要包括二氧化碳、二氧化硫、氮氧化物、烟尘；

　　　　C——单位标准煤的污染物排放系数；

　　　　S——建筑节能改造节能率。

4. 社会效益分析

对既有建筑进行节能改造，不但能够提高建筑能源利用率，节约大量的能源与资源，环节我国的能源压力，而且能够带来巨大的社会效益。在对建筑节能改造时，建筑业的投入能够稳定健康、持续不断的注入资金，形成一个独立的行业，产生较多的就业岗位，提供社会就业率。同时，建筑材料与建筑销售行业及服务业等相关产业的需求量也会相应提高，从而能够拉动我国经济内需，保证经济稳定持久的发展。下面基于两个评价指标，对节能改造的社会效益进行评价分析。

1）完全消耗系数

由于建筑节能行业是社会建筑业的一部分，因此此处采用完全消耗系数，基于产品投入与产出理论，量化分析建筑节能改造的投资对整个建筑业的作用。根据产业经济学原理，某一产品的作用可以通过该产品在其主行业中以及相关行业的作用通过消耗系数计算，包括直接消耗和建筑消耗两部分，通常采用b_{ij}（$i, j=1, 2, 3 \cdots n$）表示，其物理意义为第j行业产出某产品时对行业中某一产品的直接和间接消耗量，其计算公式为

$$b_{ij} = a_{ij} + \sum_{k=1}^{n} a_{ik} a_{kj} + \sum_{k=1}^{n} \sum_{r=1}^{n} a_{ik} a_{kr} a_{rj} + \cdots$$

式中 a_{ij}——产业内对产品直接消耗系数；

$\sum_{k=1}^{n} a_{ik} a_{kj}$ ——产业内对产品间接消耗系数的和；

$\sum_{k=1}^{n} \sum_{r=1}^{n} a_{ik} a_{kr} a_{rj}$ ——相关产业对产品的间接消耗系数的和。

利用上述公式以及我国产品统计年鉴，可以计算得到建筑行业与建筑节能改造行业投资之间的消耗关系。通过进一步计算，可以得到我国建筑节能行业与建筑节能改造行业的完全消耗关系，最终可以推算得到我国建筑节能改造投资成本与国家经济的关系。通过计算得到，我国建筑节能改造投资与金属产品制造业的完全消耗系数最大，表明建筑节能改造对金属制品的需求量最大。

2）用户满意度

用户满意度，主要通过现场实测、问卷调查等当时实施，主要用于分析人们对建筑节能改造过程、建筑节能改造效果、建筑运营期间的舒适度的在意程度。由于建筑类型与建造年代不同，加上问卷调查的样本需求量大，目前并没有很好的统计计算方法。

5.2.3 效益评价指标体系

1. 效益评价的思路与原则

1）效益综合评价的整体思路

既有建筑节能改造是一项复杂的工程，需要综合考虑建筑对能源与资源的消耗，分析其带来的技术、经济、环境以及社会效益。除此之外，建筑作为一种商品，在建筑市场中受到多种因素的影响。首先从市场参与者来看，房地产开发商进行建筑节能改造主要追求经济效益，而消费者比较关注建筑节能改造过程的成本、成本回收期以及节能改造后的建筑居住舒适度；政府人员作为可持续社会的引导者，比较注重其环境效益和社会效益。在建筑节能改造中，各个因素相互制约、相互影响。如果不能合理地考虑参与者的利益，将会影响建筑节能改造工作的推广。因此，需要对各种影响因素进行全面的分析，包括定性与定量的方法。目前，人们主要采取多指标的评价方法，即属性层次模型，分析各种影响因素的权重，指出影响指标的重要性，用于保证建筑节能改造工作的正常进行。

2）效益综合评价体系的构建原则

由于既有建筑节能改造评价体系受到多个因素的影响，建立效益综合评价体系需要充分地考虑各个因素的特点，因此需要基于一定的科学原则，包括以下几点：

首先，要秉承科学性和全面性的原则。虽然节能改造效益的影响因素较多，但是并不意味着要考虑所有因素，因此需要科学地定性分析主要因素，忽略次要因素，简化效益分析模型。同时，也不能为了计算的快捷性与简易性，忽略了一些潜在的影响因素。总体上来说，要能够客观地反映建筑节能改造项目的实际效益，公正地对项目做出评价。

其次，要遵从层次性与系统性的原则。由于建筑节能改造效益较多，主要包括技术效益、经济效益、环境效益和社会效益。那么在评价过程中，要将影响因素进行归类，从而便于系统地分析。同样，对于某一种特别的效益，其影响因素在竖向上，又可以进行细分，从而便于考虑各个指标的独立性与关联性，从而能够从整体角度系统地分析其作用。

第三，要遵循可行性的原则。众所周知，效益评价体系要能够反映建筑节能改造的实际效果，能够具体地量化每一个指标，从而获得可以使用的数值。如果在计算中某些指标难以通过简单可行的方法求得，那么可以采用经验值的方式给出，从而能够为改造项目提供有效的评价方法。

最后，要遵循因地制宜的原则，能够基于每个地区的气候特点与自然条件，给出适应性地评价方法，不能一味地寻求统一性，而忽略了计算结果的差异性与真实性。

2. 评价指标体系的构建

1）评价指标体系的构建

根据上一节中提供的建筑节能改造效益评价体系的整体思路与原则，本节将对技术效益指标、经济效益指标、环境效益指标以及社会效益指标进行分析。本节采用三层指标的方法进行了分析，如表5-4所示。

表5-4 既有建筑围护结构节能改造指标层次

核心目标	第一层指标	第二层指标	第三层指标
综合效益	技术效果指标	不可变技术指标	朝向、体形系数、窗墙比
		可改造技术指标	外墙保温隔热效果、屋面保温隔热效果、地面保温隔热效果、外窗保温隔热效果、玻璃遮阳效果、门窗气密性
	经济效益指标	改造经济指标	节能改造成本、节能改造面积、节能改造工程工期、生产资源消耗量、利废率、节土率
		运营经济指标	使用维护成本、改造构件使用寿命、单位节煤量、单位节电量、投资回收期
	环境效益指标	减排指标	CO_2减排量、SO_2减排量、NO_x减排量、烟尘减排量
	社会效益指标	带动相关产业指标	完全消耗系数
		用户满意指标	用户满意度

通过四种效益指标可以直观地看出影响既有建筑结构改造效益的影响因素，以及具体的影响因子，从而为评价模型的建立与实现奠定了基础。

2）评价指标的说明

下面将对技术、经济、环境与社会效益四个方面的指标进行具体地分析。

技术效益指标可以细分为不可变技术指标与可改造的技术指标。其中不可变技术指标指的是在建筑单体设计阶段就已经确定的影响因素，主要包括建筑朝向、建筑体形系数与窗墙比。这些参数往往与建筑整体有关，如果要改变这些参数中的某一个量，那么预示着建筑需要拆除整修，与建筑节能改造节约材料与资源的原则不符。可改造技术指标则是建筑结构的面层，通常指的是建筑围护结构，包括外墙、地面、屋面、门窗等。为了实现建筑节能改造，只需要改变这些部位的传热系数就可完成。此外，通过玻璃遮阳也可以改变建筑遮阳系数，减少建筑室内太阳辐射热，从而降低室内温度，减少能耗。

经济效益指标主要包括建筑节能改造的成本以及建筑运行期间的投资。从建筑的全生命周期考虑，建筑改造成本包括节能改造设计成本和节能改造施工成本两个部分，主要包括建筑节能改造目标、改造施工工期、自然资源消耗量以及建筑节能改造面积等。这些成本通常可以通过建筑运行期间的节能量进行补偿，但是居民通常比较关注这一点，因此建筑节能改造成本越低，人们越容易接受。自然资源消耗量，则是越少越好。建筑运营成本则包括使用维护成本、改造构件使用寿命、单位节煤量、单位节电量、投资回收期等因素。通常认为使用维护成本越低越好，建筑构件使用寿命越长越好，单位建筑面积的节煤量与节电量越多越好，而建筑节能改造投资回收期越短越好。

建筑节能改造的环境效益指标主要与建筑节能减排的目标有关，与废气和污染气体的排放量有关，主要包括二氧化碳排放量、硫化物排放量、氮氧化物排放量和烟尘排放量。

社会效益指标可以分为带动相关产业指标和用户满意指标。其中带动产业指标与完全消耗系数有关，主要通过完全消耗系数的计算公式得到；而用户满意指标则需要通过现场实测、问卷调查等方式实现。

3. 指标权重的确定

建筑节能改造效益评价体系中包含着多种不同的因素。需要科学公正地评价分析这些因素，从而能够对节能改造项目做出客观地决策与应用。目前国内外对效益指标进行了大量的探索与研究。各种评价方法的分类与内容，如表 5-5 所示。

表 5-5 项目权重评价方法

类型	方法	内容
主观赋权评价法	德尔菲法、层次分析法、属性层次模型	根据专家打分的数据，按照一定的规则确定各指标的权重
客观赋权评价法	因子分析法、熵值法、粗糙集理论、主成分分析法	基于实际的原始数据，然后根据各项指标之间的相互关系或变异系数来确定其权重

其中，属性层次模型（Attribute Hierarchical Model，AHM）是北京大学数学系教授程乾生提出的。该方法在属性测度基础上，引入了相对属性和属性判定的概念，从而能够自由灵活地检验效益评价模型。与层次分析法相比，属性层次模型更加简便、操作性更强。在评价体系中，如表 5-4 中三层指标概念中，综合指标与各级指标存在着一定的关联，其关联度称为相对权重，相对权重的确定是效益评价体系得以实现的基础。

5.2.4 既有建筑节能改造评价理论

1. 经济效益评价研究

上文指出，在建筑的全生命周期内，建筑节能改造项目的经济效益评价主要包括节能改造成本的效益评价与建筑节能改造后的运行成本评价。其中评价方法包括基于全生命周期的评级方法和财务分析评价法。

1）全寿命周期成本理论评价法

从建筑规划设计、施工运行、节能改造以及拆除的全生命周期过程中，建筑通过其功能实现产生一定的经济效益。对各个阶段的经济效益分析，为经济效益最大化的决策具有重要意义。近年来，一些学者通过全寿命周期成本理论分析了节能改造项目的经济效益。刘玉明等通过现场实测，获得了建筑节能改造前后的节能量、节煤量数据，并将上述数据通过贝叶斯方法依次分配到建筑围护结构节能、二次管网节能和热源热网改造节能灯途径的经济效益，从而为居住建筑的节能改造提供了丰富的数据资料和经验。之后，他们通过全寿命周期成本理论评价法对节能改造后的经济效益进行了评价分析,科学地建立了项目评价模型并对指标权重进行了分析。陈倩茹等人基于全寿命周期成本理论评价法，通过静态投资回收期及内部收益率的经济性指标对苏南地区某典型住宅建筑围护结构的节能改造方案进行了经济效益分析；顾敏琦基于全寿命周期理论，通过能源节省费用以及投资回收期等指标对既有建筑节能改造项目的经济效益进行评价，并结合上海某改造项目进行实证分析；谢丽运用全寿命周期理论，通过计算节能材料费用、改造施工费用、运行及维护费用和回收费用对既有建筑节能改造的经济效益进行评价；郭俊玲基于全寿命周期成本理论，通过改造增量成本指标和经济增量效益指标对既有居住建筑节能改造的经济效益进行分析评价。

2）财务分析评价法

为了选择具有较好经济性的改造方案，选用建设项目财务分析的方法，对既有建筑节能改造方案进行评价。周奇琛、秦旋等人采用财务评价方法，充分考虑能源价格、实际节能效率以及折现率等因素，通过计算既有建筑节能改造投资回收期，对既有建筑节能改造的经济效益进行评价；刘玉明、刘长滨运用建设项目财务评价方法构建了既有建筑节能改造方案的经济效益评价模型与评价指标，为既有建筑节能改造的经济效益评价提供一个基本分析框架；张超通过节能投资、节能收益和投资回收期等财务评价指标对关中地区农村既有建筑节能改造的经济效益进行评价研究；王鹏结合广州市某大型办公建筑节能改造项目，运用财务评价法从财务净现值、投资回收期、内部收益率三个方面来评价项目的经济效益；王卫卫为了评价既有居住建筑节能改造的经济效益，通过净现值、投资回收期和内部收益率等财务评价指标进行评价。

2. 综合效益评价研究

既有建筑节能改造项目综合效益评价研究主要集中在建立全面的评价指标体系和使用恰当方法进行评价两个方面。

1）基于指标体系的综合效益评价

既有建筑节能改造项目综合效益评价指标体系除了包括经济效益、环境效益和社会效益三个方面之外，还包括技术指标的衡量和节能效果的评价。基于技术有效性的综合效益评价。从技术效果、经济效益、环境效益和社会效益三个方面对既有建筑节能改造项目进行评价，有助于选择合适的技术方案。魏晓东从经济效益、社会效益、环境效益和技术效果四个方面对既有居住建筑围护结构节能改造综合效益进行评价分析，并运用实例进行实证分析；葛新和尹笑迪秉着系统性、合理性、应用性等原则，从技术性指标、经济性指标和社会性指标三个方面建立了北方既有居住建筑节能改造项目的综合效益评价指标体系；李亮亮分析了既有建筑节能改造服务体系的各行为主体，并从社会评价指标、技术评价指标和经济评价。指标对既有建筑节能改造的综合效益进行评价；芦迪考虑评价指标体系的复杂性，选择模糊综合评价法从技术性能、经济效益和社会效益三个方面对既有居住建筑节能改造的综合效益进行分析评价。基于经节能效果的综合效益评价。

综合评价既有建筑节能改造项目的经济、环境、环境和节能效益，有助于促进既有建筑节能改造市场的发展。吴耿城采用层次分析法从经济效益、节能效益、社会效益、环境效益等四个方面对既有建筑节能改造项目的综合效益进行有效评价；戴雪芝、何维达等人基于层次分析法，从经济指标、能源指标、环境指标和社会指标四方面对节能改造项目的综合效益进行评价；梁雯采用模糊综合评价法和可拓决策理论，从经济性、环境影响、舒适性、节能性四个方面对寒冷地区既有居住建筑节能改造的综合效益进行评价。

2）基于评价方法的综合效益评价

既有建筑节能改造综合效益评价指标具有复杂以及难以量化等特点，使用恰当的评价方法，可以解决评价对象复杂、难以量化的问题。其中，评价方法包括层次分析法、模糊综合评价法、层次属性法、灰色关联度法等方法，根据指标体系的特征选用最合适的方法对综合效益进行评价，有助于提高评价结果的准确性和有效性。基于层次分析法的综合效益评价。运用层次分析法对既有建筑节能改造综合效益进行评价，有助于克服节能改造项目定量数据信息较少的缺点。肖潇、李德英等运用层次分析法，从经济性、节能性、安全可靠性和环保性四个方面对北方地区既有住宅建筑采暖系统改造的综合效益建立了综合评价模型，并进行评价；陈砚祥运用层次分析法对采暖区既有居住建筑的节能改造从节能效益和经济效益两个方面进行综合评价分析；俞水凤采用层次分析法，从适用性能、耐久性能、安全性能、经济性能、政治因素、文化价值和环境性能七个方面对浙江省既有公共建筑节能改造的综合效益进行评价分析。基于其他方法的综合效益评价。宋敏、付厚利采用 AHP- 模糊综合评价法，从技术指标、经济指标和环境指标等方面建立既有建筑节能改造项目综合效益评价模型，并应用于威海古北一巷建筑节能改造中；魏晓东以北方采暖地区既有居住建筑围护结构节能改造为例，采用属性层析模型 AHM，从技术效果、经济效益、社会效益和环境效益四个方面对其综合效益进行评价分析；王清勤与何维达为了提高德尔菲法的客观性，采用改进的德尔菲法从围护结构改造、通风与空调设备改造、采暖改造、照明改造、环境影响和经济效益等方面对既有公共建筑节能改造项目的综合效益进行综合评价；郭俊玲运用灰色关联分析方法，从改造增量成本指标、经济增量效益指标、外结构能耗指标和施工措施指标四个方面对既有居住建筑节能改造项目建立综合效益评价模型并进行评价。

3. 改造效果评价研究

既有建筑节能改造效果评价主要是通过对分析改造前后建筑能耗和热工性能两方面来进行的。

1）基于能耗分析的改造效果评价

对比分析既有建筑节能改造前后的建筑能耗，有助于促进既有建筑节能改造的发展。周奇琛、秦旋人认为准确度量既有建筑节能改造前后的能耗量是节能改造效果评价的关键，并结合厦门市既有建筑节能改造案例，通过建筑能耗分析软件 DeST-h 对既有建筑节能改造前后的能耗进行模拟计算；王永祥、谢丽通过利用节能分析软件天正 TBEC 对比分析节能改造前后的能耗状况，对南昌某住宅建筑的四个改造方案带来的节能效果进行评价分析，以优选节能方案；杨永巍、赵鸿等人针对上海德怡园小区围护结构的节能改造，对比其改造前后的综合能耗，并估算每年减少的能耗和电耗，对其改造效果进行评价；漆贵海、杜松等人利用 PKPM 建筑能效测评软件模拟贵州地区既有中小型公共建筑节能改造前后的年采暖空调能耗，通过分析外墙、外窗、屋面的节能率评价其改造效果；赵为民、古小英等利用建筑能耗模拟计算软件 eQUEST 对上海市扬子饭店改造前后的能耗状况进行模拟，通过对比分析评价其改造效果；井汇以济南市某既有建筑节能改造项目为例，借助 DeST-h 软件模拟其改造前后的总能耗和分项能耗，来对其改造效果进行评价，并标识改造后住宅建筑的能效等级。

2）基于热工性能分析的改造效果评价

通过既有建筑节能改造各个技术指标对改造效果的评价，对提高公众进行既有建筑节能改造的积极性有重要意义。芦宁通过建筑围护结构传热系数、建筑体形系数、窗墙比、建筑的采暖、空调的能耗等技术指标对寒冷地区既有建筑节能改造的效果进行评价；赵冰、郭法清等人根据中德合作项目"中国既有建筑节能改造"项目——唐山示范工程的项目基本情况，通过实测分析热桥部位结露、霉变的可能性以及室内居住环境的舒适性，对节能改造效果进行评价；黎文安结合西安市某节能改造的具体工程，通过改造前后的围护结构传热系数比较、围护结构热工缺陷比较、建筑耗热量指标及采暖耗煤量指标比较分析了节能改造的效果；赵为民、古小英等人通过对比改造前后回护结构热工状况、外立面安全状况以及能源效率对漕北大楼节能改造项目的改造效果进行评价；段恺、张金花等人通过检测改造使用保温材料和门窗的物理性能、冬季室内外温度、采暖耗热量和建筑外立面红外热像，对北京某居民楼节能改造效果进行评价；高岩通过对比节能改造前后的外墙传热系数、屋顶传热系数、外窗传热系数、每小时最小换气次数和室内平均采暖温度，对既有建筑节能改造效果进行评价。

4. 风险评价研究

EPC 模式下识别既有建筑节能改造项目中的风险并加以分析评价是 ESCO 企业风险管理的重要内容，是其进行风险应对和控制的前提。为了提高决策的科学性和准确性，吴丽梅采用层次分析法、专家决策打分法和模糊数学相结合的方法，从经济风险、节能技术风险、管理风险、业主风险、节能量风险和合同风险等方面对 EMC 节能改造项目风险进行评价；周奇琛结合网络层次分析法和熵权法，从财务能力、管理能力、能源价格、客户履约能力以及节能量的预测等方面对 ESCO 面临的改造风险进行评价；赵延军、刘晓君等人根据住宅小区节能改造项目风险的层次关系，将项目风险分为前期风险集合、实施过程风险集合和运营管理风险集合，采用综合评分法建立风险评价模型进行分析；朱晓凯运用模糊综合评价法从 ESCO 的节能技术、财务状况、公司管理体制、建筑本身状况、设备状况、业主状况以及政策状况等方面对既有建筑节能改造的风险进行分析；刘曦针对青岛既有建筑节能改造的风险从资金风险、外部协作条件风险、工程风险、工程管理风险四个方面进行分析评价。

5.3 建筑节能改造技术与评价

5.3.1 既有建筑改造技术

建筑节能改造技术种类繁多，主要包括建筑围护结构，诸如外墙、屋面、门窗、地面等部位的节能改造；建筑用能系统，包括供热系统、空调系统及其运营管理。同时又包括节能改造地域性分析和经济性分析，下面将对各部分进行详细说明。

1. 建筑围护结构

建筑围护结构是建筑内的热量与冷量损失的主要途径，因此围护结构的节能改造有助于提高建筑的保温隔热性能，降低建筑能源消耗。本节将着重阐述外墙、门窗以及屋面的节能改造技术。

1）外墙

通过建筑外墙损失的热量约占整个外围护结构热量损失的 50%，因此通过节能改造，降低其传热系数、提高建筑保温隔热性能，对建筑保温具有重要作用。从外墙材料方面考虑，我国建筑节能技术较为落后。在我国经济较为发达的地区，普遍采用加气混凝土砌块、混凝土空心砖、玻化微珠砌体材料，而在经济较为落后的地区，大部分家庭采用黏土砖以及土砖等。与西方发达国家相比，我国北方采暖地区的建筑保温隔热性能仅为同纬度地区的 25%~50%。因此，建筑外墙围护结构改造技术的前提是发展节能材料，降低围护结构的能耗负荷。

建筑外墙的节能改造技术主要包括外墙外保温、外墙内保温和夹心层保温等形式。由于外墙外保温的才做较为简单，不受室内装饰的影响，不会影响人们正常的生活，而且能够保护主体结构不受空气、雨水的侵蚀，得到了广泛应用。建筑外墙改造的主要材料包括保温涂料、泡沫板以及发泡聚氨板等，这些节能改造草料具有施工简单可行、保温效果好以及装饰性强的特点。由于外墙保温混合系统能够同时达到保温隔热、防水、装饰的三重功能，得到了人们的青睐，在建筑节能改造以及新建建筑中得到了广泛使用。目前，我国对外墙保温材料的研发还处在早期阶段，需要大量的建造师、专家学者进行有效的发明创造。在研制的原则上讲，外墙保温材料或技术需要满足施工方便、成本低廉、保温效果良好的要求。在我国北方地区，外墙保温材料的张贴还需要考虑与基层的粘结问题，以免水蒸气进入，发生凝结与冻胀，导致与基层的剥离，达不到原有的效果。

2）外窗

我国 20 世纪建造的建筑很少基于节能标准设计，既有建筑的门窗大多采用木框或者钢框的单层玻璃。此外，人们为了追求建筑室内采光，窗墙比数值过大，造成建筑的保温隔热性能不佳。据统计，通过窗户散失的热量约占整个门窗结构热量散失的 75% 左右。因此，窗户改造成为建筑节能改造的重点之一。窗户节能改造技术包括玻璃材料与形式的选择，主要包括双层玻璃、中空玻璃、热反射玻璃、低辐射（Low-E）玻璃以及遮阳设施等。

在我国寒冷地区，需要将单层玻璃改造成双层玻璃，降低窗户的热传导系数；在严寒地区，需要将原有的双层玻璃转换成三层玻璃，提高窗户的热工性能。对于原有的窗户结构，普遍采用钢框、木框以及铝合金框，这容易造成冷桥现象，造成室内热量损失。原有的单层玻璃并不能选择性地滤过太阳光。为了降低夏季室内的辐射热量，通常在玻璃表面堵上金属或氧化物材料，目前已经投入使用的玻璃材料包括热反射膜和 Low-E 膜。其中，Low-E 玻璃的红外线光透过率较低，一方面能够减少住宅内的获得热量，降低室内温度；另一方面，可以保证其他波段的光线进入室内，保证室内的自然采光。此外，当室内温度存在光源加热时，Low-E 玻璃能够阻断室内的红外线热能散失到室外空间。Low-E 玻璃的热阻较大，而且节能改造施工较为简单，需要加以推广。

表 5-6 对比分析了不同类型玻璃的热工性能。在建筑节能改造过程中，可以根据各个地区的建筑节能标准，选择玻璃组合形式。夏季外遮阳对于调节室内热环境与建筑节能具有重要的意义，主要是通过减少室内辐射热量，避免受热区域温度过高。建筑遮阳形式与构造的选择，需要考虑建筑的朝向与建筑形态等因素。为了能够适应全年的光照，可以在夏季进行建筑遮阳，在冬季引导光线进入室内，此时需要对玻璃的太阳光辐射率进行调整，可采用活动性遮阳手段。

表 5-6　　　　　　　　　　　　　　　不同种类玻璃的热工性能

玻璃种类	单片 K 值 /（W/m² · K）	中空组合	组合 K 值 /（W/m² · K）	遮阳系数 SC（%）
透明玻璃	5.8	6 白玻 +12A+6 白玻	2.7	72
吸热玻璃	5.8	6 蓝玻 +12A+6 白玻	2.7	43
热反射玻璃	5.4	6 反射 +12A+6 白玻	2.6	34
Low-E 玻璃	3.8	6Low-E+12A+6 白玻	1.9	42

3）屋面

建筑屋面节能改造的一般操作是在屋面添加保温隔热层。根据保温隔热层作用的基本原理，可以将其分为两类：一是通过添加保温层，提高建筑表面的热阻，减少热量散失，如在屋顶上喷涂聚氨酯保温防水层、添加保温隔热板或者具有高热阻的基础垫层等；二是提高建筑屋面层的太阳光反射率，减少太阳辐射热量的吸收，可以通过喷涂具有高反射性的涂料。此外，通过合理的建筑结构设计，也能够提高屋面的热工性能。在 20 世纪 90 年代，我国进行了大面积的屋顶平改坡，通过提高了建筑屋面的热工性能，同时还有助于建筑屋面的排水，同时还有助于建筑美观。近年来，由于建筑对消防、抗震、节能水平的要求越来越高，在进行屋面节能改造时，需要经过严格的计算，合理确定屋面厚度。对于建筑屋面的节能改造，还可以通过绿色屋顶实现，主要是利用植物能够遮挡作用，减少太阳辐射热对屋面的影响，从而降低屋顶室外综合温度。

2. 用能系统

建筑能耗主要包括采暖、暖通空调、建筑照明、办公以及电梯系统等，除了采暖采用燃煤的方式以外，其他的基本采用电耗模式。在上述几种耗能模式中，空调通风设备的用电量最大。

1）供热系统

据统计，我过北方地区的建筑采暖能耗约占全国建筑能耗的 40%。经过对我国建筑采暖的供热模式分析，发现我国集中供暖过程中存在以下问题：住户室内供暖不均，冷热程度相差较大；供热过程热网损失热量大，造成能源损失；锅炉与供能系统能源转化率低，能源的利用率降低。供热系统不完善，缺少合理的调控管理方法，造成热量损失。随着城镇经济的发展，一些住户开始采用独立供暖的形式，但是小锅炉的煤炭转化率低，同样造成能源不受控制，造成能源浪费。

供热系统的建筑节能改造，需要从室内供热系统，室外热量输送网、家庭热量控制与计量等方面进行。对于用户家庭用的小锅炉，应该进行着重改造，实行小区供热，从而提高供热系统效率，减少热量与能源的浪费，减少环境污染。目前，热电联产功能方式受到世界多个国家的推崇，我国也正在努力推广这种供热方式。这种方式主要具有以下优点：能源转化率高，环境污染小，供热质量高，辅助电力供应，降低城市电网压力。对于建筑室内的节能改造可以通过双管系统和带三通阀的单管系统，采用科学合理的方法计算水热供应；同时还需要采用合理的控制系统，防止热网系统失调，造成局部温度过高或者温度过低，导致室内的舒适度降低。用户热控制和热计量是供热系统改造的主要技术手段，这样不但能够调节室内温度，解决室内温度失调的问题，住户又能够根据实际需求调节供热，减少热量浪费。对于部分不适合供热的地区，应该基于实际情况，选择分散独立的供热方式，不应该为了实现集中供热，而忽视了施工成本与输送过程中的热量散失。

2）空调系统

在公共建筑中，主要的能源消耗形式为空调耗能。有学者对重庆地区的公共建筑能耗进行了统计分析，结果表明在公共建筑中普遍地存在能源严重浪费的情况。部分空调设备的能源利用率远远低于额定值；冷水机组配置不合理，供冷量大于需求量；空调系统低负荷运行的工作效率较低；冷水输送效率低；输送管网存在冷量和热量散失的情况。因此，对于大型公共建筑的节能改造，需要重点提高空调系统的能源利用效率，有助于降低建筑能源消耗，提高室内环境舒适度。据统计，通过对上述空调系统关键设备的改造以及运营管理系统的完善，这些公共建筑的空调能耗能够降低 30% 之多。

同时，很多大型公共建筑建造年代较早，供能和用能系统陈旧老化，缺少必要的维护维修措施，设备的工作运营状况较差，因此需要考虑更换具有高能效的能源系统。对于陈旧的输送管网以及出现能源泄露的设备应该及时更换。由于冷机配置不合理造成能源浪费情况，应该增加蓄冷装置，添加小型的制冷机械设备、采用局部空调等小型设备作为补充。在我国的建筑风机水泵利用中，电力消耗量占到我国电能消耗的10%，通过建筑节能改造能够降低设备运行过程中风机和水泵的能耗，同时也可以利用变频技术，电能消耗能够降低2/3。通过采用变频送风系统，能够有效地通过改变室内新风量，调节室内的温度与湿度，体现出显著的优越性，节能量通常可以达到30%左右。同样，在公共建筑中，采用水泵变频技术也能够产生较大的收益。据统计，采用2台冷冻水泵能够降低能耗40%~50%。此外热量回收，包括空气热量回收与热水热量回收，也可以用于常年产生废热的建筑体系。

3）用能管理与运行控制

建筑用能管理主要是通过供能设备实现的，通过供能设备管理，首先能够保证供能设备的正常运行，保证建筑供热供暖的稳定性与可靠性；同时能够及时发现供能设备存在的问题，及时维护维修，降低设备运行费用；最后可以保证设备高效率运行，延长其使用期。我国既有建筑的能耗管理上，并没有合理的设备管理手段，缺少健全的用能管理制度。因此在建筑节能改造中，应该基于建筑特点，设定合理的建筑管理制度，保证供能系统的正常运行。同时，还应该注重专业用能管理人员的培养，增强管理人员的节能意识与素质。

我国建筑的供热和空调系统缺少必要的控制系统，供热供能设备达不到预期效果。因此需要对供暖系统进行多级控制，从而保证功能终端能够有效地调节温度，从而及时发现室内供热不均的问题，并快速地查找设备故障，解决室内供热不均的问题，而不影响其他终端的供热。对于制冷机同时使用的情况，应该根据实际情况，包括室内温度、用户数量、房间数量等因素合理安排冷机数量，停止不必要的冷机，从而保证工作冷机保持较高的效率，达到节能的目的。同时，还应该注意养护冷机及其输送装置，防治管道变形等，造成供冷效率降低。

3.建筑综合改造地域性

我国地域辽阔，严寒地区、寒冷地区以及夏热冬冷地区的部分城镇冬季都需要采暖，与此同时，我国大部分地区夏季炎热，空调日益普及，建筑空调能耗正在迅速增加。总体来讲，我国既有建筑节能改造的技术研究与实践应用，北方地区开展的时间较早、数量较多。因此，围护结构保温技术与供热系统改造技术的研究与应用较多，空调系统的改造尚属探索阶段。既有建筑节能改造可以参照相应气候分区居住建筑节能设计标准和公共建筑节能设计标准，但因其既有条件和特点，没有现成模式可以照搬，也不宜制定统一的节能措施或做法。在既有建筑的改造过程中，应根据实际条件，充分考虑当地气候和用能系统的差异，综合应用上述多种技术措施。

1）北方地区

北方采暖地区的既有居住建筑节能改造开始是结合供热体制改革进行的，目前的改造以外墙保温、屋顶"平改坡"和热网改造为主。哈尔滨市作为严寒地区的典型城市，建筑节能改造工作启动较早，"九五"期间就展开了既有住宅建筑节能改造的示范研究，针对多种外围护结构的保温隔热成套技术展开了研究和应用。改造后的室内平均温度较改造前提高了8.4℃，同时建筑物各层次的散热量差异变小，顶层和首层的改造效果尤为明显。天津市"塘沽区北塘街杨北里"节能改造工程采取的主要技术措施是：外墙外侧粘贴60mm厚聚苯板，屋顶铺设100mm厚聚苯板，在原单玻铝合金窗的基础上，加一层单玻塑料窗，楼梯间入口处加设安装白闭式对讲保温门。采暖系统形成独立的供热系统，增设 1 个换热站，采用变频水泵，安装计量表，实现自动的量调节和质调节系统。改造后每个采暖季节煤 127.4 吨，每平方米建筑面积减少废气排放量 1707m³。

2）南方地区

我国南方地区的既有建筑外墙保温隔热性能普遍低于北方采暖地区，尤其是 20 世纪 50—60 年代建造的居住建筑，其外墙的厚度一般仅为 180mm，屋顶的保温隔热性能、窗户的保温隔热和遮阳性也都较差，不设置集中供热采暖系统，冬季室内温度很低、热环境质量低劣。改革开放以来随着人民生活水平的提高，居民普遍自行安装采暖空调设备。由于没有采取科学的设计和相应的技术措施，致使建筑冬季采暖、夏季空调能耗急剧上升，能源浪费严重。既有公共建筑特别是 20 世纪 80—90 年代建成的公共建筑，其围护结构较多采用玻璃幕墙，导致建筑物冬季大量散热和夏季大量吸热，室内热环境质量很差，建筑能耗特别是夏季空调用能量很大。目前节能改造的实践过程中，同样重视围护结构热工性能的改善，但与北方地区不同的是由于大部分南方地区夏季太阳辐射强，持续时间久，首要考虑的是如何有效防止夏季的太阳辐射，因此，更强调外窗遮阳、外墙和屋顶的隔热设计。有些地区夏季西向外墙在日照下有时表面温度可超过 50℃，采用有效的外遮阳措施后，可使表面温度在同样情况下不超过 35℃。遮阳已成为南方建筑节能改造的优选措施。夏热冬冷地区进行"平改坡"的改造中，在坡屋顶设置通风换气口，并将坡屋顶的通风口做成可启闭的，夏季开窗，便于通风；冬季关闭，以利保温。有学者采用能耗分析软件 eQUEST 对采用不同类型墙体、玻璃类型及有无外遮阳情况下的能耗进行了模拟计算，并在此基础上对围护结构改造措施进行了经济性比较。计算和分析结果表明对于既有建筑应优先推广的节能措施依次为：南向加遮阳板、采用中空双层玻璃窗、外墙设聚苯板保温层。上海既有公共建筑改造的分析研究表明，外窗构成的空调负荷较大，因此，外窗改造带来的节能效益远比墙体改造要高。苏北地区住宅建筑节能改造的工程实践中，在围护结构方面，采用外墙外保温、设置热流阻尼区、屋面架空保温、种植屋面、平改坡、把原钢窗和铝合金窗改为 PVC 塑钢窗；在供热系统方面，对热源、热网和热用户同时进行技术改造，安装分户热表，分户计量。实现分室、分户温控，解决了管网的水利平衡。这些技术措施的综合应用，使得改造后的建筑不但降低使用能耗，而且室内环境也得到了改善。测试结果：建筑总节能率达 59%，并且在非采暖情况下使冬季室温提高 4℃~7℃；非空气调节情况下夏季室温降低 2℃~4℃。

4. 技术经济分析

经济水平和技术水平是制约既有建筑节能改造的重要因素之一。以外墙外保温改造技术为例，目前采用的保温材料包括胶粉聚苯颗粒、膨胀聚苯板和挤塑聚苯板，其中胶粉聚苯颗粒的成本约为每平方米 50~70 元，而膨胀聚苯板和挤塑聚苯板的价格偏高，分别为每平方米 80~90 元和 90~110 元。需要注意的是虽然胶粉聚苯颗粒的价格较低，施工难度小，但是其保温性能不及膨胀聚苯板和挤塑聚苯板，但是其在工程中的应用较为广泛。在一定程度上，说明人们对建筑成本的重视程度高于其保温节能效果。在建筑屋面的改造中，由于平改坡屋顶的投资成本较低、施工速度快，节能周期较短，同时能够有效地改善建筑的居住功能，提高室内居住环境，因此在我国北方地的建筑节能改造中得到普遍采用。据统计，平改坡屋面的建筑节能改造成本为每平方米 80 元左右。

既有建筑节能改造的经验表明，通过多元化的投资融资机制，能够保证节能改造项目的顺利实施，可以采用的投资机制中主要包括业主、政府部分、房地厂商以及社会机构等。在建筑节能改造中，很多业主为了追求节能项目的经济性，有时造成了技术问题，降低了建筑的节能效果。为了降低建筑节能改造成本，同样需要利用自然条件，尽可能地降低改造对建筑结构的影响。因此在建筑节能施工之前，需要充分调研建筑结构耗能特点，剖析建筑各部位的能耗情况，从而分析其节能潜力，综合考虑建筑节能改造成本、节能效果和成本回收期等因素，制定合理的建筑节能改造方案。

我国的既有建筑具有能耗强度高，室内舒适度低的特点，因此开展建筑节能改造工作具有很大的潜力。建筑节能改造的重点为建筑围护结构、用能系统和用能控制管理系统。在建筑节能改造过程中，需要对节能项目进行统一分析，合理地利用当地的气候特征、气候条件和建筑特点，从而制定合理的建筑节能改造方案。

5.3.2 既有公共建筑节能改造综合评价指标体系的构建

1. 指标体系的构建原则

评价指标体系的建立是进行预测或评价研究的前提和基础，它是将抽象的研究对象按照其本质属性和特征某一方面的标识分解成具有行为化、可操作化的结构，并对指标体系中每一构成元素（即指标）赋予相应权重的过程，也是对客观事物认识过程的继续深化和发展。评价指标体系的设立既是正确开展后评价的前提条件，又是影响评价质量的重要因素。因此，建立科学合理的既有建筑节能改造评价指标体系尤为重要。根据评价的性质和特点，其指标体系的设置应遵循以下基本原则。

1）全面性和目的性相结合原则

项目评价的指标要能全面反映既有公共建筑节能改造项目，从前期准备阶段到改造后运营过程的状况。不仅要设置反映项目运营阶段的成本效益方面的指标，还需要设置反映项目改造技术方案选择、施工和改造后效果等方面的指标。但并不是越多越好，而是要围绕既有公共建筑节能改造评价目标有一定的针对性。

2）可比性原则

评价指标的设定，必须使所设指标在数量上具有可比性。为使项目评价能够客观真实地反映既有公共建筑节能改造项目的效果，首先应保证项目评价指标与项目实施过程中的有关指标基本一致。例如，前评估时采用了内部收益率指标，评价时也应计算项目的实际内部收益率。两相比较，才能发现差距，分析出原因。

3）实用性原则

在设计后评价指标体系时要以实用为原则，要以能切实反映既有公共建筑节能改造项目效益、管理水平和决策质量为原则。实用性原则体现了开展评价的可行性和可操作性，指标含义明确，计算指标所需数据资料便于收集，计算方法简便、易于掌握。

4）综合指标与单项指标相结合原则

综合指标是反映既有公共建筑节能改造项目功能、利润、工期、投资总额、成本等经济效果的指标，能够全面地、综合地反映项目整体经济效益高低，在评价中起主导作用。单项指标是从某一方面或某一角度反映项目实际效果大小的指标。由于综合指标受到很多因素的影响，使用它时有可能掩盖某些不利因素和薄弱环节，因此，还需要大量单项指标来补充综合指标的不足。

5）通用性原则

为了便于将不同地区、类型的既有公共建筑节能改造项目评价中结果进行横向比较，以寻求其共同规律，在既有建筑节能改造评价指标选择时，应尽量选取一些通用性强、使用频率高的指标，对于那些只在个别既有建筑节能改造项目评价的指标，应尽量少用或不用。

2. 评价指标的筛选方法

由于既有建筑节能改造项目较为复杂，目前人们还没有提出统一的方法和评价指标进行科学的评价，而是通过专家的主观经验进行评判。目前，普遍采用的评价方法为 Delphi 法，该方法是通过评价 11 名专家的经验评价，统计分析评价结果，进而向专家委员会反馈意见，从而得到评价指标。经过专业委员会的确定的评价指标，有学者对 40 个建筑节能改造项目进行了试点，从而得到了所需要的调查信息，形成了具有一定指导意义的既有建筑节能改造评价体系。通过对示范项目进行的调查问卷显示，通过 Delphi 方法形成的评价体系与指标能够有效地进行评价。然而，采用 Delphi 方法形成的评价指标在一定程度上取决于专家的知识和经验，人们为了提高节能改造评价体系的精确度，提出了改进的 Delphi 方法，主要改进步骤如下：

首先，应该尽可能多地掌握既有建筑节能改造的项目概况，掌握建筑的能耗特点，一般需要形成 200 个节能改造评价指标。其次要求建筑节能改造专家采用 Delphi 方法提出评价意见，给出指标的影响程度，如表 5-7 所示。如果获得的评分处于两者之间，那么根据具体情况进行取值。由于 Delphi 指标众多，专家对于一些指标并不熟悉，那么对于一些特定的指标，不必给出评分，只需要对自己熟悉的领域与指标评分，这就形成了改进的 Delphi 方法的特点之一。

表 5-7　　　　　　　　　　　　　　　　　　影响程度分级及评分值

影响程度	不太重要	略微重要	相当重要	明显重要	绝对重要
评分值	1	3	5	7	9

第三，通过专家对特定指标的评分值进行累加，取得均值，即可得到某一特定指标的综合影响，其计算公式为

$$V_i = \frac{1}{n}\sum_{j=1}^{n} m_{ij}$$

式中，V_i 中的 i 为某一特定评价指标的综合影响平均值；m_{ij} 中的 j 为专家对 i 评价指标影响大小的评分值，其取值参考表 5-7；n 为对 i 评价指标评分的专家数量。

第四，需要对各个指标的平均值进行排序，将低于阈值的评价指标提出，获得既有建筑节能改造的投资效益评价指标，排名靠前的指标的重要性较强，作为主要影响目标。最后，将上述的评价意见进行汇总，统计整理，寄给统一专家组，征询意见并进行修改。

3. 既有公共建筑节能改造评价指标体系

1）评价指标体系的架构

根据既有公共建筑节能改造项目的特点，既有公共建筑节能改造建设项目效果评价可以细分为：围护结构改造评价、通风与空调改造评价、采暖改造评价（北方采暖建筑可选项）、照明改造评价、环境影响评价和经济效益评价等 6 个核心评价了系统，构建了适用于既有公共建筑节能改造项目评价的逻辑框架（图 5-5）。这些内容从多个角度反映了既有公共建筑节能改

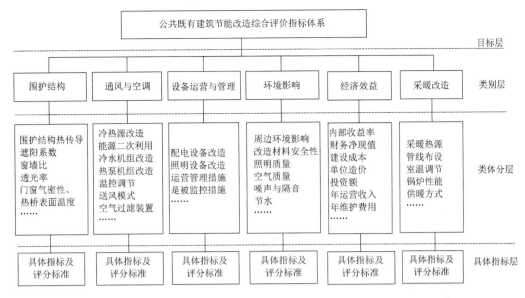

图 5-5　既有公共建筑节能改造综合评价指标分析

造项目的建设质量、管理水平和效益水平，为既有公共建筑节能改造项目评价提供了全方位的信息。

从既有公共建筑节能改造项目的建设过程、节能改造效果、环境影响、财务效益和项目改造后运营能力的概念和特点出发，提出了较全面地能够支持多种评价方法综合应用的可扩展多级评价指标体系。该指标体系共计 83 项具体评价指标。各评价了指标体系密切联系，形成了一个有机结合的整体，较全面地反映了既有建筑节能改造项目各个环节，解决了既有建筑节能改造多领域视角的综合定量评价问题。

2）评价指标体系的量化

如何根据我国既有公共建筑节能改造项目特点，建立主客观评价指标统一定量转换规则与机制，将是既有公共建筑节能改造项目综合评价指标体系构建的关键问题。本研究构建的既有公共建筑节能改造综合评价体系的主要量化工作如下：

（1）在对既有公共建筑节能改造技术与过程系统研究的基础上，以我国现行建筑节能相关法律法规和技术标准为统一评价标准，利用改进 DELPHI 法从节能效果、环境影响、改造过程、经济效益和可持续性等 5 个方面 200 余个对影响既有建筑节能改造效果的相关因素进行筛选分类，构建出能够对既有建筑节能改造进行系统和定量评价的综合评价体系。

（2）基于中国现行建筑节能相关技术标准，对应于评价指标的（不合格，不适用，合格）3 种情况，既可以实现评价指标的定量、均一化转化，也降低了评价过程非必要数据处理的工作量。

将取值评价指标体系与神经网络智能算法相结合的定量评价方法，可以解决特点差异较大的评价对象在同一评价体系中评价比较的问题，如对南北方建筑节能改造项目改造效果的综合评价和比较。

既有公共建筑节能改造综合评价体系是一个开放易于扩展的指标体系，可以根据评价对象和技术标准的变化进行动态调整，而不影响评价结果的合理性。

与现有建筑节能改造评价指标体系相比较，本研究提出的既有公共建筑节能改造综合评价指标体系的特点如下：

① 更精确地定量化描述各项评价指标，如环境影响、运营可持续等不易量化的指标项，可通过对具体指标的组合进行量化表现；

② 该评价体系相对客观，评价依据标准清晰，每项评价指标均受现有国内相应标准的支持，较全面有效地反映了待评价对象的实际情况；

③ 体系内评价指标的独立性和覆盖率较好，通过专家调查和现场访谈等方法，对评价体系所有指标进行多次筛选、修改，大大提高指标的独立性和覆盖率；

④ 指标体系具有更强的灵活性，可通过对 6 个子系统的自由组合，应用到采用不同改造方案和建筑类型的既有公共建筑节能改造评价项目。

5.3.3　高层建筑节能改造

1. 高层建筑节能改造策略

建筑节能指的是在建筑用的生命周期内，通过有效的设计方法，合理地使用和利用能源，从而实现满足建筑舒适度和降低耗能两方面的要求的方法。一般地，在建筑运行期间，建筑能耗主要包括采暖能耗、空调制冷能耗以及室内照明耗能等。因此，对于降低建筑能耗途径而言，西方国家重点关注降低建筑采暖和制冷能耗。从建筑节能原则上来看，国外比较注重建筑热舒适度、采暖制冷能耗、节能环境效益以及经济成本四个方面的结合；而从建筑能耗降低途径上说，主要是提高建筑系统的热效率和围护结构的热量散失。从建筑建造年代上来看，主要包括新建建筑的节能设计与既有建筑的节能改造。我国的建筑耗能约占全社会耗能的 30%~40%，与欧美建筑耗能的比例相差无几，可见建筑节能对我国的发展具有重要意义。

随着城市的不断扩张，人口不断增多。人们不断地向上和向下两个方向索取空间。自 20 世纪 90 年代，我国的高层建筑建造数量迅速增加，但是很少采用建筑节能技术，因此为了满足建筑节能目标的要求，需要对其进行建筑节能改造。高层建筑的节能改造主要包括以下几点：

1）屋面保温隔热设计

高层建筑屋面热量损失在围护结构热量散失中占有很大的比例，因此在建筑节能改造过程中，需要着重考虑，以期提高其保温隔热性能。在屋面保温隔热设计过程中，应该尽量地选用热传导系数低的材料，才能满足高层建筑保温隔热性能的标准，达到提高屋面保温隔热性能的目的。同样地，也可以通过屋顶绿化、蓄水降温的方式，降低屋面温度。此外，结合自然通风降温的原理，设置架空式屋面，也可以起到保温隔热的性能。

2）外墙保温隔热节能设计

夏季通过外墙传到室内的热量约占建筑物总热量的 30%；而冬季通过外墙散失的热量占到围护结构散失热量的 20%，所以建筑外墙的保温隔热在建筑节能改造设计中是较为重要的一环。由于传统墙体材料的传热系数较大，保温隔热性能较差，不宜在节能改造中再次使用。应该选用新型复合墙体材料，以及蓄热能力低、传热系数小的砌体材料，从而能够满足建筑物保温性能的标准。目前外墙结构在节能改造中常用的方法包括外保温、内保温、内外混合保温等，其中外保温方法最佳，传热系数能够达到 0.5W/（m² · ℃）。

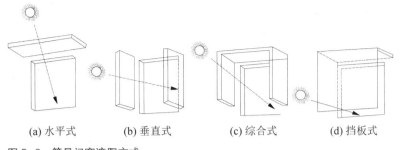

| (a) 水平式 | (b) 垂直式 | (c) 综合式 | (d) 挡板式 |

图 5-6　简易门窗遮阳方式

3）遮阳设施节能设计

高层建筑遮阳能够起到降低室内太阳辐射得热与室内眩光的双重作用，能够同时提高室内的热湿舒适度与视觉舒适度，如图 5-6 所示为简易门窗遮阳方式。虽然建筑遮阳是一种传统的节能方法，但是其简单可行、成本低廉的特点受到建筑师的青睐。在建筑节能改造中，应该根据当地的气候特点、光照时长与特点，进行遮阳设计。

4）阻断热桥机能设计

建筑热桥容易造成建筑物的冷量和热量的损失，甚至会造成局部地区出现凝结与霉变现象。既有的高层建筑很少注意到热量现象，造成室内的热量散失较为严重，因此在建筑节能改造中，应该阻断热桥，尤其是混凝土梁、门窗框、墙角区域、檐口等部位，从而提高房屋的保温隔热效果，降低热量损失。

5）外门窗系统节能设计

在围护结构热量散失中，约有 50%~60% 热量是通过门窗结构散失的，因此在高层建筑节能改造中应该加以重视。外门窗系统节能设计重要包括保温性能和气密性设计。从原则上将，外门窗系统节能设计需要根据当地状况，从门窗的气密性、窗墙面积、门窗材料等方面加以控制，进而提高室内的热舒适度，并降低建筑能耗。

2. 高层建筑能耗指标的确定与建筑节能

为了为居住者提供健康、舒适、环保节能的居住环境，需要计算建筑物的能耗，调整一年中外墙与开口的能耗，提高建筑的节能效果。这需要提出科学合理的能耗指标对该过程进行指导。根据美国提出的 OTTVM 方法，能够科学地反映建筑围护结构热负荷的指标是单位时间内流过单位面积围护结构的热量，并提供了可供专家学者直接使用的数据。

我国在高层建筑能耗指标的设定方面，主要采用了平均传热系数和窗墙比两个指标，其中平均传热系数的物理意义为建筑各部位的各自传热系数与其对应面积乘积的和与建筑围护结构总面积的比值，其数学表达式为

$$K_m = \frac{K_P \cdot F_P + K_{B1} \cdot F_{B1} + K_{B2} \cdot F_{B2} + K_{B3} \cdot F_{B3}}{F_P + F_{B1} + F_{B2} + F_{B3}}$$

式中　K_P——主墙体的传热系数，W/（$m^2 \cdot K$）；

K_P——主墙体部位的面积，m^2；

K_{B1}，K_{B2}，K_{B3}——围护结构部位的传热系数，W/（$m^2 \cdot K$）包括外墙、屋面、门窗等；

F_{B1}，F_{B2}，F_{B3}——围护结构部位的面积，m^2。

根据建筑节能设计标准推荐，高层建筑结构的外围护结构平均传热系数为 1.80W/（$m^2 \cdot K$）。

3. 高层建筑的总体布局与建筑节能

对于高层建筑的规划布局，应该注重建筑间距、道路交通布局、建筑立面造型。在规划布局过程中，应该考虑到建筑风压和自然光反射的影响。

1）注重建筑间距，合理利用建筑阴影

对于高层建筑而言，如果建筑间距较小，前面高层建筑会对后面高层建筑形成遮蔽，减少后面建筑的夏季热辐射量，但是这对后面建筑的采光不利，又会造成照明能耗的增加。因此，考虑的建筑对辐射热的不稳定的作用，引入了阴影保护系数这一概念。从总体上讲，在建筑间距满足基本的采光需求，为了减少空调设备的能耗，应该合理设置阴影，遮挡不必要的阳光。

2）合理布局，合理利用风环境

自然状态下的建筑风环境与建筑群风环境具有很大的差异，在建筑设计过程中，需要进行专业的分析。建筑风环境除了在建筑开洞处，形成冷风渗透，造成室内热量散失。建筑群设计与建筑单体设计均会对建筑风环境造成不良影响，主要包括角落效应、尾流效应、漏斗效应与通道效应（表5-8）。

表 5-8 建筑群体或者单体的恶性风流

恶性风流	主要现象
角落效应	高层建筑角落大
通道效应	空气被吸入建筑物背风面真空区会形成激烈下旋湍流
漏斗效应	建筑物紧密相依而形成狭长空间情况
屏障效应	高层建筑平行排列可产生

3）合理布置相邻建筑玻璃，避免"反射干扰"

通常认为建筑物的北立面是热稳定性最好的立面，但是在高层建筑林立的区域中，北立面的热稳定性并不好，这主要是由于相邻建筑南面的玻璃幕墙的反射干扰，导致北向立面常年处于被照射状态。在夏季，相邻建筑反射的阳光进入室内，造成空调设备降温复合增加，耗电量相应提高。因此，在进行高层建筑节能改造中，应该合理地设计玻璃幕墙，尽量地降低"反射干扰"给高层建筑带来的影响。

4. 高层建筑单体设计与建筑节能

建筑体形系数为建筑围护结构外表面积与其围成空间的比值。通常情况下，建筑的体形系数越大，建筑的散热面越大，节能水平也就越低，建筑体形系数每增加0.1，单位建筑面积的能耗量就会增加0.48~0.52W。因此，根据高层建筑节能设计标准，建筑单体的体形系数需要控制在0.35以下，而且尽量地保持建筑体形规则，不易出现凹凸变化。

建筑形状系数的物理意义为某一层的建筑面积与围护结构周长的比值。通常情况下，建筑物的形状系数越大，建筑节能水平越高。因此，在相同面积下，建筑物平面越接近于圆形，建筑单体的节能效果越明显。

随着建筑物的不断升高，其太阳辐射热量越大。如果建筑物的建筑面积相同，建筑高度越高，其消耗的热量越大。因此，单从建筑节能的角度来讲，建筑物高度应该适度降低。

建筑物的竖直交通构造对其能源消耗具有一定的影响。根据交通核的布置位置，可以将建筑分为中心核、边心核、中心带核以及边带核。建筑交通核在一定程度上能够起到空气层隔热的效果，所以为了减少太阳能辐射热进入室内，应该尽量地将交通核布置在边带上，如图5-7d

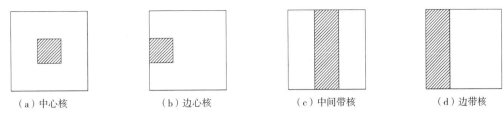

| （a）中心核 | （b）边心核 | （c）中间带核 | （d）边带核 |

图 5-7　建筑物交通核的配置

所示，这样既能够减少太阳辐射量，又能够通过自然通风策略，降低室内温度。

随着建筑物开洞数量的增加，围护结构的整体保温隔热性能随之降低。因此在满足基本的交通与消防需求之外，应该减少建筑门洞，减少热量散失。同时，在满足基本的自然通风和建筑采光需求之外，应该尽量较少窗户的数量。

合理的建筑外立面对建筑节能也有很大的影响。对于建筑单体的辐射量，需要采用浅色涂料，从而在夏季能够反射太阳光，避免建筑外表面吸收过多热量，造成室内温度过高。同时，还应该注意夏季窗户的开合：当夏季室内温度降低时，应该关闭门窗，防止室内冷量散失；当夜晚室外温度较低时，可以打开窗户，形成自然通风，降低室内温度。在窗户的开启过程中，还需要防止对太阳光造成反射，提高其他居室内温度。

上述建筑节能设计策略主要是侧重于建筑单体的外部结构与立体形态，而室内设备与空间布局对建筑节能也有很大的影响，因此在设计过程中需要加以重视。首先，对于利用率较高的建筑空间，应该尽量地设置在建筑底层或者靠近出入口的部位，这在整体水平上可以降低能源消耗量。其次，在空调通风系统的使用上，也要遵从多级利用的原则，按照对空气品质要求的高低引导气体流动，如工作室—走廊—卫生间。在公共建筑中，一部分机械设备的功率较大，散发热量较多，因此应该及时地排出室内。在实际中应该将计算机室和打印室设置在热量散失最快的房间内。室内对自然光的引导利用，能够降低室内照明电能的使用量。

5. 外围护结构设计与建筑节能

1）利用复合墙体，改善热工性能

国外在建筑围护结构改造方面，主要通过新型复合墙体，提高建筑物的保温隔热能力，如图 5-8 所示。复合墙体主要是在墙体表面覆盖张贴保温板，如纤维型增强聚苯乙烯、岩棉或玻璃棉等。按照保温板的张贴位置可以将墙体分为外围护墙体和内围护墙体。基于建筑节能改造中既有建筑的特点，可以知道建筑内部的功能较为齐全，这对内围护墙体的设置造成一定的不便；而外围护墙体对建筑内部空间装饰没有影响，而且能够美化建筑立面。从节能角度来看，外围护墙体能够减少热桥效应，提高建筑内温度，从而提高内部热舒适性。

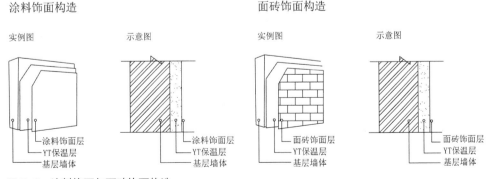

图 5-8　涂料饰面与面砖饰面构造

外保温施工过程比较复杂，要求较高，保温材料风吹雨淋易吸潮损坏，而内保温较方便，但易发生结露现象，破坏保温材料的热性能。有一种混凝土砌块复合墙，它的总厚度是：310~330mm。其中190mm厚的部分是普通混凝土砌块结构层，它承担墙体的荷载；90mm厚的部分为构成墙的空腔或复合墙的墙材，如在室外为普通混凝土砌块或装饰砌块，如在室内可用砌块，也可用石膏板或其他轻质板材（用龙骨固定与结构层形成空腔）。两者之间的30~50mm间隙可以是空气间层，也可以填塞各种轻质隔热材料（如聚苯泡沫、膨胀珍珠岩及岩棉板，矿棉板等）。这种300~350mm厚复合墙的热阻值，随墙体夹层间隙中有无轻质绝热材料及轻质绝热材料的种类和厚度而异，一般可达到490~620mm厚黏土砖墙的热阻值。

2）改变墙体材料，降低建筑能耗

以目前常采用的加气混凝土砌块外墙为例，其传热系数仅是普通黏土砖的25%，这是一种保能效果显著的墙体材料。其自重轻、保温好、构造简单、施工方便；防火性能好、造价适中，尤其适合高层建筑应用。

3）窗户玻璃与建筑节能的关系

窗墙比对建筑能耗影响很大。因此从节能角度考虑，北向应不大于0.20；东西向不大于0.25（单层窗）或0.30（双层窗）、南向不大于0.35。阳面，特别是东、西向窗户，应采用热反射玻璃，并采取各种固定式和活动式的遮阳措施。

目前，高层建筑窗户多采用单层铝合金窗，解决高效保温、节能窗的途径有增加玻璃层数等多种方法。如采用双层玻璃，其中一层内侧有保温镀膜，其保温效果约相当于三层玻璃；若将保温镀膜的聚酯薄膜紧绷在框架上，放在两层玻璃之间，则其传热系数 $K=1.25W（m^2·K）$ 温镀膜的太阳光谱和可见光的透过率较高，而反射率较低，但对波长 >2Sum 的红外线则相反。此外，这种镀膜的发射率 E 值较低，可减少与室内环境之间的辐射换热，对保温较有利。

5.4　建筑节能改造工程案例

5.4.1　建筑节能改造

1. 国外建筑节能改造主要方法

国外在建筑节能改造方面起步较早，经过长时间的探索，已经积累了大量的经验。在节能改造的原则方面，国外注重结合国家、房地产商以及用户的利益关系。在一定水平上，国家能够缓解能源紧张的形势；房地产商能够降低建筑建造成本，提高建筑在市场中的竞争力；建筑在运营期间的舒适度较高，但耗能水平较低。德国和丹麦在建筑节能改造方面主要注重以下几点：

（1）为了减少工作量，降低对资源的消耗，建议在原有房屋的基础上进行改造，提高建筑的使用功能，不建议对建筑主体部分进行拆除重修；

（2）门窗作为建筑热量散失的主要部位，进行重点关注，提高其气密性，增强保温隔热性能，例如增加玻璃层数和厚度；

（3）屋顶的防潮和隔热性能对居住环境的影响较为严重，因此需要添加隔热层和防水层，提高建筑的保温性能，降低室内湿度；

（4）采用外墙内贴法和外贴法，来提高墙体的保温隔热能力，从整体上提高其建筑节能水平。

根据德国和丹麦两国的节能数据计算，建筑节能改造消耗的成本，通过节能资源和能源，在十年内可以回收。目前，我国的建筑节能改造，才处于起步阶段，虽然可以借鉴国外的成功经验，但是需要根据我国的居住状况、经济水平和气候特点，建立符合我国现状的居住建筑节能改造措施。

2. 我国居住建筑节能措施

由于我国的建筑能耗情况较为复杂，且建筑节能改造处于起步阶段，因此并没有获得较为简单可行的经验，还需要对建筑节能改造的案例进行分析总结。以我国合肥市某典型住宅为例，建筑为 6 层的砖混结构，外墙为 240mm 的红砖砌筑而成，屋顶构造为水泥预制楼板并制作有防水层，原始建筑没有保温隔热等节能措施。

合肥市处于我国中部地区，属于亚热带湿润性季风气候，在建筑热工分区中属于夏热冬冷地区。年平均气温为 15.7℃，年降雨量为 1000mm 左右，日照时间较长为 2100 小时。近几年，人们对建筑舒适度的要求提高，建筑节能意识提高，人们在建筑屋面层添加了隔热层，门窗由钢框单层玻璃改造成木框或者塑框双层镶嵌玻璃结构。但是受到改造成本的限制，人们为了降低成本，节能材料质量或者保温性能不达标，造成围护结构的保温隔热性能下降。因此为了降低改造成本，提高居住环境，降低传统能源的使用，需要进行探索专门的节能改造技术。

针对合肥市的气候特点和发展水平，建议采用被动式的太阳能利用手段。为了减少附加材料和资源的使用，可采用直接受益式方法，即在建筑节能改造过程中，不添加附加的建筑采暖和制冷设备，尽可能多地利用太阳能资源，冬季提高建筑室内的辐射热量；通过围护结构改造措施，减少热量损失，提高建筑室内热湿舒适度。在夏季，则需要采用建筑隔热，自然通风与室内外绿化的方法，降低建筑室内与建筑周围的温度，增强建筑宜居性。具体地，可从以下几个方面进行建筑节能改造：

（1）设置专门的日光室，操作方法简单可行，只需要将南向的阳台密封。通过对合肥市具有日光室与没有日光室的建筑室内温度调查可知，当室外温度为 0℃，日光室建筑室内的平均温度为 8.2℃，而没有日光室的建筑室内温度为 7.4℃，同时带有日光室的建筑室内温度变化较小。上述表明，从总体上说，日光室作为一道屏障，能够提高建筑得热，降低热量散失。在冬季的白天或者夜晚，室内热量向室外散失的速度减小，热量损失变缓。在夏季晴天的条件下，热量进入日光室，能够提高室内温度，同时室内空气可作为缓冲剂，均匀缓慢变化，能够保持室内气温稳定。如图 5-9 所示为简单的日光室构造。从日光室中阳台窗的构造上说，目前选用的材料、色彩与样式各不一样，大部分建筑采用铝合金钢窗，一部分人仍然采用木窗。在一定程度上，这不利于建筑群体的统一性和和谐型。

（2）由于建筑门窗的散热量较大，其散热量约占砖混结构围护结构散热量的 60%。在建筑节能改造中，需要将窗户的单层玻璃改为双层玻璃，提高建筑的热阻，降低热量散失速度。由于玻璃改造的成本较高，合肥地区的经济发展水平并不高，且冬季并不特别寒冷，因此可以着重提高门窗的气密性。通过塞填门窗缝隙，并在冬季用封条密封，不但能够大幅度提高其保温隔热性能，而且能够降低费用。

（3）巧妙利用窗帘。在室内设置窗帘，在冬季能够增强提高室内的保温性能，降低夜晚的热量散失；夏季使用窗帘，能够减少室内的太阳辐射热量，同时也可以减少室内冷量

图 5-9　建筑日光室案例

散失，因此这对冬夏两季的保温隔热十分有利。根据合肥地区人们的居住习惯，可以在窗帘外部设置薄纱层，内部设置呢绒层，形成双层窗帘系统，中间保留空气层，也能够阻断热量传导。

（4）由于合肥地区建筑没有专门的供热措施，降低夏季建筑得热，因此可以在建筑屋面上设置隔热板，具体包括以下三个方面：①如果建筑有出檐或者檐沟，架设屋面隔热板，并设置有通风口，通过空气对流形成自然通风，降低室内温度；②如果建筑设置有女儿墙，屋顶架设隔热板，开设进风口，形成建筑内通风换气装置；③如果建筑上设置有女儿墙，但是不允许女儿墙开洞，那么只能通过风压通风，需要计算女儿墙的负压面积，合理架设隔热层，并形成通风系统。通过上述三种方法，可以整体上形成冬季保温和夏季通风系统，同时改善冬夏两季的室内热湿环境。

（5）合理设计建筑颜色。由于深色对太阳辐射热的吸收能力较强，这样能够提高冬季建筑表面得热，通过热传导能够提高室内温度；但是夏季也容易造成室内温度较高。浅色涂料的作用热辐射吸收较小，因此能够降低夏季室内吸热。在建筑节能改造过程中，根据合肥市的气候特点，可以采用进行淡色处理，能够从整体上提高室内的热环境。

（6）在建筑住宅中，合肥地区的楼梯间开口一般是北向开敞，容易造成其他三面墙体冬季接受冷量，造成建筑内的热量散失，因此需要将楼梯口设置开合式门，控制建筑内的热量散失过程。

（7）合肥地区夏季较热，因此需要专门采取隔热构造。为了避免热量进入建筑内，当室外温度高于室内温度时，需要关闭门窗，阻断温度较高空气进入室内的路径。正常居住环境中，对空气流速的要求为 0.3~0.7m/s，这可以通过电扇实现，而不能采用自然通风形成。一旦进入夜晚，室外温度低于室内温度，此时可以开窗加强建筑通风换气。

（8）采用绿色的方法给建筑降温。在室外可以通过垂直绿化的方法，覆盖整个建筑的屋顶和立面，除了能够起到绿化的作用，还能够减少建筑物的辐射热量，降低墙体温度。由于绿色充分利用了建筑立面结构，因此占地面积小，且一年投资可以多年利用，成本回收周期短，能够起到隔热降温、美化环境、调节温度、净化空气的目的。

（9）为了提高人们的节能意识，掌握争取合理的建筑节能方法，需要进行节能知识科普，使居民掌握各种可能的节能措施，降低建筑能耗，并提高室内热舒适度。

3. 节能改造技术体系

由于我国建筑面积庞大，且建造年代较早，对于我国节能减排目标的实施的有效手段之一就是建筑节能改造。一方面，这不用拆除已有的建筑物，造成建筑垃圾堆积，增加资源的消耗量；另一方面，能够加快建筑节能的步伐，促进建筑节能目标的实现。我国北方地区建筑冬季普遍需要供暖，容易造成环境污染，城市能源消耗量大。因此需要提高居民的建筑节能意识，提倡被动式节能水平，加快建筑节能改造的进程。本节以我国沈阳地区的方城改造为例，进行建筑节能改造技术体系的阐述。

沈阳地区属于严寒地区，冬季持续时间较长，采暖季节从每年10月持续到次年4月。据统计，沈阳地区一个采暖期的燃煤强度为 $35kg/m^2$，如果按照沈阳方程建筑面积为 287 万 m^2 计算，那么一个采暖期的燃煤量达到 1 亿千克标准煤。随着全球气候变暖的趋势，我国北方地区的夏季温度上升，对空调设备的需求量明显提升，因此夏季制冷期的用电量大幅度提升。按照标准的空调制冷设备，空调功率为 $0.03kW/m^2$。考虑到沈阳方城地区的居民经济水平，居住建筑空调普及率假设为 30%，那么该地区的住宅面积为 180 万 m^2，空调运行时间为 5h/ 天；而大型的公共设备的运行时间为 12h/ 天，而建筑面积为 100 万 m^2。假设该地区一年制冷期为 20 天，1 度电相当于 0.4kg 标准煤，那么全年的能耗量达到 372 万 kg。

此外，由于普通建筑照明的耗电强度为 $6W/m^2$，住宅面积为 180 万 m^2；大型公共建筑面积为 100 万 m^2，耗电强度为 $12W/m^2$，因此可以推算一年中，该地区的建筑耗电量为 4088 万千克标准煤。随着城市经济的发展，城市内机动车数量大幅度提升。到 2006 年，沈阳城市内的机动车数量为 38 万辆，人口数量为 500 万人。按照人口比例推算，方城内的机动车数量为 5300 辆。根据 2005 年城市小汽车每天的平均出行量为 28km，百公里油耗为 10L，1L 汽油相当于 1.93kg 标准煤，因此方城内的交通能耗为 912 万千克标准煤。

经过对方城内一年的能耗进行计算，供消耗 1.54 亿千克标准煤，表 5-9 所示了冬季采暖、夏季降温、建筑采光照明和交通的能耗。

表 5-9   **方城能耗结构表**

能耗种类	能耗（万 kg 标准煤）	占总能耗百分比
采暖能耗	10045	65.16%
降温能耗	372	2.41%
机动车交通能耗	912	5.92%
照明能耗	4088	26.52%

基于上述能耗分析，针对我国北方地区的气候特征，对建筑节能改造提出以下建议：

1）建筑规划布局

在建筑项目早期，进行建筑节能分析，能够从宏观上布置节能策略。在规划布局层面上，一方面要进行建筑环境分析，分析与节能改造相关的基本信息，如工程概况、经济条件、气候因素等。另一方面，可以具体地进行建筑节能规划设计，包括合理的建筑区布局，通过自然通风策略引导季风气流、自然采光技术，并且需要合理地开发建筑空间，提高建筑使用率与绿化率，通过场地规划设计减少机动车的使用量。

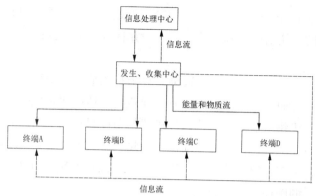

图 5-10　市政设备的控制与管理模式图

2）建筑单体设计

建筑单体设计，着重进行建筑材料、建筑体型以及建筑设备的设计，从而能够满足建筑照明、冬季采暖与夏季制冷的需求。在必要时，为了减少一次能源的使用，可以进行可再生能源的开发。具体的建筑设计方法大致与新建建筑节能方法一致，但是需要注意应该尽量减少节能改造的工作量，减少资源的浪费。

3）市政设备的控制与管理

与建筑单体不同，市政设备的安装与运行一般处于地下或者地上的公共空间中，通常包括软件与硬件两个部分。硬件部分是市政管理系统运行的基础，主要包括集中式和分散式，主要用建筑能量、信息的采集、储存与传输。软件则是市政设备控制与管理的中枢部分，用于各子系统的控制与管理。只有软件系统与硬件系统相结合，才能够提高建筑节能效率与能源的使用率，其中市政设备的控制与管理系统模式如图 5-10 所示。

4）合理地开发地下空间

由于土壤作为巨大的保温层，具有很强的保温隔热性能与热工性能。从技术层面上讲，地下空间本身就是一种节能手段，因此要注重地下空间的开发利用。地下空间的使用能够有效地减少因冬季采暖与夏季制冷的能源消耗，也可以作为一种浅源能源进行开发利用。

4. 针对各类型能耗的节能技术施用平台

经过上述四种节能改造技术的阐述，可以得到以下结论：在进行节能改造时，首先要进行约束条件分析，确定改造项目的核心目标、环境条件、经济条件与自然条件，从而能够得到某一个工程案例所需要的专门性技术手段，如表 5-10 所示。然后，基于节能技术方案，从建筑规划布局、建筑单体设计、市政设备的控制与管理、合理地开发地下空间这四部分中，确定如何实现节能改造，如表 5-11 所示。最后，要将节能方法辅助实施，从整个建筑群体到单体建筑、从室外到室内、从地下到地上，从整体到细部等原则进行节能专项设计。

表 5-10　　　　　　　　　　　　　　节能改造技术约束条件

	核心内容	环境约束	自然条件约束	经济条件约束
	核心内容	碳耗		
规划布局	环境分析和形态布局	零耗	风条件（风向、风力、风频） 光条件（日照角度、日照时间） 水条件（有无自然水体） 地下条件（地能资源、地下空间资源）	投资人 融资方式 成本收益平衡
建筑设计	形态设计和节能材料	零耗或低耗		
设施和管理	采能和节能设备	低耗		
地下空间	空间开发和优化	低耗		

表 5-11　　　　　　　　　　　　　　　　节能技术约束条件表

	规划布局	建筑设计	市政设施和控制管理	地下空间
供暖	地下空间自然保温建筑群风模拟、减少风流动	建筑保温措施太阳能集热增温地源热泵	小型集中式风光互补供暖系统家庭节能智能化管理控制系统	屋顶覆土保温采光洞双层玻璃地源热泵
照明	合理建筑布局保证采光	建筑充分自然采光光伏发电照明	太阳能灯具系统室外 LED 灯具系统路灯节能控制系统	自然采光光伏发电照明
降温	建筑群风模拟、风廊绿化水体降温地下空间自然保温	建筑隔热建筑自然通风地源热泵	太阳能电池遮阳板系统	风塔自然通风地源热泵
交通	大运量公共交通步行和自行车专门道路		自行车租用系统交智能通控制系统太阳能信号灯系统	

下面将针对建筑降温节能技术，包括自然通风、自然采光与地源热泵进行简要分析。

建筑风环境模拟主要应用于地上建筑的自然通风、地下空间的热压通风与建筑中轴风廊模拟等。在建筑单体设计过程中，要经过专门的自然通风模拟，提高室内空气质量，降低室内温度。常见的建筑自然通风方式包括烟囱效应与贯穿式通风（在传统建筑通风中，通常称为穿堂风）。地下空间的热压通风是指基于地上与地下空间的温度差，采用风环境数值模拟技术，合理设计通风道，实现自然通风，降低室内温度的方法。随着地下空间的开发利用，各种功能的建筑越来越多，因此通过地上与地下通风道，为地下空间提供新鲜的空气；另一方面，也可以实现地下地上空间的热量交换，夏季为地上空间降温，冬季为地上建筑供暖。通过风环境模拟，合理地规划布局城市空间，在城市中心形成廊道，与夏季季风风向相适应，从而能够保证城市范围内的自然通风。这可以通过在廊道两侧设置高大乔木，地面层铺设绿色植被，设置城市水体，从而能够降低夏季城市内的空气温度。通过自然通风策略，能够从整体上降低城市、建筑群体与建筑单体的温度，从而减少空调制冷设备的适用。

建筑遮阳与自然采光系统是相辅相成的。为了降低夏季室内温度，需要降低室内的辐射得热，除了进行简单的被动式遮阳以外，例如出檐、植物藤架与大型乔木等，还可以通过主动式遮阳手段，将太阳能转化为电能进行储存转化，从而能够起到遮阳与发电的双重功效。城市绿化除了能够起到建筑遮阳的效果，还能通过蒸腾作用为城市空间降温，从而降低城市热岛效应。常见的城市绿化方式包括公园、主轴绿地、街头绿化等。

由于地下空间的温度较为恒定，与地上空间相比，具有冬暖夏凉的特点。因此，无论是在建筑设计还是节能改造中，均提倡并鼓励开发地下空间，这有助于地源热泵技术的大面积推广，又能够保证建筑的运营。

建筑照明能耗，占城市与建筑能耗 26%，因此也需要进行专业设计与改造。目前对建筑照明的改造技术主要包括两方面的内容：一是城市规划与建筑设计；二是节能灯具的使用。主要的照明节能技术路线如图 5-11 所示。从设计的角度出发，主要包括合理的城市规划技术、建筑设计技术与新能源的开发利用。通过对城市内的光照分析，合理地进行城市布局。为了保证每栋建筑均有充足的光照时间，因此要合理地布置朝向。为了避免建筑之间的相互遮阳，建筑间距需要满足建筑设计标准要求，同时小型建筑应该布置在小区的南

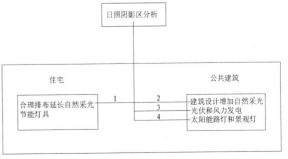

图 5-11　照明节能技术路线图

部，而大型公共建筑则需要布置在城市北部，从而为建筑自然采光提供先决条件。在进行建筑单体设计时，合理地设计采光板，增大建筑的采光面积，降低对人工照明的需要，从而降低照明电力消耗。地下空间对光源的要求更高，需要尽可能地利用自然光，可以在地下空间顶部布置玻璃屋顶。新能源是清洁无污染的，因此得到极大的重视。在建筑规划布局时，要根据全年的日照变化，将太阳能蓄热板和光伏板设置在大型公共建筑顶部，从而能够满足一部分区域的照明能耗。

节能灯具的使用主要包括太阳能路灯与家庭用节能灯具。通过一年中的日照变化分析，合理地布置太阳能灯。根据计算，一盏普通路灯的耗电量为 2 度，每天的照明时间为 10 小时，因此每年耗电量为 1000 度左右，在电费成本上就达到了近千元。而采用太阳能灯，假定其平均寿命为 15 年，维修期为 5 年，因此一年中的电费将大幅度降低，能够节约能源与成本。虽然人们对建筑节能意识得到明显提高，但是人们的建筑节能实现策略的知识尚浅。据统计，我国的建筑节能灯普及水平不足 20%，因此需要国家推行相关政策与标准，并进行经济补贴鼓励，从而引导人们在居住建筑和公共建筑中使用节能灯具。

北方地区的冬季采暖期持续时间较长，对燃煤的需求量巨大，需要进行特别关注。在建筑节能改造过程中，对采暖技术进行的路线图如图 5-12 所示。在降低建筑采暖能耗方面主要从以下几个方面进行：地下空间保温、清洁能源利用、围护结构保温隔热、自然风对流等。

地下空间能够为地源热泵技术提供浅源热源，因此在地下修建的大兴的商业办公设施、停车场与地铁站。通过地下空间，除了将人群转入地下，提高地上交通运行效率意外，还能够为地下人群提供一个温

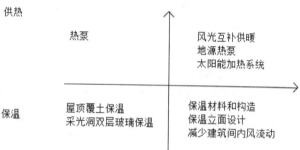

图 5-12　采暖节能技术路线图

度适宜的空间环境，从而减少公共建筑的能源消耗与需求。未来新能源的开发利用成为能源行业发展的主流，城市清洁能源主要包括地热能、太阳能和风能。通过地源热泵技术，合理地设计安装热泵，从而为利用地热资源为地上空间供暖制冷。同时也可以通过风力发电和光伏发电技术，为建筑系统提供电力资源。此外，太阳能光板在夏季的集热能力比较强，因此可以对夏季制冷电耗起到"消峰"作用。提高围护结构保温性能是建筑节能改造中最为重要的一点，通过围护结构保温改造，能够降低建筑能耗，减少建筑热损失。建筑围护结构的保温隔热，主要包括三方面的内容：①墙体保温措施，主要包括内保温、外保温、屋顶保温、门窗保温和底层保温。②采用双层玻璃，形成温室效应，提高冬季室内的温度。③通过被动式太阳能措施，进行阳光间、蓄热墙进行太阳能利用。此外，还需要通过建筑风环境模拟，适应性地设计季风寒流，加强建筑保温，减少城区内的热量损失。

5.4.2　城区建筑节能改造

1. 可持续发展与旧城改造

1）旧城

旧城与新城是相对于时间轴而言的，旧城毋庸置疑就是用久了旧了的城。旧城相对于新城

而言，功能不够用了、设备不够新了、用着不方便了、跟不上时代的步伐了。在经济水平和生活水平都不断提高的今天，人们对生活质量的要求也随之提高，所以旧城不再能满足人们生活的要求。如今，我国很多城市都有老城区与新城区，老城区多建于20个世纪七八十年代。当时的建筑一方面是理念不够新颖，建筑布局不合理，另方面是随着时代的进步社会形态的转变这些建筑的功能性不强了。旧城的特点是具有一定的集中性，居住人口较少，多为老人。旧城与新城的概念取决于时间，旧城曾经是新城，新城将来也会变成旧城。

2）改造

改造是在原有建筑物的基础上，通过拆除既有建筑中多余的部分来拓宽活动空间，通过优化既有建筑的生活环境，通过维护原来的主体不改变，通过加装环保设备实现能源合理化利用等一系列方式。提高既有建筑的居住舒适度，符合环境保护的要求，在减少能源消耗量的同时，实现可持续发展的要求。改造要根据具体的经济和环境要求，选择合适的改造方式，实现对现有的环境和格局合理调整与利用。

3）旧城改造

旧城改造是分步骤的逐渐更新老城区的生活环境，通过先局部和整体的方式，满足工作生活娱乐和休息的综合条件。旧城改造反映了城市发展的进程，城市布局规划的合理化，城市福利和公共服务制度的完善。改造的主体种类具有一定的多元性，建筑的种类和功能差异性很大，改造的方式和手段也多种多样。旧城改造源于发达国家，最开始为推倒重建，后逐渐演变为各个利益集团追求利益跟经济增长的工具，最后发展为今天的公平合理实现可持续发展的城市改造。西方的旧城改造之路给我们提供了经验教训，也为我们寻求合理的改造之路提供了重要依据。旧城改造就是坚持可持续发展原则，以公共利益为重，目的是提高社会各个方面的综合利益，实现物质环境和人类社会和谐发展的均衡。

4）可持续发展

可持续发展是我国的发展战略，是注重长远发展能力的发展方式。可持续发展是在满足当代人的需要的同时，又不对后代人的需求产生威胁。可持续发展主要包括经济的可持续发展、生态的可持续发展和社会的可持续发展。可持续发展是要实现环境资源与人类社会发展的共同可持续，人类不能以牺牲环境为代价来换取经济的发展，即要达到经济的发展目的，又要保护好人类赖以生存的各种自然资源，使后代能够永久持续发展下去。可持续发展并不等同于环境保护，环境保护是可持续发展的主要部分。可持续发展是以发展为目的，在发展的过程中平衡好资源、人口和环境的关系。

2. 城区土地主要功能

1）城区土地主要功能分类

旧城区土地的主要作用包括居住、办公、商业服务、旅馆、工业、文化设施和开敞空间。各个功能特征及内容具体分析如下。

城市土地的首要功能为居住功能，为社会人口提供了一个固定的聚集场所，同时城区通过人口聚集来保障和其自身活力。从根本上说，城市居住功能是其他功能得以实现的前提。只有通过城市人口聚集，才能保证城市商业活动和办公活动的正常进行。同时通过城市人口聚集，才能保证其工业得以发展，从而带动城市经济、环境和社会活动的发展。城市居住功能可以与其他功能场所混合互补。在城市的发展过程中，通常提倡混合布置各种功能场所，以实现城市的多样性，满足人们日常生活的需求。

城市的办公功能为人们提供了一个正常的工作场所，并且与其他功能具有良好的兼容性。城市办公功能具有较高的商业回收率，尤其是商务性办公最佳。为了保证城市系统的正常运行，办公建筑要经过合理的规划布局。通常情况下，起到行政管理功能的建筑设置在市中心，从而整个城市能够方便快捷地运行；而商务类办公建筑则是布置在商业区内，从而能够保证业务量。科研一般远离市中心区域，位于城市外围区域。随着城市功能的不断增多，人们正在合理地重新利用一些陈旧资源，例如一些创意产业会设置在老旧厂房和仓库内。

商业活动的开展对地域的要求较高，通常设置在互动性较强的区域，例如地下商场、步行街等便于购物的区域。通常情况下，商业区会布置在主要街道两侧或者人流较大的地段，从而能够充分发挥其商业价值。随着城市高层建筑的出现，商业区在对平面区域的要求逐渐降低，竖向空间得以开发。对于垂直空间的商业区，要着重利用建筑的底层空间与地下空间。通常认为高层建筑的首层空间商业建筑最大，越往上或者往下其商业建筑逐渐降低。在地下空间中，通常在交通比较便利的区域，其商业价值越高。

城市的旅馆功能主要体现在星级宾馆、普通宾馆、汽车旅馆与高层酒店公寓等形式，是城市混合功能中最为突出的功能，具有很多的优势。旅馆业运营期间价格较高，成本的回收期较短，利润较高。与居住功能相似，旅馆业功能不受地域的限制，能够与其他功能兼容。旅馆业功能能够适应城市人流，提高城市活力。此外，旅馆业周围的交通、商业、娱乐等功能较为齐全，形成系统的资源网，成为城市基础设施的一部分。旅馆业的主要服务对象与其地域相适应，一般地星级宾馆设置与中央商务区或城市较为繁华的地段。普通宾馆和汽车旅馆一般设置在城市周边区域，而中小型旅馆的服务功能较小，一般设置在一些特征性建筑周围。

城市工业功能通常是指对其他功能没有干扰和污染的工业地域。在城市混合功能开发中，需要通过交通设施连通城市工业用地与城市居住用地，从而保证员工能够快捷方便地上下班，节约交通量与交通成本，从而也能够缓解交通堵塞的现象。由于工业功能用地在城市外围，因此土地价格低廉，与城市中居住功能用地形成鲜明对比。

文化设施通常对城市的文化与社会具有推动作用，可以提高人文素养，突出区域特点，例如美术馆、体育场、音乐厅与电影院等。文化设施用地对交通的要求较高，交通条件也需要与文化设施的等级、规模和类型相匹配。通常情况下，大型体育场、博物馆等对交通的要求较高，要求交通能够保持较大的客流量，从而能够方便公共交通空间。同时，大型文化设施周围还应该配备足量的停车场与人流集散地，用于紧急事件的处理，城市文化设施对商业与服务也有一定要求，需要混合使用土地资源，提高城市活力和竞争力。

公共开敞空间在城市中起到辅助作用，但是其作用不可忽视。开敞空间区域的空气质量较好，能够为人们提供一个聚集的场所。公共开敞空间主要保罗公园、广场以及绿地等区域。公共开敞空间的利用除了水平混合空间以外，还有垂直式空间布局，此外还可以按照时段将公共开敞空间与其他土地利用形式混合使用。

2）多样性的功能构成及取舍

按照城市对各种功能的需求程度划分，可以将城市空间划分成五种类型，包括核心功能区、必要辅助功能区、补充功能区、边缘功能区以及干扰性功能区。

核心功能区在城市中起到主导作用，能够同时起到多种功能，在旧城改造中的改造比例最大。必要辅助功能区与核心功能区有必要的联系，主要起到保证核心功能区正常快速运行的作用，在旧城改造中的比例仅次于核心功能区。旧城的补充功能区的作用仅次于必要辅助功能区，但是也起到为核心功能区提供相关服务的作用，从而保证城市功能健全完善，补充功能的配置与人口数量、服务区域面积与改造需求等因素有关。边缘功能区主要为上述三种功能提供辅佐，保证城市各种功能的运行，在旧城改造中不宜大量建设，可以与其他功能区域配合使用。干扰性功能区虽然对城市的环境具有一定的影响，但是也是城市中不可缺少的一部分，包括化工、冶金、机械等生产企业。

旧城区各功能区的建设，需要按照城市的承载力和需求量，对其改造面积和比例进行取舍判断。首先在城市中需要重点建设必要功能需求，包括道路、步行街、过街通道、地下停车场、市政基础等。其次着重建设城市核心区和必要辅助功能区。而对于城市的补充功能应该适当建设，避免造成空间的浪费。边缘区域可以根据城市的需求，适当地保留或者舍弃，但是需要保证城市空间的正常进行。

3. 混合使用方法

在旧城改造中，将一个地块上具有不同功能的区域进行组合，形成能够独立运行的街区，从而实现土地功能的综合利用和开发，成为土地的混合使用和空间发展模式，主要包括中心聚集式、并列紧凑式、内部街道式和多级渗透式四类，下面进行详细说明。

1）中心聚集式

在城市中心区域，配置人们日常生活必需的商业、娱乐、办公、购物等功能，市民通过便捷的交通，例如步行、自行车以及公共交通方式，即可到达公共中心或者城市街区。通过将商业中心引入到城市街区，满足人们的公共活动需求，提供集聚场所，同时提供城市的活力并拉动城市的经济、环境与社会发展，从而全方位低提升该区域的吸引力与竞争力。中心聚集式模式能够将各功能区域聚集到统一地域上，保证各功能区域得到均衡利用；同时居住区远离中心聚集区，不受商业、娱乐、办公等活动的影响。目前，城市中心、区中心等地域中心区会使用这种模式。

2）并列紧凑式

在某一区域内，具有各种独立功能的区域，相互组合，在空间上形成并列发展的关系的城市设计方式成为并列紧凑式。为了进行小地块建设，会相邻设计商业、居住、办公、文化娱乐等功能地区。在形式上，上述各地域的联系较为紧密，功能区比较容易实现。在并列紧凑式区域上，居民在居住单元中经过短暂的交通即可到达其他功能区，进行购物、商业活动、办公、娱乐休闲等。采用并列紧凑式，在一定程度上，能够方便人们的生活，并且能够通过公共活动提高社区的活力。通常情况下，城市中心区外围区域的居住与商业活动采用这种模式。

3）内部街道式

将具有公共性的功能引入到城市街区内，提高了各功能地块的渗透性，提高城市开发程度，增加街区的人口流量。除了能够提高该街区的吸引力和竞争力之外，还能够带动周边各区域功能的发展。内部街道式对公共交通空间的要求较高，通常情况下，城市街道两侧以及转角处能够得到高效利用，经济和社会效益达到最大化。内部街道式空间距离人们居住区较近，人们的日常生活较为方便，表现为只要通过短途的交通或者采用步行方式即可利用公共设施。内部街道式区域占地面积较小，但是在极大程度上，提高了城市活力。在实际的利用中，内部街道式会受到大型道路系统的影响，但是可以通过建立地下通道与天桥等构造减少干扰性交通当时的影响。通常情况下，城市的商业区、旧城节能改造与居住建筑会采用内部街道式的空间形式。

4）多级渗透式

这种功能区模式融合了中心聚集式和并列紧凑式城区开发模式的优点。一方面，将商业活动引入城市街区，为人们提供公共活动场所，促进人员聚集；另一方面能够在大区域内，形成过个具有独立功能的小区域，又能够形成子中心聚集区。在整体上，多级渗透式功能区，能够形成一个主中心区，多个子中心区的分散布局，能够保证地域上的人口均衡，充分实现整个区域的均衡发展。在子功能区域内，人们从住宅单元经过便捷的交通即可到达子中心区域，进行公共活动；如果子中心区域不能满足其需求，那么只需要通过步行、自行车或者公共交通体系即可达到主中心。在子中心聚集区，商业、文化娱乐、办公通常表现为零售店、餐馆、街头公园等。多级渗透式功能区模式一般用于居住社区、商务中心区等。

4. 提高土地利用效率

1）确定合理的密度

土地密度的确定在很大程度上决定着城市混合功能的发挥。如果居住区与各功能区间距减少，那么人们就可以减少出行距离、降低对公共交通的依赖，进而可以减少废弃物的排放和能源的消耗。如果一个地区的人口密度较高，那么人们出行就可以提高公共交通的效率，提高资源利用率。在城市的发展中，不但要考虑土地功能的合理利用，还需要考虑到城市未来发展、市场需求以及土地价格的影响。一般情况下，城市中心的土地开发程度较高，区域内的各种功能比较完善，一般适用于商业发展。在城市中心的外围区域内，土地开发率相对较低，因此可以根据城市、市场和建筑要求，合理地规划布置居住区、商业区和文化娱乐区等。

我国城市规划设计研究院于2006年对全国36个典型城市的人口进行了统计，结果如表5-12所示。经过统计计算可知，我国城市的人口密度基本在10000人/平方千米，即人均占地面积为100m²，这与2000年我国城市规划目标基本一致，表明主要采用有效的发展模式，实现紧凑式功能区也是有可能的。在未来的城市发展过程中，要根据城市发展水平以及人们的需求，合理地设计城市开发密度指标。

表 5-12 我国 36 个典型城市的人均建设用地

城市人居建设面积	80~90m²	90~110m²	110~150m²
比例	8%	70%	22%

在旧城重新规划改造中，也需要一个合理的开发指标，与城市的发展水平相适应。如果城市发展水平较高，城市开发密度较低，此时需要提高开发密度，以为城市发展提供更好的空间。相反，如果城市发展水平较低，而开发密度较高，容易造成基础设施浪费。因此，需要考虑旧城区的环境与资源情况，基于各地区的自然、经济与社会发展水平，按照城区的开发程度指定建设区和非建设区，从而需求最佳的城市改造方案。我国北京地区的在城市改造和开发中就明确地指出了禁止用地、限制用地和适宜用地三类，按照地块的实际情况规划设计寻求最佳开发度。采用合理的城市开发密度，有助于实现城市空间优化和可持续发展。此外，在城市的交通道路周边也要进行不同程度的开发，从而实现合理的土地开发组合，实现土地资源效益最大化。

2）棕地再开发

棕地通常是指城市中经过完全或者不完全开发之后处于废弃或者低能效利用状态的土地。对城市棕地进行再开发有助于提高城市土地资源利用率，优化城市整体空间，促进城市可持续发展。著名的棕地再开发利用案例为德国的 Duisburg 景观公园改造案例，它是将原来废弃的工业厂房改造成为了公共活动空间，从总体上提高了城市的景观环境，并通过再次利用，实现土资源的二次开发。如果忽略了棕地开发策略，直接将城市旧工业区拆除，除了会消耗大量的人力物力之外，还会产生许多建筑垃圾与工业污染物，造成环境污染。可以说，通过对该公园的二次开发，凸显了城市人性化设计的特点，又融合了生态、文化、娱乐等功能进入了旧工业区。

　　3）合理开发地下空间

　　随着城市化进程的发展，城市的土地资源日益减少，人们为了满足日常生产生活，不断地向地下和地上两个方面寻求空间。其中，地下空间的开发利用成为城市发展不可或缺的一部分。目前，人们在地下空间建设方面已经取得了大量的成果。对于地下设施而言，按照各设施的特点可以将其划分为地下交通设施、地下公共服务设施、市政基础设施、生产储存设施和防灾设施等，具体内容见表5-13。

表5-13　　　　　　　　　　　　　　　　我国城市地下空间功能分类

地下交通设施	公共服务设施	市政基础设施	生产储存设施	防灾设施
地铁、通道、步行街、停车场、物流	商业设施、文化娱乐体育设施	一般市政管线、市政干线、综合管沟、变电站	地下工厂、仓库、污水处理	指挥所、人防工程、医疗设施

　　在地下空间中，交通设施和公共服务措施对城市发展具有重要意义，地下设施主要包括地铁、地下停车场和地下商业设施。

　　地铁是城市地下空间开发的主要形式之一，作为一种重要的交通方式，地铁系统在很大程度上缓解了城市的交通压力，减少了地上空间的使用。在未来的发展过程中，预计我国拥有200万人以上的城市将会进行地铁的开发。采用地铁系统，能够减少传统能源的利用，减少城市污染。此外，地铁系统具有车速快且平稳、节约时间的特点。为了保证地铁系统的方便快捷、环保安全，要求车站不宜太深，否则会提高建造成本。同时，地铁系统要注重通风与采光，以期为乘客提供安全、舒适环保的空间。此外，地铁系统应该配置安全系统，能够保证在紧急事故发生时，能够保障乘客的生命财产安全。

　　随着城市汽车数量的增多，地面停车压力不断加大。地下停车场能够有效地将地上汽车转到地下，虽然建造地下停车场的成本要比地上停车场高出1.5~2倍，但是其起到的减少地面土地资源占用、美化城市环境的作用。由于地下停车场建设的成本较高，随着开挖深度的提高呈倍数增加，使用量也会大幅度提高。因此对于地下停车场的深度设计需要充分考虑施工量和应用水平，以免造成财力和物力的浪费。此外还要注重停车场与地上空间的衔接，从而避免出现入口通道太长。综合过去地下停车场的设计经验，其深度不可超过3层，要基本控制在10m之内。

　　随着城市商业的发展，地下商场起到补充和完成商业设施的作用。通过地下商场的建设，能够减少地上土地资源的适用，降低商业成本。目前，地下商业设施一般与地下交通设施相结合，从而提高地下空间利用率。地下商业设施一般与城市建筑综合体和地下通道相连接，通过电梯或者楼梯连接地下与地上空间。一般地，地下商业设施具有功能多、规模大、人流量大的特点，因此对其舒适性和安全性要求较高，要做到通风、采光、疏导性功能齐全。一般地，地下商业设施不超过3层，深度不超过10m。

5.4.3　德国建筑节能改造实例研究

　　在当前形势下，建筑节能已经成为我国城市建设的一个重要内容。通过对德国旧建筑改造中节能技术应用的分析和实例介绍这项技术措施在实践中的运用情况，当今的中国建筑师应借鉴德国的成功经验并结合设计实际关心我国旧建筑节能改造问题。

1. 观点与方法

当前我们的地球正处于能源高速消耗的时期，世界范围内的能源危机及中国能源需求与供给之间的巨大矛盾，使节能问题得到了空前重视，节约能源便成为整个世界的当务之急。建筑的能源消耗占全球能源消耗的 30%~40%，所以建筑的节能问题又成为重中之重。一方面我国正在进行大规模的城市基本建设，这给环境和资源带来了巨大的压力；另一方面在我国城市中存在众多的老旧建筑，这些建筑大多保温隔热等性能较差、技术设备落后，在建筑供暖等日常使用中消耗浪费了大量的能源，而拆除重建又会导致更大的能源浪费和经济问题，有资料显示，一个建筑建设所消耗的能量和这个建筑使用 6 年所消耗的能量相当，所以对老旧建筑进行必要的改造，使其在使用功能、建筑性能上更为合理，以适应新的需要便成为最为有效的解决办法，节能设计和节能技术的应用也显得更为重要。

德国对于建筑节能改造活动进行得很早，建筑节能体系及技术在欧洲以至全世界都处于领先地位，其建筑节能技术的研究与应用，不仅出于经济利益上的考虑，也是为了从根本上减少二氧化碳等气体排放，减少全球范围内的温室效应。综观若干的实例，德国建筑节能改造技术包括下列几个方面：

（1）严谨的建筑质量评估技术，包括对建筑各部分能耗的测定、对建筑保温性能的测定，从而找出主要问题之所在，制定切实可行的改造目标。

（2）通过对建筑布局与门窗墙体精心设计与调整达到充分利用自然气候条件的效果，降低建筑能耗。

（3）充分利用无污染的太阳能。通常是通过南向窗和墙体被动利用太阳能及主动集热给建筑提供热水，或是将光电材料作屋顶、外墙，将太阳能转化为电能供给建筑使用的做法。

（4）废水净化后循环使用和雨水收集利用技术。建筑用水是对周围自然界影响最大的因素，建筑体型改造模式对降低建筑对环境的不利影响有着重要意义。

（5）选择建材时充分考虑节约资源、减少污染和循环利用的可能。包括原生材料如生土、草等的开发使用和研制新型低能耗材料。

这里的低能耗除了指材料本身有良好的热工性能可降低建筑能耗外还指材料在制作过程中的低能耗。建筑师在具体项目设计和施工过程中经常可以根据实际情况开发出新型材料。本书将以一个德国某幼儿园改造工程为例，分析和研究德国建筑改造中节能技术的应用（图 5-13）。

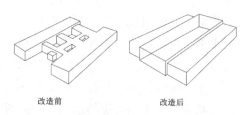

改造前　　　　　　　改造后

图 5-13　德国魏斯玛市幼儿园

2. 幼儿园主体建筑节能改造

在德国梅克伦堡州魏斯玛市的一个幼儿园的改造过程中，建筑师马丁·沃伦萨克（Martin Wollensak）使用了适当的节能技术使这个幼儿园在使用中大大地降低了能量的消耗，同时节省了开支（图 5-14）。

该幼儿园建于 1972 年，是当时实行社会主义制度的东德政府建设的同一形式的 300 余个幼儿园的其中之一。目前建筑状况良好，但外立面陈旧、破损严重，平面功能不能满足使用要求，而且建筑保温性能、通风情况都存在很大问题，在日常使用中造成了很大的能量损失，需要大量的资金维护，因此，有必要进行彻底地改造与翻新。同时当地政府也希望借此项目找到一种低成本的改造同类建筑的模式，并实验几种新型的节能材料和技术在实际操作中的可行性。

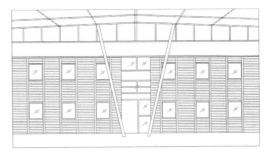

1）建筑设计中的节能改造设计

幼儿园主体建筑为两个长方体中间用连廊相联系，其最初的想法是使主要房间都能够获得充足的采光，但这种体型却导致了建筑外墙面积过大，加上保温设计不佳、现有的供暖系统可调节性差等因素，使建筑室内气候易受外界影响，夏天过热而冬天过冷，既不利于建筑节能，又使日常使用困难。平面功能改造的基本思想是创造一个可供儿童集会、休息、游戏的集中空间，以丰富幼儿园生活。拆毁两个建筑连接部分并利用两个主楼中间的空间，改建成一个大的庭院作为儿童活动的场地，封闭其中一部分作为孩子们的游

图 5-14　德国魏斯玛市幼儿园

戏空间，同时减少建筑外墙数量，入口移至另一边，添加钢结构来移开中间层的楼板，创造出一个多功能的大厅。新的内墙外挂本地出产的木制板材，既美化了新的庭院空间，又可以形成阴影来降低两侧教室的室内温度，同时可以降低大空间内的噪声影响。庭院空间的屋顶采用新型的生态隔离材料，既允许阳光进入室内，又可以起到保温防热的效果。

这种改造带来了建筑内部气候条件参量的改变，两个旧建筑中间所形成的新的空间将成为热量的缓冲带，减少外界对室内温度的影响，并对室内气候环境进行补充和调节。在冬季，利用太阳能加热该空间，并向两侧教室缓慢传导热量，减少两侧教室空间的热量损失。在夏季炎热气候下，新型材料的屋顶提供了足够的阴影，两侧墙壁上的木制隔板也会吸收一部分热量，降低室内温度。

建筑的外墙保温性能同样需要得到增强，其做法是在外墙面之外加建一层墙面，增加墙面厚度和新增新的保温系统，同时新的立面为其提供崭新的形象。

2）技术设施的改善

由于原有建筑内水、暖、电等管道已明显老化，并且因为平面格局的变化，所以建筑的改造同样包括了各种设施管道的改建和更新。新的各种管线放置在同一管道内，并以颜色区分，以减少对建筑结构的影响。

新的供暖系统设置在原外墙内，避免对室内面积的占用，同时尽量增大其表面积以达到最佳的供暖效果，由于新建的外墙具有保温层，所以建筑的保温隔热性能并不会被削弱。

建筑通风换气则是靠开启建筑外层表面完成的。新旧两层外墙表面间设计有一个热交换系统和全部的通风设备管道，室内空气排出时经过该系统，将其中携带的热量交换至系统中并储存起来，当新鲜空气通过该系统进入室内时便被预热，以减少空气流通对室内采暖的不利影响。

改造中同样注重对新型能源的利用，在新建外墙表面和屋顶设有太阳能吸收装置，并用吸收到的能量对贮水器进行加热，供给日常生活使用。

3）新技术、新材料在改造中的应用

（1）新型生态隔离屋顶材料

在改造设计中，一种新型的屋顶材料被成功地应用于新建中央庭院的屋顶，这种材料由两层弧形箔片和其空气间层组成，这种材料具有质量轻、易于安装等优点，在具有一定透光性的同时还有相当的保温隔热性能，使用机械装置可向其中心的空气间层鼓风，利用空气的流动带走热量来加强屋顶的保温隔热效果。这种材料对中央空间的塑造起到了重要的作用。

（2）真空墙体保温材料

这种真空墙体保温材料首次被使用在这么大的项目中，其根据真空不传热的原理，用坚固的围护材料充当真空部分的保护层，并用陶瓷将各部分连接起来，形成稳定可靠的保温系统。较之传统的保温材料，这种新型的真空保温材料具有更为完善的性能。

（3）遮阳光电系统组合

在建筑新建的墙面上将遮阳系统与太阳能光电系统结合，一方面在夏季为主要房间提供遮阳，并可根据日照角度自行调整，另一方面可以吸收太阳能并加以利用，除提供系统自身运转外还可以为热水系统提供能量。

通过一批批具有生态环境意识的建筑师们的共同努力，建筑节能改造设计方法与技术正日趋成熟。然而，如何将其从实验性使用转向普遍推广运用，目前还是摆在人们面前的问题。一些方法与技术之所以未能推广的主要原因是这种改造需要额外造价，而从经济角度看这笔额外造价短期内还无法与建筑节能改造所节约下的能源费用达到平衡。

德国与我国北京地区气候条件大体上接近，两国在既有建筑改造上有诸多相似之处：如旧有建筑质量差，舒适度低，环境质量差，节能效果不理想，能源浪费严重等，这使得我们能够借鉴其成功的经验，学习国外对节能技术在改造中的灵活应用，同时结合自身特点来切实关心我国建筑节能改造与设计中的问题。

6.1 建筑节能评估要求与方法

6.1.1 建筑节能评价的基本理论

建筑节能的主要目的为在人们提供建筑健康舒适的居住环境的前提下，最大限度地降低建筑能耗。在建筑节能设计中，按照建筑从设计、施工、运行到拆除的全生命周期划分，主要包括建筑物的节能设计与规划、建筑围护结构节能设计、建筑材料与选择、暖通空调设计、建筑照明与建筑用水设计、建筑施工技术与方法选择、建筑能耗监测以及物业管理等方面（图6-1）。

1. 节能评价基本理论

从概念上讲，建筑节能评价是对建筑能耗水平从多个方面进行分析评价，论证统一，直到得到满意可行的节能方案的过程。从技术角度对建筑中采用的节能技术进行分析、评价与论证的过程就称为节能技术评价。建筑节能技术评价的主要内容包括节能正效果与负效果、节能技术的适应性与先进性、节能技术的合理性与经济性以及节能技术的可靠性与安全性等。

在理解建筑节能技术与节能评价的前提下，引入经济学原理，建立建筑技术与经济性模型，寻求这两者的关系，形成建筑技术经济学的理念，为节能评价提供理论基础与实践基础。技术经济学主要包括技术效益、经济指标与指标体系等内容。

节能技术的技术效益是指在生产过程中，对某种材料的生产劳动投入量与劳动效益产出量的差值，主要包括人们在建筑经济方面的效率、效果以及经济效益等方面。即可以采取一般的定量分析，又可以采用专题性的定量分析。在一般的定量分析中，直接对比经济个体之间存在的直接或者间接的效益指标，这也就叫作对比分析法。在此过程中，可以给出建筑节能多种建筑节能设计方案，寻找方案之间的差异，开发建筑节能潜力。需要注意的是建筑节能的计算需要建立在正确的含义、口径、范围与计算方法的基础上，因此正确选择节能评估指标具有重要意义。

节能技术的经济指标通过建筑材料的利用程度与工程质量等指标反映了建筑节能的技术水平、管理水平与经济效益等。因此建筑节能技术的经济指标体系是指上述一系列的经济指标的总称，这些指标既相互制约又相互联系。建筑节能指标及其体系是评价建筑节能活动的重要技术手段，也是评估节能水平的标准与重要依据。

对于特定建筑节能投资项目，时间指标是建筑节能效益评估的又一重要指标。对于建筑来说，从经济学的角度讲，其生命周期主要包括建设期、服务期和计算期三个阶段。建设期是指从建筑的规划设计开始，经过施工与调试运行阶段以至全部投入运行之间所经历的时间。服务期与建设期紧密相连，是建筑项目发挥其基本功能与产生经济效益的阶段。计算期是指项目经济回收需要所规定的时限，因此又称为技术服务时限（图6-2）。

在建筑节能投资项目中的比较原理和优选原

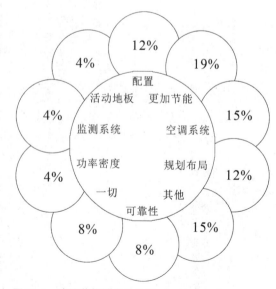

图6-1 建筑节能技术的作用

绿色技术措施	经济效益	万元	年
节能照明	年节省成本	12	
	静态回收周期		4.2
围护结构节能	年节省成本	40	
	静态回收周期		12.5
可再生能源利用（太阳能光能）	年节省成本	33	
	静态回收周期		12.1
非传统水源利用	年节省成本	10	
	静态回收周期		8

图 6-2 建筑投资项目的技术服务期限

理构成了技术经济学的基本原理。这些原理主要包括以下原则：

（1）替代方案的优选原则；

（2）坚持实事求是的原则；

（3）必须反映事物的本质，要求从中找出关键的差异，而反映内在本质的差异；

（4）遵守可比原则。

经过比较原理和优选原理的结合可以得到静态最优模式和动态最优模式。静态最优模式是指在不考虑时间因素的前提下，获得的最佳方案；动态最优模式则是指在考虑了时间因素后的最优模式。在建筑节能评估中，如果采用静态最优和动态最优模式得到的结果不一致，那么建议采用动态最优的计算结果。

2. 建筑节能评价方法

在建筑节能评估中，在建筑生命周期内的参数较多，如图 6-3 所示。因此建筑节能评估系统需要大量的数据，从而能够客观公正地评价建筑节能项目。因此获得数据的精度与科学性会直接影响节能评估项目的质量。对于如何收集、整理具有代表性的数据，是建筑节能评价的工作之一（表 6-1）。

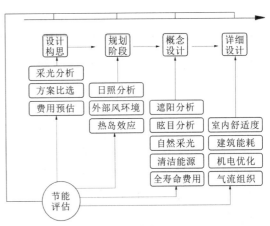

图 6-3 建筑节能评估主要内容

抽样调查法是数学统计方法中最为重要的方法之一，这种方法通过科学合理地在集合中抽取具有代表性的样本，从而通过样本数据评价分析整个集合的数据特征，从而为人们提供较为直观科学的认识。抽样调查法旨在调查某一个样本，而非整个集合对象，具有可操作性，得到普遍的采用。

表 6-1   常用的建筑节能评价方法

方法	内容
访谈调查法	通过口头交谈的方式向被访者了解实际的一种调查方法
观察法	在研究现场，用自己的感觉器官及其他辅助工具，直接感知与记录正在发生的与研究目标有关的社会现象
文献法	通过搜集各种文献资料，获得与调查课题有关的情报的方法
问卷调查法	通过设计问卷，利用问卷来进行调查、获取调查资料
实验法	有意识、有目的地控制环境条件，控制社会条件，以揭示调查研究的社会现象本质及其相互作用、发展规律

目前，随着计算机技术、运筹学与系统科学的发展，对建筑节能定量评价的方法更加系统全面。对于一些特定的建筑节能评估，例如考察其经济性、适用性、可靠性等，通常不再采用单一的评价方法，而是综合使用上述方法，经过全面的分析评价论证，从而得到较为科学适用的结果。下面将对上述方法进行详细分析。

1）决定性评价法

该方法是最为基本的评价方法，具有良好的可行性与可操作性，主要是以评价人的主观判断为依据，依据评价标准对既定项目进行评分，从而给出定性的重要性分析。决定性评价法主要包括评分法和图书法两种形式。评分法是根据既定的评价标准，对评价项目给予评定打分，然后进行排序或者相关处理，从而确定方案的可行性。

2）比较性评价法

这种方法是采用依据一组指标对既定项目进行全面的评价分析，对同一节能项目的方案进行论证、分析、比较，从而得到最优方案。比较性评价法主要包括成本比较法、投资回收期法和投资效益法。首先，成本比较法比较注重方案的原始投资成本与费用问题。一般地，成本最低的节能方案为最优化的方案，成本比较法又可以细分为直接投资、辅助投资、附加投资和相关投资。成本评价法的具体操作步骤为：在比较各个不同的方案时，首先将具有相同投资成本的项目出去，仅对具有差异性的部分进行比较。虽然大部分建筑节能项目的初期投资数目较大，但是通过以后运行期间的建筑节能经济效益进行弥补，因此这些建筑项目比较注重成本回收，需要对投资成本的回收期进行评价。一般地，既定的建筑节能方案的投资回收期最短的方案为最佳方案。如果从一年中的经济效益出发，评价一项建筑节能改造技术或者节能项目是否经济可行，这既取决于一次性投资的大小，又取决于运行期间经营费用的高低。在比较不同方案的过程中，需要综合考虑这两方面的因素。一般地，为了保证建筑节能评估的可行性，通常利用标准投资系数将具有不同性质的成本进行换算，从而能够进行累加，便于评价分析。因此对于经济收益相同的方案，年消费额最低的方案最优。

3）不确定性评价法

国家计委与建设部共同发布的《建设项目经济评估方法与参数》中指出，对于既有建筑节能项目，对方案进行评估完成后，需要进行不确定分析。对于建筑项目的不确定性，主要包括社会、政治和文化等方面带来的风险和不确定。由于经济具有周期性发展的特点，存在通货紧缩和通货膨胀等状况，这样经济项目在一定程度上受到影响。同样建筑场地、自然条件、气候因素、资源与能源、建筑节能技术、评估数据与信息处理方法及评价人的主观性也会对节能方案造成影响。

4）系统分析法

从建筑节能项目的整体出发，对其经济、社会、环境和技术效益进行分析的方法，称为系统分析法。对于特定的建筑节能改造项目，可以看作一个系统。通过建立数学模型，并按照数学方法对数学模型进行分析评价，从而得到最优化的方案。节能项目系统分析需要秉承整体、动态和定量化的原则，考虑建筑节能项目中的时间、地点、投资成本、节能方法等多种因素，按照确定项目目标与评价指标、实际调查、收集资料与信息、确定因素与方法、带入数学模型进行模拟分析、求得实验结果，并进行综合评价和决策的流程进行分析。

5）价值工程

价值工程又称为价值分析，是对建筑节能项目的经济与技术效益进行分析的方法。特定项

目或者工程的价值定义为

$$V=F/C$$

其中，V 为价值，F 为建筑节能项目的功能；C 为项目的全寿命周期成本。

节能设施成本为单个节能设施的目前成本与所有节能设施目前成本的比值。对于建筑节能项目，其价值是由价值系数确定的。

3. 建筑节能评价指标体系的设置原则

影响建筑节能效果的因素众多，如图 6-4 中列举了既有大型公共建筑节能影响因素。为了克服由于因素多带来的评价难度大的问题，本小节列举了建筑节能评价指标体系设置的基本原则。

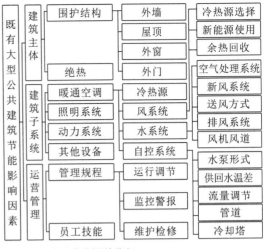

图 6-4　建筑节能评估指标

1）科学性原则

在建筑节能评估中，由于影响因素众多，因此为了提高采集数据与信息的可靠性、客观性与公正性，只有秉承科学性的原则，才能够保证分析过程与结果的准确性，从而准确反映建筑物的节能情况。

2）可行性原则

在建筑节能评定指标中，性质各异而且数据采集难度不一，为了保证建筑节能评估工作的正常进行，需要选择便于操作的指标，同时还应该保证评价过程简单可行，避免因测量过程复杂，造成评价结果失真。

3）全面性原则

为了保证建筑节能评估结果的综合全面，在指标选择过程中，应该选择具有代表性的特征指标。因此对于特定的建筑节能项目，应该全面考察评价对象，从各个方面进行论证分析，选择合理的指标，从而做到因素的全面性与多样性。

4）差异性原则

受到地域性的影响，建筑节能指标也表现出巨大的差异性。我国的国土面积较为广阔，各个建筑气候分区之间或者之内的气候特点也表现出巨大的差异性。因此在选择节能评估指标时，不能照办其他区域的评估方法或者指标选择，需要按照地域特点，做出适应性选择，从而才能建立起合理的评估体系。

5）稳定性原则

建筑节能指标的选择应该保证其具有稳定性，不受外界偶然因素影响，否则在偶然情况下，造成结果失效。

基于上述评估方法和原则，针对特定的建筑节能项目，具体分析其实际情况，建立正确的建筑节能评价指标体系。

4. 建筑节能评价实现途径

自 20 世纪 70 年代开始，人们就提出了零排放建筑的概念，其主要含义为建筑在施工、运行和拆除过程中，不对环境排放废弃物。经过人们几十年的探索和实践，经过零排放建筑的研究与示范，现在已经有很多的零排放案例。一些国家在零排放建筑取得了大量的经验，并建立起了零排放建筑机制，从而推进了循环经济的发展理念和模式的发展。

图6-5　零碳施工过程监测体系

1）清洁施工审核（Green Construction Audit）

与一般的建筑施工相比，绿色建筑施工方法是更高层次的施工方法，着重于减少环境污染，最大限度地合理利用资源，从而保证建筑与环境的生态平衡。绿色施工方法有助于实现建筑、环境与社会的可持续发展，是建筑行业"零碳"概念的又一实践方式（图6-5）。在建筑节能项目中，施工审核作为一种策略，能够保证在日常施工过程中，保证绿色环保理念得以体现。通过清洁绿色施工，能够满足以下要求：

首先，需要记录分析节能改造中的能源与资源消耗量，主要包括原材料、建筑产品、用水量、能源需求量和废弃物产生量等。其次，需要对废弃物进行详细具体地分析，包括废弃物产源、数量及种类，从而有助于确定废弃物的减排方法，并制定经济有效地的污染物处理对策。第三，需要对污染物处理进行评估，主要从经济效益、环境效益和社会效益三个方面展开。在节能改造项目中，如果存在施工过程效率低的环节或者存在施工管理不当的地方，需要加以改进。最后，需要对整个施工项目的经济效益、环境效益和建筑社会效益进行评判，并为以后的绿色施工方法提供经验。

2）生命周期评价（Lifecycle Assessment）

在建筑节能项目中，需要对环境与资源的消耗量与消耗方式进行分析，这需要从规划设计、施工维护的建筑物和既定环境中进行全生命周期的评价，从而达到降低节能项目对能源与资源的消耗并提高其回收率，从而降低对生态环境的压力。20世纪90年代，国际环境毒理学和化学学会（Society of Environmental Toxicology and Chemistry）和欧洲生命周期评价开发促进会（Society of Promotion of Lifecycle Development）的共同努力，生命周期评价方法日臻成熟。目前在西方发达国家中，在对建筑产品进行评价过程中，需要以环境报告制度的方式出具环境影响评价方法和数据，建筑生命评价法的发展奠定了基础。采用建筑全生命周期的方法对建筑产品进行分析，其主要环境指标包括能源、用水、固体废弃物、温室气体、臭氧层破坏、酸雨、雾霾等（图6-6）。

3）环境管理体系（Environmental Management System）

国际标准化组织于1993年推出了ISO环境管理系列标准，受到了世界各国的普遍采用。英国建筑研究组织环境评价法，英国建筑机构与研究机构中的个人开发的建筑环境评价方

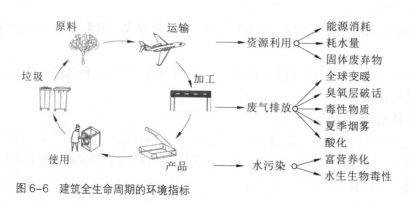

图6-6　建筑全生命周期的环境指标

法，主要是为了给建筑节能项目提供科学的指导，从而能够从整体上减少建筑对周围环境的影响。从1990年开始至今，英国已经更新了其环境评价手册，评价对象已经从最初的新建建筑和商场建筑，发展到以后的新建工业建筑、住宅建筑以及办公建筑等。据统计，英国约有25%~30%的建筑采用了建筑环境评价法进行了节能评估，从而成为其他各国的成功案例。

4）能源经济性

1995年，美国绿色建筑委员会提出了LEED绿色建筑评级标准，并要求对建筑节能过程进行技术评价，这是在英国BREEAM绿色建筑评价标准之后提出的，也是世界上应用范围最广的评价方法。USGBC要求对本国的建筑进行综合评价，从而提高建筑的经济和环境效益，其主要内容包括可持续场地设计、有效利用水资源、能源与环境、材料与资源、室内环境质量、创新设计，具体的分类与评分标准如表6-2所示。

表6-2　　　　　　　　　　　　　LEED绿色建筑评价标准的类别与评分条款

类别	LEED NC	LEED EB	LEED CI	LEED CS	LEED for school
可持续场地设计	14	14	7	15	16
有效利用水资源	5	5	2	5	7
能源与环境	17	23	12	14	17
材料与资源	13	16	14	11	13
室内环境质量	15	22	17	11	20
创新设计	5	5	5	5	6

目前，国外的建筑节能评价标准体系已经比较完善，在建筑节能评估方法、指标和标准的运用与执行方面积累了大量的经验，同时在对建筑对环境的影响评价分析中，已经形成了客观、公正和科学的评价体系，值得我国进行借鉴。

6.1.2　复杂气候的建筑节能评价

能源短缺和环境污染是当今世界的难题之一，各国正在积极探寻科学合理地方法实现经济、环境与社会的可持续发展。在我国，节能减排已成为我国的基本国策。据统计，我国建筑用能已超过全国能源消费总量的30%，因此建筑业已成为节能减排中的重点领域之一。为了降低新建建筑与既有建筑能耗，我国建设部已经发布了对应的建筑节能标准，但是达到节能要求的建筑仍很少，我国仍有95%以上的建筑属于高能耗建筑。这主要的原因是没有完善的建筑节能考核评估体系来综合评价建筑节能效果，因此并不能实际地促使建设单位与房地产开发商积极采用节能技术和措施。

目前，我国提出的建筑节能效果评价的指标，主要是针对某一种气候条件建立，不适用多样气候地区的建筑节能评价。此外常用的建筑节能综合评价方法模糊综合评判法准确性不高。云南地理特征复杂，气候条件独特，具有热带、温带、寒带三种气候区。因此建立适合复杂多样气候条件的建筑节能效果评估体系与方法，对建筑节能进行客观、科学的评价，促使新建建筑采用节能技术与措施，降低建筑能耗，节约能源资源是十分必要的。

1.建筑节能评价指标体系

为了建立适合云南复杂多样气候条件的建筑节能效果评价指标体系，需要分析云南地理气候的特点与建筑节能的形式。

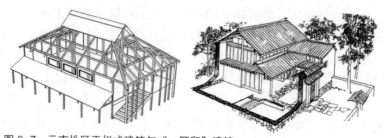

图 6-7　云南地区干栏式建筑与"一颗印"建筑

1）云南气候及建筑节能形式

云南地区位于我国西南边陲，属于高原季风气候和热带雨林气候。一年中，受到东南季风和西南季风的影响，又受到青藏高原的影响，形成了复杂多样的自然地理环境。云南省兼有热带、温带、寒带三带气候。云南寒冷及严寒地区，海拔高度大，气候变化剧烈，昼夜温差大，冬季寒冷、空气干燥，太阳辐射强度大。在这些地区，为了提高建筑的保温隔热能力，建筑通常具有外墙厚、开洞小的特点。

云南热带地区，高温多雨，太阳辐射强，气候炎热，湿度很大。如图 6-7 所示，云南热带建筑以傣族的"干栏"建筑为代表，是指居住面架设在桩柱上的房屋，具有防潮避湿、散热排烟的功能。楼层离开地面，利于通风散热、散湿。云南温带建筑以昆明地区的"一颗印"民居最为典型，平面呈方形，由正房、厢房和倒座组成，围成封闭的小院落（满足通风、采光、换气、排水的需要，其外形封闭坚固，适于昆明地区风大、紫外线强的特点）。房屋朝向、布局上很注意避风，方向不取周正。其气候不太寒冷，屋顶较北方薄。

2）建筑节能评价指标体系的建立

通过对云南地区热带、寒带和温带的气候特征和建筑能耗状况分析，建立了云南地区建筑节能评价指标体系，如表 6-3 所示。该建筑节能评价体系共包括三级指标，首要指标是要进行建筑节能，其次通过建筑围护结构、能源消耗和建筑自身特性等五类指标。第三级指标则是从建筑材料、朝向、体形系数、保温方式、窗墙比以及新能源的利用形式与设备进行评估。

表 6-3　　　　　　　　　　　云南复杂气候下建筑节能评价指标体系

一级指标	二级指标	三级指标		
		热带地区	温带地区	寒带地区
建筑节能	墙体	墙体隔热材料	墙体保温材料	墙体保温材料
		墙体隔热构造	墙体保温方式	墙体保温方式
		外墙饰面颜色		
	窗户	遮阳形式	窗框材料	窗框材料
		遮阳材料	窗墙比	玻璃品种
		窗墙比		窗墙比
	屋顶	屋顶隔热材料	屋顶隔热材料	屋顶保温材料
		屋顶隔热构造	屋顶隔热构造	屋顶保温构造
	建筑形式和位置	建筑朝向	建筑朝向	建筑朝向
		建筑形状	建筑间距	建筑间距
				建筑体形系数
	能源	太阳能利用形式	太阳能利用形式	太阳能利用形式
		太阳能利用设备	太阳能利用设备	太阳能利用设备

3）评价指标的评分说明

对于建筑节能效果可以分为优良中差四种等级，具体的三个地区的二级指标分析如下：

（1）云南热带地区

该地区夏季炎热多雨，太阳辐射较强，因此需要注重建筑夏季隔热与遮阳措施，自然通风有助于降低建筑室内问题，促进建筑空气流通，提高室内舒适度，也是建筑节能的一大策略。建筑节能评价指标的具体可从以下几个方面考虑：

墙体：可以考虑采用性能较好的隔热材料，降低建筑热传导系数，降低室内温度；同时墙体需要采取科学合理的构造措施，有助于建筑施工与节能改造；外墙需要采用颜色较浅的涂料或者饰面，从而减少热量的吸收，提供热辐射反射能力。

窗户：建筑遮阳是炎热地区必不可少的节能策略。为了便于施工，需要采用较为灵活的布置方法与措施，同时需要采用构造简单的造型降低成本。建筑遮阳也可以采用新型玻璃材料，如双层玻璃和 LOW-E 玻璃。此外还需要控制窗墙比在合理的范围内，一般不大于 0.5。

屋顶：宜用新型轻质隔热材料以及通风美化的结构形式。

建筑形式和位置：建筑朝向、形状要有利于自然通风。

能源：考虑充分有效地利用太阳能，采用新型的太阳能的设备，以达到降低建筑能耗的目的。

（2）云南温带地区

该地区的太阳辐射强，风大，温度适宜，应考虑避风，冬季保温。

墙体：块材应采用多孔黏土空心砖或多排孔轻骨料混凝土空心砌块墙体，板材采用新型轻质板或复合板；墙体保温形式及构造方法合理。

窗户：要求窗框选用耐久、耐火、防潮和环保的非金属材料；由于温带地区一年四季普遍有开窗通风的习惯，窗墙比一般控制在 0.35 以内，如提高窗的热工性能，窗墙比可适当提高。

屋顶：宜用新型轻质隔热和吸水率低的材料；屋顶的结构形式合理。

建筑形式和位置：建筑朝向、布局要注意避风。

能源：考虑充分有效地利用太阳能，采用新型的太阳能设备。

（3）云南寒冷及严寒地区

该地区的昼夜温差大，冬季寒冷、空气干燥，太阳辐射强，主要考虑冬季保温。

墙体：应使用具有高效保温性能的新型墙体保温材料和保温措施。

窗户：要求窗框选用耐久、耐火、防潮、环保和密闭性好的非金属材料；玻璃采用低辐射玻璃；窗墙比一般控制在 0.30 以内。

屋顶：宜用新型轻质高效的保温材料，保温构造合理、施工便利。

建筑形式和位置：建筑朝向、布局原则是冬季获得足够的光照并避开主导风向；降低体形系数，体形系数控制在 0.3 以下。

能源：应考虑充分利用主动、被动太阳能应用技术，改善建筑的采暖，以改变能源消耗结构，减少环境污染。

2. 建筑节能权重评判

采用基于模糊集重心的模糊综合评判法进行建筑节能评价。基于模糊集重心的模糊综合评判法是用各种因素的隶属函数的重心来进行综合评判。这种方法能较客观地反映各因素的优劣。这是因为某个因素的重心大，表明该因素得到的表扬性评语多。而表扬性评语越多，反映这个因素越好，反之亦然。

1）模糊集重心的定义

设 U 为实数域 $\mathbf{R}$ 的有界可测集，则 U 上的模糊集 A 的隶属函数 $\mu_A(x)$ 的重心定义为

$$G_A = \frac{\int_U \mu_A(x) \cdot x \mathrm{d}x}{\int_U \mu_A(x) \mathrm{d}x} \qquad ①$$

式中，

$$\int_U \mu_A(x) \mathrm{d}x \neq 0$$

特别地，当论域 $U = \{x_1, x_2, \cdots, x_n\} \subset \mathbf{R}$（$\mathbf{R}$ 为实数域时），式①可表示为

$$G_A = \frac{\sum\limits_{i=1}^{n} \mu_A(x) \cdot x}{\sum\limits_{i=1}^{n} \mu_A(x)} \qquad ②$$

式中，

$$\sum_{i=1}^{n} \mu_A(x) \neq 0$$

模糊集 A 的重心 G_A 刻画了模糊集的隶属度在论域 U 内集中的地方。特别地，当隶属函数 $\mu_A(x)$ 是区间 [a, b] 上的凸函数时，即如下图所示的情形，其重心一般出现在凸函数取极大值的点附近。并且，当隶属函数 $\mu_A(x)$ 一定时，其重心位置随即确定。由此可见，模糊集的重心是模糊集的一个固有的属性，可以用模糊集的重心来描述隶属函数的分布情况。

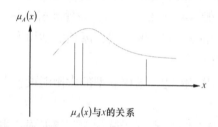

$\mu_A(x)$ 与 x 的关系

2）基于模糊集重心的模糊综合评判方法步骤

（1）确定评语

先将评语依次用数字表示为 1，2，$\cdots$，n。

（2）计算重心向量

对模糊集计算每个因素的模糊重心，得到一个 $m \times 1$ 的重心向量 $\boldsymbol{G} = (G_1, G_2, \cdots, G_m)^{\mathrm{T}}$

（3）确定指标权重

将权向量 $\boldsymbol{A}$ 左乘重心向量 $\boldsymbol{G}$，得到一个评判指标 a，即

$$a = \boldsymbol{AG} \qquad ③$$

式中，a 为实数。

（4）综合评判

综合评判结果为与 a 最接近的那个评语。

6.1.3 节能评价指标体系的应用

建筑节能包括建筑物围护结构绝热设计、建材节能材料选用规划、采暖空调节能设计、照明与动力优化设计、节能冷热水合理化设计、建筑施工节能、建筑节能测量与监控、建筑物业管理节能等多个方面。建筑节能综合评价指标体系将是由相互关联、相互制约、不同层次的指标构成的一个有机整体，将能较全面地反映公共建筑节能设计内涵的基本特征。

由于建筑围护结构热工性能差异性较大，在节能性能监测过程测量难度较大，建筑能耗的计算方法也大不相同，在评价过程中采用的指标和方法也不相同。因此，在同一地区的不同位置上进行节能评价，节能效果也存在很大差异。即便是在同一地区上采用同一种节能设计方法，也会因为建筑所处的地理位置和建筑体形系数的不同，造成能耗水平有巨大差异。因此建筑节能评价指标体系应该根据建筑物的情况以及周围环境作为科学性评价，同时需要采用与之对应的节能标准和指标体系。对于同一建筑，从规划设计开始，到施工运行期间，随着建筑服役时间的增加，建筑耗能水平也会逐渐发生变化，因此需要针对不同阶段给出相应的评价指标。

我国已经制订了建筑节能标准设计，并提供了具体地操作步骤。本小节将根据建筑全寿命的原则进行分析。首先，实现建筑节能目标可以从建筑自身的构造入手，从围护结构、暖通空调、建筑照明等方面进行建筑节能层次分析。也可以按照建筑的全寿命周期，从建筑的设计阶段、施工阶段到拆除阶段进行全方位的节能、节水、节材分析，具体的分析过程如下。

1. 设计阶段

建筑规划设计是整个建筑项目的开始。在该过程中的决策对以后建筑耗能具有重要影响。设计阶段的主要任务是初步确定建筑结构形式、装饰标准以及材料和设备。从建筑节能的角度，该阶段就涉及了建筑围护结构的设计、建筑物的结构体系设计等，因此在该阶段就应该考虑围护结构热工性能、建筑物结构体系、节能投资回收。

改善围护结构热工性能是指通过对围护结构的设计减少建筑物能耗，使用节能材料加强保温等。为了简化分析，主要从屋顶、外墙和窗户三个方面分析建筑围护结构的热工性能，其中将门和楼梯间内墙当作外墙近似处理。包括的指标有外墙传热系数、屋面传热系数、外窗传热系数。

建筑物结构体系包括的评价指标有建筑物结构体形系数和窗墙面积比。建筑物结构体形系数是指建筑物横截面周长与面积的比值，它反映了建筑物横截面形状对节能综合指标的影响。窗墙面积比是指建筑外墙面上的窗和透明幕墙的总面积与建筑外墙面的总面积之比，它能够反映整个建筑的采光与保温。

节能投资包括节能初期投资（对非节能建筑所增加的投资）、暖通系统投资。对于效果好的节能设计，暖通空调的运行能耗与费用会减少，而由此带来的收益与投资之间会出现平衡的时间点。所涉及的评价指标有净现值和投资回收期。

2. 施工阶段

施工阶段涉及建筑材料的开发、运输、建筑装配以及施工机械的能耗，这部分能耗与材料开发、施工过程的方法和运输距离有关。在实施过程中，应将建筑节能、建筑节能材料与施工技术整合起来，在建筑生命周期内系统地考虑评价能源的消耗。所涉及的评价指标有建材费用降低率、机械耗能降低率。

3. 使用阶段

使用阶段就是对设计节能和施工节能的一个最终反映。公共建筑包含办公建筑（包括写字楼、政府部门办公室等）、商业建筑（如商场、金融建筑等）、旅游建筑（如旅馆饭店、娱乐场所等）、科教文卫建筑（包括文化、教育、科研、医疗、卫生、体育建筑等）、通信建筑（如邮电、通讯、广播用房）以及交通运输类建筑（如机场、车站建筑、桥梁等）。公共建筑建成后，主要是通过空调制冷、采暖、采光等方面产生能量的消耗。所以，选择相应的衡量指标时，应将相关参数（如室内温度、换气次数和能效比等）蕴藏于建筑能耗的分析之中，间接地反映了室内环境品质和暖通空调系统性能。同时，还要对该公共建筑内部新能源的使用率及人们的节能意识等行为运用指标进行评价。

6.2 建筑能效水平评估

6.2.1 建筑能效标识

1. 基本概念及其作用

自 20 世纪 70 年代的能源危机以来，人们意识到建筑节能的重要性，并提出了 Energy Conservation 用于标识节约能源。经过长期的研究，世界能源委员会在 1995 年指出提高能源效率 Energy Efficiency 的重要性，并给出了其具体含义：减少同等服务条件下的能源消耗。为了表征能耗产品具有提高能源效率的能力，人们提出了能效标识来区分用能产品的能效等级。经过多年的发展，能效标识已经得到了人们的认可，是一种科学化的能效信息标识。建筑能效标识分为两类，即自愿性标识和强制式标识，如图 6-8 所示。

建筑能效标识在运用主要分为三种类型。

第一种为保证标识，用于为符合某一节能标准的设备、产品或者材料提供一种权威的、具有统一参数和功能的信息标识，但是在保证标识上，并没有提供产品的其他信息。因此这只能

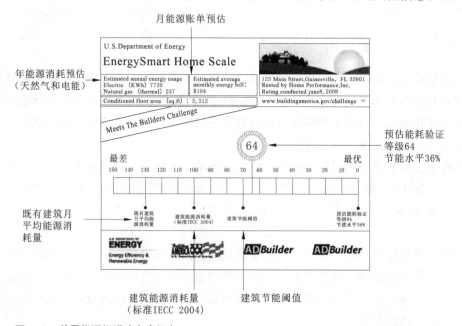

图 6-8 美国能源标识（家庭级）

用于能效水平比较高的产品和设备，从而帮助消费者区分其与普通产品的差异性，使之得到大众的评价认可。

第二种为比较标识，主要为消费者提供节能产品或设备的具体信息，例如能耗强度和运行成本，从而帮着消费者了解节能产品的性能。比较标识的表现方式为离散或者连续的节能水平和标尺，因此按照这种方法，又可以将比较标识划分为能效等级标识和连续性比较标识。

第三种建筑能效标识为单一信息标识，这种标识形式主要为消费者提供建筑节能产品的技术性能，包括产品的耗能强度、年消耗量、运行成本等参数。但是这种标识方式不能反映节能产品的能效水平，因此不具有比较性，不适合用于节能产品的对比选择。目前，在世界各国范围内，这种能耗标识的应用量较小。

总之，建筑能效标识的在全世界范围的推广速度较快，成本较低但是效益较为显著，因此也受到消费者的青睐。目前能效标识已经广泛地应用于多种设备和产品，包括电冰箱、空调设施、洗衣机等。

建筑能效标识在推进建筑节能市场发展中具有重要的作用，能够促进政府积极实施节能管理、提高能源利用率并保证节能市场能够健康有序的发展。通过建筑能效标识的实施可知，节能标识制度能够提高用能终端的能源利用率，减少能耗需求，从而能够减少温室气体的产生，具有显著的经济、环境和社会效益。从建筑节能产品的角度来讲，建筑能耗标识能够为消费者购买节能产品提供正确的引导，并促进生产商生产制造能效较高的产品，政策制定部门和政府部分则能够宏观调控节能市场，从而完成市场的转化升级。

2. 建筑能效标识概况

建筑能源效率能够从根本上反映建筑在运行期间的能源利用效率及其节能效率。建筑能效标识则用来反应建筑物、建筑材料、建筑产品或者设备的能源效率，是围护结构热工性能、节能水平以及其他与能耗相关的信息的侧面体现。在我国建筑市场中，能效标识最初用于建筑节能产品，例如洗衣机、电冰箱、空调设备和照明设施等，而建筑物的能效标识并不多见。近年来，建筑节能的重要性凸显，很多国家将能效标识作为制度并以立法的形式促进其实施，目前在建筑行业也逐渐成熟起来。

西方发达国家的建筑能效标识起源于20世界70年代，德国和法国最早在国内强制性地采取了能效标识制度，用于促进建筑市场节能的发展。之后加拿大、美国、澳大利亚等国在德国能效标识的基础上，总结其经验教训，采取了建筑能效标识。目前最为成功的能效标识制度为欧盟建筑能效指令。

为了提高建筑能源利用率、完成节能减排的目标，促进可再生能源的利用，保证能源安全，欧洲最早将建筑节能视为欧盟能源政策的四大目标。受到气候和经济水平的发展，欧洲居民对室内舒适度的要求提升，造成建筑能耗急剧增加，约占全社会能耗的40%以上。因此，建筑节能对于欧洲降低欧洲能耗和减少温室气体排放具有重要的意义，这样也可以缓解欧洲的能源压力并降低对能源的依赖程度。

2002年，欧盟在布鲁塞尔公布了建筑能效指令，简称EPBD，用于提高建筑能源利用效率。EPBD的主要适用范围为办公建筑、教育建筑、医院建筑、旅馆和餐厅等公共建筑类型。为了能够切实提高建筑能源利用率，欧洲理事会基于各国的气候特征、能耗水平、环境特点、经济水平在EPBD中提出了多项建议。建筑能效指令的主要内容：

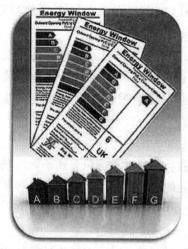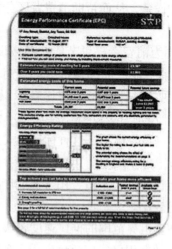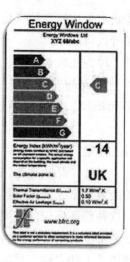

图 6-9 英国能源标识

（1）建筑物能效计算方法；

（2）不同新建建筑的能效水平；

（3）既有建筑节能改造最低能效标准；

（4）能效证书（Energy Performance Certificate）；

（5）定期检查建筑物的锅炉和空调系统。

在采取 EPBD 指令的过程中，能够对建筑物进行方便快捷的能耗评价，首先该方法引入了科学统一的能效计算方法，从而保证了能效评估中参数指标的一致性。通过 EPBD 进行建筑能效的定期检查和评估，有助于提高建筑物的节能水平，从而为建筑节能改造提供依据。为了实现上述建筑节能评估目标，需要建筑师和设备师能够充分掌握建筑采暖、室内照明和空调系统节能的技术措施。为了实现上述目的，欧盟采用了提高建筑产品和设备的效率，这是其主要特点之一。

此外，在建筑商业活动中，房地产商在建筑销售和出租过程中，需要向消费者或租户提供能效标识证书。一般地，建筑能效标识证书的年限为 10 年。当建筑面积达到 1000m² 时，如果消费者或租户为政府部门或者公共机构，那么需要将建筑节能标识放置在比较显眼的位置，从而能够向其他消费者提供基础资料。

建筑节能标识证书应该包括建筑的基本信息、建筑能效水平、建筑物的节能潜力以及提高建筑能效水平的改进措施等。在英国的建筑能效证书改革中，特地将建筑能效标识与电气的能效标识设置一致，从而便于向公众普及能效标识知识，并促进其利用。图 6-9 中显示了英国的建筑能效标识，主要分为环境影响证书和能效证书，从而能够分析其节能减排的能力。

6.2.2 评估影响因素分析

1. 气候参数

气候因素对建筑节能有重要的影响。在不同的地区，因为气候因素差异，同种建筑的能耗特点也会大不相同。按照建筑热工条件分类，我国可以分为五个建筑气候区，即严寒地区、寒冷地区、夏热冬冷地区、夏热冬暖地区与温和地区。在我国严寒地区，具有冬季持续时间长，夏季时间较短，冬季严寒、夏季温和的特点，因此一年中的建筑能耗主要以采暖为主。而在我国夏热冬暖地区，具有夏季持续时间长且温度较高的特点，因此一年中建筑能耗主要以空调耗能为主。同样地，在统一地区，由于不同年限的气候差异较大，同一建筑的能耗也具有不同的特点。因此在进行建筑节能评估时，首先要考虑气候因素，这是提高建筑节能评估精确度和可靠度的首要因素。

现如今，在建筑节能评估中对气候因素的影响主要是采取结果修正的方法，主要基于以下假设：

（1）建筑能耗是气候因素的函数。这一部分的能耗主要包括空调能耗和采暖能耗，这部分是与气候条件，例如采暖和空调使用天数，呈线性关系。

（2）建筑能耗中包括恒定函数，例如室内照明，办公设施运行耗能，这一部分的能耗常年处于同一水平。

为了计算气候因素对建筑能耗的影响，人们基于稳态传热理论，建立了度日法，用于计算采暖期内室外温度逐日低于室内温度的方法。随着人们对建筑能耗数值要求精度的提高，人们又提出动态能耗计算法，能够逐时地计算建筑能耗。

2. 建筑类型

我国的建筑可以分为工业建筑和民用建筑，而民用建筑又可以分为公共建筑和住宅建筑，这些建筑的能耗强度具有很大差异。据统计公共建筑的能耗强度约为住宅建筑的4~5倍。公共建筑主要包括办公建筑、商业建筑、教育建筑、文虎体育建筑、公共交通和医院建筑等，这些建筑的能耗水平有很大差异，因此在建筑节能设计中对这些建筑的能耗有着不同的要求。为了计算分析这些建筑的能耗水平，主要包括两种方法：一是基于历史监测数据进行统计分析，但是存在着以下困难，例如建筑测量方法不同，测量数据不精确；测量数据较为陈旧，不能保证其现在适用性；此外可以通过已有监测数据进行评估模型校验，但是现场能耗监测是一个较为复杂的过程，对人力、物力和财力的要求较高。第二种方法是建立标准建筑，监测产生标准节能计算值，然而对于如何建立合理的标准建筑，是建筑节能评估中的难题。此外，对于形状较为复杂的建筑，例如卫生间、交通枢纽的建筑形状较为复杂，因此这些建筑的能耗难于评估计算。

3. 运行状况

建筑节能评估的直接途径为建筑能源的实时监测。在建筑能耗的实际测量过程中，一般采用各类能源在单位建筑面积上的消耗量来表征建筑能效高低。通过建筑能耗调查发现，即便是同一建筑在不同的时间段，能耗也会有很大的区别，这主要取决于室内人员数量及其活动，室内照明强度和时间、空调运行时间和强度以及其他设备的强度。以宾馆建筑为例，整栋建筑的能耗水平随着宾馆的入住率有直接关系。办公建筑在白天正常工作期间的能源消耗强度较大，但是在夜晚建筑的能耗水平较低；同时在正常工作日，消耗能源量较大，而在周末或者节假日的能耗将明显降低。对于同一类型的建筑，伴随着空调设备的安装率的提升，其能源消耗量也表现出很大的差异。此外建筑能耗也会随着空调形式有较大差异，公共建筑一般的中央空调安装数量将会对建筑的能耗有显著影响。

4. 室内热舒适性要求

室内的空气温度、相对湿度和清新度对室内舒适度有很大影响。目前，国际上通用的良好室内空气质量的定义为"空气中污染物的浓度低于权威机构公布的有害污染物浓度，同时居住在室内的 80% 的人员对室内空气表示满意"。这种室内空气质量定义法结合了人们的主观感受与客观的有害物质浓度，是当今比较科学全面的方法，丹麦工业大学的范杰（Fanger）教授提出的预测人体热感觉指标得到了全世界学者的认可与应用，与 PMV 相似的室内热湿舒适度指标还包括有效温度指标和标准有效温度指标两种。

在上文中给定的能源效率的定义为在不降低同等能源服务水平的前提下，降低能源使用，也就是说建筑能效水平的提高不能降低室内舒适度。在 2003 年，我国颁布的室内空气质量标准明确地提出了室内空气质量的概念，并且要求室内空气无毒、无害而且无色无味。由于人体表皮舒适度与人体和环境的热湿交换平衡有关，主要是受到室内温度、体表温度、相对湿度、空气运动速度、室内热辐射强度、人体的新陈代谢和着衣水平的影响。

由于公共建筑主要是采用空调通风采暖的方法，来提高室内舒适度，因此造成了大量的能源消耗。不同建筑物的功能与使用效率不同，因此其室内热湿舒适度也有很大的差异。我国办公建筑设计规范中对建筑的使用年限和耐火等级做了详细说明。从能耗的角度来看，不同类型的建筑的热舒适度不同，室内能耗也不同。此外，建筑室内照明也会对建筑物能耗和舒适度造成一定的影响。

5. 其他因素

可再生能源的利用已经成为当今建筑发展的主流方向之一，因此在建筑节能评估中，需要考虑可再生能源的重要性，并对其实行能效评估制度。现如今，人们对公共建筑能耗的要求越来越高，但是公共建筑的建造年代具有很大差异，如何对旧既有公共建筑进行能效评估是一个难题。这主要是因为新建建筑的节能水平要求较高，如何降低对公共建筑节能水平的要求，将不利于新建建筑节能的提高。如果增加对既有公共建筑节能水平的要求，将不利于既有公共建筑的改造。

6.2.3 建筑能效标识的需求管理模式

1. 供应端管理模式

与传统的建筑行业相比，我国建筑节能产业发展缓慢，其主要原因有以下几个方面：

一是节能产业的发展面临一定的市场风险。目前，我国传统的建筑产业现阶段已形成较为成熟稳定的市场，生产企业已经达到一定的规模，生产技术、设备先进适用，更为重要的是企业的利润水平相对稳定，而发展节能型建筑材料、建筑设备及节能建筑市场所面临的市场风险、生产风险、技术风险、投资风险都会使生产厂家对节能型产品的接受有本能的抗拒。因此，生产厂商很难自觉转型生产节能型建材和设备。

二是建筑节能技术的研发、市场转化存在瓶颈，加上建筑节能技术的研究经费投入不足、起步较晚、技术不成熟、研发不均衡、市场前景不确定、推广宣传力度不够等，都会影响厂家对节能型技术的采用，其中的关键问题是节能技术向市场转化过程中缺乏相应的政策和合适的转化方式，势必造成转化的成功率低，无法形成产、学、研的有机结合。

三是建筑节能产业无法形成终端市场的有效需求。由于消费者建筑节能的意识还不是很强，致使节能产业很难形成终端市场的有效需求，因此，从供需关系上直接影响了节能型建筑产业的发展。同样，生产厂家节能意识的淡薄，导致他们无法创造商机，用新型节能产品开拓新的需求市场，以适应未来的市场环境。买方不愿买，卖方不愿卖，使得节能型建筑产业举步维艰。

四是节能管理方式的单一化导致建筑节能产业发展的推动力量较小。目前我国建筑节能领域市场失灵，节能产业基本是靠政府的行政手段推动，而行政手段的单一化对建筑节能产业的推动作用是非常有限的，因此充分利用市场机制的作用来推动节能产业是今后面临的主要问题。

传统建筑节能产业的供应链是一种以生产供应为核心的模式，在传统节能产业的供应链中，用户只是最终产品的被动接受者，生产者只会采取简单的促销的方式将节能建筑及其他节能设备或产品推销给用户，根本不会考虑用户的需求，由此造成了建筑节能产业的管理模式单一，尽管在建筑节能的生产端或供应端采取了一系列有效的措施，但由于用户对于建筑节能产品及节能建筑的有效需求相对不足，难以引起整个产业链的连锁反应。从而使建筑节能相关产业的发展缓慢，如图 6-10 所示。

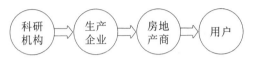

图 6-10　传统建筑行业供应链

2. 需求侧管理模式

需求侧管理（Demand Side Management，DSM）可以应用在许多领域，在电力系统里应用就叫作电力需求侧管理。电力需求侧管理是指通过采取有效的激励措施，引导电力用户改变用电方式，提高终端用电效率，优化资源配置，改善和保护环境，实现最小成本电力服务所进行的用电管理活动，DSM 是促进电力工业与国民经济、社会协调发展的一项系统工程。如同发电、输电、配电等供应侧资源一样，DSM 也是一种可供选择的资源，被称为需求侧资源。

20 世纪 70 年代，全球遭遇了两次大的能源危机。美国等西方资本主义国家经受了由能源危机而引发的经济危机和来自环境保护方面的压力，为此它们开始调整新的能源战略，把节约能源和保护环境放在非常突出的位置。政府通过制定法规、标准和政策，加强宣传、教育和激励，逐步形成了一套综合资源规划和需求侧管理的先进技术和方法，从而产生了一种把需求侧节约的资源当作供应方可替代的资源来进行开发的全新观念。从资源开发和利用的角度上看，这是思维方式上的大突破，也是能够保证经济、能源、环境实现可持续、协调发展的资源规划战略。从理论上讲，这种战略可以应用于多种公用事业。由于在电力方面应用得比较成熟，就形成了所谓的电力需求侧管理。

需求侧管理是一种自发的，以节能为市场、以科学用能技术为支撑、以服务为手段、以盈利为目的的经营行为，而不是政府或垄断企业干预和管制的一种方式、方法，或者结果。传统的以供应侧管理为重点的管理方式是推动式管理，即以产品生产和制造为核心，而消费者处于被动接受的末端，其模式为"供应商—制造商—分销商—零售商—消费者"；而需求侧管理则变推动式管理为拉动式管理，启动整个产业链的不再是制造商而是最终用户消费者，可以根据最终用户的需求进行产品的设计和生产，最大化地满足消费者的需求。

目前，我国经济社会发展面临资源短缺和环境保护双重压力，实施需求侧管理，不仅可以有效缓解当前能源的压力，而且是实现科学发展观、建设节约型社会的重要举措。国内外的经验都充分表明，能源建设与需求侧管理同等重要：如果说能源建设是第一资源的话，那么需求侧管理就是开发第二资源，而且潜力很大。从我国的能源分布和结构来看，加强需求侧管理有利于节约能源，有利于环境保护，有利于引导全社会科学合理用能。

3. 需求侧管理机制

自 20 世纪 70 年代以来，建筑节能成为发达国家关注的热点。而 90 年代提出可持续发展理论和环境资源保护的紧迫性以后，建筑节能更成为世界各国关注的热点。这几十年间，除了建筑节能技术日臻完善之外，人们对建筑节能的认识也在逐渐深化，特别是能源需求侧管理理论，使建筑节能的观念有了深刻的变化。"建筑节能"的英文词"Building Energy Saving"已经逐渐为"Building Energy Efficiency"所取代。这一字之差，实际上反映了对建筑节能的认识从单纯地抑制需求、减少耗能量，发展成为用同样的耗能量或用少许增加的耗能量来满足人们迅速增加的健康和舒适感的需求，进而提高工作效率和生活质量。

在建筑节能领域中，DSM思想的核心，是改变过去单纯以增加资源供给来满足日益增长的需求的做法，将提高需求侧的能源利用率而节约的资源作为一种替代资源。DSM的思想是人们观念上的一个飞跃，它使建筑节能技术的发展进入到理性的阶段。

如图6-11所示，在需求侧管理思想下，建筑能耗与人的需求之间的关系，即为人类的需求或所提供的服务与提供需求或服务所消耗的建筑能耗的关系。需求越大，所需要的能耗就越高。初始状态下，提供D0的需求所消耗的建筑能耗为E1；在需求侧管理思想的影响下，如果在原来的能耗E1的条件下得到D1的需求，唯一的办法就是降低线性曲线的斜率，即提高能源的利用效率。

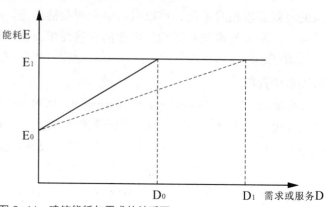

图6-11　建筑能耗与需求的关系图

目前，我国建筑节能产业发展缓慢，其本质问题不是节能建筑或建筑节能相关材料、产品的供应不足，而是建筑节能的有效需求相对不足，供需之间的矛盾是造成建筑节能产业发展迟缓的根本原因。

因此，在建筑能效标识体系中，能效标识的作用在于刺激建筑节能的需求端——用户，改变用户的需求状态，使用户由无需求变为有需求，由潜在需求变为现实需求。通过所标识的建筑物的能耗信息使用户了解建筑物的能耗与自身能源费用的关系，培养用户主动节能的意识。当人们认识到节能型建筑物有所值时，自然会接受节能型建筑及其产品。建立买方市场后，通过经济杠杆的调节，原有的传统建筑产品生产企业看到了商机，自然会自觉地调整自己的生产，通过投入新的或改造已有的技术和设备来生产符合市场需要的节能型建筑产品。因此，用户通过调整自己的需求行为，积极购买节能型的建筑，提高建筑物的终端用能效率，从而带动了整个建筑节能需求链的连锁反应：开发商积极开发节能建筑，生产商主动生产销售节能材料或用能设备，科研机构则加大力度研究开发节能技术和生产工艺，从而带动整个建筑节能的良性发展。

6.2.4　建筑能效标识的运作机理

1. 建筑节能市场信息不对称

在建筑节能市场中，存在着典型的信息不对称现象：一是建筑材料、部品的生产商与房地产开发商之间关于建筑材料、部品热工性能及能效水平信息的不对称，二是房地产商与购房消费者之间关于商品建筑的能耗指标及能效水平的信息不对称。本节的主要内容就是从经济学上的信息不对称理论出发，分析建筑节能市场中的信息不对称现象。

在我国建筑节能市场中，存在着典型的信息不对称现象：一是节能材料、部品及产品的生产商对自己所生产的产品质量非常清楚，而房地产开发商则很难掌握市场上所出售的节能材料、部品及产品的质量，而且很难区分出这些产品之间的质量差别，因此，生产商处于信息优势的一方，而房地产开发商则处于信息劣势的一方；二是房地产开发商在建筑工程项目的立项、规划、设计、施工、竣工等环节所掌握的建筑的节能性能方面的信息要明显多于要购买房屋的普通消费者，而且由于建筑能效的特殊性质，消费者很难根据建筑物的表面特征来判断建筑能效的高低，因此在这个环节也存在着建筑能效信息的不对称现象。

逆向选择是非对称信息的一种形式，是指参与人双方在签订合同前的一种信息不对称形式。在合同签订过程中一方掌握的信息多于另一方的信息，从而造成在逆向选择情况下市场运作的无效率。在节能建筑市场上，建筑能耗或能效大小的不确定性是逆向选择的根本原因，而基于建筑能效不确定性基础上的市场信息差别是逆向选择的直接诱惑因素。当不同能效的建筑产品在市场上销售时，只有开发商能够观察到他们所销售的每栋建筑的能效水平，而购房者在购买前最多只能够观察到产品质量的分布，也就是说，买主在购买商品房前不能确切了解每栋建筑的具体能效水平，最多只能够了解建筑能效水平的平均分布。由于没有其他任何方式使购房者确定每套住宅的具体能效水平，这样，低能效建筑往往将伴随着高能效建筑一起销售。从买方市场看，在这样的市场中进行选择是不利的。在此条件下，我们称买方市场选择为逆向选择。阿克洛夫（Akerlof）揭示的"柠檬"市场属于商品销售领域中具有逆向选择性质的典型市场。

在建筑节能市场中，当节能建筑的节能性能或节能材料、部品及产品的质量存在不确定性与差异性而形成买卖双方对产品质量信息不对称时，就会产生"柠檬问题"。建筑节能的系统复杂性，决定了建筑能效具有高度的不确定性与差异性，只有经消费者亲自居住上一段时间才能较为准确判断其保温、隔热、采暖、通风、照明、采光等能效特点。因此，建筑节能产品或节能建筑属较为典型的经验型商品。在没有其他方式使买方确定每栋建筑具体节能性能质量的情况下，非节能的建筑往往将伴随着节能建筑同时销售。从买方市场看：在这样的市场中进行选择是不利的：当房地产商对出售非节能建筑进行决策时，将对买主有关建筑平均节能性能的认识产生影响。因为，最有可能出售的建筑总是卖主最想放弃的非节能建筑，而在这种最想放弃的行为中，往往包含卖主最想传递给买主的有关产品的质量信息（其中包含虚假的质量信息），从而使高质量产品的卖主受到损害而逐步退出市场，最终形成"柠檬市场"上的建筑节能性能的恶性循环。

2. 信号传递机理

在建筑节能领域，存在着房地产开发商与购房消费者之间的建筑能效信息不对称的现象，而建筑能效标识是解决这种建筑能效信息不对称的最好的方式。建筑能效标识以信号传递的方式披露建筑物的能耗信息，使房地产开发商和购房消费者之间的信息不对称现象趋于公开，从而解决了建筑节能市场上存在的失灵现象，使更多的消费者了解节能建筑对于自身能源费用的节省带来的收益，增加了消费者对于购买、使用节能建筑的兴趣，从而能够不断带动节能建筑市场需求，刺激开发商不断开发节能建筑，推动建筑节能工作的开展。下面的模型简单地说明了建筑能效标识的信号传递作用。

假设目前市场上有两种开发商：节能建筑开发商和非节能建筑开发商，其中节能建筑的价值为，非节能建筑的价值为，其中。然而，市场上所销售的商品房的价格是一个统一价格（假定商品房除了节能性能的差别外，其他价值是一样的），因此，消费者无法区分哪些建筑是节能的或者是非节能的。虽然购房消费者（买方）不能直接观察到市场上所售商品房的真实价值，但他们可通过建筑能效标识所显示的建筑物能耗方面的信息观察到建筑物的能效水平。然而建筑物进行能效标识需要增加测试、评估方面的成本，且对于节能建筑来说，通过能效标识得到自身真实能效水平的成本相比非节能建筑要小一些，因为非节能建筑本身的能效较低，如果想通过能效标识提高自身的能效信息只有两种途径，一种是进行建筑的节能改造后进行标识；另一种是通过虚假的能效标识信息，一旦被发现，后果将非常严重，因此这两种途径的成本或代价对非节能建筑来说都是非常巨大的（图6-12）。

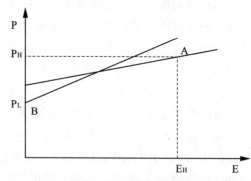

图6-12　节能建筑与非节能建筑开发商的无差异曲线图

有了这些偏好，开发商所出售的节能建筑若经过测评标识后能效水平为EH，则获得较高的价值，相反，非节能建筑开发商的最优选择是B点的最低能效水平，因为如果他们选择A点会更差，因为开发商很难通过能效标识所标出的建筑能效方面的数据来得到较高的能效指标，除非选择非法的途径出具虚假的能效数据或者进行建筑的节能改造进行。购房消费者的预期，即建造不同能效水平建筑的开发商通过能效标识对建筑物进行不同能效大小的信息标识，而且在这种信号均衡时是自我实施的，与市场失灵（高能效的建筑被逐出市场）不同，这些节能建筑在市场上销售，并且通过建筑能效标识把自己和非节能建筑区分开来。

3. 运作方式

建筑能效标识是指将反映建筑材料、部品的热工性能指标，建筑物的能耗指标、能效水平指标及其他与建筑物有关的信息以标识的形式进行公示。根据定义可知，建筑能效标识的运作过程有两个阶段，一是建筑物、建筑材料及部品的能耗或能效的测评阶段，二是建筑物、建筑材料及部品的能耗或能效的信息标识阶段。这两个阶段概括了建筑能效标识的全过程，其中测评阶段中测评主体的不同，决定了标识阶段的实施方式的不同。因此，根据建筑能效测评主体的不同，建筑能效标识运作方式可分为两种：一是采取第三方测评的方式，二是采取第一方测评的方式。

1）第三方评测标识

第三方测评标识是目前世界上应用较多的一种建筑能效标识方式，其主要特点是由政府授权的第三方测评机构对房地产商所开发的建筑物的能耗或能效进行测试、评估，第三方测评机构并根据测评结果出具建筑物能耗或能效水平的证明，并将此证明以标识的方式向公众明示。在这种方式中，第三方测评机构占有重要的地位，它应该是具有一定权威的专业机构，并保持客观、公正的态度，最重要的是对测评所出具的结果和标识信息负有法律上的责任。

第三方测评标识的优点在于：采取了市场化的运作方式，利用了社会中介机构，避免了政府过多的行政干预，保证了测评标识结果的客观、公正性；其缺点在于容易形成能效测评行业的垄断，增加测评成本，因此，应逐步培育建筑能效测评服务行业，通过市场竞争的方式降低测评成本，并注意对测评机构的监管。

2）第一方测评标识

第一方测评标识目前广泛应用于电器产品类的能效标识中，而应用于建筑领域的不多，其主要特点是建筑材料、部品生产商或房地产开发商对所生产的产品或开发的建筑物自行进行能效测试、评估，并将测评结果以标识的方式进行公示。这种方式中，建筑材料、部品生产商和开发商的专业测评技术水平至关重要，此外，生产商和开发商对测评结果或标识信息负有法律上的责任。

第一方测评标识的优点在于：采取开发商和生产商自我测评并声明的方式，使得开发商或生产商成为建筑能效标识信息真实性的第一责任人，无形中给开发商形成了压力。其缺点在于很难对生产商或开发商的行为进行有效监管，很难保证能效测评标识信息的真实性；此外，由于建筑能效测评技术较一般工业电器产品的能效测评技术来说难度更大，除非有专业的技术和设备，普通的生产商或开发商很难准确地对建筑能效进行测评，只能根据建筑节能设计标准的要求大概地估算出建筑物或产品的能效水平，而很难精确地测出建筑能耗的大小。

由此可知，在建筑能效标识运作方式中，我们主要采取第三方测评标识的方式，而对于第一方测评标识，则会根据具体的情况适当选用。

4. 相关主体的进化博弈分析

建筑能效标识体系涉及的相关主体较多，有房地产商、用户、政府机构、测评机构，此外还有有关的材料设备供应商、节能技术、科研机构等，而众多主体中，能够从需求侧带动能效标识运转并推动整个建筑节能事业向前快速发展的核心主体应该是用户和房地产商。用户和房地产商处于建筑节能的需求侧，他们的积极性将直接影响整个建筑节能的供应链的良好运转，此外，用户、房地产商这两类主体在建筑能效标识体系中的相互作用的过程，类似于学习速度不快的成员组成的大群体随机配对的反复博弈。

目前包括合作博弈理论和非合作博弈理论的主流博弈论，在理性基础方面采用的是一种"完全理性"的假设。这种完全理性假设的现实性明显是有问题的，因为它不仅意味着博弈方绝对不会犯错误，决不会冲动和不理智，即使在复杂的多层次交互推理中也不会糊涂，不会相互对对方的理性、能力、信任和对信任的信任等有任何怀疑和动摇。

进化博弈论（Evolutionary Game Theory）主要研究人类经济行为的策略和行为方式的均衡，以及向均衡状态调整、收敛的过程与性质。进化博弈论放弃了传统博弈论的完全理性假说，将博弈方视为有限理性的博弈方（Bounded Rational Player），它们在相互竞争的同时完成自身的进化。有限理性首先意味着博弈方往往不能或不会采用完全理性条件下的最优策略，意味着博弈方之间的策略均衡往往是学习调整的结果而不是一次性选择的结果，而且即使达到了均衡也可能再次偏离。博弈分析理论也称为"进化博弈论"或"经济学中的进化博弈论"。

在一个由 N 个独立个体组成的群体的复制动态分析中，假定所有的博弈方均采用纯策略进行博弈，博弈方可选择的纯策略为 i，$i \in I=\{1, 2, \cdots, k\}$。以 s_i 表示在时刻 t 选择纯策略 i 的个体在群体中所占的比例，以 $f(s_i, s)$ 表示群体中选择纯策略 i 的个体的收益，以 $f(s, s)$ 表示群体的平均收益。有以下复制动态方程：

$$\frac{\mathrm{d}(s_i)}{\mathrm{d}t} = s_i \times [f(s_i, s) - f(s, s)]$$

此方程表明：采用既定纯策略博弈方的比例的变化率与该类型博弈方在群体中所占的比例成正比，与群体中选择纯策略的个体的收益大于群体平均收益的程度成正比。通过对此方程求

解，就可以得出博弈过程中的稳定状态。一般，可以把上述复制动态方程简记为

$$\frac{\mathrm{d}(s_i)}{\mathrm{d}t} = F(s_i)$$

即

$$F(s_i) = s_i \times \left[f(s_i, s) - f(s, s)\right]$$

由上述方程求解得到的稳定状态其抗干扰能力是不同的，抗干扰能力强的稳定状态被称为"进化稳定策略"（Evolutionary Stable Strategy，ESS）。ESS是生物进化理论中在动态调整过程里受到少量干扰后仍能"恢复"的稳健性均衡概念，是进化博弈分析最核心的均衡概念。

设 s 是博弈 G 的一个策略组合，如果存在 ε^0，对任意的，对任意的 $s' \neq s$ 和任意的 $\varepsilon \in (0, \varepsilon^0)$，满足

$$g(s, (1-\varepsilon)s + gs') > g(s', (1-\varepsilon) + gs')$$

则称 s 是一个"进化稳定策略"。在上述不等式中，表达式 $g(a, a)$（策略1，策略2）表示博弈方在双方策略为 (a, a)（策略1，策略2）时的收益。在此定义中，ESS代表一个群体抵抗变异侵袭的一种稳定状态，当主导策略 s 受到少量（$\varepsilon\%$）变异策略 s' 侵袭时，定义中的不等式要求主导策略严格优于变异策略。

在建筑节能市场上，用户是节能建筑的需求端，对节能建筑的市场销售有着非常重要的影响。在能效标识体系中，用户也是非常重要的主体之一，建筑能效标识的主要目标就是引导市场，拉动需求，因此，分析用户在能效标识中的行为，尤其是用户与房地产开发商的博弈过程，对于研究建筑能效标识运行的机理，以及实施建筑能效标识制度，都具有理论上和现实上的重大意义。

建筑能效标识体系的建立过程中，房地产开发商与用户之间的关系是一种选择与契约的动态过程，但与此同时我们必须注意到，由于用户与开发商都是分散的个体，在决策过程中并没有完全掌握所有信息，而且在决策的过程中难免犯错误，总之，他们之间的博弈也是基于一种有限理性的过程。

6.2.5　建筑能效测评体系的基本框架

1. 节能材料、部品及设备的能效测评

建筑物是一个复杂的能耗体系，其物质基础是节能材料、节能产品及其设备。从建筑的全寿命周期来看，建筑材料、节能产品和设备具有十分重要的作用，贯穿于建筑运行的始终。因此建筑能效评测的首要环节就是节能材料、节能产品及其设备的评测。具体的评测可以分为建筑产品和设备的评估，包括空调与供暖设备；另外一个是建筑节能材料的能效评估，例如围护结构材料的性能测试（图6-13）。

首先是建筑产品和设备的评估，其主要评估对象为空调系统，评价指标为其能效比和性能系数；而建筑材料的主要评估对象为建筑围护材料，评价指标为热工性能。以建筑门窗为例，我国每年的新建建筑和公共建筑面积达到20亿 m^2，如果按照窗地比的比例为1/6.5，那么我国的窗户面积达到3亿 m^2。如果这些围护结构的热工性能较差，那么就会影响整栋结构的采暖系统和空调系统的效率。因此，门窗的能效标识评估十分重要。

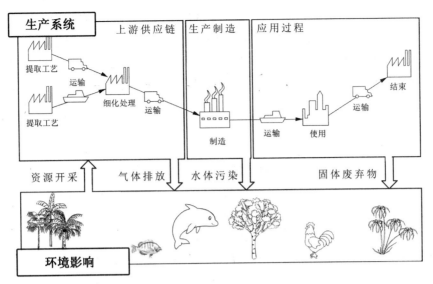

图 6-13 建筑产品、材料或设备的全生命周期

1989 年，美国成立了门窗评定委员会，这是专门负责门窗性能评估的第三方非营利组织，主要包括节能产品生产商、开发商、建筑设计人员、施工人员、技术人员、政府部门人员以及公共事业人员等组成。该门窗评定委员会建立了门窗能效标识，用于为建筑技术人员和建筑耗能水平提供较为公正、准确、统一的评定方法，从而有助于评测机构得出科学、统一的能效评估结果。

澳大利亚门窗协会、门窗委员会根据建筑门窗的耗能特点，结合对室内采暖和空调系统的要求推出了门窗能效标识。同时其能耗标识还考虑门窗的传热系数、太阳辐射得热、门窗太阳光透过系数，以及空气渗透比纳入到了该能耗标识。因此，其可以同时满足建筑能效水平，还可用于节能认证等。因此可知建筑结构材料及其产品的能效标识，需要包括性能指标和评估指标两个部分。

2. 新建建筑的能效测评

建筑物的能耗系统较为复杂，并且建筑物的节能水平与整个生命周期内的节能标准实施有直接关系。例如建筑节能设计阶段，对于建筑节能目标和节能水平的要求将会决定着以后各部分的节能效果。除了建筑节能设计之外，建筑施工质量的好坏也会影响着建筑物最终的能效水平。新建建筑作为一个较为复杂的系统，各耗能部分未能完全进行，因此并不能通过现场实测来获得建筑能耗数据，也不能完全通过现场实测进行节能评估。随着计算机的发展，建筑物模拟已经能够精确、客观地模拟部分建筑的节能效果。但是通过数值模拟得到的建筑能耗结果可靠性和有效性需要经过进一步的论证。

因此对于新建建筑的能效评估需要采取数据监测与能耗模拟相结合的方法。根据施工图纸，建立计算机模型，对建筑各部分的能耗进行实时模拟分析，同时对建筑物关键部位的能耗进行实时监测，用于验证分析。

1）计算机模拟分析

一旦建筑开发商完成建筑设计方案，需要即建建筑的基础资料和设计问题提交给相关的能效测评机构。能效测评机构将会根据施工图纸以及提供的相关产品的节能性能参数，建立起该建筑的能效测评模型。通过计算机的模拟分析，即可得到该建筑物的能效指标。在计算机模拟分析过程中，需要着重考虑建筑环境对计算结果的影响。建筑环境可以分为室外建筑环境和室内建筑环境，其中室外建筑环境包括室外的气候特征以及建筑物周围的地理环境；而室内建筑环境则是室内的各种热源，例如在办公建筑中，主要包括计算机、工作人员、空调设备、供暖设备以及线路等。在模拟过程中，还需要注重这些设备以及室内人员、室外环境的动态变化，从而能够针对环境变化，逐时地获得室内能效指标，从而为满足建筑物舒适度和建筑节能提供科学依据。

2）模拟验证阶段

为了保证新建建筑能耗数值模拟分析的正确性，需要对建筑模型的关键部位进行验证分析，从而提高节能评估的可靠性。验证分析主要包括以下几个步骤：首先要校验设计方案的相关资料，主要包括设计项目的建筑节能成本与资金预算，检验其是否满足建筑节能的设计要求；其次是分析建筑规划方案的可靠性，主要分析对象包括小区的建筑风环境、热岛效应、小区内建筑采光和日照分析，从而提出相应的意见与建议；再次在设计人员完成施工图后，需要进行施工图节能审核，并推算预测建筑的保温隔热性能，并检查施工质量是否满足建筑设计要求；最后一旦建筑完工，需要进行试运行，并对实际建筑的热工性能进行监测。完成监测之后，需要比对建筑模拟能耗水平与实际建筑构造的热工性能，从而可以修正计算机参数，得到正确可靠的能耗指标。

3）综合评估阶段

在对建筑物能耗模拟分析与建筑项目能耗监测之后，需要对整个建筑物进行节能评估。此时的建筑节能评估需要综合对比分析模拟计算结果和节能监测结果，并将整栋建筑的节能效果与标准能耗水平的建筑进行比较，从而使得评定建筑的能效标识等级，为消费者提供较为直观的认识。

3. 既有建筑的能效测评

与新建建筑相比，既有建筑的能效测评比较容易。这是因为在能效测评中，新建建筑的各项用能系统尚未正常运行，只能采用模拟的方式进行；而既有建筑中的各项能源措施已经处于正常运转状态，因此便于进行现场实测和能源监测。同时采用这种方法具有更多的优越性：能够实时测量数据，对计算机设备的依赖性降低，可靠度和有效性较高。对于民有建筑测评的主要方法如图6-14所示。

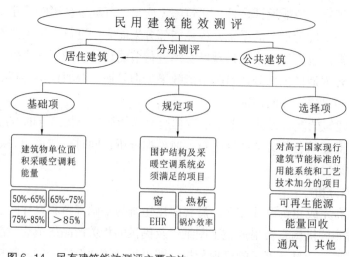

图6-14 民有建筑能效测评主要方法

对于既有建筑的能效测评，主要包括四个方面：

首先是建筑围护结构的热工性能。通常情况下，建筑的体形系数、窗墙比、围护结构的传热系数能够满足节能标准，即可认为能够通过既有建筑能效标识要求。建筑的窗墙比和围护结构传热系数较大，容易降低建筑结构的热工性能，对于不能满足标准要求的，应该进行节能改造。在改造过程中，与标准建筑的传热系数与热工性能相比，分析既有建筑的热消耗量，并以标准建筑参照物，重新调整设计围护结构的热工性能。通过重新设计的方案，只有各部分满足建筑节能设计标准，方可认为符合建筑节能标识要求。

其次是建筑围护结构的热桥现象。由于建筑围护结构的材料不同，在一些部位会产生热桥现象。因此在需要对热桥部分的内表面温度进行控制，要求居住建筑该部位的室内温度不得低于室内空气的露点温度，以免出现凝结，造成建筑物的霉变现象。

第三，建筑物内部温度需要满足居住要求。一般地，建筑物内部的最佳居住温度为16℃~24℃，因此要求节能建筑的温度需要满足这一条件。

最后，既有建筑的大部分能耗用于采暖和空调设备，因此需要提高单位建筑物上的用能效率，使其满足建筑节能标准要求，达到建筑节能的评估。通过上述四个方面的评估，即可完成既有建筑节能评估。

6.3 项目建设方案节能评估

6.3.1 建筑方案节能评估概述

1. 建筑节能评估的原理及内容

民用建筑节能评估，是指根据节能法规、标准，对被评估建筑的能源利用是否科学合理进行分析评估，主要目的是为了使新建建筑达到节能建筑的标准，控制其能源消耗总量。评估主要内容主要有三个部分组成，即能耗总量的估算、节能方案的评估及能评阶段提出的节能措施及建议。

建筑能耗通常指的是民用建筑的运行能耗，即在住宅、学校、商场、办公、文体娱乐设施、交通枢纽等非工业建筑内，为人们提供采暖、空调、通风、照明、生活用热，以及其他为了实现建筑各项功能所需消耗的能源。

国际上关于建筑节能方面的相关评估以列表清单法、生命周期评估方法及基于建筑能耗计算和模拟法三类为主。列表清单法实际上是将不同的问题进行标记并赋予这些问题相应的权重，然后分项评分，最终结果就会根据各项问题计算出来；生命周期评估方法是对建筑的物质和能量的输入和输出的作清单分析；以建筑能耗计算和模拟为基础的建筑评估方法通常以建筑运行阶段的能耗作为最终的评估指标，如单位面积能耗指标等，在此基础上进行评估。

对建筑的节能评估，应当遵循特定的法律法规及标准规范。这里提到的标准、规范统称为建筑节能标准。建筑节能标准可以分为五个大类：

（1）规定性方法：对建筑围护结构、主要设备等分别限定性能效水平，如瑞士就采用这种方法对新建公共建筑的照明以及空调负荷限值做出了相关规定。

（2）能耗限额指法：用一个整体的数值规定建筑的最大能耗限额，但不强制实现单项的指标值，加拿大（1995—2003）、英国（1984）、奥地利（1998）、瑞典（1994）、荷兰（1996）、挪威（1998）和新西兰（1992）的建筑节能标准使用了这种方法。

（3）权衡判断法：对建筑的各个部分都有限定值，但是可以对这些规定的遵守情况进行权衡判断。

（4）参照建筑法：参照建筑里的参数选择服从权衡规定，通过一套计算方案来判断实际建筑是否和参照建筑一样满足节能要求。

（5）复合规定法：以上几种方法的综合使用。各国对建筑节能标准的执行情况存在很大差异。规定性标准比整体性能标准更加易于实行，现在多数国家却更加倾向于使用整体性能标准。

2. 国内外方案节能评估发展状况

国际上一些欧美发达国家都已形成了完善的建筑节能评估体系，其中包括基于清单列表法的建筑能效评价方法：

（1）美国的能源与环境设计先导 LEED（Leadership in Energy and Environmental Design）；

（2）英国的建筑环境评估 BREEAM（British Research Establishment Environmental Assessment Method）；

（3）日本的建筑物综合环境性能评估体系 CASBEE（Comprehensive Assessment System for Building Environmental Efficiency）；

（4）澳大利亚绿色建筑委员会的绿之星（Green Star）；

（5）德国的 ECO-PRO；

（6）加拿大 Energy Guide。

基于生命周期评价方法：

（1）美国的 BEE；

（2）香港商业建筑生命周期能量分析 LCEA（Life Cycle Energy Analysis）；

（3）加拿大的 Athena；

（4）法国的 EQUER。

基于建筑运行能耗计算方法或者建筑运行能耗计算机模拟软件为基础的建筑能效评估方法：

（1）欧盟 EPBD 2010/31/EU 框架下的建筑能耗证书制度；

（2）英国基于标准评程序 SAP 的新建住宅能耗标识。

世界各国建筑节能标准，基本从以下三个方面来实现建筑节能的目标：

（1）建筑外形规定，包括对建筑系数及窗墙比等的规定；

（2）围护结构性能指标规定，包括对非透明围护结构和透明围护结构的传热系数等热工性能指标、透明围护结构的遮阳系数、围护结构的气密性指标等的规定；

（3）建筑设备系统规定，包括对暖通空调系统、热水系统、动力、照明系统方案和设备能效、核实及标识要求等的规定。

3. 节能评估工作存在的问题

首先，人们对节能评估工作的认识还未转变。一直以来，以建筑节能设计标准为评价体系的建筑节能设计深入人心，大多数人认为只有到了施工图阶段，才对建筑的外围护结构、暖通系统等相关节能指标进行合规性设计。而节能评估工作的开展却打破了这一模式，它要求在建筑的规划和策划阶段，节能工作就提前介入，甚至在没有详细施工图设计的基础上，就要得出建筑的全年能耗量或是建筑的整体能效水平。这样的转变，令许多专业人员费解，同时认为评估工作难以进行。

其次，评估标准不明确。计算建筑物的能耗指标及全年能耗总量是建筑节能评估工作的一项重要组成部分。而能效对标也是评价建筑物节能水平的重要方法。目前，我国少数地区制定针对部分公共建筑，如学校、商场、超市等的能耗限额标准，但是由于建筑本身是唯一的，单体存在较大差异。在实际评估工作中，遇上指标远低于标准或是高于标准是非常常见，但是并不能以此就作为评估建筑节能与否的唯一凭证。所以评估标准的不确定性也存在于节能评估工作中。

再有，缺乏科学可行的评估方法。大多数评估人员在计算建筑负荷时，采用相关规范的推荐指标，利用负荷指标法进行冷热负荷估算，而又错误地将最终的计算指标返回去与这些规范所列的指标进行对照，进而得出建筑符合规范的结论，这无疑是犯了以标准评价标准的错误。各类资料所推荐的数据都是经过统计回归后的建议值，虽然具有普遍性，但是缺乏针对性，可能会与被评估建筑的情况相差甚远，而限制节能评估的进行。

最后，缺乏系统的综合评估。建筑节能作为一个系统，我们不仅对建筑进行单项评价，还应进行综合评价。所谓的综合评价是指根据设立的指标体系，逐层分析各层指标评价值，进而根据权重分析确定方案的总体评估结论。目前，在节能评估中对建筑的综合评估鲜有见到，导致评估结论缺乏综合性指标，而只是对各单项指标分别评估，未能将各表面上因性质、量纲不同而不具可比性的指标进行综合评估。

4. 方案节能评估的目的与意义

在全社会都面临能源问题的当下，建筑节能已成为不可避免的必然趋势。建筑节能的目的是通过提高建筑围护结构的保温隔热性能、暖通系统的能效、利用可再生能源等措施减少供热、空调系统、照明系统、用热系统的能源消耗量。

目前全社会各行各业都将面临能源短缺的问题。据统计，建筑能耗大约占了我国全社会能耗总量的40%。伴随着城市的发展，人们对居住环境要求的不断提高，采暖、空调设备及其他电器将普及，未来建筑能耗还将不断增加，能源问题更加凸显，因此低能耗的节能建筑在未来必将受到广大居住者的青睐。经相关政府部门利用科学合理且具有公信力的评估方法认证后的节能建筑将更加具有市场竞争力。

目前，我国民用建筑节能评估工作主要集中在建筑设计和施工两个阶段，对建筑规划、策划阶段的节能评估工作也刚刚起步，还为形成一套科学可行的评估方法。因此，研究、总结出一套科学合理、切实可行的民用建筑节能评估方法具有重大意义。

（1）科学合理的评估方法能有效帮助有关职能部门对民用建筑建设项目进行节能评估和审查，有利于国家从源头上遏制能源的浪费，把住节约能源关。

（2）合理的评估方法能促进我国建筑节能领域的发展。对建筑的设计、施工技术、材料设备等专业有指导性作用，推动整个行业向节能低碳的方向发展。

（3）对我国建筑领域节能目标的标规划及能源消耗总量控制的目标实现提供基础资料。

6.3.2　节能评估的理论与方法

1. 相关概念及内容

民用建筑的节能评估是一项系统而复杂的工作，它涵盖了建筑、规划、暖通、电气、能源、经济等多个专业学科的知识和方法。要做好建筑节能评估工作，必须要有一套科学、完善的理论基础作为支撑。

民用建筑节能评估是利用综合的评估方法评价、分析建筑的各节能因素，达到节能建筑的定性化及定量化目标。具体的民用建筑节能评估的主要目的有以下三点：①通过对指标的评估，判断建筑是否符合节能标准的要求；②通过各指标的综合评估来判断建筑的节能优越程度；③模拟、分析建筑的年能源消耗状况，评估建筑的能效水平。

1）评估依据

有关法律、法规、标准及规范，以及相关工程数据和技术合同。

2）项目概况

（1）建设单位基本情况；

（2）项目基本情况：项目建设方案及相关经济技术指标等；

（3）项目用能概况：项目主要用系统，能源消耗类型、数量及其分布情况。

3）能源供应情况分析

（1）项目所在地能源供应条件及消费情况；

（2）项目能源消费对当地能源消费的影响。

4）项目建设方案节能评估

（1）建筑规划选址、建筑外围护结构、暖通空调系统、照明系统等技术方案对能源消费的影响；

（2）主要耗能系统，及其能耗指标和能效水平；

（3）主要耗能设备，及其能耗指标和能效水平。

5）项目能源消耗及能效水平评估

（1）项目能源消费种类、来源及消费量分析评估；

（2）总体能效水平分析评估，通过层次分析法对建筑各项节能指标进行权重判断，并进行综合评分。

6）节能措施评估

（1）节能技术措施，建筑、动力、暖通空调、给排水、照明、电气等方面的节能技术措施，包括节能新技术、新设备应用、能量的回收利用，建筑围护结构及保温隔热措施、资源综合利用，新能源和可再生能源利用等；

（2）节能管理措施，节能管理制度和措施，能源管理机构及人员配备，能源统计、监测及计量仪器仪表配置等；

（3）节能措施效果评估，节能率及节能量测算，包括单位建筑面积能耗、建筑节能率等。

7）结论、问题及建议

通过评估结果对建筑进行节能评价，并分析存在的问题，提出相关的建议。

2. 节能评估的基本理论

1）动态传热理论

建筑围护结构的传热是一个复杂的过程，它涉及导热、对流换热及热辐射三种基本的热量传递方式。首先围护结构的传热量与内外表面与周围环境的对流换热有关，而室内外的环境是随季节和昼夜的变化、室内设备的使用情况而不断变化的。其次，围护结构的传热量还与太阳辐射强度相关，而太阳辐射强度也是逐时变化的。因此，围护结构的传热量是随时发生变化的，这样就需要以动态的方法来计算。

围护结构一般都是由热惰性较大的建筑材料组成的。这些材料内的温度分布情况会随着与之接触的环境温度发生改变而缓慢地发生变化，并同时伴有热量的吸收和释放。对于墙体的导热过程，由于墙体的厚度远小于其表面尺寸，可以视其为沿厚度方向的一维导热过程，其导热数学方程为

$$c_p \rho \frac{\partial t}{\partial t} = \frac{t}{\partial x}\left(k \frac{\partial t}{\partial x}\right) \qquad ①$$

式中 t——壁体内的温度分布，℃；

      c_p——壁体材料的比热，kJ/（kg·℃）；

      ρ——壁体材料的密度，kg/m³；

      k——壁体材料的导热系数，W/（m·℃）；

      x——壁体的厚度方向。

在室内一侧，式①的边界条件为

$$-k \frac{\partial t}{\partial x}\bigg|_{x=1} = h_{in}(t_a - t) + q_r + \sum_j hr_j(t_j - t) + q_{r,in} \qquad ②$$

式中 h_{in}——壁体内表面与空气的对流换热系数，W/（m²·℃）；

      t_a——房间温度，℃；

      q_r——壁体内表面吸收的太阳辐射量，W/m²；

      $q_{r,in}$——室内其他热源以辐射方式传至该表面的热量，W/m²；

      hr_j——温度为的另一表面与该表面的长波辐射换热系数，W/（m²·℃）。

当壁体的另一面也是室内时（内墙或楼板），其边界条件同式②，只是前面无负号。当另一面为室外时，则

$$k \frac{\partial t}{\partial x}\bigg|_{x=0} = h_{out}(t_o - t) + q_{r,o} + hr_{env}(t_{env} - t) \qquad ③$$

式中 h_{out}——壁体外表面与室外空气的对流换热系数，W/（m²·℃）；

      t_o——室外空气温度，℃；

      $q_{r,o}$——壁体外表面吸收的太阳辐射热量，W/m²；

      $q_{r,in}$——室内其他热源（人员、灯光、设备等）以辐射方式传至该表面的热量，W/m²；

      hr_{env}——壁体外表面与周围环境表面的长波辐射换热系数，W/（m²·℃）；

      t_{env}——周围环境表面的综合温度，℃。

对建筑物内所有壁体均可列出式①至③的动态传热方程。这些围护结构在建筑物内围合成许多建筑空间，对每个建筑空间内的空气温度变化可列出如下方程：

$$c_p \rho_a V_a \frac{\partial t_a}{\partial \tau} = \sum_{j=1}^n F_j h_{in}(t_j(\tau) - t_a(\tau)) + q_{cov} + q_f + q_{vent} + q_{hvac} \qquad ④$$

式中 c_{pa}——室内空气的热容，kJ/℃；

      F_j——壁体内表面的面积，m²；

      t_j——壁体内表面的温度，℃；

      n——壁体内表面个数；

      q_{cov}——室内热源以对流方式传给空气热量，W；

      q_f——室内家具放出的热量，W；

q_{vent}——由于室内外空气交换或与邻室的空气交换带入室内的热量，W；

q_{hvac}——供热空调系统送入建筑空间的冷热量，W。

在求解动态传热问题时，主要采用的为谐波反应法、反应系数法、状态空间法、有限差分或有限元等数值方法。

2）价值理论

作为评价学的基础理论之一，价值理论是一切评价的基础。在错综复杂的价值理论体系中，哲学价值理论和经济学价值理论成为价值理论的核心。

建筑节能的价值的核心是合理利用资源、实现低能耗建筑。运用价值理论进行建筑节能评估，通过对建筑的选址规划、围护结构、采暖、空调、照明系统的综合评估，可以减少不必要的能源消耗，提高能源利用效率，同时运用价值工程的概念进行建筑的节能设计，可以保证在满足建筑节能的要求下，剔除无效的建设成本，避免为追求高效节能建筑而带来的不必要的费用。

3）系统科学理论

系统工程既是一门工程技术，也是一种组织和管理技术。系统作为一有机整体，该理论站在总体的角度，对构成整体的各项组成因素、组织构成等方面进行分析，最终实现系统目标的最优化实现或运行。

系统分析是系统工程中至关重要的关键步骤，它实质上是依据科学的推理及主观的经验，利用数学的、统计的方法及科学的理论和先进的计算工具，从定性和定量两个层面来分析问题，从而根据分析的结果，充分挖掘潜力，动态地追求整体优化。系统评价是系统分析中最为重要的一个环节，它是优选和决策的基础。系统评价在方法科学、资料可靠、评价客观的原则上，根据预定的系统目标，从技术、经济、社会、生态等方面进行评审和选择，做出权衡判断，以对系统方案做出整体性的评价。

民用建筑节能评估中所涉及的因素有很多，所以必须建立能对照和衡量各个对建筑节能起到决定性因素的统一尺度，即评价指标体系。建筑节能评估应分别进行单项评价和综合性评价，单项评价是分别就建筑节能各因素进行详细评价，得到各评价方案在各评价指标下的实现程度，并对不同指标下不同量纲的实现值进行规范化处理。但是单项评价不能解决被评估项目的整体性评价，所以还必须进行综合评价，才能实现对项目方案的全面评估。综合评价是指根据设立的指标层体系，分别计算各层指标的评价值，进而得出方案的总体结论。

3. 评估的相关方法与工具

从评价学的角度出发，科学的评估方法大致可分为三类：基于专家知识的主观评价法；基于统计数据的客观评价方法；基于系统模型的综合评价方法。民用建筑的节能评估是一项基于建筑、暖通、电气等多专业的工作，应使用综合的评价方法来进行评估。

1）标准比照法

要做好民用建筑节能评估，必须建立完善的法律法规和标准规范体系。中国建筑节能经过近30年的发展，已经形成了法律、法规、规范性文件三个层次的法规体系。一栋建筑从可行性研究开始，直到最终的施工验收，都必须遵循相应的法律法规、标准规范。对民用建筑进行节能评估时，应首先将项目的各单项指标对照规范，对于标准中所列出的强制性条文，必须无条件符合。对于标准中提及可权衡计算指标，在不满足规定指标范围时，应通过综合权衡计算满足建筑节能的要求。这是对建筑节能评估的前提与必要工作，只有在满足标准规范的前提下，才能进行下一步评估。因此，标准对照法是民用建筑节能评估中不可替代的一种重要方法手段。

2）权衡计算法

前文已经介绍了许多国家结合使用基于整体能耗指标限值和规定性能指标的评估方法，即允许建筑不满足部分规定性指标，但是对整体的能耗指标进行限定。当部分指标不被满足时，可以通过其他部分加以弥补。此方法就是通过权衡计算来实现的。

权衡计算是一种对建筑物节能性能的判断方法。当建筑物各项评价指标中有任何一项不能够满足节能设计标准中的指标规定值或范围时，需要对该建筑进行权衡计算。具体做法就是构造出一栋虚拟的参照建筑，将其能耗计算结果与实际建筑能耗计算结果对比分析，并作出判断。权衡计算一般采用动态模拟的方法，利用能耗模拟软件来完成。

3）建筑能耗模拟软件

由于建筑环境的变化是一个多因素共同决定的复杂过程，传热过程是一个动态非稳态过程，运用人力很难准确计算建筑物的传热过程。因此需要借助计算机模拟的方法才能分析出建筑物在变化的环境状况下采暖、空调系统的逐时负荷变化，进而得出建筑物全年能耗量。

建筑能耗模拟软件用于建筑的动态模拟分析，如 DOE，EnergyPlus，ESP-r 及 DeST 等。此类软件通过模拟建筑的长期动态热特性计算建筑物全年的运行能耗。目前，在我国建筑节能设计和评估中常采用的三个软件分别是斯维尔节能设计软件 BECS2012、天正软件 - 节能系统 T-BEC 和 PKPM 节能软件。本文中拟分别采用斯维尔 BECH2014，BECS2012 进行采暖、空调能耗模拟及权衡计算。

4）模糊评价法

民用建筑节能评估是一个复杂的体系，其中的很多指标之间的关系是模糊的，由于其含义、量纲、表现形式不同，不具可比性。所以必须要有一种方法消除不同量纲导致无法综合评价的影响，而模糊评价法这是符合上述要求的方法。

模糊评价法是根据模糊数学的隶属度理论对某一系统进行综合评价。在模糊数学中，常把某一标准对某一指标评定的可能性大小，即这一指标隶属于这一标准的程度称作隶属度，一般用区间内的一个实数来表示，当研究范围内的任意元素在内变动时，则此时的隶属度就是一个函数，称为隶属度函数。

元素的指标即的变量大致上可分为三类：①正向指标，即取值越大越好；②适度指标，即取值应始终，不宜过大，也不宜过小；③负向指标，即取值越小越好。隶属度函数有很多，它的确定目前还没有一套成熟的方法，大多数还停留在经验和试验的基础上。但尽管不同的人选取不同形式的隶属度函数，只要能反应同一模糊概念，最终还是能取得较为一致的结果。

5）层次分析法

层次分析法（AHP）是一种综合利用定性与定量手段解决多目标的复杂问题的分析方法。问题按照其性质和目标被分解为多个的组成因素，将这些因素按照相互间的关联及隶属关系以不同层次组合，从而最终使问题归结为最低层相对于最高层的相对重要权值的确定或相对优劣次序的排定。

AHP 法的工作步骤大致如下：

（1）建立层次结构结构模型；

（2）构造判断矩阵；

（3）层次单排序及其一致性检验；

（4）层次总排序及其一致性检验。

（5）评估方法综合分析

民用建筑节能评估中，各理论与方法应紧密联系，正确组合，形成完整的评估方法体系。评估方法始终服务于评估内容，因此应当根据评估对象、评估角度及其他相关内容来确定相应的评估程序（表6-4）。

表6-4　　　　　　　　　民用建筑节能评估方法相关理论与方法分析

方法 / 工具	简述	应用
标准比照法	将建筑的各单项指标对照标准，检验评估对象对评价指标的完成程度	建筑节能评估的前期工作，应无条件遵循
权衡计算法	对不满足标准的可权衡指标进行权衡计算，对被评价建筑与参照建筑的能耗对比分析	建筑各单项指标的权衡计算，检验建筑是否满足节能要求
能耗模拟软件	模拟建筑的长期动态热特性，使用于模拟分析建筑物维护结构的动态热特性及建筑物全年的运行能耗	模拟分析建筑节能率及全年运行能耗
模糊评价法	根据模糊数学的隶属度理论对某一系统进行综合评价	指标无量纲化处理
层次分析法（AHP）	将目标分解成多层次问题，从而使复杂问题得以简化	指标的权重分析与确定

6.3.3　建筑节能评估方法的确立

1. 基本原则

民用建筑节能评估是一项复杂而又系统的工作。影响建筑节能的因素很多，并且这些因素间相互区别又相互关联，给建筑节能评估带来较大的难度。为了做到合理的评估步骤、正确的评估对象、科学的评估分析，必须遵循以下原则。

1）科学合理原则

民用建筑节能评估必须建立在科学、合理的原则上。在评估指标的选取、数据的处理、节能分析等评估步骤中，应以科学理论为依据、合理的方法为手段，才能准确地评估建筑在节能方面的表现。总之，评估应遵循以下几点：

（1）在满足节能目标的前提下，合理选取针对性指标，既要全面的反应与建筑相关的节能方面，又不能"一网打尽"而导致评估难以进行；

（2）数据的处理，包括指标的权重分析等应以科学理论为指导，按照相关方法进行，避免"经验主义"导致的数据或结果的失真现象；

（3）在对评估对象进行评价时，应充分结合各学科理论知识与被评对象的实际情况，做到评估合理，评价准确。

2）客观公正原则

对建筑能源消耗总量的估算以及对建筑节能方案等方面进行评估是民用建筑节能评估的两个重要组成部分，过程中难免融入评估人员的主观思想，因此在对项目进行评估时应尽可能避免使用个人主观意愿影响评估结果。评估人员必须做到评估内容客观、评估方法正确，对评估结果公正负责。

3）综合评价与重点突出原则

建筑节能是一个复杂的系统，系统内各元素间既相互独立又互相关联，共同构成一个有机的整体。为保证全面地评估建筑节能的整体情况，需运用层次分析法将各单项指标评价值（结论）回归到综合评价值（结论）。同时，在单项指标评价的过程中，应根据建筑的特点和所在区域的环境特征，针对建筑节能存在的问题，从建筑的规划选址、主要用能系统、节能方案等重点方面评估。

4）适用性原则

影响建筑节能的因素很多，节能评估方法应适用于所有民用建筑，这就要求评估内容提出偶然因素及特定条件的影响，保证方法的广泛适用性。节能评估同时应具备弹性，在建筑形式、功能不同或遇到特殊情况如新技术、新方法时，可适当增减相关内容，改变评价指标，以获得更加准确的评估内容。

5）可行性原则

可行性原则包括两个方面内容。其一，评估方法可行，即各评价指标概念清晰、层次分明、计算方法简便、评估分析简明扼要，方法整体易行可用。其二，能评阶段节能措施具有可操作性，应结合建筑特点及项目情况，提出具有实质内容的措施做法，切忌使用规范性套话或不切实际的空话。

2. 程序与依据

民用建筑节能评估是复杂的多步骤过程，其中包括了项目资料收集、规划资料和周边环境调查、资料分析、能源消耗量预测、方案节能评估、能评阶段节能措施、评估结论等主要步骤，在整个节能评估过程中，应始终遵循上述五项原则原则。民用建筑节能评估实质上主要可分为两部分，一是对建筑的全年运行能耗进行估算；二是对建筑节能方案进行评估。收集并分析相关资料是完成上述两项工作的前提，包括与能耗计算有关的计算指标及被评估的技术参数等。最后，在完成对建筑各方案评估后，若其存在需要改进完善之处，应当提出能评阶段的建议，并分析其效果。

1）评估依据

建筑节能评估依据主要由相关法律法规、规划、策划、标准、规范、可行性研究报告及其他有关文件和资料组成。

（1）《中华人民共和国节约能源法》；

（2）《中华人民共和国可再生能源法》；

（3）《中华人民共和国建筑法》；

（4）《中华人民共和国电力法》；

（5）《民用建筑节能条例》；

（6）《公共机构节能条例》；

（7）《固定资产投资项目节能评估和审查暂行办法》；

（8）其他国家部门、地方制定的法规等。

2）有关规划、政策规范性文件

（1）《中华人民共和国国民经济和社会发展第十二个五年规划纲要》；

（2）《"十二五"建筑节能专项规划》；

（3）《产业结构调整指导目录（2011年）》；

（4）《中国节能技术政策大纲》；

（5）国家鼓励发展的资源节约综合利用和环境保护技术；

（6）其他涉及建筑节能宏观政策、技术推广、标准执行、政府办公建筑和大型公共建筑节能、可再生能源利用、民用建筑能效标识等领域的规范性文件。

　　3）相关标准、规范
　　（1）《公共建筑节能设计标准》；
　　（2）《严寒和寒冷地区居住建筑节能设计标准》；
　　（3）《夏热冬冷地区居住节能设计标准》；
　　（4）《夏热冬暖地区居住节能设计标准》；
　　（5）《住宅性能评定技术标准》；
　　（6）《绿色建筑评价标准》；
　　（7）《外墙外保温工程技术规程》；
　　（8）《采暖通风与空气调节设计规范》；
　　（9）《民用建筑供暖通风与空气调节设计规范》；
　　（10）《城镇燃气设计规范》；
　　（11）《民用建筑电气设计规范》；
　　（12）《民用建筑节水设计标准》；
　　（13）《建筑采光设计标准》；
　　（14）《建筑照明设计标准》；
　　（15）《用能单位能源计量器具配备和管理通则》；
　　（16）《综合能耗计算通则》；
　　（17）与建筑节能相关的其他标准规范。
　　4）与工程项目有关的文件资料
　　（1）环境影响评价报告；
　　（2）可行性研究报告；
　　（3）相关规划、策划及初步方案资料等。
　　5）评估依据的确定
　　在确定评估依据时，应根据被评估建筑的性质、功能及特点，选取对应的评估依据。同时，应遵循如下两个原则。
　　时效性。在选取相关评估依据时，应注意文件或资料的时效，避免将废止的标准规范或失去时效的文件作为评估依据，否则将直接影响对建筑评价指标的选取及对相关指标的评估，导致错误的评估结论；
　　适用性。评估依据应适用于被评估建筑，避免出现的错误或不相关的评估依据，尤其应分清建筑类型是否与选取标准规范使用范围相符，以保证评估过程的准确无误。

3. 项目资料的收集及分析
　　1）项目建设单位基本情况
　　6号令中明确提出，固定资产节能评估文件中应包含建设单位基本情况，如建设单位名称、性质、法人代表、企业运营总体情况等。建设单位作为项目实施的主体，参与从策划到竣工验收的整个项目周期。对项目建设单位相关资料的审核分析，是保证项目正常运行的重要手段。对于民用建筑项目，首先应核查建设单位的企业发展概况，判断其是否有能力完成报建项目；其次应核实企业营业执照和开发资质，确定其有资质完成报建项目；最后，应核实建设单位的相关法律情况，校验其组织机构代码及法人代表等情况。总之，在收集分析建设单位相关资料时，应以保证项目能够合法、顺利地实施为目标。

2）项目基本情况

项目基本情况，如项目名称、选址、性质、建设内容、技术方案、总平面布置等，都应纳入相关资料的收集与分析当中，全面地了解项目各方面的情况是开展节能评估工作的基础。

（1）项目名称：项目名称是项目辨识的标志，节能评估中应核实项目名称的准确性，并保证评估文件中的名称与其他送审、报批的文件中一致，以便发改和其他主管部门的审批。

（2）项目选址：项目场址是项目具体实施的地点，直接影响到项目建设的各个方面。对于民用建筑类项目，应着重从场址的交通、区位情况、周围公共基础设施建设情况、工程地质条件等方面分析选址对项目实行的利与弊。

（3）项目性质：项目性质包括新建、改建、扩建三大类。不同性质的项目，其节能评估在内容及方法上也有差异。改、扩建工程还应分析原有建筑能源结构及消耗情况、主要耗能设备的能效情况及存在问题，并针对项目实施后对原用能情况的改善作用进行评估。所以在准备工作阶段，应分清项目的性质，以便正确地进行节能评估。

（4）建设内容：项目建设内容是节能评估的主体对象。建设内容应包括建筑类型、建设规模、经济技术指标、建设周期等方面，节能评估建立在对这些资料分析的基础之上。

（5）项目技术方案：技术方案是构成建筑节能评估对象的主要方面，应包含在项目可行性研究报告中。它包括总平面布置图，建筑的平、立、剖面图，水、暖、电的初步方案及主要耗能设备等。这些都是评估的核心部分，评估将围绕这些方面展开。

但是，目前由于各级政府对项目审批程序的日益简化，造成项目在可行性研究阶段过于粗线条，不可能提供与能评相关的许多性能指标和方案图纸。因此，大多数的节能评估都缺乏基础数据，评估内容缺乏深度。面对现状，本文提出解决方案：对于评估基本资料如项目总平面布置、区域位置图及建筑单体的平、立、剖面图应当必须提供，否则无法对其进行节能评估；对于暖通系统初步方案、给排水系统初步方案、电气系统初步方案及主要耗能设备清单应尽可能提供，当这些技术参数缺乏时，评估人员应当根据建筑功能及相关节能标准拟订方案，为建筑能耗量的计算提供基本的参照模型。

3）项目用能情况

项目用能情况即建筑能源消费结构，包含两方面的内容，一是能源消费种类，二是能源消费量。对于建筑节能评估，对能源消费种类的分析是能源消费量预测的前提。

目前，建筑消费的能源种类主要为电力、燃气、煤炭，部分利用可再生能源如太阳能、风能、地热等，而能源消费量则因建筑的不同而差异明显。建筑的功能和定位决定了能源消费结构，而能源消费结构反映建筑的最终用能方式，并间接反映建筑性能。对建筑能源消费种类的分析及消费总量的预测是建筑节能评估中一项重要的内容，应结合被评估建筑的使用功能和特点及建设地的能源规划确定能源种类，进而通过计算得出能耗量的预估。

4）项目建设地情况

（1）项目建设地能源发展战略及管理策略

项目所在地能源发展战略及能源管理策略包括电力、燃气、燃油、燃煤、可再生能源等新能源、热力资源、水资源利用方面的政策法规、相关标准和能源规划等资料。对项目所在地能源发展战略及能源管理策略的研究和分析能够帮助评估人员对项目整体用能结构和总量做出准确、有效的评估。

（2）项目建设地气象、水文资料

对于气象、水文资料的调查，首先应对数据来源、相应资料的翔实性能否满足相应评估的要求出发。气象资料应包括项目所在地的温、湿度及季节主导风向等。同时年平均气温（最冷月和最热月）、制冷度日数、采暖度日数等取空调系统负荷的计算也有决定性的影响。在对项目总平面布置及建筑朝向进行节能评估时，应根据节能规范中所提供的资料对其作出合理的评价。水资源重点在于分析建设地或周边的地表水水源资料以及周边城市给水排水管网等相关资料，进而对项目水资源利用的相关情况做出合理评估。

（3）项目建设地能源供应及消费情况

了解项目所在地周边的电力、燃气、燃煤、可再生能源等新能源以及水资源利用的现状和规划情况。掌握项目所在地电力、水资源的供应和消费情况，以保证项目实施后能源能够得到保障。

4. 建筑能源消耗量计算

1）供暖、空调能耗计算

供暖、空调能耗的计算通常是以建筑物冷、热负荷的计算结果为依据的，因此负荷计算的准确与否直接影响到能耗量计算的真实性。目前，大多数评估人员采用空调设计中的单位面积负荷指标法计算冷、热负荷，直接导致最终的计算结果远大于实际能源消耗情况，这是由于空调设计中负荷计算的目的是设备选型，选用的指标均为最不利因素下的指标值，而非逐时的负荷值。因此，为了更加准确地计算出空调设备的能耗量，在计算负荷时，应当采用动态的方法计算逐时负荷，再结合实际系统的能效值计算系统的能源消耗量。

由于动态计算的复杂性，建筑全年冷、热负荷通常利用计算机进行模拟计算，最终转化为电能的消耗。佛莱明（Fleming W.）通过能耗模拟和实验测试，对比发现模拟结果与测试结果在月统计基础上一致性较好，能够较准确地反映建筑实际能耗。能耗模拟过程主要由三部分组成：建筑能耗模型、空调系统模型和设备能效模型，在模拟时，三者彼此衔接，前一部分的输出作为后一部分的输入（图6-15）。

目前，国际上普遍采用伯克利实验室的DOE2软件，实现建筑全年负荷的动态分析，为新型冷热源的选择提供依据，并为建筑热特性的深入研究提供强有力的工具。我国的暖通负荷计算软件BECH2014正是采用DOE2作为其计算内核，并以AutoCAD为开发平台，用户可在AutoCAD界面下完成工程项目建模及空调负荷及能耗模拟等功能。本文案例分析中暖通能耗由BECH2014模拟计算、分析得到。

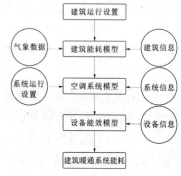

图6-15 建筑能耗模拟关系图

民用建筑能耗中除了供暖与空调能耗之外，还主要包含照明、电器设备、炊事、生活热水四个方面的能源消耗。能评阶段受条件限制，建筑内的耗能设备不可能一一确定，因此只能通过估算的方法计算其能耗，这些能耗负荷端相对稳定，可以用定额分配的方法计算，计算时应当参照相应设备参数得到单位面积指标定额，在缺乏相关数据时可以选取相关文献或工程的经验数据。

2）电力消耗量计算

（1）负荷计算

除供暖和空调设备外的用电负荷可以采用需要系数法计算。设备功率由单位面积功率指标与建筑面积确定，计算方法如下。

用电设备组的计算负荷：

有功功率 P_c：

$$P_c = K_x p_e$$

无功功率 Q_c：

$$Q_c = p_c \mathrm{tg}_\phi$$

视在功率 S_c：

$$S_c = \sqrt{p_c^2 + Q_c^2}$$

式中　P_e——用电设备组的设备功率，kW；

　　　　K_x——需要系数；

　　　　tg_ϕ——用电设备功率因数角相对应的正切值。

（2）变配电所计算负荷（项目用电负荷）

有功功率 P_c：

$$P_c = K_{\sum p} \sum (k_x p_e)$$

无功功率 Q_c：

$$Q_c = K_{\sum q} \sum (k_x p_e \mathrm{tg}_\phi)$$

视在功率 S_c：

$$S_c = \sqrt{p_c^2 + Q_c^2}$$

式中　$K_{\sum p}$，$K_{\sum q}$——有功功率、无功功率同时系数，分别取 0.8~1.0 和 0.93~1.0。

（3）无功功率补偿计算

对于用电负荷分散及补偿容量比较小的项目，一般采用低压补偿方式较合适，通常在变压器低压侧集中补偿，目前大多数采用电力电容器进行无功功率补偿。

功率因数计算：

$$\cos_\phi = \sqrt{\frac{1}{1 + \left(\dfrac{\beta_{av} Q_c}{a_{av} p_c}\right)^2}}$$

式中　P_c——项目的计算有功功率，kW；

　　　　Q_c——项目的计算无功功率，kvar；

　　　　a_{av}，β_{av}——年平均有功，无功负荷系数，a_{av} 一般取 0.7~0.75，β_{av} 取 0.76~0.82。

（4）补偿容量的计算

供电部门一般要求用户月平均功率因数达到 0.9 以上。因此，项目进行无功功率补偿，补偿后功率因数应达到 0.9 以上。

$$Q_c = p_c (\mathrm{tg}_{\phi 1} - \mathrm{tg}_{\phi 2})$$

式中　$\mathrm{tg}_{\phi 1}$——补偿前计算负荷功率因数角正切值；

　　　　$\mathrm{tg}_{\phi 2}$——补偿后功率因数角正切值。

（5）项目电能消耗计算

用年平均负荷来确定，项目年有功电能消耗量按下式确定：

$$W_y = (a_{ar} \times P_c + \Delta P_T + \Delta P_L) \times T_n$$

或者

$$W_y = a_{ar} P_c T_n$$

式中　a_{ar}——年平均有功负荷系数，当缺乏此数据时，作为估值取 0.7~0.75；

　　　　T_n——年实际工作小时数；

　　　　P_c——计算有功功率，kW；

ΔP_T——变压器有功功率损耗；

ΔP_L——线路有功功率损耗。

3）燃气消耗量计算

民用建筑燃气供应按对象可分为两类：居民生活用气和公共建筑用气。居民生活用气是燃气供应的基本对象，公共建筑包括食堂、饭店、幼儿园、医院、酒店、学校和机关办公楼等，燃气主要用于炊事和生活热水，也可能被用于供暖、空调的能源。

民用建筑燃气消耗量的计算可以采用定额法来计算。影响用气量定额指标的因素很多，如用气设备情况、居民生活水平和生活习惯、气象条件、燃气价格等。通常，建筑内设备齐全，地区平均气温低，则用气量指标也高。但是随着公共服务网的发展及燃具的改进，用气量又会降低。多种因素的共同影响导致了用气定额无法精确确定，一般是根据调查和统计结果，并通过综合分析得到平均用气量，作为用气定额。

（1）居民生活年用气量

在计算居民生活年用气量时，首先确定用气人数。

居民生活年用气量可按下式计算：

$$Q_j = \frac{Nq_j}{H_1}$$

式中　Q_j——居民生活年用气量，Nm³/a；

N——用气人数，人；

q_j——各类公共建筑用气定额，kJ/ 人·年；

H_1——燃气低热值，kJ/Nm³。

（2）公共建筑年用气量

在计算公共建筑年用气量时，需要确定各类用户的用气量指标及用气人数。

公共建筑年用气量可按下式计算：

$$Q_g = \frac{Nq_g}{H_1}$$

式中　Q_g——公共建筑年用气量，Nm³/a；

N——用气人数，人；

q_g——各类公共建筑用气定额，kJ/ 人·年；

H_1——燃气低热值，kJ/Nm³。

（3）建筑物供暖年用气量

当北方采暖建筑使用燃气作为燃料供暖时，燃气消耗量可通过建筑采暖全年能耗（由软件模拟得到）计算。计算公式如下：

$$Q_n = \frac{W_n}{H_1\eta}$$

式中　W_n——建筑全年采暖能耗，kJ；

η——供暖系统效率，%；

H_1——燃气低热值，kJ/Nm³。

（4）未预见用气量

用气量中还应考虑管网的燃气漏损及其他未预见的供气量，一般按总量的 5% 计算。

4）用水量计算

生活用水量区域性差异较大，一般主要受到两方面因素的影响，即当地气候和建筑物使用功能。其次用水设备和器具的优劣程度也有一定影响。用水量计算可根据《民用建筑节水设计标准》（GB 50555—2010）中式（3.2.1）计算：

$$Q_{za} = \frac{q_z n_z D_z}{1000}$$

式中　Q_{za}——住宅生活用水年节水用水量，m^3/a；

q_z——节水用水定额，$L/$（人·d）；

n_z——居住人数，按3-5人/户，入住率60%~80%计算；

D_z——年用水天数（d/a），可取365d/a。

$$Q_{ga} = \sum \frac{q_g n_g D_g}{1000}$$

式中　Q_{ga}——公共建筑年用水年节水用水量，m^3/a；

q_g——节水用水定额，$L/$（人·d）或 $L/$（单位数·d）；

n_g——使用人数或单位数，以年平均值计算；

D_g——年用水天数（d/a），根据实际情况确定。

6.3.4　建设方案节能评估

1. 项目选址与总平面布置

建筑的选址与总平面布置是实行节能建筑的关键因素之一，不当的选址或总平面布置可能成为建筑在节能方面的先天缺陷。高能耗建筑主要体现在夏季制冷和冬季采暖的能耗上，而太阳辐射和自然通风是最经济合理地减少冬季热负荷和夏季冷负荷的节能手段。因此在对建筑项目选址及总平面布置节能评估时，应从太阳辐射和风向两个方面考虑。

1）向阳原则

建筑的选址规划应充分考虑太阳辐射，利用太阳辐射进行冬季采暖。因此在建设场址的选择及总平面的布置上应满足以下条件：建设地点选择向阳的平地或山坡上；建筑前方无固定的遮挡物；总平面布置紧凑合理、节约土地资源并保证一定的日照间距。

2）通风原则

建筑节能中通风包括两方面含义。其一，避免因为冬季的冷风渗透而导致的采暖能耗增加；其二，尽可能利用自然通风以减少夏季的制冷能耗。因此在进行场址选址和总平面布置时应遵循以下原则：场址环境条件不影响夏季主导风吹向建筑，并考虑避开冬季主导风向。

2. 建筑方案节能评估

1）建筑朝向

建筑朝向的原则已在建筑选址、总平面布置节能评估相关章节中有所叙述，即向阳原则和通风原则。太阳的直射点只有南、北回归线之间来回移动。因此，"北回归线"以北的地区，一年中阳光大多从偏南方向照射建筑物。中国绝大部分的领土都在北回归线以北，建筑坐北朝南设置有利于建筑节能，当然朝南并不是正南方向，南偏东或南偏西同样属于朝南的范畴。具体情况应根据不同地区的地理位置和冬夏两季的主导风向确定。在对建筑物的朝向做评估时，应注意以上要点。

2）建筑平面布置

建筑节能评估应对建筑物内的平面布局分析评估。建筑内各房间功能和构造上的差异决定了冷、热负荷的不同，因此房间的布局直接影响到建筑的节能性，应遵循一定的原则。对于居住建筑，起居室、卧室人员活动频繁且对采光有一定要求宜布置在南面，而如厨房、卫生间宜布置在北面，这些房间外窗面积小，减少了冬季热损失的不利因素，并且对热舒适性要求不高，热负荷相对较小。同样，对于公共建筑而言，人员活动密集除有特殊要求的房间外应设在南面，而设备用房、储物间等服务性用房宜设在北面。

3）建筑体形

建筑的体形评价指标通过体形系数反映，即建筑外表面面积与体积的比值。体形系数越大，单位面积的热量散失也越大，建筑的热负荷也就越大，不利于节能。因此，在进行建筑物的方案设计时应尽量避免只注重建筑立面效果，而采用凹凸变化建筑外表面，而造成由于外墙表面积增加而导致热量散失增大的不利后果。那么，体形系数究竟应该在什么范围内合理，相关的节能标准上给出了限定值，我们在进行节能评估时，应以其为评价标准做出相关分析评价。有关面积和体积按以下方法计算：

（1）建筑体积按建筑物外表面和底层地面围城的体积计算；

（2）建筑物外表面积按墙面面积、屋面面积和下表面直接接触室外空气的楼板面积的总和计算。

4）窗墙比

窗墙比：外窗洞口面积与外墙面积的比值。透过窗户进入的太阳辐射是夏季室内得热的主要原因，外窗面积越大，太阳入射得热越大，夏季空调冷负荷也就越大，因此，控制窗墙比是实现建筑节能的手段之一。但是，现代建筑为了追求艺术美感和视觉冲击，不惜以大窗墙为代价，甚至采用玻璃幕墙代替的传统的外墙，使得建筑能耗剧增。因此，在对建筑节能性的评估中需考虑窗墙比的影响，应以规范中的限定值为评价标准的参考值，给予建筑合理的评估。

5）围护结构热工性能

围护结构是建筑与环境进行冷热交换的媒介，其热工性能的好坏是影响建筑能耗高低的至关因素。节能评估文件中应对建筑外围护结构描述明晰完整，对屋面、外墙、外窗等的热工性能全面评估。

（1）外墙、屋面

节能评估应分析外墙和屋面保温措施及建筑材料的构造作法。评估外墙保温隔热材料的热工特性，进行热工计算并将结构与相关节能标准限定值对比分析，得到外墙、屋面节能评估结论（表6-5）。外墙及屋面的热工计算公式如下：

$$R_0 = R_i + R + R_e$$

式中　R_0——围护结构的传热热阻，$m^2 \cdot K/W$；

　　　R_i——内表面换热热阻，$m^2 \cdot K/W$；

　　　R——围护结构热阻，$m^2 \cdot K/W$；

　　　R_e——外表面换热热阻，$m^2 \cdot K/W$；

$$R = R_1 + R_2 + \cdots + R_n$$

式中　R_1，R_2，…，R_n——各层材料的热阻，$m^2 \cdot K/W$。

$$K_p = \frac{1}{R_0} \qquad\qquad (17)$$

式中 K_p——围护结构主体部分传热系数，$W/m^2 \cdot K$。

表 6-5 围护结构热工性能

适用季节	表面特性	R_i
冬季和夏季	墙面、地面、表面平整或有肋状突出物的顶棚。当 $h/s \leqslant 0.3$ 时	0.11
	有肋状突出物的顶棚。当 $h/s > 0.3$ 时	0.13
冬季	内墙、屋顶、与室外空气直接接触的表面	0.04
	与室外空气相通的采暖地下室上面的楼板	0.06
	闷顶、外墙上有窗的不采暖地下室上面的楼板	0.08
	外墙上无窗的不采暖地下室上面的楼板	0.17
夏季	外墙和屋顶	0.05

外墙的传热系数应考虑结构性冷桥的影响，取平均传热系数，计算方法如下：

$$K_m = \frac{K_P \cdot F_p + \sum_{i=1}^{n} K_{Bi} \cdot F_{Bi}}{F_p + \sum_{i=1}^{n} F_{Bi}} \qquad\qquad (18)$$

式中 K_m——外墙的平均传热系数，$W/m^2 \cdot K$；

K_p——外墙主体部位的传热系数，$W/m^2 \cdot K$；

K_{Bi}——外墙周围热桥部位的传热系数，W/m^2；

F_p——外墙主体部位的面积，m^2；

F_{Bi}——外墙周围热桥部位的面积，m^2。

（2）外窗

节能评估应对外窗保温隔热、外遮阳措施等计算分析。以相关节能设计标准为参考评估外窗热工参数（传热系数，遮阳系数等）、窗户的可开启面积、窗户的气密性等相关参数。

3. 主要用能系统方案节能评估

民用建筑中主要用能系统包括采暖空调和通风系统、建筑电气系统和给排水系统。能评阶段由于设计资料有待完善，尚未进行设备选型，参数也未能确定，因此节能评估重点应在对系统方式及组成的可行性及方案的节能分析评估上。

1）暖通系统节能评估

对于目前国内大多数居住建筑而言，空调设备多数由业主自行购买选用，且一般为简单的家用热泵型空调器，因此对于居住建筑的暖通系统评估可对冷热能耗指标做相应评估即可，如图 6-16 所示。而对于公共建筑，暖通系统相对复杂，其评估内容应包括冷热源系统、输配系统及末端用能设备方式等。包括评估建筑物冷热负荷指标、折算通风换气次数是否合理；冷热源形式是否符合项目特点与节能要求，能否满足不同负荷调节需求；输配系统形式是否符合项目特点与节能要求；末端用能设备的方式是否符合项目特点；是否采取减少冷热量损失的措施（新风接入方式、回风方式、保温方式等）。

2）电气系统节能评估

电气系统的评估内容应包括变配电系统、照明光源与灯具、电气设备节能评估；变配电所位置与供电半径、变压器数量、容量配置的合理性评估；照明功率密度数据与节能要求的符合

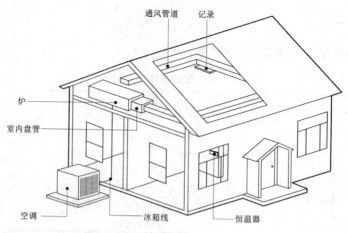

图 6-16　家庭暖通系统节能

性评估。

　　3）给排水系统节能评估

　　给排水系统的评估内容应包括对选取用水量标准是否符合民用建筑节水设计标准；供水方式及系统、排水方式及系统是否符合适用和节能的原则；生活热水系统的加热热源选择是否合理；热水系统及循环方式是否合理等。

4. 节能措施评估

　　民用建筑节能评估应从节地与室外环境，节能与能源利用，节水与水资源利用，节材与材料资源利用来论述如何节能，根据项目主要用能系统方案，综述建筑、暖通与空调、给排水、照明、电气等方面的具体措施，包括节能新技术、新材料、新设备等应用；能源的回收利用，如余热、余压回收利用；资源综合利用，新能源和可再生能源利用等方面分析节能技术措施的可行性和合理性。

5. 节能管理措施评估

　　建筑节能评估应评价项目的节能管理制度和措施要求等，包括节能管理机构和人员的设置情况、编制能源计量器具一览表、能源计量网络图，如图 6-17 所示。评价项目能源计量制度建设情况，包括能源统计及监测、计量器具配备、专业人员配置等要求。

　　对于民用建筑应从以下几个方面分析：

　　（1）制定并实施节能、节水、节材与绿化管理制度；

　　（2）居住建筑的水、电、气的计量收费；

　　（3）公共建筑耗电、冷热量等的计量收费；

　　（4）用能设备、管道的设置与管理；

　　（5）建筑供暖、空调、通风及照明等设备系统的监控与管理。

6. 节能体系综合评估

　　节能评估中除了对各单项指标的评估，还应对节能体系进行综合评估。综合评估应用系统工程理论，通过层次分析法实现，大致步骤可分为目标分解、指标选取、层次分析、权重分析和结果计算等。

　　1）目标分解和指标选取

　　根据层次分析法，结合节能评估阶段的实际情况，将民用建筑节能评估的总目标分解为五

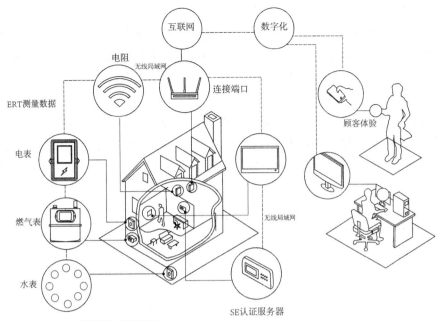

图 6-17　家庭能源计量网络图

个准则层指标，分别为规划选址、建筑方案、围护结构、主要用能系统和建筑综合能耗。进而从这五个方面出发，结合各节能标准规范、国内外参考文献、实际工程经验，经过分析和筛选，选取了指标层共计 19 项指标（表 6-6）。

表 6-6　　　　　　　　　　　　　　　　　民用建筑节能评估体系

目标层	准则层	指标层	指标含义
民用建筑节能评估 A	规划选址 B1	建筑选址 C11	项目的建设场址与地理位置
		总平面布置 C12	项目中各单体建筑在场址中的具体位置与布置方式
	建筑方案 B2	建筑平面布置 C21	建筑物中各房间的平面布置
		建筑朝向 C22	建筑的朝向
		体形系数 C23	建筑外表面面积与体积的比值
		窗墙比 C24	窗外的洞口与外墙的面积比值
	围护结构 B3	外墙平均传热系数 C31	单位时间内通过单位面积外墙的传热量
		屋面平均传热系数 C32	单位时间内通过单位面积屋面的传热量
		外窗平均传热系数 C33	单位时间内通过单位面积外窗的传热量
		外窗综合遮阳系数 C34	反映遮挡和抵御太阳辐射的能力
		外门窗气密性	反映空气渗透量

2）层次分析

根据被分解的目标，将民用建筑节能评估的影响因素划分为 3 个层次，分别为目标层、准则层和指标层，具体含义如下：

（1）目标层：民用建筑节能评估（A）；

（2）准则层：规划选址（B1）、建筑方案（B2）、围护结构（B3）；

（3）指标层：准则层下的控制指标（C），如总平面布置、建筑朝向、体形系数、窗墙比、外墙平均传热系数、外窗平均传热系数等，具体如表 6-1 所示。

3）权重分析

在建立了有层次的指标体系后，各元素间的隶属关系被确定。但下一层次元素对于上一层准则的重要性却并没有直接定量地表示出来，从而就无法将各指标整合起来对目标层进行综合评估。因此首先应该确定各层次元素的权重关系，进而得出综合评估结论。

（1）构造判断矩阵

本文采用美国运筹学家萨迪提出的九级标度法来对每一层次的因素进行两两比较，对下一层各不同因素的对于上一层元素的重要性给出判断并以量化，得到各项指标的权重值。九级标度法将1—9九个数字赋值于元素两两之间的关系（表6-7），这样上一层元素及下一层的各因素（包含）构成一个判断矩阵。

表 6-7   九级标度表

标度	说明
1	因素与因素：同等重要
3	因素比因素：稍微重要
5	因素比因素：重要
7	因素比因素：很重要
9	因素比因素：绝对重要
2, 4, 6, 8	相邻判断的中间值

（2）计算指标权重

根据层次分析法原理，通过计算求出判断矩阵对应最大特征值的特征向量，该向量各元素即权重值。

由于在构造判断矩阵时，并不要求也不可能具有完全传递性和一致性。因此在确定评价指标权重时应进行一致性检验，检查各个指标的权重之间是否存在矛盾之处，通过一致性检验来剔除一些不合理的评定。

λ_{max} 可按下式计算：

$$\lambda_{max} = \frac{1}{n} \sum_{i=1}^{n} \frac{(AW)_i}{W_i}$$

式中　　n——判断矩阵的阶数，即指标层指标数；

　　　　λ_{max}——判断矩阵的最大特征根；

　　　　A——判断矩阵；

　　　　W——判断矩阵的特征向量。

一致性判断可按下式计算：

$$CI = \frac{(\lambda_{max} - n)}{(n-1)}$$

$$CR = \frac{CI}{RI}$$

式中　　CI——一致性指标；

　　　　CR——随机一致性比率，通常认为时，判断矩阵一致性较好；

　　　　RI——平均随机一致性指标，根据表6-8取值。

表 6-8   平均随机一致性指标

矩阵阶数	1	2	3	4	5	6	7	8	9	10
RI	0	0	0.58	0.90	1.12	1.24	1.32	1.41	1.45	1.49

4）综合评估计算

对建筑节能的综合评估，除了需要各指标的相对权重外，还应得到各指标的评价值。但各项评估指标间，由于含义、量纲及表现形式都不尽相同，不具可比性，必须采用某种方法消除这些影响，进而计算评估结果。在第 2 章相关理论介绍中提到过模糊评价中隶属度函数，本书将运用此方法来处理综合评估结果计算的问题，具体步骤如下：

（1）确定指标评价尺度

评估指标的优劣程度，需建立一定的标准。建筑节能的指标可分为定量指标和定性指标两大类，其评价尺度应参照国家颁布的相关节能标准或省级实施细则等规范文件中的规定值或推荐值来进行判断。对于一些规范中未给出规定的指标，应由相应专业的技术人员根据实际工程经验给出评价尺度及评价值。

（2）指标的无量纲化

关于建筑节能中的定量指标，涉及三类。一是正向指标，即在取值范围内指标值越大，越利于节能；二是逆向指标，即在取值范围内指标值越小越利于节能；三是适度指标，即在取值范围内指标值越接近越利于节能。

对于正向指标，采用半升梯形模糊隶属度函数进行无量纲化：

$$B(x_i)=\begin{cases}1, & x_i \geqslant x_{max} \\ (x_i-x_{min})/(x_{max}-x_{min}), & x_{min} < x_i < x_{max} \\ 0, & x_i \leqslant x_{min}\end{cases}$$

对于逆向指标，采用半降梯形模糊隶属度函数进行无量纲化：

$$B(x_i)=\begin{cases}1, & x_i \leqslant x_{min} \\ (x_{max}-x_i)/(x_{max}-x_{min}), & x_{min} < x_i < x_{max} \\ 0, & x_i \geqslant x_{max}\end{cases}$$

对于适度指标，采用半升半降梯形模糊隶属度函数进行无量纲化：

$$B(x_i)=\begin{cases}2(x_i-x_{min})/(x_{max}-x_{min}), & x_{min} < x_i \leqslant x_0 \\ 2(x_{max}-x_i)/(x_{max}-x_{min}), & x_0 < x_i < x_{max} \\ 0, & x_i \geqslant x_{max} \text{ 或 } x_i \leqslant x_{min}\end{cases}$$

无量纲化后 $B(x_i)$ 的计算值范围为 [0，1]，为了方便各指标间的相互比较以及考虑人们传统思维中百分之考评制度，将各指标的量化值 $B(x_i)$ 乘以 100 后得到的 $f(x_i)$ 作为最终的评价值。对于建筑节能中的定性指标，可由相关专业的技术人员以百分制对其进行评估。

（3）综合评估结果计算

建筑节能综合评估结果由各指标权重指标和其百分制量化值确定，首先应确定准则层指标的综合得分，计算公式如下：

$$F_i = \sum_{j=1}^{n} B(x_{ij})w_{ij}$$

式中　F_i——准则层第 i 项指标评价值；

　　　$B(x_{ij})$——第 i 项项准则层指标对应的第 j 项指标层指标的量化评价值；

　　　w_{ij}——第 i 项项准则层指标对应的第 j 项指标层指标的权重值；

　　　n——指标层指标数目。

第二步，应根据准则层指标的综合评分，用同样的方法计算得到建筑综合评估结果，计算公式如下：

$$F = \sum_{i=1}^{5} B(x_i) w_i$$

式中　F——建筑节能综合评价值；

$B(x_i)$——第 i 项准则层指标评价值；

w_i——第 i 项准则层指标的权重值。

5）综合评估分析

建筑的综合评价值应按一定的等级规则制定不同的评估等级，根据一般等级划分规则，可将民用建筑节能综合评估结果划分五个等级（表6-9）。

表 6-9　　　　　　　　　　　　　民用建筑节能综合评估等级表

等级	优秀	良好	中等	合格	不合格
综合评价值	90F100	80F90	70F80	60F70	F60

建筑节能是个复杂的体系，建筑能耗受很多方面因素的共同影响，各指标的权重在不同的建筑中可能差异较大，对建筑项目的节能综合评估应符合建筑的实际情况和条件。各指标的权重可做适当的调整和改动，应由评估人员结合项目综合判断。

7. 能评阶段节能措施评估

节能评估阶段应分析项目在节能方面存在的问题、可以继续提高的环节等，提出相应的节能措施或建设方案调整意见。对于民用建筑的能评阶段，应从建筑的规划选址、建筑外围护结构保温隔热系统及设备的系统形式等方面发掘建筑的节能潜力，进而提出能评阶段的节能措施。

8. 节能措施效果评估

节能措施的可取与否，应通过节能效果评估确定。应分析计算实施节能技术措施后的节能量，测算项目采取上述节能措施的节能效果。对于民用建筑节能效果可以通过节能率来反映。

9. 能评后项目的能源利用状况

1）核算综合能源消费量

能评阶段应依据采取节能措施后的项目用能情况，结合能耗模拟软件和相关文献，从定性和定量两方面进行能评后能耗的测算。节能措施可通过软件的参数设置或文献中类型工况实验结论的应用体现在能耗的计算中。

2）核算综合能源消耗量及主要能效指标

根据各项能源消耗总量计算结果，结合建筑不同功能区域面积，按照单位面积核算能源消耗量，估算建筑能效指标及建筑节能率目标的实现情况。计算过程应做到计算方法明确、计算过程可靠、数据来源翔实。

6.4　营造舒适性绿色节能建筑

6.4.1　概述

地暖系统主要是通过室内地下供暖系统，辐射性地加热室内空气，从而实现人体从脚到全身温暖的目标；同时地暖系统也能够起到装饰室内环境、供应生活热水的作用。在过去的十年多的时间里，地暖系统经历了从不成熟向成熟发展的过程，也从不被接受到全民认可的过程，目前已经在我国得到大面积的采用。我国建设部为了规范引导地暖系统的发展，于2004

年提出了《地面辐射供暖技术规程》，并在同年 10 月得以实施。该规程对地面辐射供暖技术、目标以及水温等多个方面进行了说明，指出地面辐射采暖系统的供水与回水温度需要通过计算产生，水管的供水温度不宜高于 60℃。为了保持居住建筑室内的舒适性，供水温度应为 35.5℃，供水与回水之间的温差不得高于 10℃。通过室内热传导过程，室内地板温度应为 24℃~30℃。同时为了保证室内供水安全与供暖稳定性，地面辐射的工作压力不得高于 0.8MPa。

我国目前采用的地暖系统为分水器和集水器。为了实现对室内水温的控制，地暖系统通常安装手控阀门，以期改变热水在升降温过程中的惰性。如果按照正常的室内供水温度 35.5℃ 来看，室内温度升温速度应为 5℃~10℃。然而事实上，室内温度的调控较为复杂，目前温度调控专业也难以实现对室内温度的进行精确地室内温度控制。由于冬季室内温度较高且空气较为干燥，用户普遍感到室内燥热。人们通常身着单衣或者通过开窗开门的手段调节室内舒适度，但是这样通常会造成热量损耗，又容易引起人们感冒。

一般地，我国城镇地区的采暖系统为集中供暖的方式，用户一般对采暖费没有直观地认识，因为供暖公司采用供暖建筑面积收费的模式，但是对于独立燃气供暖的用户来说，对建筑供暖能耗和成本较为关注。经过统计得出，具有相同建筑面积和户型的建筑，采用集中供暖方式的采暖费比具有温度控制装置建筑的采暖费高 1~2 倍。采用集中供暖的成本较高，导致用户认为具有温控的独立采暖系统采暖费高于集中供热费用，从而导致其推广应用受到限制。同时在城市高层建筑的地暖系统同时起到供水和供暖作用，水温一般控制在 70℃~95℃，因此在供水系统散热过程中造成部分热量散失。此外供水管道的乙烯、丙烯和丁烯在使用过程中陈旧老化，如果更新不及时，会出现热工跑管，不但给用户造成经济损失，而且会造成室内舒适度下降，影响其大面积的推广和应用。

目前，地暖系统在技术上存在三方面的内容，其一是高层建筑通常不采用供热供水分区，导致水压高于 0.8MPa；其二是供水温度高于 60℃，造成供水管道容易陈旧老化，应及时更换，这两点是城市高层建筑集中供热产生的普遍问题；其三是燃气壁挂炉供暖地暖系统的室内温度较高，造成能源浪费。

6.4.2　地面辐射采暖的节能性

1. 地面辐射采暖适应性

我国地暖系统起源于 20 世纪 80 年代，由欧洲传入并得到了广泛应用。在高层建筑、别墅和经济适用房建筑中，地暖系统成为房地产商促进建筑业发展的亮点之一。据统计，我国 2000 年地暖系统的安装面积增长速度达到 60%，2005 年地暖面积为 5000m²，使用人数超过 150 万人，之后每年的增长速度超过了 30%，到 2011 年地暖系统建筑面积已经突破 1.3 亿 m² 大关。在日本，地暖系统是提高室内舒适度与居民生活品质的重要举措，同时其节能、舒适、环保的特点为国家带来了巨大的经济、环境与社会效益。在韩国地暖系统被看作是较为理想的供暖方式，得到了极大的推广。

地暖系统具有较高的节能性。据统计，地暖系统较其他功能方式，可以节能 20%~30%。日本作为一个资源匮乏的国家，十分重视建筑节能，室内温度降低 1℃，采暖费可以降低 10% 左右，其室内的主要采暖方式为地暖系统，具有热量损失少，舒适性高的特点。一般地，如果采用地暖系统，如果室内温度为 16℃，那么起作用效果相当于 18℃~20℃ 的集中供热器产生的效果，因此地暖系统的节能效果为 2℃~4℃，总体来说日本建筑可以能源节约量达到 20%~30%。与西方发达国家相比，我国的地暖系统节能设计仍然存在很大的差距，因此西方国家的建筑节能量并不能够用于我国的地暖节能设计。我国民用建筑地暖系统使用上存在以下具体问题：

（1）地暖系统室内温度偏高，室温通常为 24℃~25℃，同时室内较为干燥，居民进出，容易造成感冒。

（2）为了调整室内舒适度，人们通常开门或者开窗，造成热量损失与资源浪费。

（3）地暖系统热传导入其他住户，对开放地暖系统的用户不公平。

上述表明在地暖利用中存在着不合理的情况，而解决这些问题的途径主要是设计和控制两个方面。

2. 地面采暖设计方法

（1）在采暖系统设置中，供热管道间距通常不是通过计算得到的，而是凭着施工人员的主观想象确定的。有的施工案例是完全照搬其他工程的施工方法，造成温度较高和管道资源浪费。为了保证室内的温度，有的施工人员按照间距 100mm 统一布管，造成热量损失和能源浪费。

（2）我国地暖设计标准中指出，供热管间距不得大于 300mm，这项限制偏于保守，导致室内温度较高，散热量超过房间需求，造成能源损失。

3. 地面采暖控制方法

我国地面辐射供暖技术规程中指出，新建居住建筑的地面低温热水系统，需要进行强制性的分户热计量和温度控制装置。其中，具有温度调控装置的系统称为"热水地暖"系统，而不具有温控系统的装置称为"简易地暖"。但是从我国的地暖系统调查中发现，大多数的地暖系统并没有采用温度控制装置，造成大量的热量损失。

"热水地暖"，用户可以通过控制阀门控制室内温度，直至舒适度良好为止。因此室内温度不会过高，也不会过低，能够达到舒适与节能的双重目标。

"简易地暖"不具有温度控制装置，但是室内温度难以调节。在设计、安装与应用过程中，室内温度不是偏高就是偏低，造成舒适度不良。为了提高室内舒适度，在室内温度较热的情况下，人们采用最为简单的方法，即采用开窗开门或者穿单衣的方法。如果室内温度偏低，人们将难以调节室内温度。经过推算，对于不设温度控制装置的地暖系统而言，其造价约为设置温度控制装置造价的 50% 左右。虽然在初期能够节省一定的成本，但是后续利用过程中牺牲了舒适度和节能两个方面。此外，对于地暖系统的安装人员，大多没有受过专业的培训，技术素质较差，不能够进行能耗和安装效果设计与计算，基本上采取的是最为简单直接的安装方式，从而导致地暖系统节能与供暖效果差。

［1］ 陈康民，杨丽.挂壁式节能空调［P］.发明专利，200410015870.2，2006.

［2］ 杨丽.绿色建筑设计：建筑风环境［M］.上海：同济大学出版社，2014.

［3］ 白雪莲，吴利均，苏芬仙.既有建筑节能改造技术与实践［J］.建筑节能，2009，1（37）：8-12.

［4］ 柏俊.民用建筑节能评估方法研究［D］.上海：华东交通大学，2014.

［5］ 常青.风土观与建筑本土化：风土建筑谱系研究纲要［J］.时代建筑，2013，03:10-15.

［6］ 柴永斌.绿色建筑的政策环境分析与对策研究［D］.上海：同济大学管理科学与工程，2006.

［7］ 陈秉钊.发展小城镇与城市化的战略思考［J］.城市规划，2001，25（2）：18-21.

［8］ 陈进兴，刘永红，孙绪鹏.低温热水地板辐射采暖系统水泥楼地面裂缝原因及防治［J］.建筑施工，2006，27（11）：39-40.

［9］ 陈景堃，吕志强，田波.建筑节能的现状与对策［J］.辽宁工程技术大学学报：自然科学版，2004，23（3）：330-332.

［10］ 陈莉粉.黄土地区窑洞建筑中结构稳定性的研究［D］.西安科技大学，2012.

［11］ 程泰宁.东西方文化比较与建筑创作［J］.建筑学报，2005（5）：26-31.

［12］ 程洪涛，张钦，王永红，等.从朗诗·国际街区看今日住宅节能［J］.暖通空调，2007，37（9）：123-126.

［13］ 蔡文剑.建筑节能技术与工程基础［M］.北京：机械工业出版社，2008.

［14］ 蔡永洁，黄林琳."观景"与"景观"之间——滨水居住空间模式的思考与三次尝试［J］.建筑学报，2008，04:32-35.

［15］ 村上周三.一种简明的绿色建筑评价体系——日本的 CASBEE 建筑物综合环境性能评价体系［J］.建筑技术及设计，2005（011）：28-31.

［16］ 戴复东，戴维平.欲与天公试比高：高层建筑的现状及未来［J］.世界建筑，1997，2：12-16.

［17］ 丹皮尔.科学史及其与哲学宗教的关系［M］，北京：商务印书馆，1975.

［18］ 单德启.从传统民居到地区建筑：单德启建筑学术论文自选集［M］.北京：中国建材工业出版社，2004.

［19］ 范雪.苏州博物馆新馆［J］.建筑学报，2007（2）：36-42.

［20］ 方建邦，刘伟．苏北地区既有公共建筑节能改造集成技术研究［J］．工业建筑，2010，40（3）：34–36.

［21］ 付衡，龚延风，余效恩，等．夏热冬冷地区外墙遮阳对建筑热环境与空调能耗的影响［J］．建筑技术，2012，43（1）：67–70.

［22］ 高吉祥．哈尔滨某办公楼能耗分析及节能方案研究［D］．哈尔滨：哈尔滨工业大学，2008.

［23］ 高介华．建筑与文化论集［M］．武汉：湖北美术出版社，1993.

［24］ 龚光彩，李红祥，李玉国．自然通风的应用与研究［J］．建筑热能通风空调，2003，22（4）：4–6.

［25］ 关肇邺．浅析建筑与地域文化［J］．长江建设，2004（2）：26–27.

［26］ 韩冬青．类型与乡土建筑环境–谈皖南村落的环境理解［J］．建筑学报，1993，8：52–55.

［27］ 韩新彬，刘慧娟．低温地板辐射采暖技术研究现状［J］．制冷与空调，2009，23（1）：36–38.

［28］ 何镜堂．岭南建筑创作思想：60年回顾与展望［J］．建筑学报，2009（10）：39–41.

［29］ 胡道静，戚文．周易十日谈［M］．上海：上海书店出版社，1992.

［30］ 华虹，陈孚江．国外建筑节能与节能技术新发展［J］．华中科技大学学报：城市科学版，2006（z1）：148–152.

［31］ 黄磊．回应地域自然环境的生态建筑设计策略初探［D］．重庆：重庆大学，2010.

［32］ 黄庆瑞．影响绿色建筑全寿命期成本的主要因素分析［J］．建筑管理现代化，2008（4）：49–51.

［33］ 黄险峰．夏热冬暖地区建筑节能设计的研究［J］．建筑节能，2007，35（8）：13–16.

［34］ 黄一如，陈秉钊．城市住宅可持续发展若干问题的调查研究［M］．科学出版社，2004.

［35］ 黄颖哲．德国工业建筑遗产保护与更新研究［D］．长沙：长沙理工大学，2008.

［36］ 黄勇波．城市热岛效应对建筑能耗影响的研究［D］．天津：天津大学，2005.

［37］ 霍小平，葛翠玉．建筑室内热环境测试与分析［J］．建筑科学与工程学报，2006，22（2）：75–78.

［38］ 姬颖，许鹏．典型建筑在不同外遮阳形式下的节能率分析［J］．建筑节能，2013，9：010.

［39］ 吉琳娜．建筑节能技术选择及其政策研究［D］．西安：西安建筑科技大学，2008.

［40］ 简毅文，江亿．窗墙比对住宅供暖空调总能耗的影响［J］．暖通空调，2006，36（6）：1–5.

［41］ 李百战，彭绪亚．改善重庆住宅热环境质量的研究［J］．建筑热能通风空调，1999，18（3）：6–8.

［42］ 李光耀，杨丽．城市发展的数据逻辑［M］．上海：上海科学技术出版社，2015.

［43］ 李静，田哲．绿色建筑全生命周期增量成本与效益研究［J］．工程管理学报，2011，25（5）：487–492.

［44］ 李俊鸽，杨柳，刘加平．夏热冬冷地区人体热舒适气候适应模型研究［J］．暖通空调，2008，38（7）：20–24.

［45］ 李路明．国外绿色建筑评价体系略览［J］．世界建筑，2002（5）：68–70.

［46］ 李溪喧，谢兴保．中国传统建筑空间构成特点浅析［J］．武汉水利电力大学学报，2000，33（4）：73–78.

［47］ 李先逵．城市文化的创新与保护［J］．华中建筑，2008（1）：37–39

［48］ 李先庭，杨建荣．室内空气品质研究现状与发展［J］．暖通空调，2000，30（3）：36–40.

［49］ 李先中，王子介，刘传聚．地板供冷/置换通风复合空调系统的可行性探讨［J］．建筑热能通风空调，

2002, 21（4）: 4-6.

[50] 李翔宁. 跨水域城市空间形态初探［J］.时代建筑, 1999（3）: 30-35.

[51] 李晓敏, 钟训正. 绿色景观与建筑环境：现代建筑环境设计思想发展例证［J］.新建筑, 2004（3）: 78-78.

[52] 李艳. 浅谈绿色工程项目管理评价体系［J］.海南大学学报：自然科学版, 2009, 27（1）: 8-14.

[53] 李约瑟著, 梁耀添译. 中国科学技术史［M］.北京：科学出版社, 1975.

[54] 李振宇. 欧洲住宅建筑发展的八点趋势及其启示［J］.建筑学报, 2005（4）: 78-81.

[55] 李峥嵘, 赵明明. 上海既有公共建筑节能改造方案对比分析［J］.建筑节能, 2007, 35（8）: 25-27.

[56] 李志斌. 建构视野下的当代中国新乡土建筑创作初探［D］.成都：西南交通大学, 2008.

[57] 梁思成. 建筑历史与理论［M］.中国古代建筑史六稿绪论, 南京：江苏人民出版社, 1981.

[58] 列维·布留尔. 原始思维［M］.丁由, 译.北京：商务印书馆, 1981.

[59] 龙惟定, 武涌. 建筑节能技术［M］.北京：中国建筑工业出版社, 2009.

[60] 林波荣, 翟光逵. 皖南民居夏季热环境实测分析［J］.清华大学学报：自然科学版, 2002, 42（8）: 1071-1074.

[61] 林学山. 重庆市既有办公建筑节能改造实践研究［D］.重庆：重庆大学, 2009.

[62] 刘滨谊, 张德顺, 刘晖, 戴睿. 城市绿色基础设施的研究与实践［J］.中国园林, 2013, 03:6-10.

[63] 刘策. 中国古代苑囿［M］.银川：宁夏人民出版社, 1983.

[64] 刘敦桢. 中国古代建筑史［M］.北京：中国建筑工业出版社, 1987.

[65] 刘加平, 武八元. 建筑节能与建筑设计中的新能源利用［J］.能源工程, 2001, 2: 12-15.

[66] 刘克成. 绿色建筑体系及其研究［J］.新建筑, 1997（4）: 8-10.

[67] 刘美霞, 武洁青, 刘洪娥. 我国既有建筑改造市场研究及运行机制设计［J］.城市开发, 2010（11）: 65-69.

[68] 刘念雄, 秦佑国. 建筑热环境［M］.北京：清华大学出版社, 2005.

[69] 刘群星. 同济大学文远楼的涅槃新生：上海市历史建筑节能改造典型范例分析研究［C］.第六届国际绿色建筑与建筑节能大会论文集, 2010.

[70] 刘少瑜, 杨峰. 旧建筑适应性改造的两种策略：建筑功能更新与能耗技术创新［J］.建筑学报, 2007（6）: 60-65.

[71] 刘玉明, 刘长滨. 采暖区既有建筑节能改造外部性分析与应用［J］.同济大学学报：自然科学版, 2009（11）: 1521-1525.

[72] 刘煜. 国际绿色生态建筑评价方法介绍与分析［J］.建筑学报, 2004（3）: 58-60.

[73] 刘志林, 戴亦欣, 董长贵, 等. 低碳城市理念与国际经验［J］.城市发展研究, 2009, 16（6）: 1-7.

[74] 楼庆西. 乡土建筑装饰艺术［M］.北京：中国建筑工业出版社, 2006.

[75] 卢蔚. 营造适合老年人的居住区复合型公共空间［J］.华中建筑, 2005, 23（5）: 94-96.

[76] 卢永毅. 建筑：地域主义与身份认同的历史景观［J］.同济大学学报（社会科学版）, 2008, 01:39-48.

[77] 罗忆, 刘忠伟. 建筑节能技术与应用［M］.北京：化学工业出版社, 2007.

［78］ 马斌齐，闫增峰，桂智刚，等．西安市节能住宅夏季能源使用结构的调查和分析研究［J］．建筑科学，2007，23（8）：53-56.

［79］ 马光红，张志刚．绿色生态住宅小区综合评价方法研究［J］．建筑科学，2007，23（4）：32-35.

［80］ 马兴能，郭汉丁，尚伶．国内外既有建筑节能改造市场培育实践研究分析［J］．建筑节能，2012（2）：71-75.

［81］ 孟建民．本原设计观［J］．建筑学报，2015，03:9-13.

［82］ 孟庆林，任俊．夏热冬暖地区住宅围护结构隔热构造技术及其效果评价［J］．新型建筑材料，2001（2）：27-30.

［83］ 倪文岩．广州旧城历史建筑再利用的策略研究［D］．广州：华南理工大学，2009.

［84］ 牛犇．绿色建筑开发管理研究［D］．天津：天津大学，2011.

［85］ 潘波，王旭东．德国建筑改造中节能技术的应用研究：以德国某幼儿园改造为例［J］．建筑节能，2007，35（1）：62-64.

［86］ 潘文玉．哈尔滨地区多层办公建筑围护结构节能改造研究［D］．哈尔滨：哈尔滨工业大学，2007.

［87］ 潘毅群，殷荣欣，楼振飞．上海10幢大型公共建筑节能状况调研［J］．暖通空调，2010，40（6）：152-156.

［88］ 彭昌海，柳孝图，曹双寅，等．夏热冬冷地区既有住宅节能改造技术研究［J］．工业建筑，2003，33（10）：19-22.

［89］ 彭震伟，王云才，高璟．生态敏感地区的村庄发展策略与规划研究［J］．城市规划学刊，2013，03:7-14.

［90］ 齐康，杨维菊．绿色建筑设计与技术［M］．南京：东南大学出版社，2011.

［91］ 钱锋．文远楼建筑节能实验室相变墙体应用效果分析［J］．建筑科学，2014，08:64-67.

［92］ 钱锋，杨丽．风环境设计对建筑节能影响的分析与研究［J］．建筑学报，2009，S1:6-8.

［93］ 钱锋，朱亮．文远楼历史建筑保护及再利用［J］．建筑学报，2008（3）：76-79.

［94］ 秦佑国，林波荣，朱颖心．中国绿色建筑评估体系研究［J］．建筑学报，2007，3:68-71.

［95］ 邱童，徐强，王博，等．夏热冬冷地区城镇居住建筑能耗水平分析［J］．建筑科学，2013，29（006）：23-26.

［96］ 仇保兴．我国城市发展模式转型趋势：低碳生态城市［J］．城市发展研究，2009（8）：1-6.

［97］ 清华大学建筑节能研究中心．中国建筑节能年度发展研究报告2016［M］．北京：中国建筑工业出版社，2016.

［98］ 沈婷婷，龚敏，葛坚．既有公共建筑节能改造初探［J］．华中建筑，2008，26（10）：130-132.

［99］ 施骞，徐莉燕．绿色建筑评价体系分析［J］．同济大学学报：社会科学版，2007，18（2）：112-117.

［100］ 时真男，高旭东，张伟捷．屋顶绿化对建筑能耗的影响分析［J］．工业建筑，2005，35（7）：14-15.

［101］ 石邢，李艳霞．面向城市设计的行人高度城市风环境评价准则与方法［J］．西部人居环境学刊，2015，05：22-27.

［102］ 宋德萱．生态住宅设计的节能新技术［J］．时代建筑，2001（2）：30-32.

［103］ 宋晔皓．利用热压促进自然通风：以张家港生态农宅通风计算分析为例［J］．建筑学报，2000

（12）：12-14.

[104] 苏醒，张旭.基于 LCA 的上海典型办公建筑窗墙比及窗户材料优化配置[J].建筑科学，2008，6: 016.

[105] 孙大明，邵文晞，李菊.我国绿色建筑成本增量调查分析［J］.建设科技，2009（6）：34-37.

[106] 孙彤宇.建筑的功能逻辑和形式的自治［J］.时代建筑，2012，05:124-127.

[107] 孙鹏程.建筑节能服务发展管理研究［D］.天津：天津大学，2007.

[108] 谭少华，赵万民.城市公园绿地社会功能研究［J］.重庆建筑大学学报，2007，29（5）：6-10.

[109] 唐子来，潘一玲，刘学，等.以低碳生态的名义［J］.城市规划，2011，01：54-59.

[110] 汪之力.中国传统民居建筑［M］.济南：山东科学技术出版社，1994（03）.

[111] 王伯伟.大学城：城市范围的资源重组和开发［J］.建筑学报，2001（9）：59-61.

[112] 王洪波，刘长滨.基于博弈分析的新建建筑节能激励机制设计［J］.建筑科学，2009，25（2）： 24-28.

[113] 王建国.基于城市设计的大尺度城市空间形态研究［J］.中国科学技术科学（中文版）， 2009，39（5）：830-839.

[114] 王力.窑洞式博物馆设计研究：以郑州邙山黄河黄土地质博物馆建筑设计为例［D］.武汉：华 中科技大学，2007.

[115] 王林.城市记忆与复兴——上海城市雕塑艺术中心的实践［J］.时代建筑，2006，02:100-105.

[116] 王清勤，何维达.既有公共建筑节能改造评价指标体系构建的探讨［J］.建筑节能，2011（4）： 73-76.

[117] 王松庆.严寒地区居住建筑能耗的生命周期评价［D］.哈尔滨：哈尔滨工业大学，2007.

[118] 王澍，陆文宇.循环建造的诗意 建造一个与自然相似的世界［J］.时代建筑，2012，02:66-69.

[119] 王肖文，华梦圆，侯静.模糊综合评价在外墙外保温系统评价中的应用[J].北京交通大学学报： 社会科学版，2013（2）：54-58.

[120] 王小东，胡方鹏.在生命安全和城市风貌保护之间的抉择［J］.建筑学报，2009（1）：90-93.

[121] 王祎，王随林，王清勤，等.国外绿色建筑评价体系分析［J］.建筑节能，2010（2）：64-66.

[122] 王云生，于军琪，杨柳.大型公共建筑能耗实时监测及节能管理系统研究［J］.建筑科学， 2009，25（8）：38-49.

[123] 王昭俊，孙晓利，赵加宁，等.利用夜间通风改善办公建筑热环境的实验研究［J］.哈尔滨工 业大学学报，2007，38（12）：2084-2088.

[124] 魏晓东.既有居住建筑围护结构节能改造效益综合评价研究［D］.西安：西安建筑科技大学， 2012.

[125] 文精卫.公共建筑能效评估研究［D］.长沙：湖南大学，2009.

[126] 吴良镛.乡土建筑的现代化，现代建筑的地区化：在中国新建筑的探索道路上［J］.华中建筑， 1998，1：1-4.

[127] 吴庆洲.建筑哲理，意匠与文化［M］.北京：中国建筑工业出版社，2005.

[128] 吴硕贤，李劲鹏.居住区生活与环境质量综合评价［J］.华南理工大学学报：自然科学版， 2000，28（5）：7-12.

[129] 吴长福.基于地域特征的商业街空间塑造：上海真如兰溪路商业街的设计操作［J］.建筑学报，

2006（1）：19–21.

［130］吴铮．现代建筑生态缓冲空间及其适宜技术的研究及应用［D］.武汉：武汉理工大学，2003.

［131］吴志强，申硕璞，李欣．关于沈阳方城旧城改造设计中的城市节能技术平台的探讨［J］.城市发展研究，2008（S1）：117–122.

［132］伍江．同济建筑的精神［J］.时代建筑，2012，03：16–19.

［133］武涌，梁境．中国能源发展战略与建筑节能［J］.重庆建筑，2006，3：6–19.

［134］夏博，刘加平，宋德萱．高校学生宿舍夏季热舒适研究［J］.暖通空调，2006，36（5）：105–108.

［135］肖彦．绿色尺度下的城市街区规划初探［D］.武汉：华中科技大学，2011.

［136］项秉仁．建筑与室内设计作品集［M］.北京：中国建筑工业出版社，2002.

［137］谢福泉，黄丽华．国外绿色建筑发展经验及启示［J］.绿色科技，2013，1：261–263.

［138］徐馨莲．严寒地区办公建筑竖向围护结构全寿命周期能耗研究［D］.哈尔滨：哈尔滨工业大学，2011.

［139］许景峰，丁小中，王鹏．间歇采暖条件下建筑围护结构热工性能评价研究［J］.建筑节能，2007，35（6）：17–21.

［140］续振艳，郭汉丁，任邵明．既有建筑节能改造市场的信息不对称分析及对策研究［J］.建筑经济，2009（6）：94–98.

［141］薛岑．基于模糊综合评价的空调冷热源节能改造研究［D］.天津：天津大学，2014.

［142］杨昌智，吴晓艳，李文菁，等．长沙市公共建筑空调系统能耗现状与节能潜力分析［J］.暖通空调，2005，35（12）：39–43.

［143］杨经文，郝洛西．生态设计方法［J］.时代建筑，1999（3）：61–65.

［144］杨靖．城市公共化的建筑空间研究–公共建筑与城市的结合［D］.西安：西安建筑科技大学，2001.

［145］杨丽．广义建筑节能［J］.住宅科技，2015，09:20–26.

［146］杨丽．生态技术策略在诺曼·福斯特建筑设计作品中的应用［J］.建筑科学，2012，06:14–19+77.

［147］杨文芳，李芊．地源热泵在新建建筑中应用的经济性研究及政策建议［D］.西安：西安建筑科技大学，2010.

［148］杨文衡，张平．中国的风水［M］.北京：国际文化出版社，1993.

［149］杨旭东，孙宝玉．新农村节能住宅建筑的综合经济分析［J］.江苏建筑，2006（5）：68–70.

［150］杨自珍．现代乡土主义视角下的拉萨新建筑研究［D］.成都：西南交通大学，2013.

［151］姚润明，李百战，丁勇，等．绿色建筑的发展概述［J］.暖通空调，2007，36（11）：27–32.

［152］叶雁冰．我国既有公共建筑的节能改造研究［J］.工业建筑，2006，36（1）：5–7.

［153］叶祖达．碳排放量评估方法在低碳城市规划之应用［J］.现代城市研究，2009，11：20–26.

［154］颜宏亮，建筑构造［M］.上海：同济大学出版社，2010.

［155］殷惠基，周志仁，田慧峰，等.上海某大型医院节能改造及评估[J].制冷与空调，2011，11（1）：82–86.

［156］尹波．建筑能效标识管理研究［D］.天津：天津大学，2006.

［157］ 尹弘基.论中国古代风水的起源和发展［J］.自然科学史研究，1989，8（1）：84.

［158］ 余晓平，彭宣伟，廖小烽，等.重庆市居住建筑能耗调查与分析：以某高校住宅能耗为例［J］.重庆建筑，2008（5）：5-8.

［159］ 袁烽，孟媛.基于BIM平台的数字模块化建造理论方法［J］.时代建筑，2013，02:30-37.

［160］ 袁梦童.我国建筑节能经济激励政策研究［D］.重庆：重庆大学，2013.

［161］ 苑登阔，许鹏.公共建筑能效指标及评价方法现状分析［J］.建筑节能，2014，4：023.

［162］ 翟强.城市街区混合功能开发规划研究［D］.武汉：华中科技大学，2010.

［163］ 张改景，龙惟定，苑翔.区域建筑能源规划系统的能值分析研究［J］.建筑科学，2008，24（12）：22-26.

［164］ 张冠增.城市文化与城市空间：从空间品味文化，用文化打造空间［J］.上海城市规划，2012（3）：11-16.

［165］ 张尚武.区域整体发展理念及规划协调机制探索［J］.城市规划，1999（11）：15-17.

［166］ 张文杰.基于能耗模拟的公共建筑节能潜力分析［D］.哈尔滨：哈尔滨工业大学，2012.

［167］ 张文军.生态住宅的经济研究［D］.上海：复旦大学，2008.

［168］ 张文青.温和地区建筑遮阳设计方法研究［D］.重庆：重庆大学，2014.

［169］ 张文忠.城市内部居住环境评价的指标体系和方法［J］.地理科学，2007，27（1）：17-23.

［170］ 张希黔，林琳，王军.绿色建筑与绿色施工现状及展望［J］.施工技术，2011，40（8）：1-7.

［171］ 张洋，刘长滨，屈宏乐，等.严寒地区建筑能耗统计方法和节能潜力分析：以沈阳市为例［J］.建筑经济，2008（2）：80-83.

［172］ 张永和.形式和程式［J］.建筑学报，2014，03:94-95.

［173］ 庄惟敏.藏·空·导·变——建筑·场地一体化设计实践［J］.建筑技艺，2015，02:38-47.

［174］ 赵玉岩.生态建筑材料在装饰装修中的应用价值研究［J］.美与时代：城市，2015（4）：71-72.

［175］ 郑时龄，齐慧峰.城市空间功能的提升与拓展：南京东路步行街改造背景研究［J］.城市规划汇刊，2000（1）：13-19.

［176］ 支文军，朱金良.中国新乡土建筑的当代策略［J］.新建筑，2007（6）：82-86.

［177］ 周伟，赵群，刘加平.温和地区建筑节能发展方向的探究［J］.有色金属设计，2004，31（1）：34-37.

［178］ 周燕，闫成文，姚健.居住建筑体形系数对建筑能耗的影响［J］.华中建筑，2007，25（5）：115-116.

［179］ 周珍珍.浅析乡土建筑与当代乡土性建筑设计［D］.苏州：苏州大学，2009.

［180］ 朱金良.当代中国新乡土建筑创作实践研究［D］.上海：同济大学，2011.

［181］ 朱能，吕石磊，刘俊杰，等.人体热舒适区的实验研究［J］.暖通空调，2005，34（12）：19-23.

［182］ 朱颖心，王刚，江亿.区域供冷系统能耗分析［J］.暖通空调，2008，38（1）：36-40.

［183］ Agarwal Y, Balaji B, Gupta R, et al. Occupancy-driven energy management for smart building automation[C]//Proceedings of the 2nd ACM Workshop on Embedded Sensing Systems for Energy-Efficiency in Building. ACM, 2010: 1-6.

［184］ Allcott H, Mullainathan S. Behavioral science and energy policy［J］. Science, 2010, 327（5970）: 1204-1205.

［185］ Castleton H F, Stovin V, Beck S B M, et al. Green roofs; building energy savings and the potential for retrofit［J］. Energy and buildings, 2010, 42（10）: 1582-1591.

［186］ Castro-Lacouture D, Sefair J A, Flórez L, et al. Optimization model for the selection of materials using a LEED-based green building rating system in Colombia［J］. Building and Environment, 2009, 44（6）: 1162-1170.

［187］ Chen S, Li N, Guan J, et al. A statistical method to investigate national energy consumption in the residential building sector of China［J］. Energy and Buildings, 2008, 40（4）: 654-665.

［188］ Cho J S. Design methodology for tall office buildings: Design measurement and integration with regional character［M］. 2002.

［189］ Dean T J, McMullen J S. Toward a theory of sustainable entrepreneurship: Reducing environmental degradation through entrepreneurial action［J］. Journal of Business Venturing, 2007, 22（1）: 50-76.

［190］ Doukas H, Patlitzianas K D, Iatropoulos K, et al. Intelligent building energy management system using rule sets［J］. Building and Environment, 2007, 42（10）: 3562-3569.

［191］ Dounis A I, Caraiscos C. Advanced control systems engineering for energy and comfort management in a building environment—A review［J］. Renewable and Sustainable Energy Reviews, 2009, 13（6）: 1246-1261.

［192］ Gillingham K, Newell R G, Palmer K. Energy efficiency economics and policy[R]. National Bureau of Economic Research, 2009.

［193］ Guinard A, McGibney A, Pesch D. A wireless sensor network design tool to support building energy management[C]//Proceedings of the First ACM Workshop on Embedded Sensing Systems for Energy-Efficiency in Buildings. ACM, 2009: 25-30.

［194］ Gustavsson L, Joelsson A. Life cycle primary energy analysis of residential buildings［J］. Energy and Buildings, 2010, 42（2）: 210-220.

［195］ Hahn R W, Stavins R N. Economic incentives for environmental protection: integrating theory and practice［J］. The American Economic Review, 1992: 464-468.

［196］ Henze G P, Felsmann C, Knabe G. Evaluation of optimal control for active and passive building thermal storage［J］. International Journal of Thermal Sciences, 2004, 43（2）: 173-183.

［197］ Jiang X, Van Ly M, Taneja J, et al. Experiences with a high-fidelity wireless building energy auditing network[C]//Proceedings of the 7th ACM Conference on Embedded Networked Sensor Systems. ACM, 2009: 113-126.

［198］ Judkoff R, Neymark J. International Energy Agency building energy simulation test（BESTEST）and diagnostic method[R]. National Renewable Energy Lab., Golden, CO（US）, 1995.

［199］ Kneifel J. Life-cycle carbon and cost analysis of energy efficiency measures in new commercial buildings ［J］. Energy and Buildings, 2010, 42（3）: 333-340.

［200］ Lam J C, Chan A L S. Building energy audits and site surveys: Energy audits and site surveys in Hong

Kong of a government office building, a private sector office building and a hotel identify major areas for energy conservation and management programmes in existing commercial buildings [J]. Building research and information, 1995, 23（5）: 270-278.

[201] Lee W S, Lee K P. Benchmarking the performance of building energy management using data envelopment analysis [J]. Applied Thermal Engineering, 2009, 29（16）: 3269-3273.

[202] Levermore G J. Building Energy Management Systems: Applications to low-energy HVAC and natural ventilation control [M]. Taylor & Francis, 2000.

[203] Li Yang, He B J, Ye M. Application research of ECOTECT in residential estate planning [J]. Energy and Buildings, 2014, 72: 195-202.

[204] Li Yang, He B, Ye M. The application of solar technologies in building energy efficiency: BISE design in solar-powered residential buildings [J]. Technology in Society, 2014, 38: 111-118.

[205] Li Yang, Li Y. Low-carbon city in China [J]. Sustainable Cities and Society, 2013, 9: 62-66.

[206] Li Yang, Ye M, He B J. CFD simulation research on residential indoor air quality [J]. Science of the Total Environment, 2014, 472: 1137-1144.

[207] Li Yang. Research of Urban Thermal Environment Based on Digital Technologies [J]. Nature Environment and Pollution Technology, 2013, 12（4）: 645-650.

[208] Lind R C, Arrow K J, Corey G R, et al. Discounting for time and risk in energy policy [M]. Routledge, 2013.

[209] Liu Yang, Lam J C, Tsang C L. Energy performance of building envelopes in different climate zones in China [J]. Applied Energy, 2008, 85（9）: 800-817.

[210] Masoso O T, Grobler L J. The dark side of occupants' behaviour on building energy use [J]. Energy and Buildings, 2010, 42（2）: 173-177.

[211] P é rez-Lombard L, Ortiz J, Gonz á lez R, et al. A review of benchmarking, rating and labelling concepts within the framework of building energy certification schemes [J]. Energy and Buildings, 2009, 41（3）: 272-278.

[212] Qian F. Analysis of Energy Saving Design of Solar Building-Take Tongji University solar decathlon works for example [J]. Applied Mechanics and Materials, 2015, 737: 139-144.

[213] Qian F. Insulation and Energy-saving Technology for the External Wall of Residential Building [J]. Advanced Materials Research, 2014, 1073-1076（2）: 1263-1270.

[214] Rey F J, Velasco E, Varela F. Building Energy Analysis（BEA）: A methodology to assess building energy labelling [J]. Energy and Buildings, 2007, 39（6）: 709-716.

[215] Schleich J. Barriers to energy efficiency: a comparison across the German commercial and services sector [J]. Ecological Economics, 2009, 68（7）: 2150-2159.

[216] Sierra E, Hossian A, Britos P, et al. Fuzzy control for improving energy management within indoor building environments[C]//Electronics, Robotics and Automotive Mechanics Conference, 2007. CERMA 2007. IEEE, 2007: 412-416.

[217] Sutherland R J. Market barriers to energy-efficiency investments [J]. The Energy Journal, 1991: 15-34.

［218］ Thumann A，Younger W J. Handbook of energy audits［M］. The Fairmont Press，Inc., 2008.

［219］ Wang J J，Jing Y Y，Zhang C F，et al. Review on multi-criteria decision analysis aid in sustainable energy decision-making［J］. Renewable and Sustainable Energy Reviews，2009，13（9）：2263-2278.

［220］ Wei C，Li Y. Design of energy consumption monitoring and energy-saving management system of intelligent building based on the internet of things[C]//Electronics，Communications and Control（ICECC），2011 International Conference on IEEE，2011：3650-3652.

［221］ Weiner P K，Kollman P A. AMBER：Assisted model building with energy refinement. A general program for modeling molecules and their interactions［J］. Journal of Computational Chemistry，1981，2（3）：287-303.

［222］ Wong N H，Jusuf S K，Syafii N I，et al. Evaluation of the impact of the surrounding urban morphology on building energy consumption［J］. Solar Energy，2011，85（1）：57-71.

后　记

　　建筑节能是近年来世界建筑发展的一个基本趋势，也是当代建筑科学技术的一个新的增长点。作为建筑可持续发展的一个最普通、最明显的特征，建筑节能已成为我国建筑行业科技发展与产业建设的一个重要领域。

　　随着人民生活水平的提高和城市化进程的加快，建筑能耗的相对值和绝对值都将持续增长，建筑节能工作任重而道远。我国的建筑节能工作已进入了一个新的发展阶段。加强建筑节能管理、不断提高建筑节能技术、改善建筑热舒适条件是建筑领域刻不容缓的紧迫任务。

　　建筑节能是有效利用资源，发展国民经济，减轻温室效应，降低大气污染，改善人居环境，保持经济可持续发展的重要环节之一，是贯彻国家可持续发展战略的重要组成部分。一方面应在建筑设计、小区规划、节能政策以及能源管理等方面采取有效措施，用于建筑采暖的能耗应大幅度降低；另一方面将太阳能、风能、地热能、核能等可再生能源的综合开发利用相结合，做到节流开源同步进行，这样零污染、零消耗的建筑节能最终目标才能早日实现。

　　只要加快建筑节能政策的制订和落实，推广和应用建筑节能技术，加强建筑节能的教育和宣传力度，培养市民养成良好的节能意识，坚信在不久的将来，中国建筑节能必定能达到世界发达国家的节能水平。衷心地希望本书能够推进建筑节能的科学化设计，促进我国建筑节能的发展。

　　本书在写作过程中得到了很多老师和同学的帮助，为此深表感谢！因编写时间有限，若有文献引用遗漏之处，敬请谅解！

杨　丽
2016 年 8 月于同济大学